U0336686

本書係山東大學基本科研業務費資助項目

山東大學文史哲研究專刊

會通與嬗變

明末清初東傳數學与中國數學及儒學“理”的觀念的演化

宋芝業 著

上海古籍出版社

圖書在版編目(CIP)數據

會通與嬗變：明末清初東傳數學與中國數學及儒學“理”的觀念的演化／宋芝業著. —上海：上海古籍出版社，2016.7
(山東大學文史哲研究專刊)
ISBN 978-7-5325-7833-7

Ⅰ.①會… Ⅱ.①宋… Ⅲ.①數學史—中國—明清時代②儒學—研究—中國—明清時代 Ⅳ.①O112 ②B222.05

中國版本圖書館 CIP 數據核字(2015)第 247218 號

山東大學文史哲研究專刊
會通與嬗變：明末清初東傳數學與
中國數學及儒學“理”的觀念的演化
宋芝業　著
上海世紀出版股份有限公司
上　海　古　籍　出　版　社　出版
(上海瑞金二路 272 號　郵政編碼 200020)
(1) 網址：www.guji.com.cn
(2) E-mail：guji1@guji.com.cn
(3) 易文網網址：www.ewen.co
上海世紀出版股份有限公司發行中心發行經銷
江陰金馬印刷有限公司印刷
開本 890×1240　1/32　印張 14.375　插頁 5　字數 355,000
2016 年 7 月第 1 版　2016 年 7 月第 1 次印刷
印數：1—1,300
ISBN 978-7-5325-7833-7
B·920　定價：58.00 元
如有質量問題，請與承印公司聯繫

《山東大學文史哲研究專刊》出版説明

山東大學素以人文學科見長。二十世紀三十年代,以聞一多、梁實秋、楊振聲、老舍、沈從文、洪深等爲代表的著名作家、學者,在這裏曾譜寫過輝煌的篇章。二十世紀五十年代以來,以馮沅君、陸侃如、高亨、蕭滌非、殷孟倫、殷焕先爲代表的中國古典文學、漢語言文字學研究,以丁山、鄭鶴聲、黄雲眉、張維華、楊向奎、童書業、王仲犖、趙儷生爲代表的中國古代史研究,將山東大學的人文學術地位推向巔峰。但是,隨着時代的深刻變遷,和國内其他重點高校一樣,山東大學的文史研究也面臨着尖鋭挑戰。如何重振昔日的輝煌,是山東大學領導和師生的共同課題。"周雖舊邦,其命維新"。山東大學文史哲研究院正是在這一特殊歷史背景下成立的,她肩負着不可推卸的歷史責任,將形成山東大學文史學科一個新的增長點。

文史哲研究院是一個專門從事基礎研究的學術機構,所含專業有中國古典文獻學、中國古代文學、漢語言文字學、史學理論與史學史、中國古代史、科技哲學、文藝學、民俗學、中國民間文學等。主要從事科研工作,同時培養碩士、博士研究生。知名學者蔣維崧、王紹曾、吉常宏、董治安等在本院工作,成爲各領域的學科帶頭人。

興滅業、繼絶學、鑄新知,是本院基本的科研方針;重點扶持高精尖科研項目,優先資助相關成果的出版,是本院工作的重中之重。《山東大學文史哲研究院專刊》正是爲實現上述目標而編輯的研究叢書。感謝上海古籍出版社對出版本叢書的支持，歡迎海內外學友對我們進行批評和指導。

山東大學文史哲研究院
2003 年 10 月

【附記】

《山東大學文史哲研究院專刊》在過去 10 年中已陸續編輯出版 5 輯 19 種 28 册，在海内外引起廣泛關注和好評。2012 年 1 月，山東大學文史哲研究院（2002 年成立）與山東大學儒學高等研究院（2010 年成立）、山東大學儒學研究中心（2005 年成立）、《文史哲》編輯部整合組建爲新的山東大學儒學高等研究院（"文史哲研究院"名稱同時使用），許嘉璐先生任院長，龐樸先生任學術委員會主任。目前全院共有教職工 65 人，在讀碩士研究生、博士研究生 258 人，另有尼山學堂古典實驗班本科生兩届 47 人，在研博士後 23 人，科研教學事業都有長足的發展。本院一如既往，以中國古典學術爲主要研究範圍，其中尤以儒學研究爲重點。鑒於新的格局，《專刊》名稱改爲《山東大學文史哲研究專刊》，在前 5 輯之後繼續編輯出版。歡迎海内外朋友提出寶貴意見。

2013 年 10 月

序:“科學與儒學關係研究”的若干方法論問題

馬來平

明代末年,主要由於西方傳教士傳教的需要,西方科學開始進入中國。隨之,在“欲求超勝,必須會通”思想的指導下,明末和有清一代的知識界興起了一場以數學和天文曆法爲中心的、曠日持久的中西科學會通運動。其中尤爲引人注目的是,中西數學會通引發了中國傳統數學朝向近代化方向的深刻嬗變。對這場數學嬗變的歷史考察和理論反思,即是宋芝業當年博士論文的任務。

客觀地説,宋芝業的博士論文的選題是重大的和新穎的;所用“古數復原”的研究方法,以及關於中國傳統數學“内算”和“外算”易位的結構變化、數學上升爲“經世致用之本”的文化功能變化等方面的觀點,是具有一定獨創性的。也正因爲此,宋博士的學位論文獲得了答辯委員會專家的一致肯定,並分别獲得了山東省和山東大學優秀博士論文的榮譽。

難能可貴的是,宋博士的論文關於明末清初中國傳統數學嬗變的考察,並没有就事論事,而是將其置於中西文化碰撞尤其是西方科學和儒學交互作用的歷史大背景之下,關注了這一歷史過程中儒學“理”的觀念等方面的變遷。爲此,著名西學東漸研究專家、中科院科技史所的董光璧先生在關於宋博士論文的“評閱書”中寫道:“數學會通涉及作爲文化背景與儒學的關係,對伴隨會通儒家‘理’概念的變化以及數學在儒家眼裏地位的變化的揭示也很有啓發意義。”

顯然,在一定意義上,科學與儒學的關係是宋芝業博士論文的綱,在科學與儒學的關係方面有所發現是宋博士的追求。爲此,這裏,我想就科學與儒學的關係談點看法,並以此作爲其在學位論文基礎上反複修改而成的這本厚重專著序文的主要内容。

一、幾個基本問題的説明

研究明末清初西學東漸中科學與儒學的關係,不可避免地會遇到某些基本問題,這裏,擇其要者略作討論。

1. 何謂科學與儒學關係?

回答科學與儒學關係的本質問題,既與對儒學的理解有關,也與對科學的理解有關。就科學而言,它誕生於西歐,受古希臘哲學和天主教影響深重,所以,曾長期作爲西方文化的精華而存在,是西方文化的一部分;同時,近代科學革命完成以後,即科學真正獨立以後,它便開始作爲一種具有普遍主義性質的"科學文化"而存在。就儒學而言,首先,它是中國傳統文化的主體,本質上屬於人文文化;其次,它是中國古代哲學的主體,也是中國現代哲學的重要組成部分。

基於上述,可以認爲,科學與儒學的關係主要是兩種文化的關係。首先,是科學文化與人文文化的關係。需要特别説明的是,儒學並非純粹的人文文化,它在一定程度上曾長期包容了中國古代科學技術。其次,由於在近代科學革命之前以及近代科學革命過程之中,科學曾長期作爲西方文化而存在,因此,科學與儒學的關係,曾一度表現爲西方文化與東方文化的關係。第三,由於儒學既是中國古代哲學的主體,也是中國現代哲學的重要組成部分,因此,科學與儒學的關係,又是科學與哲學的關係。科學與哲學的關係屬於科學文化與人文文化關係的範疇,所以上述第三重關係可以包容在第一重關係中,顯然,它也可以包容在第二重關係中。第二重關係在近代科學體制化、普世化以後已經消解,所以,歸根結底,科學與儒學的關係主要是科學文化與人文文化的關係。

具體説來,科學與儒學的關係,其核心在於二者的相互作用,因爲二者的相互作用體現著二者關係的性質(如二者的關係是相容還是相斥,抑或其他等)。二者的相互作用主要包括兩方面:一是科學對儒學的作用,主要表現爲科學對發展中的儒學理論體系的觀點、理論、方法和基本觀念等所發生的影響;二是儒學對科學的作用,主要表現爲儒學理論體系和儒士的實踐活動對科學知識、科學活動、科學建制和科學傳播等側面所發生的影響。

2. 研究科學與儒學關係的意義是什麼?

(1)爲復興儒學開闢道路

中華民族的復興,理所當然地要求包含儒學在内的中華傳統文化的復興。然而,長期以來,相當一部分人在科學與儒學的關係問題上,持有根深蒂固的成見,認爲科學與儒學的基本關係是“儒學阻礙科學”或“儒學與科學無關”。這些成見不消除,儒學的復興將會阻力重重。當前,亟待開展科學與儒學關係的研究,徹底破除儒學與科學關係上的“阻礙論”和“無關論”,在承認儒學與科學具有一定相斥性的前提下,充分論證儒學與科學的相容性既符合歷史事實,也具有充分的理論根據,是儒學與科學本質上的必然表現。此外,過去的儒學研究通常忽視儒學與科學互動的視角,特别是關於西學東漸中儒學與科學關係的研究十分薄弱。由於儒學從來都是在與其他文化的相互作用中形成、發展並不斷展現其豐富内涵的,因此,本研究必定會有助於更加全面地理解儒學,爲儒學研究輸送新鮮養分。

(2)爲弘揚儒學的優秀傳統厘清方向

弘揚儒學優秀傳統,需要明確優劣評價的標準。那麽,與科學技術發展相協調是不是主要標準之一?换言之,弘揚儒學優秀傳統是否一定要使儒學實現與科學技術的協調發展?若然,實現二者協調發展的基本途徑是什麽？關於儒學是否需要與科學技術協調發展，以及怎樣協調發展，是科學與儒學關係研究的題中應有之義，所以，這項研究可以爲弘揚儒學的優秀傳統厘清方向。

（3）爲構建科技發展的優良文化環境張本

作爲中國傳統文化和中國當代文化的重要組成部分，儒學已經深植於中國人的價值觀念、審美情趣和社會心理之中，成爲中國科技發展的重要文化環境。因此，探討科學與儒學的關係及其協調發展，必定有利於構建中國科技發展的優良文化環境。另外，現代科技負面效應的解決，亟待人文文化的參與，澄清科學與儒學的關係，必定會大大有利於儒學在端正科技發展方向、解決科技負面效應等方面大顯身手。

（4）促進科技哲學的學科建設

如果從社會活動的意義上理解科學，那麽，科學與儒學的關係屬於科學與文化關係的範疇，並且是中國最基本、最重要的科學與文化的關係，而科學與文化的關係歷來是科技哲學關於科學技術的性質及其在社會中發展規律研究的基本内容之一。因此，本項研究有利於加强科技哲學的學科建設。

3. 爲什麽選擇明末清初西學東漸中的科學與儒學關係作爲科學與儒學關係研究的切入點？

科學與儒學的關係既是一個理論問題，也是一個事實問題。之所以説是一個理論問題，是因爲二者的關係根源於二者性質上的差異。正如黑格爾所説："凡一切實存的事物都存在於關係中，而這種關係乃是每一實存的真實性質。"①而且，不論是科學的性質，還是儒學的性質，都絶對是一個相當複雜的理論問題。也正是因此，一部科學史的中心問題乃是研究"科學究竟是什麽"，而一部儒學史的中心問題則是研究"儒學究竟是什麽"。之所以説二

① 黑格爾. 小邏輯[M]. 北京：商務印書館，1980：281.

者的關係是一個事實的問題,乃是因爲,早在先秦時代,中國古代科學與儒學的關係的歷史就開始了。直至今天,儒學儘管已不是中國的主導意識形態,但它在中國文化中的重要地位決定了科學與儒學的關係的歷史仍在每天書寫着。總之對於科學與儒學的關係,既需要理論上的深入探討,也需要基於歷史的觀點關注不同歷史條件下該關係的特殊性和變化性,即重視其歷史性。因此,有必要就科學與儒學的關係進行適當的實證研究。

然而,關於這一點存在不同意見。有論者認爲,客觀的實證研究是不存在的。這是因爲,實證研究必定包含"事實的選擇"和"事實的解釋"兩個環節,而事實的選擇將會進一步涉及選擇的標準,事實的解釋將會進一步涉及解釋所運用的理論。總之,没有科學與儒學關係的理論,科學與儒學關係的實證研究是無法真正進行的,或者説,在對科學與儒學的關係進行實證研究之前,應當先有科學與儒學關係的理論。

應當肯定,關於科學與儒學關係的實證研究需要理論指導這個觀點,是正確的。現代科學哲學的研究告訴我們,没有中性的事實,任何事實都滲透着理論,或者説,任何理論都有一定的社會建構性。但我們決不能由此而認爲理論研究絶對地居於實證研究之前和之上。在理論與事實的關係問題上,必須既堅持理論的指導性,又堅持事實的基礎性和至上性。就是説,儘管理論對經驗研究有指導作用,但是,理論最終要接受事實的檢驗,按照事實的要求不斷修正和完善自己。基於此,在實證研究之前,選擇正確的立場、觀點和方法固然十分重要,但是必須時刻保持作爲研究出發點的立場、觀點和方法對經驗事實的開放性,一旦通過充分的實證研究發現已有的立場、觀點和方法有缺陷,須立即予以修正。

對科學與儒學的關係進行實證研究,從何入手呢? 選擇明末清初西學東漸中的科學與儒學關係作爲切入點,具有多方面的優越性。理由如下:

(1) 中國科學與儒學關係史上的重要組成部分

在中國歷史上,古代、近代和現代都分别有一個科學與儒學關係的問題。中國科學史意義上的"近代",始於明末利瑪竇等傳教士進中國,較之社會史意義上的近代,時間上限要早一些。明末清初西學東漸是西方近代自然科學進入中國之始。顯然,近代科學與儒學的關係是中國科學與儒學關係史的重要組成部分。

這裏,需要對明末清初傳入的西方自然科學的"近代"性質略作説明。一種觀點認爲:"耶穌會會士所傳到中國來的根本上並不是任何意義上的近代自然科學,而恰恰是近代自然科學的對立物(指"中世紀的科學"——引者注)。"[①]這種觀點是不符合事實的。事實是:當時傳入的西方自然科學以西方古代和中世紀科學爲主,但同時也包含了大量近代科學成分。如當時傳入的伽利略力學、開普勒天體運動理論、對數、近代地理學、血液循環理論、人體解剖學等,都是近代科學的重要成果。此外,從整體上看,當時傳入的自然科學具有一定的近代性質。如當時天文曆法之争以儀器對天體觀測的事實爲判據、地圖繪製以實地測量爲準繩、《幾何原本》等數學著作追求邏輯性和精確性等,初步體現了實證、嚴密等近代自然科學的基本精神。

(2) 中國科學與儒學關係史上較有特點的組成部分

科學與儒學關係的研究一向十分薄弱,較之古代和現代,近代科學與儒學關係的研究尤其薄弱。直至目前,除了個别人物的儒學思想與科學關係的研究有過少量成果發表,明末清初西學東漸中科學與儒學關係的整體研究基本上屬於空白。因此,選擇它作爲科學與儒學關係研究的突破口,具有一定的開拓性。此外,此時期的科學與儒學關係還有以下特點:

---

① 何兆武. 中西文化交流史論[C]. 武漢:湖北長江出版集團·湖北人民出版社,2007:43.

第一,相對純粹。此時西方科學與中國儒學初次相遇,各自獨立,較少相互滲透,二者的關係相對純粹些,因而更能凸顯各自的本質。

第二,比較典型。較之古代,此時傳入中國的科學已經具有了某種近代的性質。較之民國以後,此時的儒學仍然是社會的意識形態和主流文化,因而此時期的科學與儒學關係比較典型。

第三,内容豐富、生動。西方科學與中國儒學是兩種異質的文化,在該時期發生了激烈的碰撞和融合。因此,較之其他時期,此時期二者關係的内容更加豐富、生動。

下面,針對明末清初西學東漸中的科學與儒學關係,分别就傳教士傳入中國的科學即東傳科學如何影響儒學的發展和儒學怎樣回應東傳科學的某些原則性問題,予以初步討論。

二、東傳科學如何影響儒學的發展?

明末清初西學東漸時期,東傳科學對儒學發展的影響主要分爲兩個層面:一是西方科學對儒學整體的作用,二是西方科學對中國傳統科學的作用。下面,對兩個層面的作用分别予以初步討論:

1. 西方科學對儒學整體的作用

明末清初,儒學經歷了一系列的轉型:從明後期陸王心學的先興後衰,到明末清初實學思潮的出現,再到乾嘉考據學的崛起等。大致説來,儒學的每次轉型都有其科學的背景和動因。我們要通過挖掘翔實的史料,具體説明在儒學的每一轉型過程中,科學究竟起了什麽作用,這些作用是怎樣起到的,以及在儒學的每次轉型中,科學的作用在衆多的轉型動因中居於何種地位等。一般説來,科學對儒學施加作用,將會引起儒學的相應變化。這種變化可區分爲以下不同的類型:知識觀點的變化、理論内容及其結構的變化、基本觀念的變化等。

（1）知識觀點的變化。儒學儘管整體上屬於哲學，但其理論抽象度不高，帶有一定的經驗色彩，類似於默頓提出的“中層理論”。儒學經驗性的突出表現之一是它包含大量的知識性觀點。這些觀點屬於儒學理論系統的最外層，而且不少是直觀、猜測甚至迷信的東西，因此最容易受到西方科學的衝擊。例如，西方科學以水蒸气遇冷凝結爲水滴、冰粒乃至冰雹，糾正了張載、邵雍、程頤和朱熹等理學家關於蜥蜴生雹的觀點，①就是對儒學知識觀點的改變。

（2）理論内容和結構的變化。整個説來，儒學理論的自然科學基礎比較薄弱。所以，主觀臆斷、以偏概全，以及和實踐發生衝突等情況比較多見，自然也經不起西方科學的衝擊。在西方科學以其對自然界客觀規律探求的實證性、系統性、精確性和有效性，充分顯示出巨大優越性的情況下，經過傳教士和奉教士人的共同努力，西學被成功地納入了“格物窮理”範疇。其結果，一方面，使西學得以藉“格物窮理”的名義進行傳播；另一方面，也有效地促進了居於儒學核心地位的“格物窮理”理論由面向内心求道德的自我完善向面向外物求真理的方向的轉變。這是科學對儒學理論内容的改變。焦循利用《幾何原本》的公理化方法和演繹邏輯方法，建立了自己的易學哲學體系，這是對儒學理論結構的改變。

（3）方法的變化。儒學在思維方式、方法上一向以直覺、辯證和整體性等爲特點，這與西方自然科學的實證性、分析性思維方式、方法存在巨大差異。因此，在思維方式、方法上，自然科學對儒學的衝擊比較大。戴震區分“十分之見”和“未至十分之見”，有了“假説方法”的初步意識，並且把《幾何原本》的公理化方法成功地

① 徐光台. 西學傳入與明末自然知識考據學：以熊明遇論冰雹生成爲例[J]. 清華學報，2007(1)：117－157.

引入儒學,使其以《孟子字義疏證》爲代表的哲學學説的體系之嚴謹遠邁前人,典型地表現了西方自然科學對儒學方法的改變。乾嘉學派運用西方和中國自然科學知識以年代學、輿地學治經,也在一定程度上反映了西方科學實證方法的影響。

(4) 基本觀念的變化。在世界觀、價值觀上,儒學充滿對人生和社會的睿智思考,但卻缺乏自然科學基礎,因而受到西方科學的巨大衝擊。西方科學通過地圓説、豐富的天文和地理知識(如天體結構、星球運動、赤道、南北極、五帶劃分、經緯度、五大洲、四大洋等)强化了儒學的天道自然觀念,糾正了儒學一向持有的中國中心主義天下觀,這是對儒學天道觀和宇宙觀等基本觀念的改變。

以上簡略考察表明,科學對儒學的作用是全方位和無孔不入的。

2. 西方科學對中國傳統科學的作用

由於中國傳統科學主要包容於儒學之中,所以,討論科學對儒學的作用,應當包括科學對中國傳統科學的作用。

(1) 促進了中國傳統科學的復興

首先,促進中國傳統科學的復興在明末清初曆法改革中得到了初步展現。儘管明末改曆和清初採用西曆宣告了西曆全面取代中曆,但是改曆中徐光啓提出的"欲求超勝,必須會通,會通之前,先須翻譯"①的口號和"熔彼方之材質,入大統之型模"②的改曆方針,鼓舞了中國士人發展傳統科學、超勝西方科學的鬥志。此外,舉世震驚的"熙朝曆獄案"也爲中國傳統曆法的復興注入了新的動力:它激發了中國士人研究中國傳統曆算的高漲熱情,也促使青年康熙帝痛下學習與研究天文曆算的決心。再加上康熙出於政治上的考慮,竭力宣導"西學中源"論,於是促成了民間科學的勃

① 徐光啓著. 徐光啓集[C]. 上海:上海古籍出版社,1984:374.

② 徐光啓著. 徐光啓集[C]. 上海:上海古籍出版社,1984:374-375.

興，相繼湧現了薛鳳祚、王錫闡和梅文鼎等一批布衣科學家，誕生了《曆學會通》《曉庵新法》《曆學疑問》等一批旨在會通中西的科學名著。科學史家席文甚至認爲，西方科學促使中國傳統天文學發生了一場概念革命①。我認爲，概念革命談不上，究其實不過是西方天文學正悄然融合並取代中國傳統天文學而已。

其次，促進中國傳統科學的復興在乾嘉漢學那裏達到了高潮。作爲儒學發展的一個嶄新階段，乾嘉漢學的出現及其成就的取得，原因是多方面的。但無論如何，西方科學的推動是重要原因之一。乾嘉學人普遍重視西方科學的學習，普遍重視運用歸納和演繹方法，普遍自覺不自覺地以西方科學爲標準搜集、輯佚和校勘古籍中的傳統科學等無不表明：西方科學對中國傳統科學在乾嘉時期的復興具有重要作用是不容否認的。

（2）促進了中國傳統科學的純化

長期以來，中國傳統科學各學科都不同程度地包含著占驗的内容，如天文學中的占星術、數學中的“内算”和地理學中的風水術等。在中國傳統科學内部，科學内容和占驗内容膠着在一起，進而導致中國傳統科學充滿神秘性。西方科學的傳入，以其内容上的客觀性、功能上的有效性和形式上的系統性、精確性等優秀品質爲中國傳統科學樹立了榜樣。中國士人逐漸認識到，各領域所存

---

① 席文説，西方科學傳入中國後，梅文鼎、薛鳳祚和王錫闡等學者“很快對此作出反應，並開始重新規定在中國研究天文學的方法。他們徹底地、永久地改變了人們關於怎樣着手去把握天體運行的意念。他們改變了人們對什麽概念、工具和方法應居於首要地位的見識，从而使幾何學和三角學大量取代了傳統的計算方法和代數程式。行星自轉的絶對方向和它與地球的相對距離這類問題，破天荒變得重要起來。中國的天文學家逐漸相信，數學模型能够解釋和預測天象。這些變化等於是天文學中的一場概念的革命”。（席文. 爲什麽科學革命没有在中國發生——是否没有發生. 李國豪等編. 中國科技史探索[C]. 上海：上海古籍出版社，1986：109.）

在的占驗不僅不足信,而且危害巨大,必須徹底擯棄。爲此,天文學家薛鳳祚聲稱:"第占驗之書……付之巨焰,不過百存一二,其於占法亦無不備。"①占驗之書一把火燒了,都無礙天文曆法大局。就是在這種情況下,自明末清初始,中國傳統科學開始與各領域的占驗相剥離。

(3)促進了中國傳統科學的理論化

《幾何原本》引進後,其公理化演繹方法影響日熾,以致該書譯者徐光啓對之傾心不已、讚不絶口,説該書有"四不必"、"四不可得"、"三至"、"三能"等。其中,"四不可得"是説該書"欲脱之不可得,欲駁之不可得,欲減之不可得,欲前後更置之不可得"②,實際上是高度評價了該書的公理化演繹方法。其實,當時傳入的所有西方科學各分支都不同程度地顯示出了注重概念界定和命題證明的理論性和邏輯性,徐光啓率先洞悉了某些中國傳統科學較之西方科學"其法略同,其義全闕,學者不能識其由"③。於是以西方科學爲榜樣,當時中國傳統科學各領域,不論是個人著作,還是集體著作,都注重了命題證明、原理追溯和體系構建等。例如,當時中國科學家所進行的中西會通工作,不是西法派用西學論證中學,就是中法派用中學論證西學;科學家叙述科學知識的方式也普遍重視了概念分析和理論證明等環節。尤其值得一提的是,當時官方組織編寫的一些百科全書式的科學著作也都充分體現了理論化特點。如,試圖對中國傳統數學和當時傳入的西方數學進行一次全面總結的《數理精蘊》,其内容基本上是按照西方數學的分類

---

① 薛鳳祚. 中法占驗敘. 曆學會通[M]. 清康熙刻本,11.

② 徐光啓. 幾何原本雜議. 徐光啓集[C]. 上海:上海古籍出版社,1984:77.

③ 徐光啓. 測量異同緒言. 徐光啓集[C]. 上海:上海古籍出版社,1984:86.

方式予以編排的。上編爲“立綱明體”,包括《幾何原本》和《算法原本》等基礎數學理論;下編爲“分條致用”,包括各種應用數學知識和數學圖表等工具。《崇禎曆書》分爲法原、法數、法算、法器和會通等“基本五目”,彙集了中國傳統天文曆法和傳教士傳入的西方天文曆法成就。按照徐光啓的設計,此書的目標是“一義一法,必深言所以然之故,從流溯源,因枝達幹”,從而達到“法意既明”、“自能立法”①。這一目標儘管終未徹底實現,但畢竟表明了中國士人重視理論的鮮明態度。

總起來看,西方科學作用於中國傳統科學的過程,是中國傳統科學實現近代化的過程,也是中國傳統科學百川入海,逐漸匯入世界科學主流的過程。在這個過程中,明末清初中國傳統科學的復興及其經驗化和理論化是第一步,也是十分重要的一步。

3. 正確評價科學對儒學的作用

在儒學的每次轉型中,科學的作用都是大不相同的。應當正確評價這種作用的性質和大小,不能誇大,也不能縮小。這裏,我們不妨以科學對乾嘉考據學的作用爲例予以扼要説明。

研究科學對乾嘉考據學的作用是一個比較棘手的問題。這是因爲,一方面,學界不少人無視科學的作用,如章太炎和錢穆在論及乾嘉考據學時,就對科學的作用緘口不言;另一方面,乾嘉時代士人們通常諱言西學。所以,我們很難從他們的著述中找到應用西方科學的直接證據。但是,我們不能僅憑某些知名學者對科學作用的緘口不言,就斷然否定科學的作用。其實也還是有不少知名學者明確强調科學的作用的,如梁啓超、胡適等。另外,某些知名學者之所以不談科學的作用,或許恰好表明他們對科學的作用是缺乏認識的。同樣,也不能僅憑當時的士人諱言西學、很難從他

---

① 徐光啓. 曆書總目表. 徐光啓集[C]. 上海: 上海古籍出版社, 1984: 377.

們的著述中找到科學作用的直接證據而否認科學的作用。因爲科學對乾嘉考據學是否發生了作用,取決於事實,而不是乾嘉學人的口頭聲明,儘管這種聲明十分重要。這正如判案,犯罪嫌疑人的口供固然重要,但如果犯罪事實俱在,照樣可以定案。前面已經述及,乾嘉學人普遍重視學習西方科學,普遍注重運用歸納和演繹方法,西方科學的作用肯定是有的。

從作用的性質上看,科學對儒學作用的主要方面是促進儒學認知傳統的擴大和提升,從而有利於儒學的現代轉型。歷史證明,自乾嘉漢學起,儒學在思維方式上發生了一個明顯的轉向,即表現出了實證化和理論化傾向,開始重視概念的界定、命題的證明和經驗基礎,以及理論的邏輯結構等。這一點,與西方自然科學的影響是分不開的。

如何評價西方科學對乾嘉考據學作用的大小? 前提是首先弄清楚作用於乾嘉考據學的動因系統。首先是内因。一是乾嘉考據學是漢代考據學、宋明考據學和清代早期考據學的繼承和發展。二是乾嘉考據學是明末清初宋明理學内部程朱和陸王兩派紛争的結果。兩派經學觀點歧異,解決争端的最佳出路就是回歸原典,澄清原典的本義。

其次是外因。臺灣經學學者林慶彰先生在談到乾嘉考據學的産生時,羅列了六條外因: ① 社會的安定;② 清廷的高壓政策;③ 社會上層的附庸風雅;④ 傳教士的關係,有不少學者向傳教士請教曆法、算學上的問題,這也是清代曆算學發達的主因;⑤ 出版業的蓬勃發展;⑥ 學人職業的關係。[①] 其中第四條説的實際上是科學的作用,可惜作者未予點透。

既然乾嘉考據學的動因既有内因又有外因,而且外因又有六

① 林慶彰. 實證精神的尋求——明清考據學的發展. 載: 姜義華等編. 港臺及海外學者論中國文化[C]. 上海: 上海人民出版社,1988: 287 - 322.

條之多,那麽,我們就不應孤立地看待科學的作用,而應當把它置於乾嘉考據學動因系統的整體中去,通過考察它和其他作用因素的聯繫、對它們進行立體化的比較,最終給科學的作用一個恰如其分的評價。

三、儒學如何回應東傳科學?

在近代,知識和活動是科學的兩種最基本的含義。從活動的角度説,科學又可以分爲科學傳播、科學研究、科學管理以及科學的應用等。因此,所謂儒學回應東傳科學,包括儒學對科學所有這些側面所施加的作用。顯然,明末清初西學東漸中儒學對東傳科學的回應,主要表現爲儒學對科學傳播和科學知識的作用。所以,這裏主要就儒學對東傳科學這兩方面的作用談點認識。

1. 儒學對科學作用的範圍

明末清初西學東漸中儒學對西方科學的作用的範圍十分廣泛。除了儒學經傳教士譯介西傳後對正處於"近代科學革命"中的西方科學的作用以外,在中國本土,大致説來,這種作用可從以下幾個層面去看:

(1) 不同的歷史事件。明末清初西學東漸是一個時緩時急、總體上呈漸進狀態的歷史過程。其間包括了一系列的歷史事件,如:明末的科學翻譯熱潮、改曆事件和《崇禎曆書》的編纂;清初的熙朝曆獄案、康熙及宫廷内的科學學習活動、康熙領導的全國地理大測量、《律曆淵源》的編纂、《四庫全書》和《疇人傳》的編纂,以及貫穿有清一代的中西科學會通活動等。在這每一歷史事件中,儒學都對西方科學的傳播和科學知識頑强地施加了各具特點的作用,我們需要逐一對其進行分析。

(2) 不同的科學學科。明末清初西學東漸涉及了衆多的科學學科,如天文曆法、數學、地理學、生物學、生理學、機械學、醫學、農學、軍事學、建築學等。當時,中西方的學科意識均比較粗放,從今天的觀點看,所傳入西方科學的學科面還是比較廣泛的。應當説,儒學對每一學科的知識傳播都施加了作用,但是,由於每一學科的内容、成熟程度及傳播的廣度和深度等方面的不同,這些作用是頗不相同的。

(3) 不同的儒學流派。明末清初儒學先後出現過以陸王心學先興後衰爲特徵的宋明理學、實學和乾嘉漢學三個主要流派。這三個流派在儒學整體中的地位不同,對科學的作用也有所差别。在對西方科學存在不同程度的阻礙作用的同時,它們分别對西方科學存在突出的促進作用,如: 陸王心學提倡思想解放,因而對於西方科學的引進與傳播起到了一定的促進作用;實學思潮與西方科學所具有的實理、實證和實用等特點相契合,因而對於西方科學的引進與傳播起到了推波助瀾的作用;乾嘉漢學執著搜尋古籍中的自然科學,既促進了中國傳統科學的復興,也促進了西方科學的應用,從而有利於西方科學的傳播、消化和吸收等。

2. 儒學作用的方式

不論著眼於儒學整體,還是著眼於儒學的組成部分,儒學對於科學作用的重要方式之一,是以掌握了儒學思想的人爲中介的。即儒學思想首先内化爲人的世界觀、價值觀或認識論等,然後,通過人對科學施加影響。從明末清初的歷史實踐看,當時儒學對科學的作用,是通過"儒士"這一中介進行的。此外,從根本上説,當時儒學對科學的作用,是一種"選擇"的作用。而選擇的結果,又進一步表現爲歡迎、排斥、建構和同化四種具體形式。其中,歡迎是建構和同化的前提,而建構和同化則是歡迎的深化;建構和同化之間,存在著某種手段和目的的關係。

(1) 歡迎

就明末清初西學東漸的全過程看,儒學在整體上對西方科學是持歡迎態度的。關於這一點,最直接的證據有三: 一是以利瑪竇爲代表的傳教士制定的學術傳教路線。傳教士正是考慮到儒士們對西方科學的歡迎態度,才制定了“學術傳教路線”。二是明末改曆和清代頒布新曆均採用了西曆,清代甚至啓用傳教士執掌曆局。三是清代官方對於西學所秉持的“節取其技能,而禁傳其學術”①的方針。所謂“技能”和“學術”分别指稱西方的科學技術和宗教,一“取”一“禁”,清政府歡迎科學、拒斥宗教的態度一清二楚。

具體説來,明末清初西學東漸中,儒學對西方科學持明顯歡迎態度的領域,主要集中在曆法、數學、地理學、機械學、醫學、農學和軍事學等。這些領域的突出特點是:事關維護王朝統治大局、有益民生日用、能够滿足帝王與封建官僚各類特殊的需要等。

(2)排斥

粗略地説,明末清初西學東漸中儒學對科學的排斥主要表現爲顯性排斥和隱性排斥兩種情況,而顯性排斥又可進一步分爲全盤排斥和顯性局部排斥兩種類型。所以,總起來説,排斥的類型有三:全盤排斥、顯性局部排斥、隱性局部排斥。

① 全盤排斥。在整個明末清初西學東漸中,對西方科學全盤排斥的人爲數不多,但影響頗大。當時,全盤排斥西方科學最典型的人物是以時任南京禮部尚書的沈漼爲代表的發動南京教案和閩浙反教運動的一批士人、以楊光先爲代表的熙朝曆獄案中的少數士人,以及以魏文魁、冷守中爲代表的固守中國傳統曆法的一部分曆法界士人等。這些士人共同的特點是:對儒學持教條主義立場,並且不能將西方宗教和西方科學區分開,反教連帶着西方自然科學也一起反了。所以,儘管他們基於愛國主義立場反對西方宗

① 傅泛際.《環有詮》提要,載:四庫全書總目提要·卷一二五·子部·雜家類·存目二.

教侵蝕中國文化的政治態度有一定合理性,但總體而言,他們對西方科學的排斥是盲目的、非理性的。不過,他們在普通士人中有一定市場。例如,儘管楊光先對明清之際曆法改革百般詆毁,對參與曆法改革的傳教士和中國士人必欲置之死地而後快,甚至喊出“寧可使中夏無好曆法,不可使中夏有西洋人”的口號,説什麼“日月食于天上,分秒之數,人仰頭即見之,何必用彼教之望遠鏡以定分秒耶”①等等,但他們仍然受到了一部分士人的熱烈擁戴。乾嘉考據學派的主將錢大昕就熱烈稱讚楊光先:“然其詆耶穌異教,禁人傳習,不可謂無功於名教者矣。”②在楊光先死後大約200年,江蘇吴縣士人錢綺甚至吹捧楊光先“正人心,息邪説,孟子之後一人而已”③。不過從中國科學的近代化進程角度看,他們這一部分人對西方科學的全盤排斥,在明末清初西方科學傳入中國的滚滚大潮中,畢竟只是逆歷史潮流而動的一股小小勢力而已。

② 顯性局部排斥

顯性局部排斥是指基於儒學立場,對西方科學整體上持歡迎態度,但對西方科學的某些觀點或理論予以排斥。如法國傳教士白晉和巴多明,歷經數年編譯了《人體解剖學》一書,康熙原打算刊印並親自做了校訂,但考慮到人體解剖有違禮教、不宜流傳而作罷。“而在日本,杉田玄白翻譯了《解體新書》。以這本書爲開端,在日本興起了蘭學。”④

造成局部排斥的原因,有時是某種客觀原因,如西方傳教士在科學著作中摻進了宗教内容而引起了中國士人的反感。但更多的

① 楊光先等. 不得已[C]. 合肥: 黄山書社,2000: 73-74.

② 楊光先等. 不得已[C]. 合肥: 黄山書社,2000: 195.

③ 楊光先等. 不得已[C]. 合肥: 黄山書社,2000: 196.

④ (日) 藪内清著、梁策等譯. 中國·科學·文明[C]. 北京: 中國社會科學出版社,1988: 134.

是出於中國士人對儒學某些觀點的固守或教條主義的理解。爲此,著名法國漢學家謝和耐在談到這一情況時説:"一般來説,中國人都根據他們自己的傳統,來判斷歐洲傳教士向他們講授的內容。他們比較容易接受那些似乎與這些傳統相吻合,或者是可能比較容易地與之相融合的內容。"①

③ 隱性局部排斥

隱性局部排斥的情況較普遍。這類情況的發生同樣是基於儒學的立場,但選擇時不太自覺,好像出於本能。例如,對於《幾何原本》,當時有相當多的人讀不懂,因而影響了該書的傳播。其源蓋出於許多人習慣於使用圖形和數位,而難於理解和接受幾何的邏輯思維方式。就是説,在特定情況下,儒學所秉持的直覺、辯證和整體性的思維方式束縛了儒士們。

(3) 建構

對於中國傳統士人來説,儒學即是世界觀和方法論。他們在面對西方科學時,即便是接受,也很少照單全收,大量的情況是基於儒學的立場對西方科學做出種種改造,即建構。例如,《幾何原本》前六卷出版後,學界陸續出版了一批研究《幾何原本》的著作。如方中通的《幾何約》、杜知耕的《幾何論約》、梅文鼎的《幾何通解》和《幾何補編》等。這些著作的作者們基於共同的儒學立場和各自對《幾何原本》的理解,均對原作有所改動:有的簡化了定理和證明,有的删去了求證,有的修改了圖形,有的還摻進了中國數學,等等。

其實,這種建構工作在熱烈擁抱西方科學的徐光啓身上也有表現。徐光啓在充分肯定了《幾何原本》邏輯方法價值的同時,特别對其致用功能給予了强調:"此書爲用至廣,在此時尤

① (法)謝和耐、戴密微等著. 耿昇譯. 明清間耶穌會士入華與中西會通[C]. 北京:東方出版社,2011:240.

所急須。”①他在爲《幾何原本》所寫的譯序中,反復申説:“是書也,以當百家之用”,“蓋不用爲用,衆用所基”,“則是書之爲用更大矣”,“幾何諸家藉此爲用”,等等。一篇僅有500字的《刻幾何原本序》,“用”字竟然出現了11次!一部古希臘的純數學著作,在中國人這裏,竟然被塞進去了大量理學經世致用的觀念!其間的儒學建構作用不言而喻。

（4）同化

歷史上,面對異質文化,儒學一向具有强大的同化功能。這一點,在它與西方科學的關係上,也得到了充分的體現。其中,貫穿有清一代的“中西科學會通”運動,就是貫徹“西學中源”理念對西方自然科學的一次大規模的同化活動。其主要做法是:首先,把西方自然科學的起源歸於中國;然後,用中學解釋西學;最終把西方自然科學納入某種程度上從屬於儒學的中國古代自然科學的框架裏。

四、結　　論

明末清初西學東漸中科學與儒學關係演變的歷史表明:

1. 不斷將科學精神、科學方法和科學思想融入儒學,是儒學現代化的必由之路

從陸王心學的由盛而衰,到實學思潮的興起,再到乾嘉漢學的出現,儒學的每一步發展都貫穿着科學的作用,具體點説,都貫穿着科學精神、科學方法和科學思想的融入,只不過科學的作用在儒學發展的每一步的側重點有所不同而已,如實學思潮以科學精神的融入爲重點,乾嘉漢學以科學方法的融入爲重點。如果聯繫到

① 徐光啓著.王重民輯校.徐光啓集[C].上海:上海人民出版社,1984:77.

清末今文經學以進化論等科學思想的融入爲重點,現代新儒學則是科學精神、科學方法和科學思想的全面融入的話,我們似乎可以認爲:科學促進儒學發展的形式,不是從儒學内部“開出”科學,而是從儒學外部融入科學;這種融入促使儒學逐漸形成主客二分的物件性關係的認識論模式,擴充了既有的科學認知傳統,並使之與弘揚儒學的優秀人文思想結合起來。或許,這正是儒學現代化的必由之路。

2. 儒學與科學之間的相容是主導方面,排斥是局部的、非根本的

西方科學進入中國後,的確遭到了一部分儒士的抵制,貫穿有清一代的“中西會通”運動和“西學中源”説,對西方科學的傳播也起到過一定的消極作用。但是,這相對於廣大儒士對西方科學的熱烈歡迎態度、明末改曆和清代頒布新曆均採用西曆、清代啓用傳教士執掌曆局,以及清政府對西方科學所採取的“節取其技能,而禁傳其學術”的方針等對於西方科學傳播所起到的積極作用,畢竟是局部的和非根本的。而且,“中西會通”運動和“西學中源”説也有其合理的一面:它們實質上是儒士們以中國文化爲本位,對西方科學的一種消化、吸收形式。這在中國科學的前現代化時期是必要的、不可避免的。至於乾嘉時期中國古代科學的復興,不應簡單地被認爲是對西方科學的一種阻止和對抗,因爲當時中國古代科學的復興整體上從屬於乾嘉漢學反叛宋明理學,或者説,主要是因應後者的需要,何況當時正處於革命時期的西方科學尚未穩居世界科學的主流地位!清中期,西方科學的傳播戛然而止,其根本原因在於基督教和儒學在倫理觀念上的激烈衝突,與儒學對科學的態度無關。恰恰相反,正是儒學對科學的眷戀一再延緩了衝突的爆發。之所以説儒學與科學的相容是主導方面,而排斥是局部的、非根本的,歸根結底是因爲,儒學的核心思想是仁愛和愛人。它決没有理由阻止和反對人們爲了自身的根本利益而認識和改造世界。儒學重倫理並不必然導致其輕視或排斥科學,恰恰相反,正是由於儒學重倫理,所以有民本思想,進而傾向於重視事關百姓生活品質的農學和醫學;正是由於儒學重倫理,所以有忠君思想,進而傾向於重視關乎君權神授和江山社稷的天文曆法、數學和輿地學等等。而在現代和未來,正是由於儒學倫理觀念發達,所以,不論是端正科學研究方向、提高科研團隊工作效率,還是消除科學的負面作用,儒學都大有用武之地。

3. 科學與儒學的相容性不容低估,二者協調發展的前景是無限廣闊的

明末清初,傳教士出於傳教的需要,借助儒士們對科學的偏好,使西方科學得以大舉進入中國,並很快使其在天文曆法、數學和地理等領域獲取主導地位。反過來,儒學也自始至終都在積極主動地吮吸西方科學的養分。以彙集和消化西方科學爲基本目的之一的《律曆淵源》和《疇人傳》等傳世之作的編撰以及後者的一續再續表明,即便禁教後西方科學的引進中斷了,但已經引進的西方科學在儒士階層的傳播和發酵仍在繼續。可以說,自從西方科學踏上中國土地,科學與儒學的良性互動就没有真正停止過。很明顯,科學在中國的傳播與發展,需要儒學這一民族文化的配合和保駕護航,而具有與科學相容本性的儒學也能够爲科學的傳播和日後現代科學的快速發展提供取之不盡、用之不竭的思想資源。總之,二者的協調發展是歷史的必然趨勢,其前景是廣闊無垠的。

2014 年 9 月 20 日于山東大學儒學高等研究院

目　録

導　言

一、古數復原——明末清初數學史研究的一種思路

（一）引言

在我國,普遍用"數學"作爲數學學科的名稱,是20世紀30年代末的事。明末清初的中國數學,其名稱並不一致,一般統稱數術、術數、道術、曆數、曆算、算法、算經、算術、數學、算學、度數之學或象數之學等等,其内涵與外延也不統一。宋代數學家秦九韶説:"今數術之書尚三十餘家。天象、曆度謂之綴術,太乙、壬、甲謂之三式,皆曰内算,言其秘也。《九章》(即《九章筭術》)所載,即周官九數,系於方圓者爲專術,皆曰外算,對内而言也。其用相通,不可歧二。"①並稱自己"所謂通神明,順性命,固肤末於見;若其小者,竊嘗設爲問答,以擬于用"。② 可以看出,内算是指數術中較神秘的部分,是大數術,包括綴術和三式:綴術包括天象和曆度,三式包括太乙、六壬和奇門遁甲。内算的功能是"通神明,順性命"。外算是數術中公開傳授的部分,是小數術,指"《九章》(即《九章算

---

① （宋）秦九韶.《數書九章》序. 靖玉樹. 中國歷代算學集成[M]. 濟南: 山東人民出版社,1994: 467.

② （宋）秦九韶.《數書九章》序. 靖玉樹. 中國歷代算學集成[M]. 濟南: 山東人民出版社,1994: 468.

術》)所載,即周官九數,系於方圓者”,其功能是“經世務,類萬物”。① 可見,秦九韶眼中的數學(或算學)是“數術”,包括了今天的天文、曆法、數學和數術四個部分,既用於現實社會的事務,又關乎個人、國家命運和神明的意旨,有强烈的文化意味和意識形態色彩。

到清中前期的阮元所處的時代,上述觀念一直流行著。在編其名著《疇人傳》時,阮元仍把内算、外算稱爲占候、步算兩家,但對二者關係的看法發生了很大變化:“步算、占候,自古別爲兩家。《周禮》馮相、保章所司各異。《漢書·藝文志》天文二十一家,四百四十五卷;術譜十八家,六百六卷,亦判然爲二。宋《大觀算學》以商高、隸首與梓慎、裨竈同列五等,合而一之,非也。是編著録,專取步算一家,其以妖星、暈珥、雲氣、虹霓占驗吉凶,及太一(也稱太乙)、壬遁、卦氣、風角之流,涉于内學者,一概不收。”②並直批邵雍“元、會、運、世之篇,言之無據”。③

自此,以阮元爲代表的外算學者,自稱爲“步算一家”,在中國歷史上首次專門而系統地爲外(步)算家樹碑立傳,而將以邵雍爲代表的内算家放逐於“疇人”傳記以外,只以“經世務、類萬物”爲己任,而放棄“通神明、順性命”這一傳統數術家的終極追求。所以我們研究明末清初的數學史,要尊重當時的實際情況,不應僅僅根據現代的觀念揣度古人的思想,而現有研究並不盡如人意。

(二)國内研究綜述

1. 外算

這一方面的研究以李儼、錢寶琮兩位先生的工作爲最早。其

① (宋)秦九韶.《數書九章》序.靖玉樹.中國歷代算學集成[M].濟南:山東人民出版社,1994:467.

② (清)阮元.《疇人傳》凡例.疇人傳[M].上海:商務印書館,1935:1.

③ (清)阮元.《疇人傳》序.疇人傳[M].上海:商務印書館,1935:1.

後繼者有嚴敦傑、杜石然、白尚恕、李迪、梅榮照、劉鈍、李兆華、韓琦、莫德、李文林、紀志剛、郭世榮、王渝生等先生,以及臺灣的洪萬生、王萍等先生。其中不少人做了頗有價值的工作,如白尚恕先生對《大測》《測量法義》等數學著作的版本考證(見《白尚恕文集》,北京師範大學出版社,2008),劉鈍先生對梅文鼎數學特别是幾何學的詳盡解讀(見其碩士論文和一系列文章),梅榮照等先生編著的《明清數學史論文集》,莫德先生對《幾何原本》的版本考證,李兆華先生對汪萊《衡齋算學》的研究,洪萬生先生對李鋭、汪萊、焦循等"談天三友"的研究,李迪先生和郭世榮先生對梅文鼎數學思想的整體研究(見《梅文鼎》)。王萍先生的《明末清初西方曆算輸入》,韓琦先生的博士論文《康熙時代傳入的西方數學及其對中國數學的影響》(中科院自然科學史所,1991),董光壁先生主編的《中國近現代科學技術史》及一系列文章,田淼先生的《中國數學的西化歷程》,趙暉先生的博士論文《西學東漸與清代前期數學》(浙江大學,2005),趙彦超先生的博士論文《傳統勾股在清代的發展與西學的影響》(中科院自然科學史所,2005),潘亦寧先生的博士論文《中西數學的會通:以明清時期(1582—1722)的方程解法爲例》(中科院自然科學史所,2006)等,都從不同的角度做出了獨特研究。

這一類研究的特色是對傳統數學的現代解讀徹底、深刻,對西方數學著作的版本來源考證充分、準確。其不足之處是對數學、文化的整體性關注不够,尤其是其早期研究,比如對理的數學、術的數學涉及很少。近來情況有所改變,在數學文化上,相關研究對歷史、社會層面的注意有所加强,但是還只限於論文,有分量的著作筆者尚未目遇,對數學文化的哲學層面的關注仍然稍顯欠缺,筆者僅見到代欽先生的《儒家思想與中國傳統數學》和鄭毓信等先生的《數學文化學》,且都不是關於明末清初的專題研究。劉鈍先生在其代表作《大哉言數》中有一節《古算與社會》,分析精到,頗獲好評,但可惜涉及晚明時期較少,該節内容在全書中所占分量也太小。劉先生在其著作最後謙虛地説:“中西兩種數學傳統在明末以後的交匯則付之闕如,好在有劉徽的一句名言聊以自慰:‘欲陋形措意,懼失正理,敢不闕言,以俟能言者。’就此擱筆。”①在一定意義上,此文正是在前人止步處蹣跚前行。

2. 内算

這方面的研究,以何丙鬱、江曉原、黄一農、俞曉群和李零等先生的研究較爲突出。何先生被席澤宗院士譽爲“開拓了一個從來不爲人們所注意的領域”②的人,有專著20餘部、論文110多篇,提出“從另一觀點探討中國傳統科技的發展”。③ 我們認爲可以從正統觀點和這一觀點的比較角度來進行研究。何丙鬱先生的一些具體觀點也還可以商榷,比如他認爲“按傳統文化,‘數學’這個名詞是包含‘術數’和現代所稱的‘數學’”。④ 我們認爲,按傳統文化,“數學”這個名詞是包含現代“術數”和現代所稱的“數學”——這樣表述更爲妥當。江先生《天學真原》《天學外史》《12宫與28宿》《天文西學東漸集》及一系列的論文研究表明,中國古代天學就是星占數術學,這與理的數學中的“至理”,即宇宙萬物的生成理論有直接關係。他的研究表明:“明末歐洲天文學大舉輸入,最終導致中國完全改用西方方法。”⑤但這並未改變中國天學的性質與文化功能:“爲政治服務之通天星占之學及爲擇吉服務之

---

① 劉鈍. 大哉言數[M]. 瀋陽: 遼寧教育出版社,1993: 443.

② 席澤宗.《何丙鬱中國科技史論集》序[J]. 何丙鬱中國科技史論集[C]. 瀋陽: 遼寧教育出版社,2001: Ⅷ.

③ 何丙鬱. 試從另一觀點探討中國傳統科技的發展[J]. 何丙鬱中國科技史論集[C]. 瀋陽: 遼寧教育出版社,2001: 230.

④ 何丙鬱. 試從另一觀點探討中國傳統科技的發展[J]. 何丙鬱中國科技史論集[C]. 瀋陽: 遼寧教育出版社,2001: 231.

⑤ 江曉原. 天學真原[M]. 瀋陽: 遼寧教育出版社,2004: 311.

曆忌之學。"①我們認爲,江先生的這一研究結論説明,徐光啓"鎔彼方之材質,入大統之型模"的會通計劃,在將西方天文曆算爲中國所用方面,是基本成功的,這爲當時和其後有關徐光啓會通成功與否的争論做了一個廓清。明末輸入的西方天文數學雖然没有馬上改變中國天學的上述性質,但是減弱了這一性質,並且爲這一性質改變的最終實現埋下了伏筆。由於學科專業的差别,江先生對"算法數學"研究不多,這爲我們的整合留下了餘地。俞先生在其《數術探秘》《數與數術札記》中認爲中國古代數學的最高境界是數術學,爲傳統數術的文化功能鳴冤叫屈,這也引起了我們的共鳴,只是俞先生關於明末清初的研究成果較少。黄先生在其《社會天文學史十講》等作品中對某些數術在歷史層面上做了難以超越的詳細爬梳,對"術的數學"(如選擇術)的研究細緻精到,只是其作品似乎對歷史事實背後的思想文化缺乏興趣,令人感到還不够痛快淋漓。李先生的兩部作品《中國方術正考》(中華書局,2006)與《中國方術續考》(中華書局,2006)以及一系列文章也很精彩,對古代方術(包括數術和方技)的考證非常詳細,尤其注重考古資料的挖掘和整理,可惜對於較晚的明清時期著墨較少。

3. 國外研究綜述

國外學者的研究一般綜合性較强。李約瑟先生的《中國的科學與文明》,對中國的科學和技術進行了系統的整理和總結,其中第三卷是數學卷,對明末清初這一時期的數學内容涉及不够詳細,我們可以結合他的《中國古代科學思想史》(江西人民出版社,1999)來歸納總結他對明末清初中西數學發展的認識。首先,他的研究物件是中國文化、中國數學的整體,而不是割裂的部分,他關於科學思想和數學的論述中都體現了這一特點,比如他注意到了傳統内算:"十一世紀的沈括所説的'内算',是一個至今尚未探討

① 江曉原. 天學真原[M]. 瀋陽: 遼寧教育出版社,2004: 176.

過的領域……這是有待進行歷史研究的另一門准科學。”①其次,他的討論不乏真知灼見,對很多問題的認識至今仍然很有啓發意義,例如他關於五行與方位的認識:“五行(或更精確地説,其中的四行)在早期頗與羅盤上的方位有關係……太陽運行的循環,以方位論,就是:東、南、西、北(或者以五行來説,就是:木、火、金、水)。”②關於中國傳統數學特點的認識:“自漢代以後,中國數學家的全部努力,可以用一句話來叙述,即他們是要將一個特殊的問題納入於某一類或型式的問題,從而解決它。”③關於傳統思維方式的認識:“一般而言,‘關聯式的思考’及‘宇宙類比’思想,在‘新哲學’或‘實驗哲學’上的勝利下,不復能存在。實驗、歸納法與自然科學的數學化,將一切的原始形成一掃而空,以迎接現代的世界……我們將會看到,所有空間上區别開的宇宙的古老觀念,如何地被歐幾里得幾何的均勻空間推廣至整個宇宙所驅走。17世紀中葉以後,科學書籍上所提到的‘宇宙類比’思想,皆可視爲只是文辭上的苟延而已。”④關於西方科學先進性的認識:“耶穌會傳教士把歐洲代數學介紹過去時,他們帶去的不是由來已久的東西,而是至少在技術上比較新的東西。”⑤關於中西數學先進性的比較:“正是由於中國數學在十五、十六世紀衰落了,十七世紀耶穌會傳

---

① (英)李約瑟. 中國科學技術史[M]. 第三卷·數學. 北京:科學出版社,1978:10.

② (英)李約瑟著. 陳立夫等譯. 中國古代科學思想史[M]. 南昌:江西人民出版社,1999:320.

③ (英)李約瑟著. 陳立夫等譯. 中國古代科學思想史[M]. 南昌:江西人民出版社,1999:366.

④ (英)李約瑟著. 陳立夫等譯. 中國古代科學思想史[M]. 南昌:江西人民出版社,1999:374.

⑤ (英)李約瑟. 中國科學技術史[M]. 第三卷·數學. 北京:科學出版社,1978:256.

教士的貢獻才顯得如此新穎和進步。”①

但是李約瑟先生研究的不足之處也顯而易見。第一,李約瑟先生對明末清初涉及過少,並且把内算的逐漸消失看作整個傳統數學發生的事:“隨著十七世紀初耶穌會傳教士的到達北京,本書所感興趣的那個可稱爲‘本土數學’的時期即告結束。”②其實,雖然中國内算在正統學術中地位大大降低,但是外算的發展卻與之相反,在清朝中期,隨著傳統外算著作《算經十書》的挖掘整理和重新出版,傳統算法數學大放光明,並且與西方數學進一步會通,還出現了豐富多彩的景象:以中國天元術貫通西方的列方程解應用題,以西方的借根方貫通中國的列方程解應用題,等等。第二,李約瑟先生對西方數學與中國數學之間關係的看法值得商榷。“由於本土科學的衰退以及對耶穌會傳教士帶進來的‘阿爾熱巴拉’的高度熱情,中國古代代數學就被忽視了。”③前半句是對的,但是後半句就有問題了。實際情況應該是,西方數學刺激了中國數學的復興,並與之進行了會通,如天元術的重新發現,《算經十書》的挖掘整理和重新出版,戴震等人算學著作的西方精神和中國形式。

席文先生所著《王錫闡》對王錫闡的天文和數學工作做了獨到研究。他的《哥白尼在中國》探討了哥白尼的天文學理論傳入中國的歷程,其中涉及了數學的思想方法。席文1995年曾説:“王錫闡、梅文鼎和薛鳳祚是最早對西方傳入中國的科學作出反應的中國民間天文學家,他們的工作使得西方的新方法和新思想對其

① (英)李約瑟. 中國科學技術史[M]. 第三卷・數學. 北京:科學出版社,1978:282.

② (英)李約瑟. 中國科學技術史[M]. 第三卷・數學. 北京:科學出版社,1978:114.

③ (英)李約瑟. 中國科學技術史[M]. 第三卷・數學. 北京:科學出版社,1978:116.

後繼者也産生了影響。簡言之,他們帶來了一場科學革命。"①鑒於當時學術不分科和天文是内算的主體部分,這一評價也適用於數學,但是我們認爲這場革命是不完整的。荷蘭學者安國風先生的《歐幾里得在中國》(紀志剛等譯,江蘇人民出版社,2008)對明末清初《幾何原本》在中國的翻譯和傳播做了全程式掃描,是新近出版的國外優秀成果,可惜作者似乎對中國文化的瞭解還不够深入,對《幾何原本》的形式邏輯和公理化體系,以及《幾何原本》等西方數學著作所描述的西方宇宙觀念等"理"的成分在中國生存和發展的情形論述不够充分。安先生在其著作中斷定:"利徐續瞿太素譯文的可能性極低。而且,若果真如此,瞿太素當應被列爲譯者之一。"②其實未必如此,比如南懷仁《窮理學》整理了很多李之藻譯《名理探》的内容,並未在作者部分列上李之藻的名字;利瑪竇《天主實義》是羅明堅《天主實録》的改寫本,也没有列上羅明堅的名字;李之藻將徐光啓的《勾股義》整個編入《同文算指》,也没有列上徐光啓的名字;徐光啓《勾股義》中的中國數學材料全是孫元化整理,也没有列上孫元化的名字。按當時習慣,人們的著作權意識並没有像今天這麽强烈。另外,安先生的著作尚有以下瑕疵:將蔣氏舉人的學位提升爲進士,③將生於 1562 年、到 1604 年已經 42 歲的徐光啓的年齡減少爲 40 歲④,其著作 103 頁和 106 頁中對《算法統宗》出版年代的記述不一致(分别爲 1593 年和 1592 年),

---

① (美)席文. 王錫闡[J],陳美東、沈法榮主編. 王錫闡研究文集[C]. 石家莊:河北科學技術出版社,2000:51.

② (荷蘭)安國風. 歐幾里得在中國:漢譯《幾何原本》的源流與影響[M]. 紀志剛等譯. 南京:江蘇人民出版社,2008:142.

③ (荷蘭)安國風. 歐幾里得在中國:漢譯《幾何原本》的源流與影響[M]. 紀志剛等譯. 南京:江蘇人民出版社,2008:143.

④ (荷蘭)安國風. 歐幾里得在中國:漢譯《幾何原本》的源流與影響[M]. 紀志剛等譯. 南京:江蘇人民出版社,2008:88.

等等。

(三)新的研究思路

從上述可知,已有研究有很多不足之處。其一是研究的均衡性不够,科學史界對天文、曆法和數學研究得較充分,但是由於種種原因,其數術的研究很不够。其二是研究的整體性不够,古代數學(或算學)的四個部分天文、曆法、數學和數術之間是什麽關係,四者爲什麽縱横交錯、融爲一體,還没有得到很好的揭示。已經有學者注意到了這種狀況。郭世榮先生就認爲,目前數學史的研究,“存在著兩種錯誤的傾向:一是在數學史研究方法論中以現代數學的觀點、内容和方法解釋甚至替代古代數學,因而不能反映古代數學發展的本來面貌,有時甚至是歪曲歷史;二是在數學史研究内容和數學史觀方面,‘歐洲中心論’和‘西方至上論’雖然受到一些人的批判,但影響仍然很大”①。

但是我們還要探索改變現狀的研究思路。關於中國數學史的研究,國際著名數學家、數學史家吴文俊先生提出“古證復原”思想:在爲古代數學中僅存結論補充證明時,要“符合當時本地區數學發展的實際情況”,不要“憑空臆造”和“人爲雕琢”。② 近年來,曲安京先生也總結了中國數學史研究的歷史,認爲中國數學史的研究已經有了兩種範式,即“有什麽樣的數學”和“如何做出來的數學”,目前要進行的是“爲什麽要做數學”,提倡一種外史性的數學史研究③,很有意義。美國學者柯文(Paul A. Cohen)先生宣導

① 郭世榮. 吴文俊院士與我國高校數學史研究[J]. 内蒙古師範大學學報,第38卷第5期,2009(9):496-502,496.

② 吴文俊. 吴文俊文集[C]. 濟南:山東教育出版社,1986:54.

③ 曲安京. 中國數學史研究範式的轉换[J]. 中國科技史雜誌,2005,26(1):50-58,55.

關於中國歷史研究的"古史復原"思想:"以中國爲出發點,深入精密地探索中國社會内部的變化動力與形態結構,並力主進行多科性協作研究。"①美國科學史家、科學哲學家庫恩也提出與之相關的科學史研究"範式"理論,法國史學家、哲學家福柯提出"知識考古學"思想。本研究借鑒這些思想、方法,進一步推進"古數復原"思想:尊重當時中國傳統數學"内算"與"外算"相互交織的歷史事實,②尊重當時數學家會通中西數學的强烈願望和他們的心理體驗,尊重當時數學與傳統文化其他方面(如儒學"理"的觀念)的固有聯繫,進而研究中西數學會通的狀況及中國傳統數學、傳統文化通過與西方會通後發生的嬗變。如果説李儼、錢寶琮"二老"在傳統數學研究"一窮二白"的狀況下用現代數學的語言主要復原了《九章算術》的數學傳統,吴文俊先生主要復原了這一傳統的證明過程和思維方式,我們的目的則主要是復原傳統數學的整體結構及其與傳統文化其他方面的天然聯繫。

二、明末清初東傳數學與中國文化互動研究綜述

關於西方數學與中國數學的會通及其成效的研究,我們所見不多。已有研究中,數學方面和儒學方面大多是獨立進行的,缺乏相互溝通,談到溝通的也多論而不詳。所見研究中,在文化對數學發展的影響方面,錢寶琮和周瀚光兩位先生從道學(儒學當時的稱謂)對數學的作用上直接論述了二者的關係。錢先生認爲,數學與

① (美)柯文. 在中國發現歷史:中國中心觀在美國的興起[M]. 林同奇譯. 譯者代序. 北京:中華書局,2002:5.

② 參見:宋芝業. 關於古代術數中内算與外算易位問題的探討[J]. 周易研究,2010(2):88-96.

道學没有邏輯聯繫,但是當道學成爲國家意識形態時,它會對數學發展有阻礙作用:“唯心主義道學與數學之間並無必然的聯繫,只有在封建統治階級將道學定爲一尊,學術思想陷於僵化的時候,數學的發展才受到阻礙。”①周先生的看法有了辯證意味。他認爲在其發展初期,道學有思想解放的特點,從而對數學發展有促進作用。成熟後的道學對數學發展起阻礙作用,這點與錢先生一致:“從總體上來説,道學是一種唯心主義的思想體系,而唯心主義則從來是和科學格格不入的。但是我們不能因此而對道學採取全盤否定、一棍子打死的態度,而應該對其進行客觀的、具體的、實事求是的分析。道學在其産生和興起的前期,曾經提出過一些符合唯物主義和辯證法的合理思想,而正是這些合理的方面促進了宋元數學的發展。”②前輩學者多直接關注理的層面,忽視了數的層面,與明末清初學科没有太大分化的事實不符。總體來看,關於中西數學會通對儒學發展作用的研究多是論而不詳,已有觀點也並不一致,大致可分爲兩種:一是“成效顯著”論,二是“没有或基本没有成效”論。

(一)“成效顯著”論

這一方面又分“正面成效顯著”論、“負面成效顯著”論和“成效限於用的層面”論。

1. “正面成效顯著”論

這類研究者關注了數與理的關係,只是比較粗略。清末和民

---

① 錢寶琮. 宋元時期數學與道學的關係. 李儼錢寶琮科學史全集. 第九卷. 瀋陽:遼寧教育出版社,1998:666－684.

② 周瀚光. 淺論宋明道學對古代數學發展的作用和影響. 論宋明理學. 宋明理學討論會論文集. 中國哲學史學會、浙江省社會科學研究所編. 杭州:浙江人民出版社,1983:541－557.

國學者章太炎(1869—1936)、梁啓超(1873—1929)、胡適(1891—1962)、夏曾佑(1863—1924)、蔣方震(1882—1938)等先生都注意到:晚明前清“西學”輸入中國社會,耶穌會士學術曾在朝野大行其道;同時中國傳統學術發生從理學到考據學(也稱樸學)的轉變。① 他們把西學因素較早引入了中國學術研究。其實與此同時,中國傳統的數學、天文也發生了天翻地覆的變化。

胡適先生曾總結明末和清末中西會通情況,於1960年問:“中國傳統在與西方有了這樣的接觸(指中西會通——筆者)後,有多少成分確是被破壞或被丢棄了? 西方文化又有多少成分確是被中國接受了? 最後,中國傳統還有多少成分保存下來? 中國傳統有多少成分可算禁得住這個對照還能存在?”而他的回答並不完整:“短短幾十年裏,中國已經廢除了幾千年的酷刑,一千年以上的小脚,五百年的八股。”②從其著作看,其問題是針對明末清初及後來的西學而提,但是其答案主要是針對清末的情況,偏重於社會制度和風俗習慣,屬於“宰理”的範疇。至於影響的發生機制,胡適在評價顧炎武、閻若璩時提到:“此種學問方法,全系受利瑪竇來華影響。”③

20世紀初,梁啓超先生非常有先見之明,曾做出與本研究有關的許多斷言。如“自明之末葉,利瑪竇等輸入當時所謂西學者於中國,而學問研究方法上,生一種外來的變化。其初惟治天算者宗之,後則漸應用於它學”④,與數學會通的成效有關。“曆(算)學脱

① 參見:李天綱.跨文化的詮釋[M].代序.北京:新星出版社,2007:11.

② 胡適.中國的文藝復興[M].北京:外語教學與研究出版社,2001:473.

③ 胡適.考據學方法的來歷[M],轉引自:李天綱.跨文化的詮釋[M].代序.北京:新星出版社,2007:40.

④ 梁啓超.清代學術概論[M].朱維錚編校.《梁啓超論清學史二種》.上海:復旦大學出版社,1986:23.

離占驗迷信而超然獨立於真正科學基礎之上,自利(瑪竇)、徐(光啓)始啓其緒,至定九(梅文鼎)乃確定”①,與内算與外算易位有關。“戴震全屬西洋思想,而必自謂出孔子”,②確實,戴震哲學也如他的天文曆算學一樣,對西方學術“易以新名,飾以古義”,③這與當時西學中源説盛行有關。梁啓超這樣評價明末遺民的學術活動:“他們不是爲學問而做學問,是爲政治而做學問……所做學問原想用來做新政治建設的準備,到政治完全絶望,不得已才做學者生活……漸漸不肯和滿洲人合作,寧可把夢想的經世致用之學依舊托諸空言,但求改變學風以收將來的效果。”④這與數學會通過程中的社會與文化互動有關。梁先生在這裏把學術與政治、明清鼎革、學術風氣等都聯繫在一起,涉及這一研究的核心内容,無奈先生的論述多爲簡單斷言,缺乏論證,内容不全面、分量小而且零散。本研究擬對其進行細化、補充,使之完善。

梁先生爲蔣方震先生的《歐洲文藝復興史》作序,“既下筆不能自休,遂成數萬言”,⑤該序卻無心插柳地成爲《清代學術概論》,對清代學術做了鳥瞰式回顧與整理。梁先生後據此寫成《中國近三百年學術史》,反索序於蔣。蔣先生在1921年所寫序言中向梁先生請教的四個問題也頗合於本文主題:“1. 晚明傳教士帶來的

---

① 梁啓超. 中國近三百年學術史[M]. 天津: 天津古籍出版社,2003: 377.

② 梁啓超. 清代學術概論[M]. 朱維錚編校. 梁啓超論清學史二種. 上海: 復旦大學出版社,1986: 72.

③ (清) 阮元. 戴震傳. 疇人傳[M]. 第42卷. 上海: 商務印書館,1935: 529.

④ 梁啓超. 清代學術概論[M]. 朱維錚編校. 梁啓超論清學史二種. 上海: 復旦大學出版社,1986: 106.

⑤ 梁啓超. 清代學術概論[M]. 朱維錚前言. 上海: 上海世紀出版集團,2005: 1.

西方科學,爲什麽到了喜歡曆算的康熙之後,除曆算之學外截然中輟? 2. 清初的致用之學爲什麽後來變成無功實用的考據學? 3. 和於西方文藝復興精神的戴震理欲之學,爲什麽在當時中國和者甚寡? 4. 到了清末,爲什麽"純正科學,卒不揚?"①梁先生的後續著作《中國近三百年學術史》只是對《概論》的擴充,"是要説明清朝一代學術變遷之大勢及其在文化上所貢獻的分量和價值",②其中不盡人意處頗多,如"科學之曙光"部分計劃論述王寅旭、梅定九、陳資齋三人的科學成就,但全書中只有前二人,不見對第三人的論述。③ 書中對於爲什麽發生這種變遷涉及不多,對前述問題的回答也不成熟,並且梁先生所説的科學方法多指實驗,很少提及數學方法,與同時期西方觀念不相符合。但問題在梁、蔣心中縈繞難解已有多時,並且他們對彼此已有著作所包含的答案不滿意。

胡適先生就西方數學天文方法對中國學術思想的影響也有討論。他説:"中國舊有的學術,只有清代的樸學確有科學的精神。""顧炎武、閻若璩的方法同葛利略(Galileo)、牛敦(Newton)的方法是一樣的,他們都把他們的學説建築在證據之上。戴震、錢大昕的方法同達爾文(Darwin)、拍斯德(Pasteur)的方法也是一樣的,他們都能大膽地假設,小心地求證。"④嚴復先生則指出,"迨本朝入關,有二祖之好學。該會(耶穌會)教士,侍從南齋,賞賚稠迭。星曆律吕,以至圖畫草木諸學,其仰益睿慮尤深。而其時士夫如李安溪(光地)、梅宣城(文鼎)、戴東原(震)、高郵王氏父子(王念孫、王

① 參見:梁啓超.清代學術概論[M].蔣方震序.上海:上海世紀出版集團,2005:92.

② 梁啓超.中國近三百年學術史[M].天津:天津古籍出版社,2003:1.

③ 梁啓超.中國近三百年學術史[M].天津:天津古籍出版社,2003:158.

④ 轉引自:楊國榮.科學的形上之維[M].上海:上海人民出版社,1999:262-263.

引之),於修古經世諸學術,……足以辟易古賢,則所得於西者,爲之利器耳。乾嘉搢紳先生,群懷尊己之思,恥言西法,於是逐客之令屢下,教寺舊産,什九見奪。"①嚴先生同時指出,李光地(安溪)、梅文鼎(宣城)、戴震(東原)、王鳴盛、王引之父子的學問,都受到耶穌會士的影響。張蔭麟先生在一系列文章中持與之相似的觀點。但是嚴先生的重要貢獻在於西方學術,特别是邏輯學的翻譯引進,對中國清代學術的研究並不多見。接下來,陳垣、方豪、向達、閻宗臨、馮承鈞、王重民、徐宗澤等老一輩學者也都有較扎實的研究著作,但是這一批研究者多爲基督徒,其觀點難免受弘教心態的影響。

如上所述,前輩學者確實分享了同一個觀點:耶穌會士的"西學"與明末清初學術和乾嘉學術大有關係,並且明清鼎革前後學習西學的動機有所不同,後一時期有些人對西學有"諱言"的表現。這些研究已深入到問題的實質,但研究的全面性、系統性和完整性都較欠缺。另外,這些前輩的共同特點是把"西學"引入了清代的知識體系内部來談論,並且涉及問題的實質。但是這種説法自他們提出後,特别是20世紀30年代以後,除了李約瑟的《中國的科學與文明》外,一直到20世紀80年代,學術界鮮有呼應,他們的斷言並没有得到很好的論證。近來這一局面有所改變,把中西文化交流史引入中國思想學術史,成爲新一代學者的志向。比較明確具有此類思想學術史取向的著作有:葛兆光《中國思想史》第二卷第三編前四節(復旦大學出版社,2009),張永堂《明末方氏學派研究初編》(文鏡文化事業有限公司,1987)、《明末清初理學與科學關係再論》(臺灣學生書局,1994),孫尚揚《基督教與明末儒學》(東方出版社,1994),李天綱《中國禮儀之争:歷史、文獻和意義》

① (清)嚴復.論南昌教案,載:嚴復集[M].北京:中華書局,1986:188-189.

《跨文化的詮釋：經學與神學相遇》(新星出版社,2007),徐海松《清初士人與西學》(東方出版社,2000),以及黄一農、湯開建等先生關於明清天主教人物與漢語學術關係的考證論文。這些新成就又有一個明顯不令人滿意之處,那就是由於學科分化嚴重,史學學者不太涉及哲學,人文學者不太接觸自然科學,難以做到古學復原。

2. "負面成效顯著"論

侯外廬先生可做這類觀點的代表,他所主編《中國思想通史》對西學東漸的評價是負面的:"(一)耶穌會所宣揚的自然哲學及其世界圖像是當時反動的思想;(二)耶穌會所傳來的科學,是當時落後的科學,其目的在爲神學服務;(三)耶穌會所提供的思想方法,不是有助於而是不利於科學發展的思想方法。"①其撰寫人之一何兆武先生至今仍持這一觀點。何先生雖然在《略論徐光啓在中國思想史上的地位》《論徐光啓的哲學思想》等近期論文中認爲徐光啓注重演繹推理、科學實踐、以數學關係表達事物規律等,但卻又認爲這是徐光啓的天才之處,不是中西會通的結果,其實李之藻、徐光啓本人均已承認他們直接受到傳教士影響。此外我們認爲這一點與下文所述錢穆先生相似,與其對傳統文化的珍愛之情密切相關。

3. "成效限於用的層面"論

還有學者承認中西數學會通有成效,但是成效只局限於用的層面。張維華先生可做代表:"竊嘗慨之,吾國晚近文化,幾於襲歐西之風尚而不知所以……其所接受者多在'用'的方面,如銃炮之鑄造,天文曆法之測算,均其類也。其所拒絶者,多在'思'的方面,如宗教思想之數遭頓挫,希臘哲學之未得充分發展等是。"②此

① 侯外廬主編.中國思想通史[M].第四卷.北京:人民出版社,1960:1240.

② 張維華.明清之際中西關係簡史[M].原序.濟南:齊魯書社,1987:8.

言深刻,第一句至今不需改,第二句尚可商榷。我們認爲張先生忽略了西方學術的一體化特徵,即文、理、醫、法、教、道六科(見《西學凡》)由形式邏輯貫穿起來,其重要性在西方人眼裏也逐漸上升。其實,在《四庫全書》的編纂時期就有對中西科學、中西思想的比較。編纂者們在懷著複雜的心態承認西方科學發達的基礎上,强調中國思想文化的先進性。這一情況也表現在阮元等人編著的《疇人傳》中。該著作系統整理了中國歷史上的天文曆算家的生平和成就,其中包括明末清初不少生活在中國的外國科技人員及其成就,而對其哲學思想所提不多,即便提到也是批評。《四庫全書總目》一共評論了 36 種明末清初傳教士與中國人合著的書,其中 20 種全文收録,都是科學書;16 種只是"存目",都是宗教和哲學書。我們認爲這是貫徹康熙以來"節取其技能,禁傳其學術"政策的結果。這類研究總有科學與人文割裂的缺陷,可能是這兩種文化的歷史和現實狀況所致,所以對這一研究領域來説,能將二者固有聯繫揭示出來的科技哲學視野必不可少。

(二)"没有或基本没有成效"論

錢穆先生認爲没有成效。錢先生的《中國近三百年學術史》儘管與梁啓超著作同名,而且同樣著名,處理的思想人物差不多,但基本上没有涉及"西學"的内容。錢先生關於這一問題的觀點在其《中國文化史導論》(北京:商務印書館,1994 年修訂版,2005 年第 7 次印刷)第十章"中西接觸與文化更新"中有所表述。

錢先生在文中表達了他對傳統文化的珍愛之情,對傳統文化特徵的分析也是鞭辟入裏。關於西學對中國的影響,他是持否定態度的:"利瑪竇等想把中國人從天算、輿地方面引上宗教去,但中國人則因懷疑他們的宗教信仰而牽連把他們天算、輿地之學也一並冷淡了。這是一件很可惜的事。""近三百年來的中西接觸,前半時期,是西方教士的時期,他們在中國是没有播下許多好成績的。”①我們發現錢先生對明末清初西學東漸關注不多,比如他對利瑪竇來華時間的闡述是錯誤的:“當西元一六二三利瑪竇初到中國之歲”。② 我們知道,“利瑪竇初到中國之歲”實際是 1582 年。錢先生對西方科學的認識也有可商榷之處:“平心論之,在西曆十八世紀以前,中國的物質文明,一般計量,還是在西方之上。只在西曆十九世紀之開始,西方近代科學突飛猛進。”③看來錢先生没有關注西方十七八世紀之交的科學革命。其實錢先生的結論與其科學觀是緊密相連的,關於中國古代有無科學的問題,錢先生的答案是肯定的:“嚴格説來,在中國傳統文化裏,並非没有科學。天文、曆法、算數、醫藥、水利工程、工藝製造各方面,中國發達甚早,其所到達的境界亦甚高,這些不能説他全都非科學。”④這樣,錢先生得到結論:“中國固有文化傳統,將決不以近代西方科學之傳入發達而受損。”⑤同樣,馮友蘭先生也較少注意明清之際的“天崩地裂”,也没有認爲“西學”在明清之際的思想轉變中起了重要作用,他認爲清代“漢學”仍然是傳統“道學之繼續”,屬於儒家正統。⑥

余英時先生對此問題,觀點有所不同。他借杜牧“丸之走盤”之喻——“丸之走盤,横斜圓直,計于臨時,不可盡知。其必可知者,是知丸之不能出於盤也”(《樊川文集》卷一〇《注孫子序》),認爲“中國‘傳統’在明清時期發生了新的轉向,‘丸’雖然没有出盤,但已到了‘盤’的邊緣”。但是先生又認爲,這一轉變的發生,

① 錢穆. 中國文化史導論[M]. 北京: 商務印書館,1994: 209-210.
② 錢穆. 中國文化史導論[M]. 北京: 商務印書館,1994: 208.
③ 錢穆. 中國文化史導論[M]. 北京: 商務印書館,1994: 214.
④ 錢穆. 中國文化史導論[M]. 北京: 商務印書館,1994: 213.
⑤ 錢穆. 中國文化史導論[M]. 北京: 商務印書館,1994: 221.
⑥ 參見: 馮友蘭. 中國哲學史[M]. 北京: 中華書局,1961: 974.

中國"'傳統'也曾發揮了主動的力量",①內部力量是中國傳統學術轉變的主因:"密之爲質測之學本啓途於其祖魯岳與其師王虛舟,則泰西學術之適於此時東傳,就《物理小識》之成書言,最多爲助因,非主因也。"②我們認爲這是值得商榷的。余先生關於從格致到科學轉變源頭的觀點"清末民初之學者已知格致之解爲自然科學始于密之父子及船山也"③,對三綱五常開始受正面攻擊的時間點的界定"自譚嗣同撰《仁學》(1896),'三綱五常'第一次受到正面的攻擊",④也是值得商榷的。

這一類研究有其淵源。清代黄宗羲《明儒學案》不曾收入徐光啓、李之藻等人的言論和著作,後來,馮友蘭的《中國哲學史》、張岱年的《宋元明清哲學史提綱》也没涉及此内容。拒絶承認西方思想經會通後對中國"理"的思想有影響,這與明末清初西學中源説的持有者有相似之處。我們不能忽視該觀點持有者對傳統文化的珍愛情緒所起的作用,他們對明末清初中西數學會通的有意(黄宗羲是有意忽視,詳見本書西學中源説部分)或無意忽視,也應是一個重要原因。

另外,許多早期研究對資料的佔有也不充分。且不説胡適、梁啓超的時代,20 世紀 80 年代以前,大陸學術界這方面的研究資料也十分缺乏,中外學者交流困難,古籍版本搜尋困難,連很多商務印書館、中華書局的舊平裝書也不易獲得,有些資料也没有出版過。條件限制使得學者進一步查證明清時期的中西學關係比較艱難。近來,不斷有老一輩學者没有看到的,或者没有看到完整版本

① 余英時. 余英時作品系列總序,載: 方以智晚節考[M]. 北京: 三聯書店,2004: 9.

② 余英時. 方以智晚節考[M]. 北京: 三聯書店,2004: 66.

③ 余英時. 方以智晚節考[M]. 北京: 三聯書店,2004: 72 注 2.

④ 余英時. 余英時作品系列總序,載: 方以智晚節考[M]. 北京: 三聯書店,2004: 9.

的明末清初"西學"資料。其中有吴相湘主編的《天主教東傳文獻》《續編》《三編》(臺北:臺灣學生書局,1965年,1966年,1972年)、《天學初函》,鍾鳴旦、杜鼎克、黄一農、祝平一主編的《徐家匯藏書樓明清天主教文獻》,鄭安德編的《明末清初耶穌會思想文獻彙編》(北京:北京大學宗教研究所,2000年),朱維錚等人主編的《利瑪竇中文著譯集》(上海:復旦大學出版社)《徐光啓著譯集》(上海:上海古籍出版社)等,鍾鳴旦、杜鼎克編的《耶穌會羅馬檔案館明清天主教文獻》(臺北:利氏學社,2002年)。其中,有些是清初常見的,而清末未能廣泛流傳的著作,如李之藻刻《天學初函》中的諸種西學譯著;還有從西方各國帶回的稀世文獻,在歐洲圖書館、檔案館保存的文獻,以及從巴黎、羅馬、里斯本和臺北等地新發現的資料,如《徐家匯藏書樓明清天主教文獻》、《耶穌會羅馬檔案館明清天主教文獻》等。另一方面,前人有些研究對已有文獻的研讀很不充分,比如對最典型地反映了當時中西衝突狀況的文獻《不得已》(合肥:黄山書社,2000年)基本没有一個充分的評述,這也可能與其中涉及的知識面太寬有關。

數學會通對中國數學、文化到底産生了什麽作用呢?數學在儒學體系中的地位得到了提升,理的觀念發生了分化,理學向樸學轉化,内算和外算的分離得到加强,外算地位超過内算,外算分科出現萌芽(其中突出的是幾何學的産生),等等。

第一章　會通與嬗變的文化環境

一、中國數學學科名稱及其文化含義的演變

（一）引言

數學學科的名稱包括了深刻的文化内涵，是數學文化的一個重要側面。民國時期確定數學學科名稱時，大家的意見就涉及各種文化因素，如數學在歷史上的情況："自有人類，即有數之概念"，"'算學'二字由來極早，沿用亦久，《周髀算經》爲最古之算書"。數學活動的性質："'數'number 及關於數之理，獨立爲一界，其存在介於物質與精神，以是爲物件之研究，可稱爲數學。"西方數學對中國的影響："西哲畢派（pythogorsea school）以數之符號代表各種不同之事物"，"數理大家 Leibnitg 有言'數制萬物'"。① 時任教育部長的陳立夫在他的《戰時教育行政回憶》裏表達了數學文化内涵的一部分："我之所以贊成用'數學'，是因爲六藝是用'禮樂射禦書數'，而易經亦以數、理、象三者爲其大綱。"②他談到數學與古代六藝和《易經》都有關係。但是相關研究③很不充分，這個

---

① 中國第二歷史檔案館檔案資料. 教育部確定數學名詞之經過，全宗號 107，案卷號 817.

② 陳立夫. 戰時教育行政回憶[M]. 臺北：臺灣商務印書館，1973：22.

③ 宋芝業《關於古代數術中内算與外算易位的探索》〔周易研 （轉下頁）

問題值得進一步探索。

數學學科的名稱與數學著作題目關鍵字的聯繫最密切,我們試圖從中國古代數學著作題目關鍵字入手,結合其他資料,作一梳理和分析。中國古代數學著作題目關鍵字的情況如下表所示:

中國古代數學著作題目關鍵字一覽表①

名稱 / 數量 / 朝代	算法	算學	算術	算經	算書	算稿	算指	數學	數術	各朝合計
漢			3	4					2	9
三國			1	4						5
南北朝	1		3	5						9
隋	2			1						3
唐	4		5	8						17
五代				2						2
宋	21	2	4	11			1	2	1	42
元	3	1			1			1		6
明	49	3	6	3	3		2	2		68
清	62	242	68	34	33	30	7	95	16	587
民國		5	5		1	3		4	1	19
不詳	21	5	8		1			5		40
各項合計	263	258	104	80	39	33	10	109	20	916

(接上頁)究,2010(2):88-96〕對內算與外算的關係及二者在明末清初社會價值觀念中易位的問題作了研究,張劍《中國近代科學與科學體制化》(四川出版集團·四川人民出版社,2008:183-185)對民國年間算學數學之争的過程做了考察,夏晶《"算學"、"數學"和"Mathematics"——學科名稱的古今演繹和中西對接》〔武漢大學學報(人文科學版),2009(11):654-658〕對"傳統數學意義上的'算學'和'數學'如何和西洋詞'Mathematics'進行學科概念的對接"做了考察。

① 編製依據:吴文俊主編.中國數學史大系·副卷第二卷·中國算學書目彙編[M].北京:北京師範大學出版社,2000.

我們根據名稱内涵與外延的異同及其在中國數學史和現當代數學中的作用將它們分爲四類，即數學、數術、算學和算術。將數學單列，數術與術數合爲數術，其餘都可以歸於算學和算術，比如算法可被認爲是算學或算術的方法，算經可被認爲是算學或算術的經典，等等。我們還要討論 Mathematics 和 Arithmetic，因爲它們與數學學科名稱的最後確定關係密切。我們略論或不論算法、算書、算稿、算指和算經，因爲它們不太適合做學科名稱。早期的數、算、計和九九等詞可被歸於活動或具體知識的名稱，比如數即指一十百千萬億等數目、技能的一種或計算的過程，張家界古人堤《九九乘法表》和敦煌漢簡《九九術》就是我們今天説的九九乘法表，這些也不在本文詳述之列。

根據上表，秦及秦以前没有成型的數學著作，也没有固定的數學學科名稱；漢至宋，以算術和數術爲主要名稱；宋至清，數學、數術、算學、算術都頻繁出現，並且逐漸集中於算學與數學，以算學爲最；民國之後，固定爲數學。四種名稱各有其豐富的文化含義，相互之間有交叉，又各有自身發展演變的歷程。

（二）數術

1. 以數術爲名稱的著作舉例

《術數記遺》，也作《數術記遺》，傳本作“漢徐嶽撰，北周漢中郡守、前司隸臣甄鸞注”。書中載有命數法和算籌、心算以及其他各種計算方法共 14 種。除第 14 種“計數”爲心算，無須算具外，其餘 13 種均有計算工具。它們分别是：積算（即籌算）、太一算、兩儀算、三才算、五行算、八卦算、九宫算、運籌算、了知算、成數算、把頭算、龜算、珠算和計數算。① 《數術大略》，宋魯郡秦九韶道古撰，

① 郭書春、劉鈍校點. 算經十書（二）[M]. 瀋陽：遼寧教育出版社，1988：4.

即前述秦九韶《數書九章》,一書二名。《數術記遺甄鸞注校》,清里安孫詒讓撰。《決疑數術》,清金匱華蘅芳若汀撰。《合數術》,清天門方士槃撰,《合數術》(十一卷),(英)白爾尼著,(英)傅蘭雅、清金匱華蘅芳若汀同譯。《經術數》(三卷),民國通州王印侯撰。

2. 變化中的數術含義

數術的含義一直在變化。它在先秦被認爲是"經國之術",在兩漢是"知道之術",魏晉以後是"究天之術",現代人認爲其"百僞一真"。① 以至於今天的科技史家對數術文獻分類感到爲難:"本文的統計與分析,對'二十五史'科技書目的綜合研究來説,只是一個初步的嘗試,還有許多工作需要做。比如,對術數類書目,有一部分類屬的書目没有統計在内,事實上術數在古代有一部分屬於數學,但是又有其獨特性,與現在我們所説的數學不同……有待進一步進行研究。"②很多古代數學、科技著作列於它的名下。最早著録數術之書的文獻是西漢劉向、劉歆父子的《别録》和《七略》,二書早佚,但其書目保存在東漢班固的《漢書·藝文志》中,數術是當時所有六種學術之第五。

隋唐以來,史志著録大體上仍基本沿襲漢代。宋朝秦九韶時代,"今數術之書尚三十餘家。天象、曆度謂之綴術,太乙、壬、甲謂之三式,皆曰内算,言其秘也。《九章》(即《九章算術》)所載,即周官九數,系於方圓者爲專術,皆曰外算,對内而言也",③已經去掉了很多東西。

---

① 宋會群. 中國術數文化史[M]. 開封: 河南大學出版社,1999: 2-11.

② 查永平. 對二十五史的"藝文志""經籍志"中科技書目的統計與分析[J]. 内蒙古師範大學學報(自然科學漢文版),1997(4): 71-76.

③ (宋) 秦九韶. 數書九章[M],靖玉樹. 中國歷代算學集成. 濟南: 山東人民出版社,1994: 467.

明末清初，伴隨著西學東漸，天文和數學都獨立出來了，到清朝中後期，數術幾乎只包含後來所謂的封建迷信了。《四庫全書總目》的表述開始有明顯變化，將數術其他分支合并劃歸於術數類，並且置於天文算法類之後。但是在人們的日常用法中，還有人將之視爲天文、數學的同義詞，倭仁於1867年3月20日上奏稱："天文、算學爲益甚微……竊聞立國之道，尚禮儀不尚權謀；根本之圖，在人心不在技藝。今求之一藝之末，而又奉夷人爲師，無論夷人詭譎未必傳其精巧，即使教者誠教，學者誠學，所成就者不過術數之士，古今來未聞有恃術數而能起衰振弱者也。"①奕䜣在《奏請京師同文館添設天文算學館疏》(1866)中奏言："臣等伏查此次招考天文算學之議，並非務奇好異，震於西人術數之學也。蓋以西人製器之法，無不由度數而生。"②王韜在1890年重刊《西國天學源流》時，在書後加了一段識語，其中寫道："余少時好天文家言，而於占望休咎之説頗不甚信，謂此乃讖緯術數之學耳。"③

(三) 算術

如上所述，在東漢班固《漢書・藝文志》所保存的西漢成、哀之際劉向、劉歆父子的《别録》和《七略》二書書目中，算術列於數術之學六類之二曆譜之内。現存有記載的最早的算術著作是《許商算術》26卷和《杜忠算術》16卷，但是算術的含義，據班固解釋，爲"序四時之位，正分至之節，會日月五星之辰，以考寒暑殺生之實……此聖人知命之術也"，④可見其與外算之宗《九章算術》幾乎

① 朱有瓛. 中國近代學制史料(第1輯上册)[M]. 上海：華東師範大學出版社，1983：552.

② 張静廬. 中國近代出版史料初編[M]. 上海：群聯出版社，1954：4.

③ 王韜. 西國天學源流[M]. 淞隱廬活字版排印本，1890：27－28.

④ 轉引自：劉鈍. 大哉言數[M]. 瀋陽：遼寧教育出版社，1993：13.

完全不同。而《九章算術》和《周髀算經》並不載於其中。看來那時的人們認爲内算比外算更重要。

《隋書·經籍志》以來,算術與曆術是曆算類的兩個子類,算術依附於天文、曆法之下。有的稱爲曆數,如《隋書·經籍志》、《日本國見在書目》、《明史·藝文志》;有的稱爲曆算,如《七録》、《舊唐書·經籍志》、《新唐書·經籍志》和《宋史·藝文志》。宋朝鄭樵(1103—1162)《通志》把曆算取消了,將其分爲算術和曆數。在後來的史書中,算術也大致依附於天文、曆法之下。明清時期也往往將算術與樂律並提,如大學士張玉書等上疏康熙,"請編次樂律算數"。他們説:"樂律算術之學,失傳已久……臣等仰祈皇上特賜裁定編次成書,頒示四方,共相傳習。"①最後,從清末到當代,算術主要指數字的奇偶等屬性和加減乘除運算法則。

(四) 算學

算學是中國古代數學的主流名稱,幾乎每個朝代都有以之爲名稱的數學著作。但是它的含義有變化。

雖然先秦就有數學教育,但是以"算學"一詞代表這門學科,始見於隋唐時期。《隋書·卷二十八·志二十三》記載:"國子寺祭酒,屬官有主簿、録事。統國子、太學、四門、書(學)算學,各置博士、助教、學生等員。"唐代中葉,在國子監的國子、太學、四門、律學、書學五學館之外進而添設了算學館。《唐六典》卷二十一記載:"算學博士掌教文武官八品以下及庶人子之爲生者。二分其經以爲之業,習《九章》、《海島》、《孫子》、《五曹》、《張丘建》、《夏侯陽》、《周髀》、《五經算》十有五人,習《綴術》、《緝古》十有五人,其

---

① 張玉書.張文貞公集(卷二"請編次樂律算數疏")[M].四庫全書本,轉引自:王揚宗.康熙、梅文鼎和"西學中源"説[J].傳統文化與現代化,1995:77-84.

《記遺》、《三等數》亦兼習之。《孫子》、《五曹》共限一年業成,《九章》、《海島》共三年,《張丘建》、《夏侯陽》各一年,《周髀》、《五經算》共一年,《綴術》四年,《緝古》三年。"宋元明清其含義變化不大。

1939 年 8 月國家教育部通令全國各院校一律"遵用"數學作爲學科名稱後,算學一詞並没有完全消失。姜立夫、熊慶來等人堅持用"算學"一詞。1940 年,民間科學機構"科學名詞審查會"編印的《理化名詞彙編》收録"算學名詞",在編敘中提到"算學分數學、代數、幾何、三角、微積分、函數論、代數解析等各類"。在"算學名詞凡例"中,該書特别以"數學"和"算學"爲例講述定名原則:"Mathematics 通作'數學',今改作'算學'。留'數學'用作 Arithmetic 最廣義之譯名。"①1954 年,李儼仍然出版《明代算學書志》(《中算史論叢》第二集,北京:中國科學院)。1957 年,丁福保、周雲青出版的數學著作目録集仍命名爲《四部總録算法編》(北京:商務印書館)。2000 年,吴文俊主編的《中國數學史大系》副卷第二卷的名稱仍然是《中國算學書目彙編》(北京:北京師範大學出版社)。

(五) 數學

1. 數學作爲學科名稱的歷程

數學本是我國語言的固有詞彙,古代以"數學"爲題目關鍵字的數學著作,最早是秦九韶(1208—1261)作於 1247 年的《數學九章》(也稱《數書九章》、《數學大略》、《數術大略》),其自序云"嘗從隱君子受數學"。② 此後到清中期,有如下一些以數學爲題目關

---

① 科學名詞審查會. 理化名詞彙編[M]. 上海:科學名詞審查會,1940:6.

② 秦九韶. 數書九章[M],靖玉樹. 中國歷代算學集成. 濟南:山東人民出版社,1994:468.

鍵字的著作：元代，王氏，《數學舉要》；明萬曆年間，柯尚遷，《數學通軌》；明(1631)，李篤培(1575—1631)，《中西數學圖説》；清(1681)，杜知耕，《數學鑰》；清初，梅文鼎，《數學星槎》；江永(1681—1762)，《數學》8卷(其中《數學補論》1卷)；清乾隆十七年(1752)印，譚文，《數學尋原》。晚清是"數學"與"算學"並用，作品很多，不一一列舉。

但是以數學一詞命名數學學科卻是用行政手段實現的。大致情況如下：晚清"數學"與"算學"混用，大家在用哪一個表示數學學科總名稱上觀點不一致。中國科學社成員、數學家何魯曾撰文批評這一情況："好徇己意，於新名詞多各自爲説，是不能相守也；相近之名詞不能别，則統以一名而淆亂真義，是不能精也；好仍舊名或日本名，不問其浹義與否，是不能審也。"①他認爲，數學學科通稱應爲算學，而應以數學名高等算術或數論，以避免混淆。在數學的譯名上，梁啓超本人的著作中就有這種混用的情況。梁啓超《東籍月旦》(1899)中用數學做學科總名稱，介紹日本現行中學校的十個普通科目，數學位列其六。② 而梁啓超《讀西學書法》(1896)又把算學作爲學科總名稱，表述爲："學算必從數學入，乃及代數。"③1896年，康有爲編撰《日本書目志》，"數學居然找不到合適的歸屬"。④

大家感覺不妥當，於是舉行一系列活動以使其統一。1904年的《欽定學堂章程》中規定：初等小學堂完全科的八科課程中設"算術"一科，中學堂的十二科中則設有"算學"一科，大學中"高等

① 何魯. 算學名詞商榷書[J]. 科學，1920，5(3)：241－242.

② 梁啓超. 飲冰室合集[M](第四卷). 北京：中華書局，1989：84.

③ 梁啓超. 飲冰室合集·集外文[M](下). 北京：北京大學出版社，2005：1159.

④ 李亞舒、黎難秋主編. 中國科學翻譯史[M]. 長沙：湖南教育出版社，2000：271.

算學”隸屬“格致”科，該科共設高等算學、天文學、物理學、化學、動植物學、地質學六門。1923 年 7 月，中國科學名詞審查會姜立夫、胡明復等人參與審查數學名詞，其審查原則是：意義準確、避免歧義、有系統。他們以舊譯名與日本譯名爲依據，凡舊譯與日名能合上之原則者，擇一用之，其不合者酌改或重擬。“數學”與“算學”都符合上述原則，且委員會成員在“擇一”上没有統一意見。1927 年，清華大學成立“算學系”。1933 年 4 月教育部召開天文數學物理討論會，還是没有定下來。1935 年 7 月中國數學會成立於上海交通大學後，接受國立編譯館委託進行名詞審定，採取二者並存態度。1938 年 9 月，教育部審核公布後，感覺“事有未當”，通令徵詢設立數學系的大學、獨立學院教授的意見。1939 年，公布徵詢結果：28 個單位中，14 個單位贊成“數學”，13 個單位主張“算學”，一個單位“無所謂”，仍然“不相上下”。教育部爲表慎重，將原提案及其成果交由部召集的理學院課程會議。該會議認爲二者任選其一，由教育部決定，通令全國各院校一律使用，“以昭劃一”。教育部鑒於數理化已成爲通用簡稱，傳統“六藝”中也有“數”，加之教育部規程中已慣用“數學”一詞，各院校用“數學系”、“數理系”、“數學天文系”者有 29 個單位，用“算學系”、“算學天文系”者僅 7 個單位，於是決定用“數學”。1939 年 8 月國家教育部通令全國各院校一律“遵用”。

2. 數學的含義

在中國古代，數學一詞含義很多，大致如下。

第一，周易象數學。秦九韶《數書九章》自序云：“嘗從隱君子受數學”（見前注），所謂的數學是一個模糊的概念，既包括“《九章（算術）》之流”，又包括“天象、曆度、太乙、壬、遁”，[①]後者之“太

① （宋）秦九韶. 數書九章［M］，靖玉樹. 中國歷代算學集成. 濟南：山東人民出版社，1994：467.

乙、壬、遁”即周易象數學。全祖望在評價黄宗羲學術時也稱邵雍之學爲“數學”:“(黄宗羲之學)以濂洛之統,綜會諸家:横渠(張載)之理教,康節(邵雍)之數學……”①中國傳統數學中,關注宇宙結構的“《周髀算經》模式”後來退化了,到明代已蜕變爲狹義的數術,當時也稱“數學”。比如,清初王士禛《池北偶談》中提到的“宋孝廉數學”,就是對某人做大官和死亡日期的“精確”推算;而曾被徐光啓推舉爲“曆局”繼任領導人,但因故未赴任的金聲,也曾準確推算自己的“甲申之難”(其死於1644年清軍入關)。②《四庫全書總目提要》子部術數類小敘開篇即言:“術數之興,多在秦漢以後。要其旨,不出乎陰陽五行,生克制化,實皆《易》之支派,傅以雜説耳。物生有象,象生有數,乘除推闡,務究造化之源者,是爲數學。”其實中國當時的其他表示數學學科的詞彙大多有這一含義。

第二,數字神秘主義和幻方。《四庫全書》把傳統五行、蓍龜、雜占和形法統稱爲術數,並重新分爲數學、占候、相宅相墓、占卜、命書相書、陰陽五行等六門,其中的數學也是指易學中的圖數之學③,也就是河圖洛書。

第三,外算數學。這才是我們今天所謂的數學,即《九章算術》的傳統。徐光啓在《刻同文算指序》(1614)中言道:“我中夏自黄帝命隸首作算,以佐容成,至周大備。周公用之,列於學官以取士。賓興賢能,而官使之。孔門弟子身通六藝者,謂之升堂入室。使數學可廢,則周孔之教踳矣。”④日本學者實藤惠秀把《現代

---

① 曹聚仁. 中國學術思想史隨筆[M]. 北京: 三聯書店,2005: 269.

② (清) 王士禛. 池北偶談[M]. 濟南: 齊魯書社,2007: 426、154.

③ 李零. 中國方術續考[M]. 緒論. 北京: 中華書局,2006: 19-20.

④ (明) 徐光啓. 刻同文算指序[M],載: 李之藻輯刻. 天學初函[C]. 臺北: 臺灣學生書局,1978: 2771-2772.

漢語外來詞研究》及《現代漢語中從日語借來的詞彙》中的來自日語的漢語外來詞彙彙總得到了“中國人承認來自日語的現代漢語詞彙一覽表”。此表包含有“三角、方程式、代數、未知數、空間、指數、時間、周期、距離、集合、微積分、數量、數學、算術、積分、體積、抽象、演繹”①19 個數學名詞。

（六）Mathematics、Arithmetic 與數學學科名稱

1. Mathematics

“數學(Mathematics)”一詞在羅馬人那裏的名聲是不好的,因爲他們稱占星術士爲數學家,而占星術是羅馬君王所嚴令禁止的。羅馬王 Diocletian(245—316)把幾何區別於數學,前者是學習並應用於公衆事務的,但“數學方術”(意即占星術)則被視爲不合法而完全遭到禁止。禁止占星術的羅馬法律——“數學和惡行禁典”在中世紀的歐洲仍被援用。但信奉基督教的羅馬皇帝還是在宫廷裏供養占星術士,以期萬一他們的預言能够靈驗。“數學家”和“幾何學家”的身份區分一直到文藝復興之後很長時間裏都還保持著。甚至在 17 世紀和 18 世紀,人們用“幾何學家”來稱呼我們今天心目中的數學家。②

18 世紀及以前,“數學”這一名稱在多數場合下有占星術的含義,再加上耶穌會原則上對占星術的拒斥,利瑪竇等耶穌會士自然不會選擇“數學”一詞。雖然中國表示數學學科的詞彙很豐富,但也多與“數術”脱不了干係,與利瑪竇的反“迷信”立場相矛盾。

在徐光啓、利瑪竇和當時的其他人看來,拉丁文 Mathematicarum

---

① （日）實藤惠秀. 中國人留學日本史[M]. 北京：三聯書店,1983：327 - 335.

② （美）克萊因. 古今數學思想(第一册)[M]. 上海：上海科技出版社,2002：77 - 85.

所對應的漢語是“幾何之學”。[①] 艾儒略的《西學凡》(1623 年刊行)即採用這一用法:“幾何之學,名曰瑪得瑪第加者,譯言察幾何之道,則主乎審究形物之分限者也,復取斐録之所論天地萬物,又進一番學問。……獨專究物形之度與數,度其完者以爲幾何大,數其截者以爲幾何衆……”[②]李之藻和傅泛際翻譯《名理探》也是持這一看法: 其“明藝之二”明確界定了今天所説的數學爲“審形學,西言瑪得瑪第加”[③]。所以“審形學”、“察幾何之道”、“幾何家”,才是“幾何之學”的同義詞。

2. Arithmetic

1629 年,李之藻與傅泛際合譯的《名理探》明確説明“算法”譯自 Arithmetic 所對應的拉丁詞:“審形學分爲純雜兩端。凡測量幾何性情,而不及于其所依賴者,是之謂純。類屬有二: 一測量并合之幾何,是爲量法,西云日阿默第亞。一測量數目之幾何,是爲算法,西云亞利默第加(Arithmetic 所對應的拉丁詞的漢語音譯——筆者按)也。”[④]1853 年,偉烈亞力的中文著作《數學啓蒙》,其英文譯名就是“A Compendim of Arithmetic”,以數學與 Arithmetic 對譯。

(七) 數學學科名稱文化含義形成和演變原因初探

由前述可知,中國傳統數學的内容可以概括爲内算與外算兩個部分,當然,這兩個部分的内涵與外延也一直在變化。總體來看,數學學科名稱文化含義形成和演變原因有如下三個方面:

第一,中國文化的大一統特點。中國文化基本定型的漢代,雖

---

① 宋芝業. 幾何曾經不是幾何學[J]. 科學文化評論,2011(1): 77 - 85.

② (意) 艾儒略. 西學凡[M],1623 年刊行,載: 李之藻輯刻. 天學初函[C]. 臺北: 臺灣學生書局,1978: 37 - 38.

③ (葡) 傅泛際譯義、李之藻達辭. 名理探[M]. 北京: 三聯書店,1959: 12.

④ (葡) 傅泛際譯義、李之藻達辭. 名理探[M]. 北京: 三聯書店,1959: 12.

然它的文化政策是“罷黜百家，獨尊儒術”，但是其文化建設的實際情况是綜合百家、援入儒術，將各家各派各科文化中與儒學不相衝突的部分都整合在儒學的系統中，使中國學術形成了一個大一統的形態。傳統數學也是儒學的重要組成部分。楊雄的“通天地人曰儒”的觀念爲歷代儒者所遵從，如果説天學、地學和人學是儒學的骨架，那麽數學就是儒學的血液和筋脈，是將儒學各方面聯繫起來的綫索。董仲舒的《春秋繁露》是這方面的傑作，比如其中的《人副天數》就用數表達了人與天的同構性。再比如，他居然能用數學運算推導出官制中的應有數目：“天以三成之，王以三自持，立成數以爲植，而四重之”，[①]因此公、卿、大夫和元士的數目分别爲3,9,27和81。我們知道，宋代的邵雍在這方面有過之而無不及。

在大一統的學術形態之下，中國古代邏輯學不發達，與之有關的學、術分類也不清晰。到了梁啓超先生生活的時代，人們才開始注意這種缺陷，將二者明確區分：“學也者，觀察事物而發明其真理者也；術也者，取所發明之真理而致諸用者也……學者術之體，術者學之用。”[②]在此之前，學與術的關係是不明確的。這種情况在清末發生“三千年未經之變局”之前没有根本變化。

第二，中國傳統數學教育中内算外算並重的特點。與“第一”相對應，中國文化的大一統特徵在數學教育中的表現就是内算與外算並重。如宋代的崇寧算學令就是一個典型例子：“諸學生習《九章》、《周髀》義，及算問兼通《海島》、《孫子》、《五曹》、《張丘建》、《夏侯陽》算法，並曆算、三式、天文書。諸試以通粗並計，兩粗當一通。算義算問以所對優長通及三分以上爲合格，曆算即算

① （漢）董仲舒. 春秋繁露新注[M]. 曾振宇、傅永聚注. 北京：商務印書館,2010：151.

② 梁啓超. 學與術[M]. 劉夢溪編. 中國現代學術經典·梁啓超卷. 石家莊：河北教育出版社,1996：723.

前一季五星昏曉宿度,或日月交食,仍算定時刻早晚,及所食分數。三式即射覆及豫占三日陰陽風雨。天文即豫定一月或一季分野災祥。並以依經備草合問爲通。"①而元代建立的教育體制之一的"陰陽學"就是以内算爲主了。

第三,西方數學文化的影響。如果説内算外算的統一是中國傳統數學的特色,那麽二者分離的重要動力之一就是來自西方數學文化的影響了。從春秋戰國儒家興起到明末的西學東漸的兩千多年裏,在内算和外算的關係上,外算其實一直是内算的婢女和附庸,雖然歷史上關於内算與外算孰是孰非的辯難也曾有過,但是外算真正居於算學的主導地位,是明末西方數學東漸中國而與中國數學發生會通及其之後的事。其中,從數學的角度對内算及其與外算關係的研究,亟須加强。明末清初,傳教士攜西方數學來華,而我們的内算、外算居然都"掉鏈子"了。天文曆法不能準確預測日食、月食,天朝正朔發生紊亂,"通神明"的功能發生故障;流寇猖獗,努爾哈赤來犯,分明擺好架勢要來争天命,"順性命"的功能也發生了危機;國内天旱水澇、盜賊四起、民不聊生,"經世務"、"類萬物"的外算也突然出現"死機",並且反復調試也不見奇跡出現。而西方數學卻能很好地解決這些問題。會通中西不可避免,而會通的結果是我們傳統數學邏輯不清晰、結果不精確、難以檢查運算過程等缺點都呈現出來。這種趨勢在清末更加深入,有關論述詳見相關研究,②在此不贅。值得注意的是,儘管西方數學也有内算與外算混合的情況,但是不如中國嚴重,並且其分化比中國

---

① (南宋)鮑瀚之《數術記遺》(卷末),轉引自:劉鈍.大哉言數[M].瀋陽:遼寧教育出版社,1993:86.

② 宋芝業《關於古代數術内算與外算易位的探索》〔周易研究,2010(2):88-96〕對内算與外算的關係及二者在明末清初社會價值觀念中易位的問題作了研究。

早。這樣,西方數學的代數、幾何、三角與微積分等分支的明確分類,對内算數術的排斥也就成了順理成章的事。

結語

關於中國古代數學,其名稱並不明確,一般統稱數術、術數、道術、曆數、曆算、算法、算經、算稿、算草、算文、算術、數學、内算、外算、九九之學、度數之學、算數之學或象數之學等等,本文只選取了其中所用頻率較大或文化意義豐富的幾個加以探討。不同時代數學活動的側重點不一樣,相應的數學學科名稱也不同,其中藴含的文化意義也有變化。

漢代已經有以算術、算經和數術爲題目關鍵字的數學著作。"數術"一詞首次出現於漢代典籍,曾經是外延最大的一個概念,幾乎包含了除醫學以外大部分科學技術,它多次分化,幾經變换,清末以後變成了"封建迷信"。南北朝出現了以"算法"爲關鍵字的著作。雖然以"算學"爲關鍵字的著作首見於宋朝,但是"算學"一詞代表這門學科,始見於隋唐。它最初就包含内算與外算兩部分,其後主要固定於數學學科,但是在清末其正統地位逐漸被"數學"一詞取代。"數學"一詞代表這門學科,最早出現在宋代,同時並用於周易象數之學和外算數學。秦九韶(1208—1261)作於1247年的《數學九章》(也稱《數書九章》、《數學大略》、《數術大略》),其自序云"嘗從隱君子受數學"。[①] 宋代的數學著作的關鍵字已經基本完備,其後"數學"一詞主要用於後來所謂的數術,最後戲劇性地被用於正統的數學學科名稱。"數學"一詞與Mathematics、Arithmetic的對應也是幾經反復,最後與Mathematics對應,而Arithmetic對應於算術。"算術"一詞漢朝就已出現,一直與算學含義相當,使用頻率不如算學高,最後用於表示較初等的數

① (宋)秦九韶.數書九章[M],靖玉樹.中國歷代算學集成.濟南:山東人民出版社,1994:467.

學。這種數學學科名稱文化含義的變遷情況在中國和西方都不同程度地存在過。清代是一個古今中外大會通的時代,各種學術資源紛紛而至,中心與邊緣幾經顛倒。

二、拘儒・達儒・真儒

任何時代的儒家都有分化,明末清初的儒家分化爲拘儒和達儒。在强勁的西學來到中國之際,在是否會通西學,以及如何會通西學、如何看待中西學術的優劣問題上,"拘儒"和"達儒"展開了激烈争論,甚至流血鬥争,比如湯若望教案。這更凸顯了二者各自的本色,也構成了中西數學會通的儒學環境。而伴隨著會通過程,二者的發展走勢也不盡相同:達儒逐漸增多,話語權力越來越大;而拘儒的聲音越來越少、越來越低。進而二者合流,形成一個新的主流儒家。這給了我們很大的啓發。

(一)拘儒與達儒觀念概觀

這一對概念最初由葉向高(1559—1627)明確提出。明末葉向高結識傳教士後對其很是欽佩,欣然寫下一詩贈予利瑪竇等傳教士:"天地信無垠,小智安能擬。爰有西方人,來自八萬里。言慕中華風,深契吾儒理。著書多格言,結交皆名士。俶詭良不矜,熙攘乃所鄙。聖化被九埏,殊方表同軌。拘儒徒管窺,達觀自一視。我亦與之遊,泠然得深旨。"①他認爲達儒持有開放的胸襟,將西方傳教士視爲同道;而拘儒在知識、智慧上"小富即安",導致坐井觀天。同時他也認爲西方人之理與儒家之理非常契合,自己通過與他們的接觸,對其已有較深的瞭解。此外,許之漸、李

① 吴相湘主編. 天主教東傳文獻[M]. 臺北:學生書局,1965:643.

祖白①、梅文鼎②、艾儒略③、利瑪竇④、《明史・曆志》、衛方濟⑤等都有類似言論。

概而言之,拘儒是這樣一類儒者:他們拘守成法,憚於改革,認爲儒學非常完美,不需補充和修正;他們持有典型的"道本藝末"觀念,即在儒學體系中,倫理道德最重要,科技知識無關緊要,即便曆法出現錯誤,也可在傳統數學天文曆法範式内改良,無須引入新的知識;他們認爲新知識是危險的,對傳統儒學是一種破壞。達儒則與之相反,認爲:改良已不能解決問題,勇於改革;儒學有不完美之處,需要改進,道德倫理固然重要,科技知識也不可輕視;傳統學術範式已不能解決現實問題,需要引入新鮮血液;新知識是儒學的必要補充。

(二)數學會通過程中的拘儒和達儒

拘儒和達儒在傳教士來華之前,就在很多事務中意見不同,二者的不同特性在如何對待曆法改革、西人西學上表現得尤其鮮明。

1. 曆法是否改

兩種儒家在曆法改革問題上持對立態度。拘儒反對改曆,達儒主張改曆。《明史・曆志》載:"成化以後,交食往往不驗,議改曆者紛紛。如俞正己、冷守中不知妄作者無論已,而華湘、周濂、李

① 吴相湘主編. 天主教東傳文獻續編[M]. 臺北:學生書局,1966:1052.

② (清)梅文鼎. 績學堂詩文鈔[M]. 合肥:黄山書社,1995:3-6.

③ (意)艾儒略.《職方外紀》卷首附,載:謝方. 職方外紀校釋[M]. 中華書局,2000:9.

④ (意)利瑪竇. 天主實義,載:朱維錚校點. 利瑪竇中文著譯集[M]. 上海:復旦大學出版社,2001:92.

⑤ (比)衛方濟. 人罪至重,轉引自:侯外廬. 中國思想通史[M](四). 北京:人民出版社,1959:1212.

之藻、邢雲路之倫頗有所見。鄭世子載堉撰《律曆融通》,進《聖壽萬年曆》,其説本之南都御史何瑭,深得《授時》之意,而能補其不逮。臺官泥於舊聞,當事憚於改作,並格而不行。"①

1597年2月5日,時任河南提刑按察司分巡河北道僉事的邢雲路上疏"爲議正曆元以成大典事"②,奏請改曆。刑科給事中李應策上疏道"乞敕亟定歲差以答輿望事",表示贊同邢雲路的改曆計劃。③ 欽天監監正張應侯對邢雲路的奏疏則表示感到驚異,進而引用國初禁止私習天文曆法的政策,申明改曆之議引起了京城内外的不安定情緒,以此反對改曆,批評邢雲路奏請改曆的行爲:"今僉事邢雲路陳言曆數之差,前後相懸一日,又不知是遵何家之法,而輕信何人,妄議者也。且國朝立法律例備載,有人私習天文曆數者罪之,私傳妄議者罪同……惑世誣民,是誰之過歟?……今使中外臣民洶洶不安,紛紛議起。邢雲路是何誠心矣,伏望皇上大奮宸斷,禮部酌議。"④禮部尚書范謙則針鋒相對地批評了張應侯"固守舊法"的保守態度:"今適河南按察司僉事邢雲路疏請改正曆元諸法,良爲有見。乃欽天監張應侯又此奏辯,惟欲固守舊法。夫使舊法無差,誠宜世守,而今既覺少差矣,失今不修則歲愈久而差愈遠,其何以齊七政而厘百工哉!相應所從邢雲路所請,即行考求曆算漸次修改爲是。"⑤范謙通過重新解釋國朝律例所禁的天文

---

① (清)張廷玉等. 明史·曆志一[M]. 北京:中華書局,1974:516.

② (明)朱載堉. 聖壽萬年曆附録[M]. 欽定四庫全書(影印本第786册). 上海:上海古籍出版社,1990:549.

③ (明)朱載堉. 聖壽萬年曆附録[M]. 欽定四庫全書(影印本第786册). 上海:上海古籍出版社,1990:550.

④ (明)朱載堉. 聖壽萬年曆附録[M]. 欽定四庫全書(影印本第786册). 上海:上海古籍出版社,1990:552.

⑤ (明)朱載堉. 聖壽萬年曆附録[M]. 欽定四庫全書(影印本第786册). 上海:上海古籍出版社,1990:553.

曆法内容，認爲私習曆法之禁並不適用於士大夫，否則曆算之學的傳承就會有問題："及查律例所禁，乃指民間妄以管窺而測禾祥，偽造曆書而紊氣朔者。言若《天官書》、《天文志》、《曆書》、《曆志》載在歷代國史，語云通天地人謂之儒學，士大夫所宜通曉，第患不能精耳，非蓋以例禁之也……本部覆奉欽依保舉精通天文曆法者，不拘致仕官員、監生、生員、山林隱逸之士，何嘗禁人習學曆法乎？如欲執私習之條而絶星曆之學，誤矣"，[①]並進一步薦舉邢雲路領導欽天監的改曆工作。皇上對禮部的奏疏最終作了"留中"的處理，未置可否。邢雲路的改曆建議無果而終。范守己[②]、禮部[③]、李之藻、姚永濟[④]等都曾上書改曆，均因各種原因未能實行。1629 年欽天監預報日月食失准，徐光啓又提改曆之議，終於被批准成立曆局。

就這樣，拘儒與達儒就曆法要不要改革展開了争論。拘儒拒絶改曆的理由是祖宗之法不可變、改曆影響國家安定等等，固守舊法是其表象，欽天監内的拘儒想保留其既得利益是更深層的動機；達儒主張改曆的依據是舊法推算交食不準確就要改。其結果是改革派——達儒占了上風。

2. 曆法如何改

接下來進入了以西法改曆的時代，也進入了中西大辯論的時代。邢雲路、魏文魁以傳統改良爲主，西法至多可作參考；徐光啓

---

① （明）朱載堉. 聖壽萬年曆附録［M］. 欽定四庫全書（影印本第 786 册）. 上海：上海古籍出版社，1990：554.

② 何丙鬱、趙令揚. 明實録中之天文資料（下册）［M］. 香港：香港大學中文系，1986：641.

③ 何丙鬱、趙令揚. 明實録中之天文資料（下册）［M］. 香港：香港大學中文系，1986：641－642.

④ 中華書局編輯部. 歷代天文律曆等志彙編（十）［M］. 北京：中華書局，1975：3539.

等人,則提出"翻譯——會通——超勝"綱領,試圖以西法爲主進行曆法改革;中國傳統曆算學家——拘儒則對西方數學天文進行殊死抵抗。

一是是否採用西法。魏浚①、邢雲路②、沈漼③等人都反對運用西法改曆,其中,冷守忠和魏文魁更有代表性。

冷守忠,是四川資縣一名老秀才,1630 年應四川御史馬如蛟推薦,進書曆局,反對用西方曆法進行改革,受徐光啓駁斥:"資縣儒學生員冷守忠執有成書……曆法一家本于周禮馮相氏'會天位,辨四時之敘',於他學無與也,從古用大衍、用樂律,牽合附會,盡屬贅疣,今用皇極經世,亦猶二家之意也。此則無關工拙,可置勿論。"④双方約定以推算 1631 年 4 月 15 日四川的月食時刻爲檢驗標準,結果冷守忠所推誤差很大,辯論也隨之結束。

其實,拘儒與達儒的争論一直持續著。魏文魁,號玉山布衣,生卒年不詳,滿城人,1631 年上《曆元》、《曆測》,提出以中法修曆,與徐光啓所率衆官生辯論,阮元評論他"徒欲以意氣相勝"⑤。1636 年李天經與王應麟等同往觀象臺,測驗這年正月十五日辛丑曉望月食。這次測驗證實西法與日食時刻完全符合,而魏文魁所推不合,從而判決性地徹底擊潰了魏文魁等人對西法疏漏的指控。至此,西法争取到了參與曆法改革的權利。

二是西法在改革中占多大權重。

---

① (清)黄鍾駿. 疇人傳四編(卷六)[M]. 上海:商務印書館,1955:72-73.

② (清)阮元. 疇人傳(卷三十一)[M]. 上海:商務印書館,1935:379-382.

③ (明)徐昌治輯. 明朝破邪集八卷[M]. 日本安政二年(1855)刻本,4-417.

④ (明)徐光啓. 徐光啓集[M]. 上海:上海古籍出版社,1984:359.

⑤ (清)阮元. 疇人傳(卷三十一)[M]. 上海:商務印書館,1935:385.

開始的改革方案是分曹治事，禮部於 1612 年 1 月 7 日正式奏請修改曆法："採訪曆學精通之人如原任按察司邢雲路、兵部郎中范守己一時共推可用。先年修曆，以户科給事中樂護、工部主事華湘俱改光禄寺少卿，提督欽天監事例，二臣所當酌量注改京堂銜，共理曆事。又訪得翰林院檢討徐光啓及原任南京工部員外郎李之藻，皆精心曆理。若大西洋歸化之臣龐迪我、熊三拔等攜有彼國曆法諸書，測驗推步，講求原委，足備採用。照洪武十五年命翰林李翀、吴伯宗及本監靈台郎海達爾等譯修西域曆法事例，將大西洋曆法及度數諸書同徐光啓對譯，與（邢）雲路等參訂修改。"①"未幾，（邢）雲路、（李）之藻皆召至京，參預曆事。（邢）雲路據其所學，（李）之藻則以西法爲宗。"②這次改曆並没有堅持下來。

徐光啓等達儒認爲必須中西會通。他説雖然曆法改革已是大勢所趨，但是如何改革則更關鍵："邇來星曆諸臣，頗有不安舊學，志求改正者。故萬曆四十年（1612），有修曆譯書，分曹治事之議。夫使分曹各治，事畢而止。大統既不能自異於前，西法又未能必爲我用，亦猶二百年來分科推步而已。臣等愚心，以爲欲求超勝，必須會通，會通之前，先需翻譯。蓋大統書籍絶少，而西法至爲詳備，且又近數年間所定，其青于藍，寒于水者，十倍前人，又皆隨地異測，隨時異用，故可爲目前必驗之法，又可爲二三百年不易之法，又可爲二三百年後測審差數因而更改之法。又可令今後之人循習曉暢，因而求進，當復更勝於今也。翻譯既有端緒，然後令甄明大統、深知法意者，參詳考定，鎔彼方之材質，入大統之型模；譬如作室者，規範尺寸，一一如前，而木石瓦縏悉皆精好，百千萬年必無敝

① 何丙鬱、趙令揚. 明實録中之天文資料（下册）[M]. 香港：香港大學中文系，1986：641－642.

② 中華書局編輯部. 歷代天文律曆等志彙編（十）[M]. 北京：中華書局，1975：3538.

壞。即尊制同文,合之雙美,聖朝之巨典,可以遠邁百王,垂貽永世。且于高皇帝之遺意,爲後先合轍,善作善承矣。”①徐光啓認爲,欽天監各科要統一領導,他不同意將西方曆算只是作爲一種參考,而是認爲必須進行中西會通,並且擬定了會通的方案和具體計劃,其中翻譯只是第一步。其原因是中國傳統曆算不如西方先進。而中西會通歸一之後,新的曆法就可超勝於古今中外。就這樣,達儒們才得以以西法爲主進行曆法改革。

中西數學會通的過程中始終貫穿著拘儒和達儒的鬥争,明中後期一直有關於改革曆法與否的争論。改革派主要是大臣,借助曆法與天變人事的對應關係,堅持要改;保守派主要是欽天監官生,理由是祖宗之法不可輕改。1595 年欽天監監正張應候就反對邢雲路“改曆之議”。但認識到,祖宗之法實在無能爲力時就不得不改。邢雲路等人比欽天監官生開放一些,但相對於徐光啓等人就保守了。關於怎麽改的問題,他們堅持在祖宗成法的基礎上,進一步挖掘餘蘊和深藏其中的義理,徐光啓等人則堅持西法。後來徐光啓批評了這次改革方案的不徹底性,認爲這樣與明初參用回回曆性質一樣,不能從根本上解決問題。拘儒和達儒的争論焦點,也由“祖宗之法能不能改”,轉變爲“能不能用”或“能不能完全用西方曆算之學來改革中國曆法”。並且拘儒們把西方曆算之學與其意識形態聯繫起來,使曆法改革問題與國家政治聯繫起來。徐光啓主持曆法改革期間,基本上把株守祖宗成法的欽天監改成了西方曆算的橋頭堡。明末政府規定,傳教士不能在欽天監或曆局傳播教義,而欽天監卻在湯若望、南懷仁手中成爲西方宗教的大本營。

3. 新曆法是否使用

《崇禎曆書》於 1634 年成書後,就開始面臨要不要被用於曆法

① (明)徐光啓. 徐光啓集[M]. 上海: 上海古籍出版社,1984: 374-375.

編製的問題。1638年管理曆局的代州知州郭正中言道“中法不可盡廢，西法不可專行”，皇帝詔示“仍行大統，參考西法、回回”，徐光啓以西法統帥曆法全局的設想没有實現。1644年八月詔示“西法改爲大統術法，通行天下”。國變，未實施。①

清初才頒行新曆法，其時仍然發生了尖鋭甚至流血的鬥爭。開始，楊光先雄心勃勃地用大統曆等傳統曆法知識駁斥西法，做欽天監監正後，因屢屢預測交食不准，而承認既“不知曆數”，又“未習交食之法”，僅通“曆理”而已②，只懂儒家理學，不懂曆算家之推算。其實“儒家之曆”與“曆家之曆”在宋代已分道揚鑣了，這時再將二者弄到一塊，已不能自圓其説，更不能與西方曆法相争勝。只是堅執舊曆的楊光先仍然維護傳統，尊經述聖，在辯論中多次引述古聖經傳，辯論失敗後仍説中國曆法雖然不如西方曆法，但是因爲是堯、舜傳下來的，所以必須用下去。“毋論大文小文，一必祖堯舜，法周孔，合於聖人之道，始足樹幟文壇，價高琬琰，方稱立言之職。”③完全一副拘儒嘴臉。楊光先還認爲自己很清醒，西方傳教士傳入先進科技背後的用心很險惡：“天下之人知愛其器具之精工，而忽其私越之干禁。是愛虎豹之紋皮，而豢之卧榻之内，忘其能噬人矣……世方以其器之精巧而愛之，吾正以其器之精巧而懼之也。輸之攻墨之守，豈拙人之所能哉？非我族類，其心必殊。”④

如果從文化範式這一視角來理解楊光先的口號“寧可使中夏無好曆法，不可使中夏有西洋人”⑤，它也就不令人奇怪了。“無好曆法不過如漢家不知合朔之法，日食多在晦日，而猶享四百年之國

① （清）阮元. 疇人傳（卷三十一）[M]. 上海：商務印書館，1935：407－417.

② （清）楊光先. 不得已（附二種）[M]. 合肥：黄山書社，2000：82.

③ （清）楊光先. 不得已（附二種）[M]. 合肥：黄山書社，2000：7－8.

④ （清）楊光先. 不得已（附二種）[M]. 合肥：黄山書社，2000：28.

⑤ （清）楊光先. 不得已（附二種）[M]. 合肥：黄山書社，2000：79.

祚;有西洋人吾懼其揮金以收拾我天下之人心,如厝火於積薪之下,而禍發之無日也。”①西方宇宙觀對中國人和中國文化的優先性產生了威脅,楊光先反對、排斥天主教的文化動機就是排除這種威脅。李祖白等人所著《天學傳概》想把中國的紀年法改爲西方的西元紀年法,南懷仁和利類思著《曆法不得已辯》,爲西方曆法和西方文化辯護。後發生所謂的湯若望教案,李祖白等五位中國欽天監官生被斬。

後來,康熙主政,經過實測,以西法爲主的《時憲曆》終於得以頒行。清朝政府制定並實行曆法以西方爲主而意識形態以儒學爲主的文化政策。

4. 頒布新曆法後如何看待中西文化

到乾嘉時代,這一拘儒和達儒之間的争論發生了形式上的變化,争論焦點轉變到中國傳統學術與西方學術哪個更先進,以及二者之間的源流關係上。

這一時期絶大部分文化人堅持西學中源説,比如康熙皇帝、黄宗羲等等,以及乾嘉諸大佬。他們承認西方科學技術先進,但是要有附加條件:西方科學技術的源頭在中國,另外,西方的科學技術之外的文化不如中國。

當然,此時並非拘儒一統天下,淩廷堪(1755—1809,歙縣人)就曾爲“西學”辯護:“竊謂主中黜西,前代如邢雲路、魏文魁諸君皆然。楊光先淺妄,不足道也。蓋西學淵微,不入其中則不知。”②並且揭露了拘儒們的做法爲“陰用其學而陽斥之”:“西人之説,徵之《虞書》、《周髀》而悉合,古聖人固已深知之,非吾所未有,由説之者不得其意耳。則驚其爲創者,過也。西人之説既合于古聖人,

① (清) 楊光先. 不得已(附二種)[M]. 合肥: 黄山書社,2000: 79.

② (清) 淩廷堪. 校禮堂文集 · 復孫淵如觀察書[M]. 北京: 中華書局,1998: 219.

自當兼收並采,以輔吾之未逮,不可陰用其學而陽斥之,則排其爲異者,亦過也。"①關於這一點,江永、趙翼、安清翹、汪萊也有類似觀點,兹不贅述。

還有一個有趣的現象,那就是梅文鼎和戴震等人在學術觀點上都有一個向西學中源説轉變的過程。以戴震爲例,戴震1755年首次入都時,訪問了傳教士的北堂和南堂。與戴震同時在京的趙翼所著《簷曝雜記》卷二"西洋千里鏡及樂器"條記載,二人在南堂"登其臺以鏡視天,赤日中亦昂星斗",接待他們的是"西洋人劉松齡、高慎思"。② 1762年,戴震到北京時,與錢大昕、紀昀、秦蕙田、王鳴盛、王昶、朱筠等人結交。在交流中,戴震認爲自己的學問有西學來源,自己的老師江永對第穀"本輪"、"均輪"理論的掌握也比梅文鼎透徹,"盛稱婺源江氏(永)推步之學不在宣城(梅文鼎)下"。錢大昕當時就與戴震發生了争論,事後又作《與戴東原書》表明自己的觀點,認爲江永是"西化"("爲西人所用"),不及梅文鼎能"化西"("用西"):"宣城能用西學,江氏則爲西人所用而已。""江氏乃創爲本無消長之説,極詆楊(光輔)、郭(守敬),以附會西人。"他追究地責問:"當今學通天人者莫如足下,而獨推江無異辭,豈少習于江而特爲之延譽耶?抑或更有説以解僕之惑耶?"③此後,戴震慎言西法,想盡辦法維護中法的正統地位:"(戴震)平生學術出於江慎修,故其古韻之學根於等韻,象數之學根於西法,與江氏同;而不肯公言等韻、西法,與江氏異。"④

---

① (清)淩廷堪.校禮堂文集·復孫淵如觀察書[M].北京:中華書局,1998:39.

② 李天綱.跨文化的詮釋[M].北京:新星出版社,2007:151.

③ (清)錢大昕.潛研堂文集·與戴東原書[M].上海:上海古籍出版社,1989:595.

④ 王國維.聚珍本戴校《水經注》跋,載:觀堂集林(第二卷)[M].北京:中華書局,1959:580.

對於這一時期的大部分儒士而言,我們很難將他們歸於拘儒或達儒。他們在科技層面承認西學先進並樂於學習,但是在學術源流上堅持西學中源説,在意識形態上堅持儒學的正統地位。我們可將他們視爲拘儒與達儒的一種綜合。

(三)拘儒、達儒思想異同

明末清初時期科學技術和其他文化是融爲一體的,當時的人們一般將其劃分爲理(或道)與器(或藝)兩部分。但是,二者之間有緊密聯繫,有一致性。比如,中國人認爲大地是方形的,就引申出居於中心的是中國人,向外是夷狄,再向外是禽獸,再向外就禽獸不如了。當時的西方傳教士來自我們不知道的地方,他們肯定是禽獸不如了。而西方人認爲大地爲球形,他們就没有上述的劃分。面對中西科學的比較和西方科技的引進所涉及的儒家倫理變動的必然性,拘儒和達儒思想發生了激烈對抗。

1. 對儒學中道、器關係的認識

拘儒們堅持儒家傳統的道本藝末論調。楊光先説:"如真爲世道計,則著至大至正之論,如吾夫子正心誠意之學,以修身齊家爲體,治國平天下爲用。"①他們對西方的博聞和器具持有矛盾心理,承認其精工,又有對博聞器具的蔑視 。"或曰:'彼理雖未必妙,人雖未必賢,而制器步天,可濟民用,子又何以辟之?'余應之曰:'子不聞夫輸攻墨守乎?輸巧矣,九攻九卻而墨又巧焉,何嘗讓巧于夷狄?又不聞夫巧輗拙鳶及楮葉棘猴之不足貴,于夫修混沌氏之術者之見取于仲尼乎?縱巧亦何益身心!"②

而達儒們則强調道、器不能分開,以及器的學問有益民用的思

① (清)楊光先.不得已(附二種)[M].合肥:黄山書社,2000:19.

② (明)許大受.聖朝佐辟自敘.破邪集卷四[M],周駬方.明末清初天主教史文獻叢編(三).北京:北京圖書館出版社,2001:178.

想。李之藻在《〈同文算指〉序》中,用數學在傳統文化中的地位爲科技張目:"古者教士三物而藝居一,六藝而數居一。數於藝猶土於五行,無處不寓,耳目所接已然之跡,非數莫紀;聞見所不及,六合而外,千萬世而前而後,必然之驗,非數莫推。"①王徵在《〈遠西齊器圖説録最〉序》中,則引用經典文獻的有關論述爲技術張目:"學原不問精粗,總期有濟於世;人亦不問中西,總期不違於天……'備物制用,立成器以爲天下利,莫大乎聖人'?"②

2. 儒學要不要補充修改

達儒堅持儒學需要補。徐光啓的論述最有説服力,他首先分析了儒、釋、道及西學之優劣,然後主張用天主教來補儒易佛:"必欲使人盡爲善,則諸陪臣所傳事天之學,真可以補益王化,左右儒術,救正佛法者也。"③

反教士人認爲儒學不需要補。沈漼説:"天地開闢以來,而中國之教,自伏羲以迄周孔,傳心有要,闡道有宗,天人之理,發洩盡矣,無容以異説參矣。"④

拘儒、達儒的争論,反映了儒學體系的開放性和某種程度的模糊性,甚至不同時期不同流派觀點的矛盾性。比如對形而下之器學,有"縱巧亦何益身心"之論,又有"備物致用,立成器以爲天下利,莫大乎聖人"的説法。經過激烈的辯論甚至鬥争,這種儒學内部的矛盾性得以彰顯,爲進一步統一思想打下了基礎,也有利於端正道與器的關係。歷史證明,對西方思維方式和科學技術知識的

---

① 徐宗澤. 明清間耶穌會士譯著提要[M]. 上海: 上海書店出版社, 2006: 205.

② 徐宗澤. 明清間耶穌會士譯著提要[M]. 上海: 上海書店出版社, 2006: 234.

③ (明) 徐光啓. 徐光啓集[M]. 上海: 上海古籍出版社, 1984: 432.

④ (明) 沈漼. 參遠夷疏. 破邪集[M], 周騈方. 明末清初天主教史文獻叢編(二). 北京: 北京圖書館出版社, 2001: 114－115.

引進,對中國文化來説還是必要的。這對我們今天如何復興國學應該是有所啓示的。

(四)拘儒、達儒,何謂真儒?

從上述内容可以看出,在中西數學會通過程中,拘儒和達儒的觀念是不斷變化的。首先,欽天監官生由拘儒變成了達儒,中法派曆算家由達儒變成了拘儒;康熙教案後,堅持中法的曆算家内心已承認西法總體上的先進性,口頭上或感情上還對傳統數學天文抱有希望;禮儀之争後,在西方數學天文范式中成長起來的曆算家們,卻要堅持西學中源説,把學術問題與愛國感情聯繫在一起。

歷史事實表明,中西會通是大勢所趨,西方數學天文的有效性强有力地征服了越來越多的中國人。有兩例可證,一是欽天監官生轉變的過程。欽天監在局學習官生周胤、賈良棟、劉有慶、賈良琦、朱國壽、潘國祥、朱光顯、朱光大、朱光燦等,以自己的切身經驗談論了對西曆"由半信半疑到心中折服"的認識過程:"向者己巳之歲,部議兼用西法,余輩亦心疑之。迨成書數百萬言,讀之井井,各有條理,然猶疑信半也。久之,與測日食者,一月食者再,見其方位時刻分秒,無不吻合,乃始中心折服。"①二是清初中算家的人生選擇。著名曆算家薛鳳祚在中西數學會通過程中的表現,可看作這一時期中算家人生軌跡的縮影。薛鳳祚(1599—1680),字儀甫,號寄齋,青州益都縣金嶺鎮(今淄博市臨淄區金嶺鎮)人,明末清初著名科學家和學者。薛鳳祚少時志存高遠,一心向學,20 餘歲曾師事理學名儒鹿善繼和孫奇逢,受到了高水準的儒學教育,精通理學和易學,有《聖學心傳》一書問世。不久不滿二師所主張的空談心性之陽明心學,嚮往實學,走上了科學道路。開始(1633 年),他追隨著名曆算學家魏文魁學習中國傳統天文曆法——魏氏精通

① 新法算書[M].欽定四庫全書·子部,788-234.

中法，是明末曆法改革反對派的代表人物；繼而，順治九年、十年（1652、1653年）在南京向波蘭籍傳教士穆尼閣學習西方科學，“盡得其術”。

而會通的結果是傳統儒學體系發生了改變，自然科學的内容權重增加了，特别是其中的數學和天文學得到了更新。鑒於體與用的一體性，二者會出現不協調。明末清初，我國的科學技術落後，真正的儒家要積極主動地與時俱進，只有及時吸收先進的因素，才能在激烈競争中立於不敗之地。儒家們最終選擇了及時趕上西方，拘儒和達儒發生了融合，然而與此同時，似乎被論定爲實事求是的乾嘉諸大儒在中西科學源流問題上持西學中源説，違背了實事求是的宗旨。五四先賢得以以科學爲標準改造儒學、剪裁儒學、扭曲儒學，甚至摧毀儒學，令後人痛惜不已。

由此可以看出，真正的儒家要在人文與科學之間保持一定的張力或平衡。今天，在科學技術成爲“失控的列車”時，我們不能走向極端，要注意保持科學與人文的平衡，比如我們可以“停下來唱一支歌”。

三、達儒對東西方數學、科學的認識

由上文可知，拘儒對數學、科技的觀念，主要有相互矛盾的兩點，一是道（理）本藝（器）末，二是理器一體。第一個觀念使他們雖然認識到西方器學的先進性，但是認爲不必引進，因爲作爲一個儒士，重要的是修身；第二個觀念使他們對西方曆算之學非常恐懼，認爲絶對不能引進，更不能中西會通，否則儒學會變色的。他們在明末清初的前期基本没有參與會通實踐，後期有所參與但也有不少負面效應，我們將在有關章節加以論述，本部分主要論述達儒和西儒關於中西數學及科學的對比與思考。達儒們强調治國平天下的重要性，試圖加强器物之學在儒學體系中的地位，並與西儒一起進行了轟轟烈烈的中西數學會通。

中國數學爲什麽要與西方數學會通？這與當時中國的曆法、戰争、農業、水利等狀況有關。我們知道，這些事務的解決都是以數學的進步爲基礎的，但是我們的内算（包括理的數學和術的數學）、外算（即算法數學）居然都“掉鏈子”了。天文曆法不能準確預測日食、月食，天朝正朔發生紊亂，“通神明”的功能發生故障；流寇猖獗，努爾哈赤來犯，分明擺好架勢要來争天命，“順性命”的功能也發生了危機；國内天旱水澇、盜賊四起、民不聊生，“經世務”、“類萬物”的外算也突然出現“死機”，並且反復調試也不見奇跡出現。而相比之下，西方數學卻能較好地解決這些問題。這就涉及中西數學哪個更先進的問題，與我們熟知的李約瑟問題聯繫起來。對李約瑟問題的討論已有很多，有一個統計表明，從1980年到2000年，國内外關於這一問題的研究已有260多篇論文和30多部專著，①21世紀初近十年來，這方面的研究還在蓬勃發展。雖然人們對這一研究的意義看法不一，但它刺激了對中國科學歷史和未來的思考這一點是公認的。已有研究除部分發生在李約瑟提出以他的名字命名的問題之前，大多發生在其後，就筆者有限的視野而論，韓琦先生的專著《中國科學技術的西傳及其影響》大大地拓展了對這一問題的研究，將討論的時間拉回到十七八世紀，但是除徐光啓的部分言論外，該著作“根據西方的文獻”“主要從歐洲人的角度”做了論述②。本文則將研究明末清初發生在中國本土的中外人士對這一問題的討論。本文並不試圖解決李約瑟問題，只是想做一個小小的驗證，因爲這與爲什麽要會通中西數學

---

① 王錢國忠. 李約瑟研究的回顧與瞻望[J]，上海李約瑟文獻中心編.《李約瑟研究》第一輯. 上海：上海科學普及出版社，2000：212.

② 韓琦. 中國科學技術的西傳及其影響[M]. 石家莊：河北人民出版社，1999.

這一問題有關。另外鑒於導論對於數的界定,本部分不限於算法數學。

(一)中國數學、科技的落後性

1. 在基礎理論方面落後於西方

達儒和西儒們首先論述了科學理論基礎對技術的重要性。李之藻論述了西方格物窮理之學的分類——曆書、水法、測望、算法、儀象、日軌、圖志、醫理、樂器、格物窮理(狹義)、數學原理(《幾何原本》),並强調了《幾何原本》的基礎性(195)①。他在《名理探》中還區分了"純數學"和"雜數學"。利瑪竇論西方數學及其應用時,明確劃分了數學類别:算法家、量法家;樂家、天文曆家。在他看來,以數學作爲原理的學術分别是量天地、測景、造器、經理水土木石諸工、制機巧、察目視勢、地理——以上七類是幾何家正屬,另外還有"大道"、"小道",如爲國從政,邊境形勢,道里遠近,壤地廣狹,計算本國生耗出入錢谷之凡,農人豫知天時,醫者察日月五星躔次,商賈之于計會,國家之兵法(199)。陽瑪諾對天文中"測學"和"用學"做了區分和説明:"西格物之學……如以手指物示人,舉目即得,名爲'指論'……即曰'天文指論'也。論天文者約有二端,……第不急於日用,謂之'測學',……斯類者有益於日用,謂之'用學'。"(214)王徵則論述了《幾何原本》與力藝小技的源流關係:"譯是不難,第此道雖屬力藝之小技,然必先考度數之學而後可。蓋凡器用之微,須先有度、有數,因度而生測量,因數而生計算,因測量、計算而有比例,因比例而後可以窮物之理,理得而後法可立也。不教測量、計算則必不得比例,不得比例則此器圖説必不能通曉。測量另有專書,算指具在《同文》。比例亦大都見《幾何

① 本部分凡其中標有數字的括弧,如(＊＊＊),皆指引自:徐宗澤.明清間耶穌會士譯著提要[M].上海:上海書店出版社,2007:＊＊＊頁.

原本》中。”(233)

他們接著論述了中國科技缺乏理論基礎,需要進行改革、即進行中西會通。李之藻在《〈圜容較義〉序》中論述了西方科學深入探討事件發生的“所以然”之理,而儒者不究其所以然:“天圜、地圜,自然、必然,何復疑乎? 第儒者不究其所以然,而異學顧恣誕於必不然,則有設兩小兒之争,以爲車蓋近而盤盂遠,滄涼遠而探湯近者。”(212)徐光啓在《題〈測量法義〉》中論述了中國數學之“失於義”,而西學“貴其義”:“是法也,與《周髀》、《九章》之句股測望異乎? 不異也。不異何貴焉? 亦貴其義也。劉徽、沈存中之流皆嘗言測望矣,能説一表,不能説重表也;言大、小句股能相求者,以小股大句,小句大股兩容積等,不言何以必等能相求也,猶之乎丁未以前之西泰子也。曷故乎? 無以爲之藉也。”(207)徐光啓在《〈簡平儀説〉序》中論述了中國曆法之缺於“革”和“故”,“革者,東西南北、歲月日時,靡所弗革,言法不言革,似法非法也;故者,二儀七政參差往復,各有所以然之故,言理不言故,似理非理也……郭守敬推爲精紗,然於革之義庶幾焉,而能言其所爲故者,則斷自西泰子之入中國始。”(208)以此説明曆算改革、中西會通的重要性。利瑪竇在《譯〈幾何原本〉引》中論述了中國數學之落後在於没有“原本之論”——基礎理論:“竇自入中國,竊見爲幾何之學者,其人與書,信自不乏,獨未睹有原本之論,既闕根基,遂難創造,既有斐然述作者,亦不能推明所以然之故,其是者己亦無從别白,有謬者人亦無從辨正……”(200)

2. 在精確性和思維方式上落後於西方

達儒和西儒們發現,中國數學和科學在與理論基礎密切聯繫的精確性方面也很不够。徐光啓在《跋〈二十五言〉》中稱讚西學整體上是嚴密的、不可懷疑的:“啓生平善疑,至是若披雲然,了無可疑;時亦能作解,至是若遊溟然,了亡可解,乃始服膺請事焉。”(258)南懷仁在《進呈〈窮理學〉書奏》中論述了中國曆法没有理推之法，其法未善，習曆者不知曆理(146)。徐光啓在《刻〈同文算指〉序》中認爲西書勝中書的原因在於西方科學推理明確、不含混："既又相與從西國利先生游，論道之隙，時時及於理數，其言道、言理既皆返本蹠實，絶去一切虚玄幻妄之説，而象數之學亦皆溯源承流，根附葉著，上窮九天，旁該萬事……觀利公與同事諸先生所言曆法諸事，即其數學精妙，比於漢唐之世十百倍之……大率與舊術同者舊所弗及也，與舊術異者則舊所未之有也；……大率與西術合者靡弗與理合也，與西術謬者靡弗與理謬也。……雖失十經，如棄敝屩矣。"(204)"至於商高問答之後所謂榮方問于陳子者，言日月天地之數，則千古大愚也。"(210)畢拱辰在《〈泰西人身説概〉序》論述了中國生理學、醫學之落後在於"空虚無著"："余曩讀《靈》、《素》諸書，所論脈絡脈，但指爲流溢之氣，空虚無著，不免隔一塵劫，何似玆編條理分明、如印印泥，使千年雲霧頓爾披豁，真可補《人鏡》、《難經》之遺……至於精思研究，不作一影響揣度語，則西士獨也。"(237—238)李天經論中學言道："世乃侈譚虚無，詫爲神奇，是致知不必格物，而法象都捐，識解盡掃，希頓悟爲宗旨，而流於荒唐幽謬，其去真實之大道，不亦遠乎？"(148)

3. 在精深程度上有不及西方之處

與以上兩點相聯繫，中國數學、科技在精深程度上也多有不及西方之處。張問達在《刻〈西儒耳目資〉序》中論述了西學之勝在於"發前人之所未發"："……余覽之而卒業焉，種種奥義果如良甫所言，且多發前人之所未發，補諸家之所未補。"(255)周子愚在《〈表度説〉序》中論述了中曆之失在於"然無其書，理未窮、用未著也"："惟元太史郭守敬製造儀象圭表，以測驗而定節氣、成曆法，爲得其要，然最精而簡者尤莫若任意立表取景。西國之法爲盡善矣，蓋齊七政者必依太陽方位而齊焉，准曆數者必依太陽本動而准焉，定節氣者必依太陽躔度而定焉，而太陽方位、本動、躔度俱以表景度分，得其真確，則表度之法，信治曆明時之指南也。圭表我中國本監雖有之，然無其書，理未窮、用未著也，余見大西洋諸先生，其諸書内具有此法。”(217)李之藻在《請譯西洋曆法等書疏》中列舉了西學超中者凡十四事——“其言天文曆數，有我中國昔賢談所未及者凡十四事”(194)，並在《〈渾蓋通憲圖説〉序》中論述了西學之長於中學：“説具一圖，圖兼數法，法法不離圜體，規規鹹契圜行，平之則准，懸之則繩，可以仰觀，可以俯察，徑不盈尺，可挈而趨。然則聖作明述，何國蔑有，倘中國亦舊有其術乎?”(203)孔貞時在《〈天問略〉小序》中論述了西方天學之勝：“其言黄道，似沈夢溪辨九道之説；其言曰日蝕由月，似王充太陰、太陽之説；其言月借日光，似張衡《靈憲》所什生魄生明之説；其言諸天，似有出諸儒見解之外，而又非佛氏三十三天之説者。”(214)王徵在《遠西齊器圖説録最》中論述了西方數學儀器比中國先進：“偶讀《職方外紀》所載奇人奇事，未易更僕數，其中一二奇器，絶非此中見聞所及……(下言亞而幾墨得——阿基米德選器之精，筆者注)”(232)畢拱辰在《〈泰西人身説概〉序》中論述了中國數學之落後：“……間出其餘緒，著有象緯、輿圖諸論，探源窮流，實千古來未發之旨……昔人云‘數術窮天地，製作侔造化’，惟西士當無愧色耳。”(237—238)徐光啓在《〈泰西水法〉序》中論述了中國水學不如西方：“余嘗留意兹事二十餘年矣，詢諸人人，最多畫餅，驟聞若言則唐子之見故人也，就而請益，輒爲餘説其大指，悉皆意外奇妙，了非疇昔所及。”(241)楊廷筠在《〈職方外紀〉序》中論述了中國天文學不如西方：“楚辭問天地何際，儒者不能對……西方之人獨出千古，開創一家，謂天地俱有窮也而實無窮。”(248)湯若望1626年刻《遠鏡説》自序云：“人身五司，耳目爲貴，無疑也，耳與目又孰爲貴乎？昔亞利斯多(亞里士多德)稱耳司爲百學之母，謂凡授受以耳，學問所以彌精彌廣也。若目司，則巴拉多(柏拉圖——筆者注)稱爲理學之師。……誠若是，則目之貴於耳也，明矣。”(231)强調實驗重於理論,重目輕耳。

4. 在有效性上落後於西方

最爲重要的是,中國數學、科技在實踐中的有效性上落後於西方。《四庫全書提要》説,徐光啓學西法後能辨證中法之謬(子部天文算法類一):"時滿城布衣魏文魁著《曆元》、《曆測》二書,令其子獻諸朝,光啓作《學曆小辨》以斥其謬。""其(西法——筆者)中有解有術、有圖有考、有表有論,皆鈎深索隱,密合天行,足以盡歐邏巴曆學之蘊。"(192—193)焦勖在《〈火攻挈要〉自序》中論述了中國火攻術之弊在於"罕資實用":"中國之火攻備矣……然時異勢殊,有難以今昔例論……即古今兵法言之……然或有南北異宜、水陸殊用,或利昔而不利於今者,或更有摭拾太濫、無濟實用者,似非今日救急之善本也。至若火攻專書……然多紛雜濫溢,無論非可否一概刊録,種類雖多而實效則少也。……索奇覓異,巧立名色,徒炫耳目,罕資實用。"(236)李之藻在《刻〈職方外紀〉序》中論述了中國地理學不能"測驗良然":"余依法測驗,良然,乃悟唐人畫方分里,其術尚疏……"(246)曹于汴在《〈泰西水法〉序》中論述了西水法之優於"規制具陳,分秒有度":"……規制具陳,分秒有度,江河之水、井泉之水、雨雪之水,無不可資爲用,用力約而收效廣……中華之有此法至今始。"(243)鄭以偉在《〈泰西水法〉序》中論述了中國水法之缺於"不利":"巧固生於窮軟,然未有若此之利者。"(243)"此法……非墨子蜚鳶比也。"(244)

由上述可知,明末清初中國數學的落後不是個别方面。總體來講,它没有基礎理論,實踐上不切實用,思維方式缺乏邏輯。其實,當時中國的天文、曆算、生理、醫學、農學、水利、兵學、開礦、治煉等都不如西方發達。經常有這樣一種説法:中國古代技術發達。但我們知道,明末制定曆法的技術不準確,測量天體的儀器不精確,這些都是言之有故的。有人争辯説,科技文化有地方性,不同文化背景下的科技不可通約,這有一定的道理,但其在醫學治療效果這個標準下卻是可以通約的。當時有多少人困於瘧疾,祖國醫學没有很好地解決這一問題,而一劑西方的金雞納霜就能藥到病除,這很能説明問題。也許有人争辯説,當時中國古代的優秀科技典籍流傳不廣,拿中國的"三等馬"與西方的"一等馬"相比不恰當,其實耶穌會士的科技水準與伽利略、開普勒、牛頓、波義爾和惠更斯等人相比也至多算"二等馬",況且我們的典籍流傳不廣本身就説明了我們的落後性。

上面所述多是西方耶穌會士、中國奉教士人和友教士人的言論,其他人是否也有這樣的認識呢? 是的。當時與耶穌會士幾乎没有直接接觸的大科學家宋應星説"西方煉鐵有比中國高明之處",反教士人楊光先"寧可使中夏無好曆法,不可使中夏有西洋人"之論,也已承認西洋科學(曆法)比中國好。後來的梅文鼎、王錫闡也承認西方的先進性,卻拿出"西學中源"做遮羞布。崇禎朝開西局修訂《崇禎曆書》,清朝初年頒行由之略微改編而成的《西洋新法曆書》以改"正朔"。這些事實、雄辯證明,中國數學、科技在明清及之前已落後於西方。這些在中西首次實質性接觸之時,在没有太嚴重的愛國主義和全盤西化等意識形態作祟前提下發生的事實,是值得深思的;這些經過比較、思考和試驗而做出的有理有據的論斷是非常可貴的。

(二)中國數學、科技的落後原因

1. 没有形成研究規模和研究傳統

李之藻在《請譯西洋曆法等書疏》中説:"前古不知……士乏講究……獨學寡助,獨智師心,管窺有限,屢改爽終。"(193)徐光啓在《刻〈幾何原本〉序》中論中國學術落後原因:"故嘗謂三代而上爲此業者盛,有元元本本、師傳曹習之學,而畢喪於祖龍之焰。漢以來,多任意揣摩,如盲人射的,虚發無效,或依儗形似,如持螢燭象,得首失尾,至於今而此道盡廢,有不得不廢者矣。"(197)在

《〈勾股義〉序》中談"水學"之弊:"獨水學久廢,……後其書復不傳,實可惜也……又自古迄今,無有言二法(勾股、測望——筆者注)之所以然者。"(210)在《刻〈同文算指〉序》中論中國數學"廢"之原因:"算數之學特廢於近世數百年間爾,廢之緣有二,其一爲名理之儒土苴天下之實事,其一爲妖妄之術謬言數有神理。"(204)韓霖在《〈童幼教育〉序》中論中國學術不如西方:"聖人不作而小學之書亦不傳,秦用申韓,漢宗黄老,晉尚清談,唐取詞賦,古人教育之方邈不復睹矣,趙宋濂洛諸儒毅然復古,朱晦翁搜輯經傳爲小學補亡,三代以來,空谷足音,今人父師之教止於爲文取科第,八股鮮華,一生温飽,小學之書,皓首未見。"(166)

2. 上不倡,下不諳

與西方"彼國不以天文曆學爲禁"相反,中國政府禁曆造成了不良後果,四庫館臣在《〈新法算書一百卷〉提要》中論中學不好的原因説:"臺官墨守舊聞,朝廷亦憚於改作,建議者俱格而不行。"(192)曹于汴在《〈泰西水法〉序》中論中國學術落後原因説:"上不倡,下不諳也。"(243)有些部門怠忽職守,以至錯錯相因,積成大錯,李之藻在《請譯西洋曆法等書疏》中這樣説:"邇年臺監失職,推算日月交食時刻虧分,往往差謬,交食既差,定朔定氣由是皆舛……而乖訛襲舛,不蒙改正。"(195)

3. 儒家"理本器末"觀的束縛

韓霖在《〈童幼教育〉序》中論中國學術不如西方:"聖人不作而小學之書亦不傳,秦用申韓,漢宗黄老,晉尚清談,唐取詞賦,古人教育之方邈不復睹矣,趙宋濂洛諸儒毅然復古,朱晦翁搜輯經傳爲小學補亡,三代以來,空谷足音,今人父師之教止於爲文取科第,八股鮮華,一生温飽,小學之書,皓首未見。"(166)徐光啓論中國數學落後原因:"算數之學特廢於近世數百年間爾,廢之緣有二,其一爲名理之儒土苴天下之實事,其一爲妖妄之術謬言數有神理,能知來藏往、靡所不效,卒於神者無一效,而實者亡一存。往昔聖人

所以制世利用之大法,曾不能得之士大夫間,而術業政事,盡遜於古初遠矣。”(204)

另外,由於門户之見,不同派别爲了各自利益而争鬥,無暇顧及學術。《四庫全書總目提要》談到中國學術落後原因是“牽制於廷臣之門户”(193)。

(三)中國科技落後局面的改進思路

1. 翻譯西學書籍,提高中國科學水準

關於這一點前面也有所述及,李之藻在《請譯西洋曆法等書疏》中論如何對待西學:“翻譯來書以廣文教……責令疇人子弟習學,依法測驗,如果與天相合,即可垂久行用,不必更端治曆,以滋煩費,或與舊法各有所長,亦宜責成諸臣細心斟酌,務使各盡所長。”(196)徐光啓在《〈簡平儀説〉序》中論如何對待西學:“令彼三千年增修漸進之業,我歲月間拱受其成,以光昭我聖明來遠之盛。”(209)王徵認爲:“古之好學者裹糧負笈,不遠數千里往訪,今諸賢從絶徼數萬里外,賫此圖書以傳我輩,我輩反忍拒而不納歟?”(234)强調要學習西方的成功經驗。徐光啓在《〈簡平儀説〉序》中論西方曆數先進的原因:“先生嘗爲余言:‘西士之精於曆,無他謬巧也,千百爲輩,傳習講求者三千年,其青於藍而寒於水者,時時有之,以故言理彌微亦彌著,立法彌詳亦彌簡。’”(208)

2. 重視科技,提高科技的地位

李之藻在《〈同文算指〉序》中爲科技張目:“古者教士三物而藝居一,六藝而數居一。數於藝猶土於五行,無處不寓,耳目所接已然之跡,非數莫紀;聞見所不及,六合而外,千萬世而前而後,必然之驗,非數莫推。”(205)王徵在《〈遠西奇器圖説録最〉序》中爲技術張目:“學原不問精粗,總期有濟於世;人亦不問中西,總期不違於天……‘備物制用,立成器以爲天下利,莫大乎聖人’?”(234)徐光啓在《泰西水法序》中爲科技致用張目:“先聖有言:‘備物致用，立成器以爲天下利，莫大乎聖人。'器雖形下而切世用，玆事體不細已，且窺豹者得一斑，相劍者見若狐甲而知鈍利，因小識大，智者視之，又何遽非維德之隅也？"(242)張問達在《刻〈西儒耳目資〉序》爲"藝用"張目："如曰此雕蟲藝耳而薄視之，則向者君實、景濂兩先生之推本，抑何其遠且大耶？"(255)

此外，千里之行始於足下，他們認爲還應當儘快採取行動，以求趕超西方。徐光啓等人做了具體的"翻譯——會通——超勝"的計劃。

結語

綜上所述，我們研究了傳教士、中國奉教士人、友教士人及部分反教士人的主張和言論，他們比較正確地分析了明末清初的中西數學和科技的異同之處。當時人們對中國數學、科學落後性的認識是深刻的，當時中國科技的衰落是全面的，從理論、技術到科技儀器和思維方式全都不如西方。他們對中國科學的改進、提高和進一步發展做了探索和思考，並且進行了轟轟烈烈的中西數學會通實踐，是可貴的。這不僅有重要的歷史意義，而且對我們今天反思中國科學的發展也有借鑒作用。

四、西學中源説與儒學的理器劃分

明末清初數學會通的一般狀況有一個特點，那就是多數著作保持中國傳統數學的名目，而又多採用西方數學的思想方法，以及西方數學所特有的研究課題(如對數和三角函數)。仔細審視一下，國人對西方數學思想方法的消化吸收和把握運用多不到位，而中國傳統的"物理"、"宰理"、"至理"觀念又都有不同程度的變形與變换。這一切與西學中源説關係甚大。西學中源説是中西數學會通的參與者在公共話語空間中的普遍主張，研究中西數學會通無法回避西學中源説。

已有研究一般是追溯西學中源説的最早源頭,或論述其對於中西數學會通造成的消極後果。本書研究認爲,挖掘西學中源説的文化根源,是揭示中西數學會通成效的更好路徑。其實西學中源説並不是參與數學會通的人員心態的真實寫照,它的形成有很强的社會建構性。其根本含義在於中國傳統文化中的道(理)本藝(器)末觀念。西學中源説的深層用意是"保理舍器"——中國傳統文化"理"的層面不能變,"器"的層面可以中西會通——與中體西用有異曲同工之妙。當然,"保理舍器"的目標並没有完全達到。這一話語的建構,又與中西數學會通過程中種種社會形勢的變换密不可分。本部分以儒學中理、器兩個層次的劃分(參考李之藻《天學初函》"理編"、"器編"的分類)爲前提,從學術淵源、政治立場、集團利益和社會形勢發展來看西學中源説的建構性。

我們從利益集團開始。根據對西學認同程度的不同,我們把參與建構西學中源説的人群分爲五類: 一是傳教士集團,主要是耶穌會士,有時也有方濟各和多明我會士參加;二是西學集團,主要是明末以徐光啓爲首的入教儒士,有時包含少量傳教士,他們在清初後轉入地下並且力量分散;三是友教士人,他們主要是東林、復社成員及其後代,清初他們是漢人西學的主要傳承者;四是滿族權貴集團,他們是中西之争的主要調和者;五是反教集團,主要是沈㴶、楊光先及其周圍的人士。第一類人是西方勢力,後四類人都是中方勢力,這兩大方面軍各自的内部意見並不一致: 傳教士集團和反教士人集團基於其文化立場和利益需要,整體來説,是不同意西學中源説的(白晉等人有承認的傾向,詳見後文),但他們卻是促成這一學説的不可忽視的力量;入教儒士的態度是不明確的,並且是變化的;友教集團和滿清權貴共倡西學中源説,但因爲政治觀點的對立和民族利益的不同,他們的動機是不同的,但最後合流了。

（一）西學集團對儒學兩個層次的態度

1. 西學集團及其基本會通態度

萬曆、天啓、崇禎年間，徐光啓、李之藻、王徵、孫元化、李天經、張燾、瞿式耜、陳于階等儒家士人與利瑪竇、艾儒略、鄧玉函等西方傳教士形成了一個西學集團（朱維錚先生曾稱之爲西學派，李天綱先生曾稱之爲西學集團），利瑪竇、艾儒略等傳教士都曾被稱爲西儒、西方孔子。其行動綱領是補儒易佛，其宣言就是徐光啓《辯學章疏》中所説的，批新儒、辟佛道、借助西學恢復與發展古代儒學。他們認爲儒學在理、器兩個層次上都要與西學會通。

以徐光啓爲代表的西學集團對儒學也進行了批判："臣嘗論古來帝王之賞罰，聖賢之是非，皆範人於善，禁人於惡，致詳極備。然賞罰是非，能及人之外行，不能及人之中情。又如司馬遷所云：顔回之夭，盜蹠之壽，使人疑於善惡之無報，是以防範愈嚴，欺詐愈甚。一法立，百弊生，空有願治之心，恨無必治之術。"①他對儒家的左膀右臂佛家和道家也毫不留情："於是假釋氏之説以輔之，其言善惡之報在於身後，則外行中情，顔回道蹠，似乎皆得其報。謂宜使人爲善去惡，不旋踵矣。奈何佛教東來千八百年，而世道人心，未能改易，則其言似是而非也。説禪宗者衍老莊之旨，幽邈而無當；行瑜迦者雜符讖之法，乖謬而無理。且欲抗佛而加於上主之上，則既與古帝王聖賢之旨悖矣，使人何所適從，何所依據乎？"②

與此同時，他讚揚天主教義："其説以昭事上帝爲宗本，以保身救靈爲切要，以忠孝慈愛爲工夫，以遷善改過爲入門，以懺悔滌除

① （明）徐光啓．徐光啓集·辨學章疏［M］．上海：上海古籍出版社，1984：432.

② （明）徐光啓．徐光啓集·辨學章疏［M］．上海：上海古籍出版社，1984：432.

爲進修,以升天真福爲作善之榮賞,以地獄永殃爲作惡之苦報,一切戒訓規條,悉皆天理人情之至。其法能使人爲善必真,去惡必盡,蓋所言上主生育拯救之恩,賞善罰惡之理,明白真切,足以聳動人心,使其愛信畏懼,發於由衷故也。”①讚美天主教義在西方國家治理中的有效性:“蓋彼西洋臨近三十餘國奉行此教千百年,以至於今,大小相恤,上下相安,路不拾遺,夜不閉關。……然猶舉國之人,兢兢業業,唯恐失墜,獲罪於上主。則其法實能使人爲善,亦既彰顯較著矣。”②

其最終結論是:“必欲使人盡爲善,則諸陪臣所傳事天之學,真可以補益王化,左右儒術,救正佛法者也。”③這也是西學集團與其他勢力集團不同之處,即並不諱言“理”、“器”兩個層次都要中西會通。李之藻編纂的《天學初函》也按照中國學術的常規劃分方法將天學分爲“理”、“器”二編,並且“理”編在前、“器”編在後,對西方理學相當重視。

西學集團與傳教士集團(二者有交叉)關係密切,徐光啓和李之藻都曾坦承在軍事問題上詢問請教過傳教士。1601 年 1 月 24 日,利瑪竇入京,李之藻與馮應京等人一起訪問過後,與利瑪竇“間商以事,往往如其言則當,不如其言則悔,遂大傾服而問道焉”④。“臣今所言,另有來歷。昔在萬曆年間,西洋陪臣利瑪竇歸化獻琛,

① (明) 徐光啓. 徐光啓集·辨學章疏[M]. 上海: 上海古籍出版社, 1984: 432.

② (明) 徐光啓. 徐光啓集·辨學章疏[M]. 上海: 上海古籍出版社, 1984: 432.

③ (明) 徐光啓. 徐光啓集·辨學章疏[M]. 上海: 上海古籍出版社, 1984: 432.

④ 陳垣. 陳垣學術論文集·浙西李之藻傳[M]. 第一册. 北京: 中華書局, 1980: 71.

神宗皇帝留館京邸。縉紳多與之遊,臣嘗詢以彼國武備。”[①]徐光啓坦承其軍事學自傳教士:“此(以臺護銃,以銃護城)非臣私智所及,亦與薊鎮諸臺不同,蓋其法即西洋諸國所謂銃城也。臣昔聞之陪臣利瑪竇。”[②]“然此法傳自西國,臣等向從陪臣利瑪竇等講求,僅得百分之一二。”[③]

徐光啓的中西數學會通是堅持了他自己的設想的,只是翻譯還没完成他就去世了,會通工作也只是剛開了個頭。徐光啓、李之藻和孫元化分别寫了幾部著作:《勾股義》《測量異同》《同文算指》《幾何體論》。“超勝”工作還很不徹底,徐光啓等人未能有機會在翻譯、編譯《崇禎曆書》的基礎上進行徹底的中西會通。他的節次六目和基本五目基本上是傳統曆法的尺寸和型模。江曉原先生的研究表明,《崇禎曆書》及由之改編的《西洋新法曆書》《新法算書》,還有根據它所編製的曆法,“並没有改變中國天學爲政治服務的功能”(見《天學真原》)。並不是“照搬了西法”。[④] 應該指出的是,王錫闡所作批評“譯書之初,本言取西曆之材質,歸大統之型範,不謂盡墮成憲而專用西法如今日者也”(《曉庵新法序》)不是針對徐光啓,而是針對清初政府讓西方人掌管欽天監和湯若望對徐光啓改革立法原則的不遵從等事件的。徐光啓曆法改革的原則是“酌定新法,凡正朔閏月之類,從中不從西。定氣整度之類,從西不從中”,後來江永對這一更改也做出了批評:“然因用定氣,遂

---

① (明)李之藻. 奏爲制勝務須西統乞敕速取疏,載:徐光啓集[M]. 上海:上海古籍出版社,1984:179.

② (明)徐光啓. 謹申一策以保萬全疏. 徐光啓集[M]. 上海:上海古籍出版社,1984:175-176.

③ (明)徐光啓. 台統事宜疏. 徐光啓集[M]. 上海:上海古籍出版社,1984:188.

④ 參見:劉大椿、吴向紅. 新學苦旅[M]. 桂林:廣西師範大學出版社,2003:96.

以每月中氣時刻爲太陽過宫時刻,系以中法十二宫之名,而西法十二宫之名,又用之於表。永病其錯互,又整度一事,永亦病其言之未盡。故著此論以辨之,亦多推文鼎之説。"①

2. 友好唱和以争取西學的話語權

當時基督教"三柱石"都與傳教士有友好唱和。徐光啓認爲,西洋測量諸法"與周髀九章之句股測望、異乎?不異也"。② 而李之藻主張"東海西海,心同理同",並認爲:"説天莫辯乎《易》。《易》爲文字祖,即言'乾元'、'統天','爲君爲父',又言'帝出乎震'。而紫陽氏解之,以爲帝者,天之主宰。然則天主之義,不自利先生創矣。"③楊廷筠以爲:"儒者本天,故知天、事天、敬天,皆中華先聖之學也。《詩》《書》所稱,炳如日星,可考鏡已。自秦以來,天之尊始分,漢以後,天之尊始屈。千六百年天學幾晦,而無有明其不然者。"④"西學以萬物本乎天,天惟一主,主惟一尊,此理至正至明,與吾經典一一吻合。"⑤所以"夫'欽崇天主'即吾儒昭事上帝也,'愛人如己'即吾儒民我同胞也"。⑥

傳教士與入教儒士共倡"吾國天主即華言上帝"。利瑪竇説:"吾天主乃古經書所稱上帝也。《中庸》引孔子曰:'郊社之禮,以

① (清)永瑢等主編. 四庫全書總目提要[M]. 海口:海南出版社,1999:549.

② (明)徐光啓. 徐光啓集[M]. 上海:上海古籍出版社,1984:82.

③ (明)李之藻. 天主實義重刻序. 利瑪竇全集. 上海:上海古籍出版社,2011:351.

④ (明)楊廷筠. 刻《西學凡》序,李之藻編. 天學初函[M](第一卷). 臺北複印版,1964:9-10.

⑤ (明)楊廷筠. 代疑續篇,鄭安德編輯. 明末清初耶穌會思想文獻彙編[M]. 第三十册. 北京:北京大學宗教研究所,2003:36.

⑥ (明)楊廷筠.《七克》序,徐宗澤. 明清間耶穌會士譯著提要[M]. 上海:上海書店出版社,207:53.

事上帝也。'朱注曰:'不言后土者,省文也。'竊意仲尼明一之以不可爲二,何獨省大乎。《周頌》曰:'執競武王,無競維烈,不顯成康,上帝是皇。'又曰:'于皇來牟,將受厥明,明昭上帝。'《商頌》云:'聖敬曰躋,昭假遲遲,上帝是祗。'《雅》云:'維此文王,小心翼翼,理事上帝。'《易》曰:'帝出乎震。'夫帝也者,非天之謂,蒼天者抱八方,何能出於一乎?《禮》云:'五者備當,上帝其饗。'又云:'天子親耕,粢盛秬鬯,以事上帝。'《湯誓》曰:'夏氏有罪,予畏上帝,不敢不正。'又曰:'惟皇上帝,降衷於下民,若有恒性,克綏厥猷惟後。'《金滕》周公曰:'乃命於帝庭,敷佑四方。'上帝有庭,則不以蒼天爲上帝可知。曆觀古書,而知上帝與天主特異以名也。"①

西學集團對儒學和中西會通的態度在明末是主流,對其他派别人士也有影響。教外士人米嘉穗批評排斥西學者:"學者每稱象山先生,東海西海,心同理同之説。然成見作主,舊聞塞胸,凡記載所不經,輒以詭異目之。""天學一教入中國,於吾儒互有同異。然認主歸宗,與吾儒知天事天,若合符節。至於談理析教,究極精微,則真有前聖所未知而若可知,前聖所未能而若可能者。""吾儒之學得西學而益明。"②

熊明遇則説:"《中庸》諸書蓋備言之。其曰小德川流,大德敦化,此天地之所以爲大,又曰君子之道費而隱,語大天下莫能載焉,語小天下莫能破焉;又曰鬼神之爲德,其盛矣乎;又曰大哉聖人之道洋洋乎,發育萬物,峻極於天,又曰天地之道可一言而盡,其爲物

① (意)利瑪竇.天主實義[M].上卷第二"解釋世人錯認天主",李之藻編.天學初函.影印本(一):415-416.

② 王揚宗.明末清初"西學中源"説新考[J],載:劉鈍、韓琦等編.科史薪傳[M].瀋陽:遼寧教育出版社,1997:74.

不貳,則聖門固標明一大造之真宰。"①"西域歐邏巴人,四泛大海,周遭地輪,上窺玄象,下采風謡,匯合成書,確然理解。仲尼問官於郯子曰:'天子失官,學在四夷。'其語猶信。""三苗復九黎之亂德,重黎子孫竄乎西域,故今天官之學,裔土有專門。"這與後來的西學中源論者鼓吹的"疇人子弟分散……抱書器而西征"頗有相似之處。有學者論定其爲遺民學者中"西學中源"論之發端,其實未必,在熊明遇之前的郭子章也説過類似的話。我們認爲這還是出於其文化改革立場的不同,即只改革器學,還是理、器二學都要改。熊明遇又言道"畸説者偶於西域圖經者見其持有故,言成理,不與吾道悖馳者",稱"《七克》一書,順陽(龐迪我,Didace de Pantoja,1571—1618年,字順陽)所著,大抵遏欲存理、歸本事天",而且認爲《七克》所論,皆與儒家學説相合:"孔子論仁,於視聽言動之四目,而以禮克。孟子論性,於口鼻耳目四肢之五官,而以命克。鄒魯相傳,所以著道之微,安人之危,千古如日月經天。不意西方之士,亦我素王功臣也。"②熊明遇著作《格致草》中"則草"條目,則多有與闡述亞里士多德自然哲學理論的《寰有詮》相通者。③ 可見在明末傳教士與入教儒士之唱和占主導地位的氛圍中,友教士人也受到了影響。

但是,東林人士已表現出與西學集團不同的傾向。熊明遇的著作在介紹西説之後往往附上中土"古聖賢之言",喜歡將中西之學進行相互印證,其所引"古聖賢之言",多爲"散見於載籍而事理確然有據"並與西説相符者。這説明,西學的傳入喚醒了中國傳統

① (明)熊明遇. 格致草・卷六・大造恒論序. 北京圖書館縮微制品.

② (明)熊明遇. 七克引,李之藻編. 天學初函[M]. 臺灣:學生書局,1978:698-700.

③ 參見:馮錦榮. 明末清初知識分子對亞里士多德自然哲學的研究——以耶穌會士傅泛際與李之藻合譯的〈寰有詮〉爲中心[J]. 世界華人科學史學術研討會論文集[M]. 臺北:銀禾文化專業有限公司,2001.

歷史記憶中的邊緣性資源。熊明遇所列出的“於理不同者”的中國古籍記載,因爲與西方學術不相符合,所以要“明乎其不經”。可見友教士人對西學不像入教儒士那樣虔誠,徐光啓遇到這種情況總是説中國數學錯了。

由此可見,在明末清初,將西學與中學視爲是可以相通、相合、相補的,更多是爲了“疏通中西隔閡”。[①] 當然,我們也要看到,中外人士的唱和並没涉及西學中源説。他們的“心同理同”依據很有點後來的科學實在論的味道,他們没有關注或有意忽略了中西學術的源流關係。

(二) 東林、復社對儒學兩個層次的態度

1. 東林和復社及其基本會通態度

東林和復社及其後裔的態度總體來説就與西學集團有所不同。無錫東林書院是宋代楊龜山的講學遺址。1595 年顧憲成、高攀龍、錢一本開始在東林書院講學,並對其進行重修。東林學者在學術上“尊程朱,反陸王”,用“《白鹿洞學規》定法程……闡提性善之旨,以辟陽明子天泉證道之失”,但其宗旨在議政。黄宗羲《明儒學案·顧憲成》説:“故會中亦多裁量人物,訾議國政。亦冀執政者聞而藥之也。天下君子以清議歸於東林,廟堂亦有畏忌。”[②]

東林的活動地域在江南和北京,耶穌會士也主要在這兩個地區傳教並進行學術交流,結交對象主要是儒家士大夫。這樣,東林黨政治運動和天主教傳教運動就發生了聯繫,十七世紀巴爾托利(Bartoli,1608—1685)的一部《耶穌會歷史》説:“(東林)書院的幾

---

① 王揚宗. 明末清初“西學中源”説新考[J],載:劉鈍、韓琦等編. 科史薪傳[M]. 瀋陽:遼寧教育出版社,1997:72.

② (清) 黄宗羲. 明儒學案[M]. 沈芝盈點校. 北京:中華書局,1985:1377.

乎所有成員都對基督教表現出極大的友好感情。”①《先撥志始》録有“東林同志録”、“東林點將録”,是由閹黨擬定的黑名單,其中就有“天魁星及時雨葉向高”、“天罡星玉麒麟趙南星”、“天微星九紋龍韓爌”、“天傷星武行者鄒元標”、“地强星錦毛虎馮從吾”、“天巧星浪子錢謙益”、“地煞星混世魔王熊明遇”等,他們都有與天主教交往的明確記録。其中葉向高在政治權利上給了耶穌會傳教士很多幫助,如借助《幾何原本》的廣泛影響爲利瑪竇争取北京墓地,晚年接引艾儒略入閩傳教,催生《三山論學記》、《幾何要法》等著作。熊明遇則在學術上對西學多有傳承,如其作品《則草》(後改爲《格致草》)與其子熊人霖的著作《地緯》都是中西會通著作,其學術思想經方孔照傳給其子方以智,後者是明清鼎革之際的學術核心,連梅文鼎都曾向其問學,致使其學術思想得以廣泛傳播。“東林三君子”之一的鄒元標(其餘二人爲顧憲成、趙南星)與耶穌會士早有交往,郭居静攜利瑪竇書信去見他,在復信給利瑪竇時,鄒元標明確地引之爲思想盟友,其《願學集·答西國利瑪竇書》曰:“得接郭仰老,已出望外,又得門下手教,真不啻之海島而見異人也。門下二三兄弟,欲以天主學行中國,此其意良厚。僕嘗窺其奥,與吾國聖人語不異。吾國聖人及諸儒發揮更詳盡無餘,門下肯信其無異乎?中微有不同者,則習尚之不同耳。門下取《易經》讀之,乾即曰統天,彼邦人未始不知天。不知門下以爲然否。”

如此看來,西學集團和東林學者的關注重點有同有異。西學集團與東林黨的共同之處是有目共睹的,謝和耐説:“東林黨,籠統的講是整個東林運動,和傳教士接近是因爲尊重同樣的倫理道德。大家讚揚的勇敢精神、在不幸和苦難中的堅强性以及倫理道德嚴格性,這些既是東林黨人所希望的善行,又是優秀基督徒們的行

---

① 轉引自:(法)安田樸、謝和耐等著.明清間入華耶穌會士與中西文化交流[M].成都:巴蜀書社,1993:108.

爲。但我們還應進一步說，把東林黨人與傳教士聯繫起來的似乎是他們觀點和利益的一致性。他們都與宦官、佛僧及其盟友們爲敵。他們對於佛教一直向文人界發展而感到惱火，都反對與事實没有任何關係的空頭哲學討論，支持與他們有關紳士們的社會責任觀相吻合的實用儒家，關心帝國的防務及其財政狀況等。東林黨人只會感到與傳教士們意氣相投。"①

西學集團與東林黨在許多方面並不相同。比如，西學集團成員通常都不像東林黨那樣富有政治激情，而是靠翻譯和鑽研科學立身，對西學本身更感興趣。例如，1624 年，葉向高、韓爌先後罷去相位，魏忠賢的黨徒魏廣微用同年之誼來拉攏徐光啓，任他爲禮部右侍郎，徐光啓就没有就任。1629 年，閹黨被除，徐光啓作《再瀝血誠辯明冤誣書》，以聲明自己反對結黨："魏廣微……秉政之日，數與人言，促臣赴任，而臣年餘不至。謂臣不入牢籠。"②

1629 年，太倉張溥聯合江北匡社、中州端社、松江幾社、萊陽邑社、浙東超社、浙西莊社、黃州質社、江南應社，成立復社。復社成立的宗旨是標榜研究古學，復興文化。但是，他們在復興古學的同時也堅守古"理"。另一與東林黨相同的是，復社的主要精力仍然是在"門户之争"上，這是其與西學集團的重要區别所在。直到 1642 年復社還在舉行虎丘大會。虎丘山下，從全國各地聚來數百條船、千餘車轎，幾千人一起誦詩作文，尋找情趣，交换朋友。復社成員多是東林後裔，從方以智等人的作品和行動中可以看出，他們不再欣賞天主教道德，反而學習其自然方面的學問。方以智

① （法）安田朴、謝和耐等著. 明清間入華耶穌會士與中西文化交流[M]. 成都：巴蜀書店出版，1993：109.

② 朱維錚、李天綱主編. 徐光啓全集・徐光啓詩文集[M]. 上海：上海古籍出版社，2010：259.

(1612—1671)字密之,明末與陳貞慧、侯方域、冒壁疆並稱爲"海內四公子",他不但精通古代典籍,對天文、地理、金石、方言、古文字等也頗有研究。他的醫學著作很多,尚存的有《醫學會通》《明堂圖説》《内經經脈》等等。① 他常利用金石、方言、古文字乃至天文地理知識來解決某些疑難考據問題。② 他認爲傳教士"精於質測,而拙於言通幾",這表明,以他爲代表的東林、復社成員及其後裔,已經意識到要維護中國傳統文化"理"的層面,而在"器"的層面可以網開一面。

2. 南京教案和曆局辯論對西學中源説的强化作用

南京教案對西學中源説的促進作用,在熊明遇身上表現得非常明顯。1614 年,熊明遇在《〈表度説〉序》中説:"漢興,號稱網羅文獻矣,然吹律之理微,占符之術鑿,張蒼蒙訛於黑疇,公孫炫繆於黄龍,事不師資,廣延何取? 一行運算,淳風徵文,唐曆屢更,乞無定據……不謂西方之儒之書,持之有故、言之成理也。……惟黎亂秦燔,莊荒列寓,疇人耳食,學者臆摩,厥義永晦。若夫竺乾佛氏……其誕愈甚。語曰:'百聞不如一見。'西域歐邏巴國人四泛大海,周遭地輪,上窺玄象,下采風謡,匯合成書,確然理解。"③ 1615 年南京教案爆發。1648 年熊志學刊印的《函宇通》第一部分是熊明遇的《格致草》,其用格致主要討論天道,與其子熊人霖的《地緯》談地相對應。熊明遇在其《格致草》中提出西學中源説:"上古之時,六符不失其官,重黎氏敘天地而别其分主,其後三苗復

① 參見:任道斌、方以智. 茅元儀著述知見録[M]. 北京:書目文獻出版社,1985:28-29.

② 參見:劉岱總主編. 中華文化新論·學術篇·浩瀚的學海[M]. 北京:三聯書店,1991.

③ 徐宗澤. 明清之際耶穌會士譯著提要[M]. 上海:上海書店出版社,2006:217-218.

九黎之亂德,重黎子孫竄乎西域,故今天官之學,裔土有專門。”①

但是,徐光啓的思想在清初其實被瓦解和變異了。一方面是明末遺民折中了徐光啓等人和沈漼、魏文魁等人的對立觀點,在保護傳統儒學之“理”的基礎上吸收西方科技,不像徐光啓那樣承認儒學“理”的層面也有缺點而需要補充。這批人多是東林和復社人士的後裔。我們知道,徐光啓的觀點與東林、復社人士的觀點在黜虚返實上是一致的,但在對“實”的認識上有差别。徐光啓認爲所謂的“實”是給儒學補充學術基礎,以度數來旁通其他事務,反對黨争,甚至基督教倫理也可以引入中國,進行中西會通。東林黨熱衷黨争和政治,而復社成員熱心經史考證,顧憲成、高攀龍就曾説過儒學完美無缺不需補的話。另一方面是湯若望領導的欽天監如李祖白,過分信賴西學了。

比如,這一時期士人們宣導的實學之“實”已與徐光啓時代有所不同。黄宗羲(1610—1695)等人是復社後裔,他的“實”是以“經術、史籍”爲“實”,而不是以經驗事實爲“實”。他説:“學必源本於經術,而後不爲蹈虚;必證明於史籍,而後足以應務。”②“讀書不多,無以證斯理之變化;多而不求於心,則爲俗學。”③他們雖然重視“務博綜與尚實證”,④所博卻不過是書本知識,其“實證”也只是指能在經典中找到根據。他們把主要精力放在“坐船中正襟講學上”,只是有“暇則注‘授時’、‘泰西’、‘回回’

① (明)熊明遇. 格致草自序. 格致草,轉引自:田淼. 中國數學的西化歷程[M]. 濟南:山東教育出版社,2005:67.

② (清)全祖望. 全祖望集彙校集注[M]. 朱鑄禹彙校集注. 甬上證人書院記. 上海:上海古籍出版社,2000:1059.

③ (清)全祖望. 全祖望集彙校集注[M]. 朱鑄禹彙校集注. 卷十一. 梨洲先生神道碑文. 上海:上海古籍出版社,2000:219.

④ 錢穆. 中國近三百年學術史[M]. 北京:商務印書館,1997:29.

三曆”。① 使“學界空氣一變,二三百年間跟著他所帶的路走去”②的顧炎武(1613—1682)四處奔走,爲反清復明而努力,成爲一時的領袖人物。他對王錫闡極爲尊崇,嘗言:“學究天人,確乎不拔,吾不如王寅旭(即王錫闡——筆者注)。”③正如其所言,他在數學、天文方面並不比王錫闡精通。

再比如,魏文魁等中法派的勢力也没有消亡。李天經、薛鳳祚就曾經跟隨魏文魁學習中法。薛鳳祚雖然没有明確的西學中源説言論傳世,但是也有“孔子問郯”觀點的記載:“至今日,愈變愈密,問郯猶信。”④看來薛鳳祚雖然後來“棄中就西”,離開魏文魁而向穆尼閣學習,但是卻難以摒除魏文魁的影響,其對“理”觀念的珍視和關聯式思維方式即爲明證。另外他對魏文魁也推崇有加,稱其《曆元》《曆測》或以之爲理論依據制定的曆法雖然不完備,仍不失爲新中法:“崇禎初年,魏山人文奎改立新法,氣應加六刻,交應加十九刻,以推甲戌日食,亦合天行,其事未竟,然五星終缺緯度,實闕略之大者。”⑤這甚至令人懷疑他去穆尼閣處學習的動機。其在著作中多次稱湯若望、羅雅穀爲“二公”,筆者卻未見其提起徐光啓。薛鳳祚(1600—1680)説:“中土文明禮樂之鄉,何詎遂遜外洋?然非可强詞飾説也。要必先自立於無過地,而後吾道始尊。此會通之不可緩也。”(《曆學會通序》)。在這一思想指導下,他經三十餘年寫成《曆學會通》一書。與薛氏齊名的王錫闡(1628—1682)則要“兼采中西,去其疵類,參以己意……會通若干事,考正若干事,表明若干事,增葺若干事”(《曉庵新法序》)。稍後的梅文

① (清)全祖望.全祖望集彙校集注[M].朱鑄禹彙校集注.卷十一.梨洲先生神道碑文.上海:上海古籍出版社,2000:222.

② 梁啓超.中國近三百年學術史[M].天津古籍出版社,2003:64.

③ (清)顧炎武.顧亭林詩文集[M].北京:中華書局,1983:387.

④ (清)薛鳳祚.曆學會通·天步真原引[M].山東大學出版社,2008:437.

⑤ (清)薛鳳祚.曆學會通·考驗敘[M].山東大學出版社,2008:409.

鼎(1633—1721)則認爲:"法有可采,何論東西,理所當明,何分新舊?"(《塹堵測量》卷二)這種兼采其長、各去其短的思路,原則上無疑是正確的,有爲西學合法性辯護的味道。

明清鼎革之後的中西數學會通,實際上已呈現出各種數學和文化勢力逐鹿中原的局面,西學中源説正是各種勢力的合力所造成的。

(三)矛盾中的無奈選擇

1. 宣導西學中源説的事實

(1)會通主體的轉變

明清鼎革之後,東林、復社後裔中的友教士人從熊明遇等前輩手中接過傳統,又吸取魏文魁和沈漼等人與徐光啓及傳教士論辯鬥争的經驗教訓,在把熊明遇依附於西學派的局面大大改進的同時,也使西學中源説大放光明。王錫闡、張履祥(1611—1674)、顧炎武(1613—1682)、吕留良(1629—1683)、萬斯大(1633—1683)等多是東林、復社後裔或與之有密切聯繫。方以智之父方孔照與熊明遇交遇甚厚,方以智明確承認熊氏對自己的影響:"萬曆己未年,余在長溪,親炙壇石(熊明遇字壇石——筆者注)先生,喜其精論,故識所折衷如此。"①其在著作中談論西學時亦引古之典籍爲印證,學習熊明遇的做法,如《物理小識》中論述地圓之説,認爲:"地體實圓,在天之中,喻如脬豆者。脬豆者,以豆入脬,吹氣鼓之,則豆正居其中央,或謂此遠西之説。愚者曰:黄帝問岐伯,地爲下乎?岐伯曰:地,人之上天之中也。帝曰:憑乎?曰:大氣舉之。邵子、朱子皆明地形浮空,兀然不墮……子曰:天子失官,學在四夷,猶信。"②這已經是明確的西學中源説。

---

① (清)方以智.物理小識[M].文淵閣四庫全書本.

② (清)方以智.物理小識・卷一[M].文淵閣四庫全書本.

其他學者也大都有類似傾向。王錫闡在《曆説》中認爲屈原《天問》中的"圜則九重"是西洋"七重天球"説的濫觴。在《曆策》中,他更是從五個方面詳細論證了所謂西法勝過中法的"數端",其實都早就"悉具舊法之中"了。① 他自編的、發誓要與《崇禎曆書》相對抗的《曉庵新法》中,就把西法優於中法的"數端"也棄之不用,轉而採用中法,理由是"西人竊取其意,豈能越其範圍"。② 顧炎武説:"日食,月掩日也;月食,地掩月也。今西洋天文説如此。自其法未入中國而已有此論。"並且認爲"其説並不始於近代,張衡《靈憲》曰:當日之沖光常不合者,弊於地也,是謂在星星微月過,則食"③,"今法以九十六刻爲日,蓋本於肖梁"。④ 顧炎武等人的考證很準確,有些西方説法"未入中國而已有此論"。但是"蓋本於肖梁"則證據不足,有些觀點中國曾經有過,但不是主流。他們不過是用已有知識來消化吸收新知識,由中西知識的相似性來推論西學中源説。這只不過是傳統經學中的"格義"(陳寅恪語)或心理學、教育學上的"同化",傳統知識是其知識結構的已有框架,在這裏做了詮釋外來知識的"前見"。中西相似知識的最大區别在於,中國知識多是想象和猜測的,而西方知識如地球爲圓形是經過實踐驗證的。

(2)湯若望教案的刺激

王錫闡與薛鳳祚並稱"南王北薛"。他的早期作品《圜解》還

---

① 參見:(清)阮元.疇人傳[M].卷三十四、卷三十五.上海:商務印書館,1935:422,439.

② 參見:(清)阮元.疇人傳[M].卷三十四、卷三十五.上海:商務印書館,1935:439.

③ (清)顧炎武著.(清)黄汝成集釋.日知録集釋[M].上海:上海古籍出版社,1985:2210—2211.

④ (清)顧炎武著.(清)黄汝成集釋.日知録集釋[M].上海:上海古籍出版社,1985:2238.

用了西方數學的圖形模仿西方數學的表述方式，到康熙教案中的《曉庵新法》就改爲全是文字叙述，恢復了傳統的表述方式。據研究，他曾在楊光先曆術不敵南懷仁之際到朝廷自薦，①但是這一改變可能没逃過楊光先的法眼：其實質是西洋曆法，所以也未見用。其實梅文鼎早年學習天文曆算也是受康熙教案的影響，其第一部天文著作《曆學駢枝》和第一部數學著作《方程論》都是弘揚中國古法的。梅文鼎便把《方程論》一書寄給精於西學的朋友方中通，因爲書中有多元一次方程組的内容，而在當時已傳入的西學中卻没有這部分内容，梅氏以爲這是中學優於西學的一個證據。

漢儒們對滿夷入主中原已很不滿，再由西夷掌握華夏的正朔之權，那就會引起雙重的不滿。王錫闡的學生兼朋友潘耒説過："曆術之不明，遂使曆官失其職而以殊方異域之人充之，中國何無人甚哉！"②梅文鼎就曾因此而説，直接跟西人學習而又反對西人就太不仁義了："我欲往從之，所學殊難同，詎忍棄儒先，翻然西説攻。或欲暫學曆，論交患不忠。立身天地内，誰能異初衷？"③直到後來他聽説穆尼閣"喜與人言曆而不强人入教"，④得知可以不改變傳統"理"的觀念時，才改變成見，開始拜西學爲師。1675—1678年，他從友人處借得傳教士穆尼閣和羅雅穀的著述，如飢似渴地學習，甚至連耽誤了鄉試也在所不惜。他還廣問於人。杭世駿作《梅文鼎傳》，説他"疇人子弟及西域官生皆折節造訪"。⑤

所以他們就拼命地論證西學中源的正確性。黄宗羲説："嘗言

① 中國天文學史整理小組．中國天文學史［M］．北京：科學出版社，1981：227．

② （清）潘耒．遂初堂集［M］．卷六．曉庵遺書序．康熙間刻本．

③ （清）梅文鼎．績學堂文鈔［M］．卷二．合肥：黄山書社，1995：239．

④ （清）梅文鼎．《天學會通》訂注提要．勿庵曆算書目［M］．北京：中華書局，1985：22．

⑤ （清）杭世駿．道古堂文集［M］．卷三十，續修四庫全書本．

勾股之術乃周公、商高之遺而後人失之,使西人得以竊其傳。"①陳藎漠《度測》一書,開篇就引用《周髀算經》篇首之周公、商高對話並逐段解説,稱爲"詮經",目的是"使學者溯矩度之本其來有,自以證泰西立法之可據焉",②即以傳統理學爲依據才可學習西學。

2. 宣導西學中源説的真實目的

梅文鼎等人只是學習西方先進的科技,但卻認爲不能改變中國的傳統理學,器的層次可以會通,理的層次則必須由中國傳統來統領。提出或贊成西學中源説,只是爲了掩蓋學習作爲夷狄學問的西學這一事實,或爲之提供合法性。

(1)爲反清復明做準備

1644年明清鼎革後,一些漢人學者對滿清入主中原不滿,努力宣導和實踐反清復明。方以智和王夫之等人都曾在南明小朝廷中任職,不少士人本人就曾組織過反清義軍。在反清復明的旗幟和口號下,"夷夏之防"這一傳統觀念,在徐光啓時代已經十分弱化,現在又受到格外重視。"夷夏之防"是儒家思想的一個重要方面。"華夏"與"四夷"之别,早在所謂的"三代"(即夏、商、周)時期就已萌芽,春秋時代周室式微,崛起的四夷對華夏的威脅日益嚴重:"南夷與北狄交,中國不絶若線。"③"夷夏之防"、"尊王攘夷"也成爲當時學術和思想的重中之重。孔子删削《春秋》,强調"内諸夏而外夷狄"。④ 孟子"聞用夏變夷者,未聞變於夷者也",⑤也

---

① (清)全祖望. 全祖望集彙校集注[M]. 朱鑄禹彙校集注. 卷十一. 梨洲先生神道碑文. 上海:上海古籍出版社,2000:222.

② 參見:(清)阮元. 疇人傳[M]. 上海:商務印書館,1935:418-419.

③ (漢)何休注.(唐)徐彦疏. 春秋公羊傳注疏[M]. 上海:上海古籍出版社,1990:125.

④ (漢)何休注.(唐)徐彦疏. 春秋公羊傳注疏[M]. 上海:上海古籍出版社,1990:230.

⑤ (周)孟子. 孟子[M]. 蘭州:甘肅民族出版社,1997:114.

都是爲了强調中夏之道,以示其與野蠻夷狄在文化和地域上的區別。宋朝石介就寫了一篇《中國論》,竭力地宣稱"天處乎上,地處乎下,居天地之中者曰中國,居天地之偏者曰四夷,四夷外也,中國内也,天地爲之乎内外,所以限也",①更强化了這一觀念。南京教案期間,沈漼《參遠夷疏》中提到"以太祖高皇帝長駕遠馭,九流率職,四夷來王,而猶諄諄于夷夏之防"。②

他們最初對亡國之恨的記憶是刻骨銘心的,對反清復明是有很高期望的。以王錫闡爲典型代表,明王朝1644年滅亡,時年16周歲的王錫闡投水自殺未遂,又絶食以示其與新朝不共戴天,後念及孝道而重新進食。王錫闡與友人潘檉章(1626—1663)、吴炎(?—1663)等曾經仿照《史記》體例合寫《明史記》,王錫闡就負責編撰年表和曆法。

我們知道,曆法的政治含義是:它象徵著一個王朝的正朔之權,即一個王朝的順應天意的正當性。在這些以反清復明爲己任的士大夫心中,反清復明成功之後新曆法的制定,是一個刻不容緩的重要事情。而實踐已經證明,西方數學和天文至少在有效性上是勝於中國的,在曆法制定中不借鑒學習西方曆算是不行的,黄宗羲就曾爲南明小朝廷制定過一個中西合璧的曆法。既要維護夷夏之防,又要學習西方曆算之學,西學中源説就是一個再好不過的藉口了,並且明末在爲西學争取話語權時,已經有了這一方面的萌芽。

(2) 復明無望後對正朔之權的渴望

我們知道,漢族士大夫們反清復明的種種壯舉並没有成功。俗話説"遺民不過二代",明遺民及其後代們於是退而求其次:如

① (宋)石介.徂徠石先生文集[M].卷十.北京:中華書局,1984:116.

② (明)沈漼.參遠夷疏.周駬方編校.明末清初天主教史文獻叢編[M].第二册.北京:北京圖書館出版社,2001:115.

果能在滿清新朝中掌握正朔之權，也多少能保住一點面子。

黄宗羲“使西人歸我汶陽之田”的呼籲就是最好的證據：“勾股之學，其精爲容圓、測圓、割圓，皆周公、商高之遺術，六藝之一也。自後學者不講，方伎家遂私之。……珠失深淵，罔象得之，於是西洋改容圓爲矩度，測圓爲八線，割圓爲三角，吾中土人士讓之爲獨絶，辟之爲違失，皆不知二五之爲十者也。……余昔屏窮壑，雙瀑當窗，夜半猿啼倀嘯，布算簌簌，自歎真爲癡絶。及至學成，屠龍之伎，不但無所用，且無可語者，漫不加理。今因言揚，遂當復完前書，盡以相授；言揚引而伸之，亦使西人歸我汶陽之田也。”①他們學習西方曆算最先是爲反清復明勝利後定正朔做準備的，完全無望後“及至學成，屠龍之伎，不但無所用，且無可語者，漫不加理”。如果能在新朝執掌正朔之權，“今因言揚，遂當復完原書，盡以相授；言揚引而伸之，亦使西人歸我汶陽之田也”。前述潘耒“曆官失其職而以殊方異域之人充之，中國何無人甚哉！”的抱怨也是此意。王錫闡也有“草野無制作之權”之類的抱怨，其於湯若望教案期間自薦於朝廷也是這類努力。王錫闡也一直有改進曆法的想法：“倘得執從事，竊唐鄧之末，亦云幸矣。”並且認爲：“創始難工，增修易善，古人之學殆未可輕議也。”②可見其對傳統理學的珍視之情。

這些士大夫們仍不枉於“帝王之師”的傳統桂冠，符合儒學先師孔子的終極追求。其奪回欽天監領導權這一學習西學的真實目的昭然若揭。

既要學習西方先進科技，又要堅持儒家傳統倫理的正統性，還隱含著對滿清以湯若望爲欽天監掌印官的不滿，欲替而代之，漢族

① 沈善洪主編. 黄宗羲全集[M]. 第十册. 杭州：浙江古籍出版社，1993：35－36.

② （清）顧炎武. 亭林遺書[M]. 附録同志贈言.

士大夫們只好發揚和論證西學中源説。王夫之認爲:“西洋曆家既能測知七曜遠近之實,而又竊張子左旋之説以相雜立論。蓋西夷之可取者惟遠近測法一術,其他則剽襲中國之緒餘,而無通理可守也。”①科技不如西人,但我們的理學比他們强多了,他們没有通理可守就是明證。真是佩服魯迅先生的深邃眼光啊,“Q哥”真不僅僅是一個憑空捏造的人物!王夫之進而論證傳教士果然是夷狄:“狄之自署曰‘天所置單于’,黷天不疑,既已妄矣。而又有進焉者,如近世洋夷利瑪竇之稱‘天主’,敢於褻鬼倍親而不恤也,雖以技巧文之,歸於狄而已矣。”②方以智將學術分爲三大類——“質測”、“宰理”、“通幾”,認爲西學“詳於質測,而拙於言通幾”,③“太西質測頗精,通幾未舉”。④ 而且就“質測”而論,“然智士推之,彼之質測,猶未備也”。⑤ 其《物理小識·總論》中稱“智每因邵、蔡爲嚆矢,征河洛之通符,借遠西爲郯子,申禹周之矩積”,⑥而“周公、商高之方圓積矩全本于《易》”,⑦以維護作爲程朱理學一部分的邵雍、蔡沈象數之學,其最終目的是發揚大禹周孔的傳統儒學。

士大夫們對滿清的態度也很快大爲改變,恢復了傳統“學而優則仕”的傳統。梅文鼎(1633—1721)、顏元(1635—1704)、毛奇齡(1623—1716)、胡渭(1633—1714)、閻若璩(1636—1704)、方中通、李子金、杜知耕、游藝等都是這樣,比如毛奇齡聽説朝廷讓朱熹陪祀九哲而把攻擊朱熹《四書》的《四書改錯》毀版,張雍敬聲稱搞天文曆算研究是爲皇帝服務——如此一來士大夫對新朝的畏懼和

① (清)王夫之.思問録[M].濟南:山東友誼出版社,2001:41.
② (清)王夫之.周易外傳[M].北京:中華書局,1977:190.
③ (清)方以智.物理小識[M].自序.文淵閣四庫全書本.
④ (清)方以智.通雅[M].卷首語.文淵閣四庫全書本.
⑤ (清)方以智.物理小識[M].自序.文淵閣四庫全書本.
⑥ (清)方以智.物理小識[M].總論.文淵閣四庫全書本.
⑦ (清)方以智.浮山文集前編[M].卷五.《寓曼草》卷下.

嚮往也就可以理解了。康熙開始親政後提出了兩項政策：一是鼓勵民間研習天算，並宣導“西學中源”之說；二是崇尚理學，嚴禁心學。這兩項政策與人們的言行大體上能够合拍。正是這兩股力量促成了“節取其技能，禁傳其學術”政策的形成。當然，由於器學與理學的天然聯繫，上述政策並没有完全阻止西方哲學觀念、思維方法和宇宙論的傳入及其與中國傳統相應思想的會通，這是後話。

3. 對其真實目的欲蓋彌彰

把欽天監的領導權從湯若望手中奪回來，就是這些人學習西學的最終目的，但是這些士人們又對其百般掩飾。這一時期會通學者的種種矛盾心理和説辭證明了這一點。

王錫闡（1628—1682）要“兼采中西，去其疵類，參以己意，……會通若干事，考正若干事，表明若干事，增葺若干事”，①稍後的梅文鼎（1633—1721）則認爲：“法有可采，何論東西？理所當明，何分新舊？”②這種兼采其長、各去其短的思路，原則上無疑是正確的。它具有爲西學合法性辯護的意味，掩蓋了遺民群體的真實目的。

王錫闡對西方曆算之學的態度與方以智也頗爲相同，即承認其器學的有效性，而在學術源頭“理”的問題上寸步不讓。比如，他承認西學“測候精詳”：“交食致西曆略盡矣……推步之難，莫過交食，新法于此特爲加詳，有功曆學甚巨。”③但是在法“理”上，他認爲中法並不輸於西法，中國傳統曆法有效性的失敗不是因爲法理不好，而是因爲缺少好學深思、深知法理之人：“舊法之屈於西法也，非法之不若也，以甄明法意者無其人也。”“大約古人立一法必

---

① （清）阮元. 疇人傳[M]. 上海：商務印書館，1935：424－425.

② （清）梅文鼎. 塹堵測量[M]. 卷二. 梅勿庵先生曆算全書[M]. 兼濟堂刻本，1723.

③ 參見：（清）阮元. 疇人傳[M]. 上海：商務印書館，1935：435.

有一理,詳於法而不著其理,理具法中,好學深思者自能力索而得之也。""西人竊取其意,豈能越其範圍,就彼所命創始者,事不過如此,此其大略可觀矣。"①

他還提醒時人不要對西方曆算尊崇太過:"今考西曆所矜勝者不過數端,疇人子弟駭于創聞,學士大夫喜其瑰異,互相誇耀,以爲古所未有,孰知此數端者悉具舊法之中,而非彼所獨得乎。"②並且舉例説明中西曆算有很多對等之處:"一曰平氣定氣以步中節也,舊法不有分至以授人時,四正以定日躔乎。一曰最高最卑以步朓朒也,舊法不有盈縮遲疾乎。一曰真會視會以步交食也,舊法不有朔望加減食甚定時乎。一曰小輪歲輪以步五星也,舊法不有平合定合晨夕伏見疾遲留退乎。一曰南北地度以步北極之高下,東西地度以步加時之先後也,舊法不有裏差之術乎。"③

他認爲自己就是深知法理之人,據他研究,西方曆算之學的源頭確實是中國曆算:"《天問》曰: 圜則九重,孰營度之。則七政異天之説,古必有之。近代既亡其書,西説遂爲創論。余審日月之視差,密五星之順逆,見其實然,益知西説原本中學,非臆撰也。"④梅文鼎就强烈地感受到了王錫闡的這種矛盾心理:"王書用法精簡而好立新名,與曆書互異,亦難卒讀。"⑤這説明當時的曆算學者不僅自相矛盾,學者之間的意見也很不一致。晚清錢熙祚説明了這種矛盾狀況:"(錫闡)雖示異於西人,實並行不悖也。"⑥

這些人雖然批評西方天文曆算,宣導西學中源説,但是又都與

① (清) 阮元. 疇人傳[M]. 上海: 商務印書館,1935: 439.

② (清) 阮元. 疇人傳[M]. 上海: 商務印書館,1935: 438.

③ (清) 阮元. 疇人傳[M]. 上海: 商務印書館,1935: 438-439.

④ (清) 阮元. 疇人傳[M]. 上海: 商務印書館,1935: 436.

⑤ (清) 梅文鼎. 績學堂詩文鈔[M]. 合肥: 黄山書社,1995: 29.

⑥ (清) 王錫闡. 五星行度解[M]. 錢熙祚.《五星行度解》跋. 北京: 中華書局,1985: 1.

西方傳教士有交往,並且很珍惜這些交往,如黄宗羲對一個傳教士所贈的硯臺就非常珍視。方中通也以與西方傳教士有交往而被梅文鼎重視並請其斧正《方程論》,梅文鼎也曾因爲没與西方傳教士交遊而懊悔不已。薛鳳祚與穆尼閣交往而學會對數方法,並且對此法寄予很大希望,以之與南懷仁的《時憲曆》決一雌雄,當然由於種種原因並没取勝。但這些人都没有將其與傳教士的密切友誼持續太長時間。在這種矛盾心理的支配下,他們無奈地宣導西學中源説,試圖以中學之理爲體、西方之器爲用,其用心實在良苦!

(四)皇帝、曆算名家和傳教士共倡西學中源説

1. 早期梅文鼎的"權輿論"

梅文鼎的出場是以中法派和西法派的争論爲背景的,這裏所説争論應該是明末徐光啓與魏文魁的争論和湯若望教案中的中西争論。梅文鼎早年曾跟倪觀湖學過《大統曆交食通軌》,也寫出過《方程論》,看來也是同情中法的,他在詩中曾坦言跟方以智學習過,也很欽佩徐光啓的軍事火器著作。他在楊光先挑起的湯若望教案後立即投入西方曆算的學習,這説明他對這一事件也是很關注的。

他認爲尊崇西學的人"張惶過甚,無暇深考乎中算之源流,輒以世傳淺術,謂古九章盡此。於是薄古法爲不足觀",而尊崇古法、排斥西學的人又不免"株守舊聞,遽斥西人爲異學,兩家之説遂成隔礙,亦學者之過也"。① 他主張"法有可采何論東西,理所當明何分新舊","在善學者,知其所以異,又知其所以同,去中西之見,以平心觀理,則弧三角之詳明,郭圖之簡括,皆足以資探索而啓深思,務集衆長以觀其會通,勿拘名相而取其精粹,其于古聖人創法流傳

① (清)梅文鼎. 績學堂詩文鈔[M]. 合肥:黄山書社,1995:54.

之意,庶幾無負,而羲和之學無難再見於今日矣"。[①] 梅文鼎對傳統曆算著作非常珍視,"凡遇古人舊法,雖片紙如拱璧焉"。[②] 但是他所收集的傳統著作卻不多,除了當時流行的《大統曆交食通軌》《算法統宗》等之外,大概也只有《周髀算經》和《九章算術》的部分内容。其所學曆算書籍,如徐光啓等人所編《崇禎曆書》,薛鳳祚《天步真原》《天學會通》,王錫闡《圓解》、《曉庵新法》等,多爲中西會通之作。他在詩裏表達了自己在中西争論氛圍中無所適從的尷尬:"大地一黍米,包舉至圓中。積候成精測,寧殊西與東。三角檃弧度,八線量虚空。竊覯歐羅言,度數爲專攻。思之廢寢食,奥義心神通。簡平及渾蓋,臆制亦能工。唯恨棲深山,奇書實罕逢。我欲往從之,所學殊難同。詎忍棄儒先,翻然西説攻。或欲暫學曆,論交患不忠。立身天地内,誰能異始終。晚始得君書,昭昭如發蒙。曾不事耶穌,而能彼術窮。乃知問郯者,不墜古人風。安得相追隨,面命開其朦。"[③]當他得知"穆先生久居白門……其喜與人言曆而不强人入教,君子人也。儀甫……折節穆公受新西法,盡傳其術,亦未嘗入耶穌會中"[④]時,才得知事情並非自己想象的那樣嚴重。他寫作完成《方程論》,"冀得古書爲征而不可得,不敢出以示人"。[⑤] 他寄給方中通評閲,原因是"方子精西學,患病西儒排古算數,著《方程論》,謂雖利氏無以難(利瑪竇已

---

① (清) 梅文鼎. 塹堵測量. 四. 郭太史本法. 梅勿庵先生曆算全書[M]. 兼濟堂刻本,1723.

② (清) 梅文鼎. 勿庵曆算書目[M]. 九數存古. 北京: 中華書局,1985: 31.

③ (清) 梅文鼎. 績學堂詩文鈔[M]. 合肥: 黄山書社,1995: 239.

④ (清) 梅文鼎. 勿庵曆算書目[M]. 天步真原訂注. 北京: 中華書局,1985: 24.

⑤ (清) 梅文鼎. 方程論. 梅勿庵先生曆算全書[M]. 兼濟堂刻本,1723.

亡——筆者注),故欲質之方子",①其內心動機是想與西方數學一爭高下。

他還試圖對數學做一分類:"象數豈絶學,因人成古今。創始良獨難,踵事生其新。測量變西儒,已知無昔人。便欲廢籌策,三率歸同文。寧知九數理,灼灼二支分。勾股測體線,隱雜恃方程,安得以比例,盡遺古法精。勿庵有病夫,閒居發幽情。輾轉重思維,忽似窺其根。和較有實用,正負非强名。始信學者過,沿古殊失真。辟彼車與騎,用之各有神。篆籀夫豈拙,弩啄日以親。援筆注所見,卷帙遂相仍。念子學有宗,何當細與論?"並用以糾正利瑪竇和徐光啓對中國傳統數學的貶低。②

關於中西學術的關係,梅文鼎的前期主張是有同有異,各有所長。其中他所認爲的相似之處有:中法之"盈縮遲疾法"、"段日(五星遲疾逆伏)"、"歲差"、"定氣"、"裹差"分别對應於西法"最高加減"、"歲輪"、"恒星東行"、"節氣過日躔"、"各省直節氣不同"。中西不同之處主要在於:"西曆始有者五星之緯度也,中曆言緯度者惟太陽太陰有之,而五星則未有及之者。今西曆之五星有交點有遲行,亦如太陽太陰之詳明。是則中曆缺陷之大端,得西法補其未備矣。"③而另外八個不同之處爲:"中法以夏正爲歲首……西之正朔則以太陽會恒星爲歲……中法歲月離始於朔西法始於望,一也;中法論日始子半西法始午中,二也;中法立閏月而西

① (清)梅文鼎.續學堂詩文鈔[M].合肥:黄山書社,1995:210.

② 利瑪竇對中國傳統曆算之學評價甚低,認爲:"除因襲中國古代學説之外,中國人没有其他能够站得住腳的學説。"徐光啓在《勾股義緒言》中則批評九章中的"勾股相求之法"是"蕪陋不堪讀"。參見《16世紀的中國——利瑪竇1583至1610年日記》,轉引自:林金水.利瑪竇與中國[M],149頁;徐光啓.徐光啓集[M].上册,85頁.

③ (清)梅文鼎.曆學疑問.論中西二法之同.梅勿庵先生曆算全書[M].兼濟堂刻本,1723.

法不立閏月惟立閏日，三也；黄道十二象與二十八宿不同，四也；餘星四十八象與中法星名無一同者，五也；中法紀日以甲子六十日而周，西法紀日以七曜而周，六也；中法紀歲以甲子六十年而周，西法紀年以總積六千餘年爲數，七也；中法節氣起冬至而西法起春分，八也。”而這些相異部分，梅文鼎又認爲是“無關於測算之用者”，①也就是説，它們在測量和計算中無關緊要。他還很委婉地表達了西方的優勝之處：“中曆所著者當然之運，而西曆所推者所以然之源，此其可取者也。”但是西學這些優勝之處，“中曆原有其法但不以注曆耳，非古無而今始有也”。（出處同上）即也不是西人的獨創。

他還論述了回回曆算與西方曆算的關係，認爲回回曆與歐羅巴“同源異派”，應屬於西方曆法。回回曆“皆以小輪心爲平行，其命度也亦起春分，其命日也亦起午正”②。他認爲“西曆［九執曆（唐）、萬年曆（元）、回回曆（明）和西洋新曆］亦古疏今密”，而“歐羅巴最後出而稱最精，豈非後勝於前之明驗歟”，駁斥了崇西者所謂西曆“自古及今一無改作，意者其有神授歟”。③

在“西人言水地合一圓球……其説可信歟?”中，他認爲西方觀點是可信的，但是這一觀點與中國的渾天之理相符：“以渾天之理徵之，則地之正圓無疑也。”進而强調“地圓之説，固不自歐羅巴西域始也”，推測“元西域紥瑪魯丹……有所謂庫哩葉阿喇斯漢言地理志也……即西説之祖”。④ 在“論蓋天周髀”中，他認爲西方的

① （清）梅文鼎. 曆學疑問. 論中西之異. 梅勿庵先生曆算全書［M］. 兼濟堂刻本，1723.

② （清）梅文鼎. 曆學疑問. 論回回曆與西洋同異. 梅勿庵先生曆算全書［M］. 兼濟堂刻本，1723.

③ （清）梅文鼎. 曆學疑問. 論西曆亦古疏今密. 梅勿庵先生曆算全書［M］. 兼濟堂刻本，1723.

④ （清）梅文鼎. 曆學疑問. 論地圓可信. 梅勿庵先生曆算全書［M］. 兼濟堂刻本，1723.

經緯度和寒暑五帶與《周髀算經》相一致:"若蓋天之説具于周髀,其説以天象蓋笠,地法覆盤,極下地高,滂沲四而下,則地非正平而有圓象明矣。故其言晝夜也。曰日行極北,北方日中,南方夜半;日行極東,東方日中,西方夜半;日行極南,南方日中,北方夜半;日行極西,西方日中,東方夜半;凡此四方者晝夜易處,加四時相及。此即西曆地有經度以論時刻早晚之法也。其言七衡也,曰北極之下不生萬物,北極左右,夏有不釋之冰。中衡左右,冬有不死之草,五穀一歲再熟。凡北極之左右,物有朝生暮獲。即西曆以地緯度分寒暖五帶晝夜長短各處不同之法也。"①"雖新法種種,能出堯典範圍乎?"他雖然承認"西人八線、三角及五星、緯度,適足以佐古法之所不及",但是堅持認爲這些思想在《周髀算經》中早已有所萌芽:"《周髀算經》言北極之下朝耕暮獲,以春分至秋分爲晝,秋分至春分爲夜,《大戴禮》曾子告單居離謂地非正方;漢人言月食格於地影,此皆西説之權輿。"②

從上述可以看出,梅文鼎所論與王錫闡所論在内容上有相似或相同之處,其矛盾心理也很像。但是他對中西學術的相似性與源流關係的看法大致限於中國學問是"西説之權輿",而没有大膽到明確的西學中源説。

2. 皇帝與曆算名家的共鳴

恰在此時,康熙皇帝也爲如何對待傳統理學和西方"器學"頭疼。他開出的藥方與漢族士大夫有相契合之處,也是提倡西學中源説。

康熙在《御制三角形推算法論》中聲稱:"康熙初年時,以曆法

---

① (清)梅文鼎. 曆學疑問. 論蓋天周髀. 梅勿庵先生曆算全書[M]. 兼濟堂刻本,1723.

② (清)毛際可. 梅先生傳. 梅文鼎. 績學堂詩文鈔[M]. 合肥:黄山書社,1995:351.

争訟,互爲訐告至於死者不知其幾。康熙七年閏月,頒曆之後,欽天監再題欲加十二月又閏,因而衆論紛紛,人心不服,皆謂從古有知曆以來,未聞一歲中再閏。因而諸王九卿等再三考察,舉朝無有知曆者。朕目睹其事,心中痛恨,凡萬幾餘暇,即專志于天文曆法二十餘年,所以略知其大概,不至於混亂。"①這説明康熙也是受湯若望教案的刺激而學習西方數學、天文的。

康熙最初斷定"新法推算,必無舛錯之理"。② 隨著歲月流逝,在1700年前後,西方曆算理論對天體運行軌道的預測也發生了不準確的現象,康熙對西方曆算的觀點也相應變爲"西法大端不誤,但分刻度數之間,積久不能無差"。③ 這應該是促成西學中源説的知識上的動力之一。1704年發表的《御制三角形推算法論》説:"論者以古法今法(即西法)之不同,深不知曆原出自中國,傳及於極西,西人守之不失,測量不已,歲歲增修,所以得其差分之疏密,非有他術也。其各色條目雖有不同,實無關于曆原。"④

也正是在這時候,中西禮儀之争趨於激烈,康熙皇帝開始關注漢人曆算家,以與西方傳教士曆算家相抗衡。康熙皇帝1702年南巡過山東德州時,命令隨從南巡的直隸巡撫李光地進呈所刻書籍,李光地借機進呈了梅文鼎所著《曆學疑問》。康熙皇帝對此書非常感興趣,稱"朕留心曆算多年,此事朕能決其是非。將書留覽再發"。⑤ 兩天后他又對李光地説:"昨所呈書甚細心,且議論亦公平,此人用力深矣。朕帶回宫中仔細閲看。"康熙帝一年後第四次南巡,才將此書還給李光地,"御覽批點甚細",對該書的評價也很

① (清)康熙.御制三角形推算法論[M].
② 章梫.康熙政要[M].北京:中共中央黨校出版社,1994:355.
③ 章梫.康熙政要[M].北京:中共中央黨校出版社,1994:357.
④ (清)康熙.御制三角形推算法論[M].
⑤ (清)李光地.榕村集[M].御批曆學疑問.

高,李光地“請問此書疵謬所在”,康熙皇帝答曰:“無疵謬,但算法未備耳。”①

康熙皇帝1705年第五次南巡回程中,於臨清州大運河御舟上召見梅文鼎。“從容垂問,至於移時,如是者三日。”臨别,“特賜四大顔字:‘績學參微’”。② 並對李光地説:“曆象算法,朕最留心此學,今鮮知者,如梅文鼎真僅見也,其人亦雅士,惜乎老矣。”梅文鼎在《賦得御制“素波萬里盡澄泓”應制》一詩中稱頌道:“帝德同天乘景運,波臣效順盡安流。河淮底定千秋績,江海澄清萬里舟。排決經營歸廟算,平成勳業起歌謳。挽輸無阻耕夫樂,從此長紓宵旰憂。”③在《雨坐山窗得程偕柳書寄到吴東岩詩扇依韻和之》中稱:“司徒三物臚九數,宋唐科目兼明算。先典難稽卮祖龍,洛下權輿起西漢。乾象幽微久乃著,踵事生新斯理燦。溯其根本在羲和,敬授親承堯與舜……疇人失職遐荒竄。試觀西説類周髀,蓋天古術存遺翰。聖神天縱紹唐虞,觀天幾暇明星爛。論成三角典謨垂,今古中西皆一貫(御制三角形論言西學實源中法,大哉王言,著撰家皆所未及)。枯朽餘生何所知,聊從月令辨昏旦。幸邀顧問遵明訓,疑義胸中兹釋半。御劄乘除迅若飛,定位開方辭莫贊。庶勤榆景殊恩,望洋學海期登岸。卻憶司成接對年,阿季多才精剖判。握别金台十四秋,山齋舊稿徒堆岸。安得斯人共欣賞,討論鉤校窮宵旰。一得自憐知者稀,報書高望懷英俊。邗上歡逢君竹林,歸帆話舊通遥帆。風雨中來千里書,凶問忽承驚且歎。頻年存殁增悲慟,回看歲月多泄玩。絶學其興應者誰,佳什長吟呼鷃鴠。”④看到康

① (清)李光地. 曆學疑問恭記. 梅勿庵先生曆算全書[M]. 兼濟堂刻本,1723.

② (清)李光地. 御書績學參微恭記. 梅文鼎. 績學堂詩文鈔[M]. 合肥:黄山書社,1995:352.

③ (清)梅文鼎. 績學堂詩文鈔[M]. 合肥:黄山書社,1995:325.

④ (清)梅文鼎. 績學堂詩文鈔[M]. 合肥:黄山書社,1995:325-326.

熙皇帝提倡西學中源説，梅文鼎説話也大膽多了。至此，漢族士大夫與滿清權貴的西學中源説合流。

於是梅文鼎在《曆學疑問補》二卷中開始大力鼓吹西學中源説。《曆學疑問補》開篇論"西曆源頭本出中土即周髀之學"，就以"周髀算經漢趙君卿所注也，其時未有言西法者"爲由，認爲西曆與周髀相合"豈非舊有其法歟?"①但是《周髀算經》記載的是蓋天説，而傳統長期主張渾天説。梅文鼎在《曆學疑問》中已繼承李之藻的觀點而主張渾蓋兩説調和，在《曆學疑問補》中就更進了一步："渾天即蓋天也，其云兩家者，傳聞誤耳。"既然"蓋天與渾天原非兩家，則知西曆與古曆同出一源矣"。② 同時他還用《周髀算經》的記載完滿解釋了西曆寒暑五帶論述的中源問題。對於《周髀算經》的成書年代，他也符合邏輯地向前提了好多年："商高所之學何所受之，必在唐虞以前。"（《周髀算經》實際約成書於西元前100年左右）由此看來，康熙御舟召見梅文鼎詳談三日，可能給他布置了任務去論證西學中源説。

後來，梅文鼎從《史記·曆書》"幽、厲之後，周室微，陪臣執政，史不記時，君不告朔，故疇人子弟分散，或在諸夏，或在夷狄"（司馬遷《史記》卷二十四，曆書四）的記載出發，首先推斷"蓋避亂逃咎，不憚遠涉殊方，固有挾其書器而長征者"，然後列舉古代典籍所載"少師陽擊磬襄入於海，鼓方叔入於河，播鞀武入於漢"，由此得出"外域亦有律吕音樂之傳"，進而"曆官假遁，而曆術遠傳，亦如此耳"。對於爲什麽"遠國之能言曆術者多在西域"，而不是其他地方，梅文鼎以爲"則亦有故"。他從《堯典》所載"命其仲叔分

① （清）梅文鼎. 曆學疑問補. 論西曆源頭本出中土即周髀之學. 梅勿庵先生曆算全書[M]. 兼濟堂刻本，1723.

② （清）梅文鼎. 曆學疑問補. 論蓋天與渾天同異. 梅勿庵先生曆算全書[M]. 兼濟堂刻本，1723.

宅四方"出發,構想了一個中學西傳的詳細過程:"《堯典》言'乃命羲和,欽若昊天,曆象日月星辰,教授人時',此天子百官在都城者,蓋其伯也。又命其仲叔分宅四方,以測二分二至之日景,即測里差之法也。羲仲宅嵎夷,曰暘穀,即今登萊海隅之地;羲叔宅南交,則交趾國也。此東、南二處皆濱大海,故以爲限。又和叔宅朔方,曰幽都,今口外朔方之地也,地極冷,冬至於此測日短之景,不可更北,故即以此爲限。獨和仲宅西,曰昧穀,但言西而不限以地者,其地既無大海之阻,又自東而西氣候略同内地,無極北嚴凝之畏。當是時,唐虞之聲教四訖,和仲既奉帝命測驗,可以西則更西,遠人慕德景從,或有得其一言之指授、一事之留傳,亦即有以開其知覺之路。而彼中穎出之人從而擬議之,以成其變化,固宜有之考。史志唐開元中有九執曆,元世祖時有紮瑪魯丹測器,有西域萬年曆,明洪武初有瑪沙伊克瑪哈齋譯回回曆,皆西國人也。而東南北諸國無聞焉。可以想見其涯略矣。"①

梅文鼎在《曆學疑問》中對於渾蓋通憲(即西洋傳入之星盤,Planispheric Astrolabe,李之藻譯爲平儀、渾蓋通憲)是否"蓋天之遺制"説得很謹慎,認爲"皆不可考"。② 他還查考古籍記載,指出星盤傳入中國始於元代"紮瑪魯丹《西域儀象》有所謂烏蘇都兒喇卜垣者,其制以銅如圓鏡而可挂,面刻十二辰位、晝夜時刻,此即渾蓋之型模也"。③ 這倒也是歷史事實。梅文鼎《曆學疑問補》從前述"渾天即蓋天也"出發,進一步論定:"蓋天以平爲渾,其器雖平,其

① (清)梅文鼎.曆學疑問補.論中土曆法得傳入西國之由.梅勿庵先生曆算全書[M].兼濟堂刻本,1723.

② (清)梅文鼎.曆學疑問.論周髀儀器.梅勿庵先生曆算全書[M].兼濟堂刻本,1723.

③ (清)梅文鼎.曆學疑問補.論渾蓋通憲即蓋天遺法二.梅勿庵先生曆算全書[M].兼濟堂刻本,1723.

度則渾”,“渾蓋通憲即古蓋天之遺制無疑也。”①但梅文鼎對此只是泛泛而論,並未深入研究:“地平之經緯與天度之經緯相與錯綜參伍而入指掌,非容成、隸首諸聖人不能作也。而與周髀之所言一一相應,然則即斷其爲周髀蓋天之器亦無不可矣。”對於中西不同之處,他以“夫法傳而久豈無微有損益,要皆踵事而增,其根本固不殊也”②加以遮掩。後來的顧觀光在《讀周髀算經書後》中論述了梅文鼎的牽强附會之處:“閱西人渾蓋通憲,見其外衡大於中衡,與周髀合,而以切線定緯度,則其度中密外疏,無一等者。乃恍然悟《周髀》之圖,欲以經緯通爲一法。故曲折如此。”③

康熙帝《三角形推算法論》認爲“上古若無衆角歸圓何以能得曆之根”。④ 梅氏對此無條件認同:“伏讀御制《三角形論》,謂衆角輳心以算弧度,必古算所有,而流傳西土,此反失傳;彼則能守之不失且踵事加詳。至哉,聖人之言,可以爲治曆之金科玉律矣。”⑤爲了支持康熙對西方傳教士的排斥,梅文鼎在“論遠國所用正朔不同之故”、“論太陽過宫”、“論周天十二宫並以星象得名不可移動”、“論西法恒星歲即西月日亦即其齋日並以太陽過宫爲用而不與中氣同日”、“論恒星定氣”等處,批評天方國(回回國)、歐羅巴“又見秦人蔑棄古三正,而以己意立十月爲歲首(今西南諸國猶有用秦朔

---

① (清)梅文鼎.曆學疑問補.論渾蓋通憲即蓋天遺法.梅勿庵先生曆算全書[M].兼濟堂刻本,1723.

② (清)梅文鼎.曆學疑問補.渾蓋之器與周髀同異.梅勿庵先生曆算全書[M].兼濟堂刻本,1723.

③ (清)顧觀光.顧氏遺書[M].周髀之圖所用爲等距投影法而星盤則爲等角投影法.

④ (清)康熙.御制三角形推算法論.

⑤ (清)梅文鼎.曆學疑問補.論簡平儀亦蓋天法而八線割圓亦古所有.梅勿庵先生曆算全書[M].兼濟堂刻本,1723.

者——原注),故遂亦别立法程以新人耳目”。①

這樣,借助國朝第一曆算家的論證,康熙皇帝的“西學中源”説主張也越來越大膽。1711 年,康熙皇帝與直隸巡撫趙宏燮討論算數時説道:“算法之理,皆出於《易經》,即西洋算法亦善,原系中國算法,彼稱爲‘阿爾朱巴爾’者,傳自東方之謂也。”②禮儀之争前後,康熙已意識到培養漢人曆算家的重要性,這還與法國國王數學家來華後不同教派之間的矛盾有關。傳教士們在是否根據西方天文、數學新進展而改進傳入中國的知識上觀點不一致,舊曆法也不斷有與天象不合的推算結果,康熙因此而組織刊刻了不少書籍,還開辦了曆算培養機構。禮儀之争之後,中國人的自立意識更强了。隨著《四庫全書》的編纂,經過學者們的努力,不少湮没已久的古代算書如《算經十書》③得以重見天日。學者們所做的工作有:其一,從《永樂大典》等書中輯出了一批久已散失的中國古代科學典籍,如《九章算術》《海島算經》《孫子算經》《五曹算經》《五經算術》《夏侯陽算經》和《周髀算經》等;其二,新發現了《詳解九章算法》《四元玉鑒》《算學啓蒙》等宋元數學著作;其三,校注考訂了一批科學著作。凡收入《四庫全書》中的天文算法類書籍均由戴震等人進行了校勘並編寫提要,《九章算術細草圖説》《海島算經細草圖説》《輯古算經考注》《四元玉鑒細草》等對科學著作進行注釋、解説的著作也相繼出版。這樣就使西學中源説“源”的問題得到了解决。

3. 傳教士認同“西學中源説”的傾向

法國國王數學家的來華,也使西學中源説向前推進了一步。

---

① (清) 梅文鼎. 曆學疑問補. 論遠國所用正朔不同之故. 梅勿庵先生曆算全書[M]. 兼濟堂刻本,1723.

② (清) 蔣良琪. 東華録[M]. 濟南: 齊魯書社,2005: 322-323.

③ 參見: 郭書春、劉鈍校點. 算經十書[M]. 瀋陽: 遼寧教育出版社,1998.

白晉說:“中華人士皆知天主聖教非惟吾西土之教,實亦先聖相授受之真傳,而必不可不從者也。人人從教,則人人不至下墜,此正爲中華之大幸,豈特遠人之幸哉!”①“中華幸自上古遺存易卦之本圖本文,西土雖不如中華有易之圖文,然自古所存古圖古典古語,實包易圖文,藴藏天地始終之精微。其所傳者皆出於西土,至古有名之二邦:乃大秦如德亞國、厄日多國,爲西歐邏巴諸學之原。且正值中華遭秦焚書坑儒,盡失易内意精傳之時。西土幸有大秦,獲天地始中之真理。自今二千年前,東西南北四方之中,大秦唯一有道之國,明知誠事天地真主。其相近之國爲厄日多國,其(原文:之)賢士名多禄茂,好學重儒,欲集萬國經書共成大院?(時已集書二十萬種,其意必欲集至五十萬。)知如德亞國有造物主聖經爲千古不刊之典,特遣使臣往請,並求譯士數人。司教者如命送七十二名士,通外國之文字者,賫經而往。賢王賓禮之,命譯(遠?)西額濟國之文字,以通天下。(多禄茂王前有亞曆山爲超越名王,先統額濟國等西土之邦,廣辟國界,於普地三洲,遍通西土,後既没。天予分其地土,多禄茂王得厄日多國。)遠西諸國沉迷日久,若非上主神旨,如是慈悲於降誕之先,幾三百年前,預俾西土,得此天經,則後來奉天教,沾聖化之恩甚難。文獻通考載大秦後漢時始通焉,其人長大平正,有類中國,故謂之大秦,或曰:‘本中國人也’(普地自古分爲三洲,大秦直居三洲之中,故謂之中國也宜)。不信鬼神,祀天而已,彼國日月星辰無異於中國。前儒既以大秦不信鬼神,祀天爲同於中國。故至於唐,大秦賢士,接踵而至,傳天教盛行於世。當日受朝廷異寵降恩,亦如今聖朝。然至今西安府尚存景教碑。”②

---

① 轉引自:韓琦.再論白晉的《易經》研究,榮新江、李孝聰主編.中外關係史:新史料與新問題[M].北京:科學出版社,2004:315－323.

② (法)白晉.易引原稿·首節,轉引自:張西平.梵蒂岡圖書館藏白晉讀《易經》文獻初探[M]:313.

西學中源説呼之欲出了。

白晉的易學手稿還記録了一段中國士人對中西源流發表的見解:"中國人説,既然中國經書與你們西洋經書相同,又且先於你們,是高過於你們了,則你們該請教於我們,不該傳教於我們,一一當隨我們中國經書之解,從我們論帝王論理氣之言。"①這可能是康熙皇帝稱西方人承認西學中源説的歷史依據。

已有研究對傳教士中學西源説基本持無法考證的觀點,其實這一觀點的線索還是可以理出初步梗概的。當然傳教士的西學中源説在傳教士群體中持有者甚少,他們大部分持有中學西源説。利瑪竇就曾表達過這一觀點:"有些概念是從我們西方哲學家那裏得來的。例如我們只承認四元素,而中國卻很愚蠢地加進了第五個。根據中國人的理論整個物質世界(人、動植物以及混合體)都是由金木水火土五種元素構成的。和德謨克利特及其學派一樣,他們相信世界的多重性。他們關於靈魂輪回的學説聽起來很像畢達哥拉斯的學説,只是他加進了許多解説,産生了一些更糊塗、更費解的東西,這種哲學似乎不僅是從西方借來的,而且實際上還從基督教福音書得到了一線啓發。"②試圖説明中國五行學説源自西方畢達哥拉斯的相關理論。湯若望明確斷言中學西源:"就中曆而論,其根亦本於西。"③南懷仁《曆法不得已辯》也明確説明《時憲曆》是根據西法編製的,以此説明當時的中國學術是西來的。安文思、李祖白《天學傳概》的中國初人西來説則認爲中國人是西方人的後裔,那麽中學西源説就是其合理的邏輯推論。

---

① 轉引自:韓琦. 再論白晉的《易經》研究,榮新江、李孝聰主編. 中外關係史:新史料與新問題[M]. 北京:科學出版社,2004:315－323.

② (意)利瑪竇、(法)金尼閣著. 何高濟等譯. 利瑪竇中國劄記[M]. 2005:106.

③ (德)湯若望. 曆法西傳,載:(明)徐光啓等撰. 新法算書[M]. 卷九十八.《影印文淵閣四庫全書》册 789. 臺北:臺灣商務印書館,1983:769.

這樣一來,傳教士、漢族士大夫、滿清新權貴在西學中源説問題上就心往一處想了,其中起主導作用的是滿清新權貴勢力。

其後梅瑴成借助“借根方”這一方法,對傳統“天元術”作了正確的解讀,“洞淵遺法有明三百年來所不能知者,一旦復顯於世,其功算學爲甚巨矣”。[①] “夫元時學士著書,臺官治曆,莫非此物,不知何故遂失其傳。猶幸遠人慕化,復得故物。東來之名,彼尚不能忘所自。而明人獨視爲贅疣而欲棄之。噫! 好學深思如唐、顧二公,猶不能知其意,而淺見寡聞者,又何足道哉? 何足道哉?!”[②]他給出了西學中源説的一大有力例證。

(五)西學中源説在官方話語中的建構

上面所述是西學中源説的初步建構,此後,西學中源説在幾部官方史籍中固定下來,完成了其社會建構的整個過程。

康熙接受翰林院編修陳厚耀“定步算諸書,以惠天下”的建議,在暢春園蒙養齋開館編修律曆算法諸書,由皇三子誠親王允祉主持,陳厚耀、梅瑴成、何國宗等負責編撰,並對精通曆算音樂之人才多有訪求,參加者在“百人以上”。至康熙五十三年(1714),《律吕正義》率先編成,康熙六十年(1721),算法之書《數理精藴》和曆法之書《曆象考成》的編撰工作也大功告成。

《數理精藴》作爲對中西曆算的總結,專門設“立綱明體”部分以明算學之本源綱要,並在所收入《周髀經解》的開首即論述了西學中源觀,認爲:“數學之失傳久矣,漢晋以來,所存幾如一線。其後祖沖之、郭守敬輩殫心象數,立密率消長之法,以爲習算入門之

① (清) 阮元. 梅瑴成. 疇人傳 · 卷三十九[M]. 上海: 商務印書館, 1935: 490.

② (清) 阮元. 梅瑴成. 疇人傳 · 卷三十九[M]. 上海: 商務印書館, 1935: 486.

規。然其法以有盡度無盡,止言天行未及地體,是以測之有變更,度之多盈縮,蓋有未盡之餘藴也。明萬曆間,西洋人始入中土,其中一二習算數者,如利瑪竇、穆尼閣等著爲《幾何原本》《同文算指》諸書,大體雖具,實未闡明理數之精微。及我朝定鼎以來,遠人慕化,至者漸多。有湯若望、南懷仁、安多、閔明我相繼治理曆法,間明算學。而度數之理,漸加詳備。然詢其所自,皆云本中土所流傳。粤稽古聖,堯之欽明、舜之浚哲,曆象授時,閏餘定歲,璿璣玉衡以齊七政,推步之學孰大。於是,至於三代盛時,聲教四訖,重譯向風,則書籍流傳於海外者殆不一矣。週末疇人弟子失官分散,嗣經秦火,中原之典章既多缺佚,而海外之支流反得真傳。此西學之所以有本也。古算書存者獨有周髀,周公、商高問答其本文也,榮方、陳子以下所推衍也,而漢張衡、蔡邕以爲術數,雖存考驗天狀,多所違失。按榮方陳子所言晷度,衡、邕或在。於是若周髀本文,辭簡而意賅,理精而用博。實言數者所不能外。其圓方矩度之規,推測分合之用,莫不與西法相爲表裏。然則商高一篇,誠成週六藝之道遺文,而非後人所能假託也。舊注義多舛訛,今悉詳正,弁於算書之首,以明數學之宗,使學者知中外本無二理焉爾。"①西學"其所自,本中土所流傳",傳教士觀點已如前述。

對比這一説法與前述梅文鼎所論可知,上述對西學中源所作闡述的原型文本應出自梅文鼎。這與其在《曆學疑問補》中的説法如出一轍(見前述)。梅氏作爲當時的曆算大家而倡西學中源,影響甚廣,而《數理精蘊》的主要編撰者與其關係甚深,對於此論頗爲瞭解和贊同。②

《疇人傳》對康熙皇帝也恭維有加:"我聖祖仁皇帝,聖學生

① 御制數理精蘊・周髀經解[M].上編卷一.上海:商務印書館,1946:1.

② 注:梅瑴成爲梅氏之孫,陳厚耀與文鼎交情深厚,梅、陳、何于西學中源論均心有戚戚焉.

知,聰明天縱,御制《數理精蘊》,契合道原,範圍乾象。以故天下勤學之士,蒸然向化。"①

1739年,《明史》修成。其《曆志》篇中再次重複了西學中源之論:"西洋人之來中土者,皆自稱甌羅巴人,其曆法與回回同,而加精密。嘗考前代,遠國之人言曆法者多在西域,而東南北無聞。……蓋堯命羲、和仲叔分宅四方,羲仲、羲叔、和叔則以嵎夷、南交、朔方爲限,獨和仲但曰'宅西',而不限以地,豈非當時聲教之西被者遠哉。至於周末,疇人子弟分散。西域、天方諸國,接壤西陲,非若東南有大海之阻,又無極北嚴寒之畏,則抱書器而西征,勢固便也。甌羅巴在回回西,其風俗相類,而好奇喜新競勝之習過之。故其曆法與回回同源,而世世增修,遂非回回所及,亦其好勝之俗爲之也。羲、和既失其守,古籍之可見者,僅有《周髀》。而西人渾蓋通憲之器,寒熱五帶之説,地圓之理,正方之法,皆不能出《周髀》範圍,亦可知其源流之所自矣。夫旁搜博採以續千百年之墜緒,亦禮失求野之意也,故備論之。"②與之相對應的還有"節取其技能,禁傳其學術"政策的形成。這其實是清政府的策略。南懷仁的《窮理學》被禁止刊刻,正是證據。

我們發現,這些著作實際的編纂者都是西學中源説的持有者。我們有理由相信,如果這些史籍由徐光啓、李之藻、薛鳳祚、江永、趙翼、淩廷堪、汪萊或者傳教士們來編,其結論肯定不是這樣。我們知道,康熙帝及其後,傳教士著作的出版都是問題了,在其參與的著作中也没有署名的資格,除了在欽天監裏爲皇家辛勤工作外,他們基本没有官方話語權了。

至此我們基本完成了對西學中源説在中國理、器兩種學術層次上的建構過程的説明。當然,儘管如此,鑒於理、器二學的天然

① (清)阮元.疇人傳凡例.疇人傳[M].上海:商務印書館,1935:1.

② (清)張廷玉.明史·曆志一[M].北京:中華書局,1974:544.

聯繫,“舍器保理”的策略並没有完全成功。西方的“理學”——其宇宙觀和邏輯思維方法還是與中國相關部分會通了,並且對中國傳統宇宙觀、理的觀念和邏輯思維方式造成了强烈震撼,還永久性地潛伏在中國學術、思想話語空間的某處,至今不絶,在恰當的時機就起作用。詳見本研究相關部分。

第二章　外算會通的成就

一、傳統外算概況

明末時期,算法數學(即外算)總體來講處於衰落階段,我們把流傳相對較廣的一些著作介紹如下。

(一)《算法統宗》

程大位(1533—1606)著,刊於 1593 年,見於《明史 · 藝文志》,代表了商業發展對數學的需求,全面介紹算盤及其用法。開頭就是河圖、洛書及與之有關的文字介紹:“數何肇? 其肇自圖、書乎? 伏羲得之以畫卦,大禹得之以序疇,列聖得之以開物成務。凡天官、地員、律曆、兵賦以及杪忽,莫不有數,則莫不本于《易》、《範》。故今推明直指算法。輒揭河圖、洛書於首,見數有原本云。”[①]河圖、洛書被認爲蘊含著宇宙的秘密和自然的潛在法則,前者爲圓圖,象徵天;後者爲方圖,象徵地。河圖圖像中的不同位置聯繫著陰陽、五行、九州、八方等觀念,它還與八卦有聯繫(是故易有太極,是生兩儀,兩儀生四象,四象生八卦)。《易經》的六十四卦由八卦演變而來,在卜筮中扮演了重要角色,卜筮在中國傳統數學體系中屬於内算,其地位相當於今天的高等數學,而且《易經》也是儒家六經之首。《論語》《詩經》《禮記》等都提到並推崇河圖、

---

① 靖玉樹. 中國歷代算學集成[M]. 濟南: 山東人民出版社,1994: 2170.

洛書。這一著作在明末清初非常流行,多次刊印,直至 1714 年還有新版刊印。它對商業中珠算的普及起著不可替代的作用。

(二)《九章算術》

本書對中國傳統數學影響之深,無論如何評價都不過分。北宋於 1084 年刊行此書,比中世紀後期意大利威尼斯首次刊印《幾何原本》約早 400 年。有劉徽和李淳風的評注,不過在利瑪竇來華時已經見不到了。1213 年鮑瀚之翻刻了北宋刻本,清初南京黄虞稷藏有一部鮑刻本,僅有前五卷,1678 年梅文鼎在黄家翻閱過這本書。《永樂大典》按韻母分列單字,按單字依次計入與此字相聯繫的各種文史資料,其中算學書列在"算"字下,從 16330 卷到 16364卷,共 35 卷。明嘉靖、隆慶時期,《大典》又另摹副本一份。其正本毁於明亡之際,清中期後漸次不全;1900 年八國聯軍進中國,僅存副本大部分被焚毁,餘部被劫走;現僅存 16343、16344 卷於英國劍橋大學圖書館,國内還有一 16361 卷抄本。[①]《永樂大典》編撰者將鮑瀚之刻本分類抄録,内容分散在《大典》各處。《大典》藏於密閣,一般人難於看到。

《九章算術》的若干内容,比如例題和算法,還出現在明代數學著作以"九章"爲章節名稱的段落中,但其推求過程有的付之闕如,有的非常簡略,如吴敬的《九章算法比類大全》就是如此。1261 年,楊輝著《詳解九章算術》,對《九章算術》逐條解説、精心推求,到明代僅存後五卷,亦藏於私人,並不流通。戴震於 1770 年在編修《四庫全書》時重構劉徽注,但不盡人意。《算經十書》也是這時得以重圓。《九章算術》第四章"少廣"中没有區分代數與幾何,其中既有開方算法,又有各種幾何問題。

---

① 參見:靖玉樹. 中國歷代算學集成[M]. 濟南:山東人民出版社,1994:1639.

（三）《測圓海鏡》

李冶（1192—1279）著，1248 年完成，約 30 年後刊行，流傳非常有限，《四庫全書》本也是來自私人家藏。阮元先抄自《四庫全書》，後得丁傑提供的一部 14 世紀抄本，1797 年李鋭彙校此二抄本，遂流傳後世。顧應祥，1505 年進士，官至兵部尚書。他見到一部《測圓海鏡》，並於 1550 年出版改編本《測圓海鏡分類釋術》，也被收入《四庫全書》。《測圓海鏡分類釋術》保存了《測圓海鏡》的大部分内容，並增補顧應祥注解，但刪去了其中的"細草"，而天元術正在"細草"之中。徐光啓也只見到了顧應祥的書，而没見到李冶原著。

《測圓海鏡》共 12 章，第一章是 692 個公式，陳述了各種量的數值關係；二到十二章是根據這些公式給出的 170 個問題，這些問題用同一個模式表述。一般是：二人從同一地點出發，以相同或不同的速度，向不同的方向直走，求一段時間後二人距離。李冶設計的答案都是 240 步，但其計算有的相當複雜。雖然都能用天元術解決，但是有的題目要解 6 次方程。這説明，我們的祖宗不是不勤奮，也不是不聰明，只是他們的做事動機與方式與西方人不同而已。四庫館臣也注意到了《測圓海鏡》在徐光啓心目中的獨特性："徐光啓亟傳新法，而于勾股義中獨推此書，其必有所見矣。"①

（四）《周髀算經》

中國古老算書，其中記載的周公和商高的對話發生在西元前 1050 年左右。其重要性主要來自後人注釋，公元 3 世紀趙爽、6 世紀甄鸞、7 世紀李淳風分别作注。其中，趙爽補入的《勾股圓方圖》價值尤高，用圖形證明了畢氏定理，論述了直角三角形三邊的各種

① 四庫全書. 卷七九八：21.

關係。1603 年藏書家胡震亨刊行了這本書,徐光啓曾對其中所論天文内容做過批判。

(五)珠算發展

另外,這一時期,中國傳統外算也有發展,多數作品對珠算的普及做過較大貢獻,主要作品如下:

1.《算法全書》4 卷,無撰者姓名,1675 年蔣守誠作序。

2.《算法指掌》5 卷,無撰者姓名和出版年代。

3.《指明算法》2 卷,無撰者姓名,王晉生或鄭元美校訂。

4.《簡捷易明算法》4 卷,武林沈士桂丹甫氏纂輯,原稿成於 1704 年之前。

5.《劉虬江算法大全》2 卷,三序子序於 1714 年前,劉綸撰。

6.《銅陵算法》2 卷,無撰者姓名,有多種版本,王晉生序,俞篤培校。

據研究,上述六種算法著作都屬於明初夏源澤《指明算法》系統,這一系統可能與程大位《算法統宗》系統有某些差異,具體差異有待進一步研究。這兩個系統可能有相輔相成的關係。

7.《算法説詳》9 卷,李長茂著,1659 年刊。内容比較廣泛,且與上述珠算書又有所不同①。

8. 張潮(1650—?)的縱横圖,縱横圖也稱幻方,屬於現代組合數學。張潮著作《心齋雜俎》中有一篇"算法圖補",專論縱横圖:"《算法統宗》所載十有四圖,縱横斜正,無不妙合自然,有非人力所能爲者。大抵皆從洛書悟而得之,内惟百子圖,於隅徑不能合,因重加改定,復以意增補雜圖,亦皆有自然之妙。乃知人心與數

① 參見:吴文俊主編. 中國數學史大系[M]. 第七卷. 北京:北京師範大學出版社,2000:92-93.

理,相爲表裏,引而伸之,當猶有不盡於此者。”①他在完善《算法統宗》縱橫圖的基礎上又發現了許多新圖,使縱橫圖研究深入了一步,也爲清末研究打下了基礎。

9. 陳世仁(1676—1722)《少廣補遺》一卷,共七篇,專論垛積術,即高階等差級數求和方法。“陳世仁的研究是繼朱世傑之後四百餘年間才取得的重大突破。”②筆者懷疑其研究與西學有關,但没找到直接證據,只知其叔父陳籲是黄宗羲的學生。

10. 屠文漪《九章録要》、王元啓(1714—1780)《九章雜論》、譚文《數學尋源》,都是以闡述《九章算術》等古代算學著作爲宗旨。

可以看出,傳統數學著作有一個明顯的特徵,就是大多没有撰者姓名。我們認爲,可能是在明末清初這一時期,傳統數學在西方數學衝擊下,只在商業圈生命力較强。在學術界,中西會通的數學占了統治地位。傳統數學著作或者作者没有名氣,或者作品没有創新。

(六) 算學轉折

這一時期數學研究的大轉折是很明顯的,一是傳統數學研究者受到排斥。邢雲路的《古今律曆考》被梅文鼎批評後,阮元在《疇人傳》中接續了這一批評,而在今天看來這一著作卻有較大的價值。魏文魁也被徐光啓等人批評,被阮元諷刺。人們認爲楊光先不懂曆算,甚至對其進行人身攻擊。這令人想到五四時期國人對傳統文化的批判,雖然有點過頭,但是那種富民强國的經世思想

---

① 轉引自:吴文俊主編. 中國數學史大系[M]. 第七卷. 北京:北京師範大學出版社,2000:195.

② 吴文俊主編. 中國數學史大系[M]. 第七卷. 北京:北京師範大學出版社,2000:216.

之强烈是令人佩服的,另外這也可理解爲“取法乎上,得其中”的策略。二是年輕的數學研究者在其傳統數學老師還活著時,就轉而向西方數學學者學習,如薛鳳祚等人本來都曾是魏文魁的學生,但在中西學者發生激烈鬥争時,都轉向了西方數學,這在强調“天地君親師”的時代,是需要勇氣和文化氛圍的。三是與西方數學有關的著作大多都有撰者姓名,而傳統數學著作多没有撰者姓名,這也説明他們地位低下、著作不受重視。我們經上述考察發現,這不是個人行爲,而是普遍趨勢。在會通過程中,對中國傳統數學的研究在乾隆後半期逐漸占主導地位,但是到 1820 年以徐有壬爲核心的研究集體中,對西方數學的研究又占據了主導地位。

二、中西數學會通觀念的形成與發展

明末清初中西交流是中西數學史、文化史以及一般歷史上的重大事件,而中西數學會通又是這一事件的重中之重。已有研究已經注意到了它的重要性,但是對中西數學會通觀念本身的研究還很不够,對其做一深入研究是很有必要的。

中西數學會通從徐光啓開始。他論會通的理論如下:“邇來星曆諸臣,頗有不安舊學,志求改正者。故萬曆四十年,有修曆譯書,分曹治事之議。夫使分曹各治,事畢而止。大統既不能自異於前,西法又未能必爲我用,亦猶二百年來分科推步而已。臣等愚心,以爲欲求超勝,必須會通,會通之前,先需翻譯。蓋大統書籍絶少,而西法至爲詳備,且又近數年間所定,其青于藍,寒于水者,十倍前人,又皆隨地異測,隨時異用,故可爲目前必驗之法,又可爲二百年不易之法,又可爲二三百年後測審差數,因而更改之法,又可令後之人循習曉暢,因而,求進當復更勝於今也。翻譯既有端緒,然後令甄明大統、深知法意者,參詳考定,鎔彼方之材質,入大統之型模;譬如作室者,規範尺寸,一一如前,而木石瓦甓悉皆精好,百千萬年必無敝壞。即尊制同文,合之雙美,聖朝之巨典,可以遠邁百王,垂貽永世。且于高皇帝之遺意,爲後先合轍,善作善承矣。"①

從中我們可以看出：1. 徐光啓强調會通歸一,是相對"分曹各治,事畢而止"而言,因爲那樣做的結果是"大統既不能自異於前,西法又未能必爲我用,亦猶二百年來分科推步而已"。2. 他提出的具體做法爲"翻譯既有端緒,然後令甄明大統、深知法意者,參詳考定,鎔彼方之材質,入大統之型模;譬如作室者,規範尺寸,一一如前,而木石瓦甓悉皆精好","凡正朔閏月之類,從中不從西;定氣整度之類,從西不從中"。② 徐光啓的會通觀念可在《周易》和其他傳統文獻中找到依據。《易經·系辭上》的會通含義爲:"聖人有以見天下之動,而觀其會通。"劉勰《文心雕龍·物色》云:"物色盡而情有餘者,曉會通也。"即融會貫通、彼此合一的意思。與會通相關的旁通也是傳統觀念,《周易·文言·乾》云:"六爻發揮,旁通情也。"其本意"系指兩個陰陽爻完全相反的卦",③引申爲對原理相同的物件舉一反三,做相似處理。可見無論從時間之早還是從貢獻之大來講,都無愧於"中西會通第一人"稱號的徐光啓,雖然對傳統文化鋭意改革,但是他受傳統文化影響非常深!

(一) 中西會通觀念發展的基本線索

徐光啓提出了曆法改革的"翻譯——會通——超勝"三個步驟,得到部分中外人士的積極回應,並將其從曆法改革擴展到幾乎整個學術領域,其中西會通思想幾乎成了此後幾百年中國學術研究的範式。雖然徐光啓生前在數學會通上做出了關鍵性工作,撰寫了《勾股義》《測量法義》《測量異同》等著作,但是他在曆法改革

---

① (明) 徐光啓. 徐光啓集[M]. 上海：上海古籍出版社,1984：374-375.

② (清) 永瑢. 四庫全書總目提要[M]. 海口：海南出版社,1933：549.

③ 劉大鈞. 周易概論[M]. 齊魯書社,1986：87.

方面所做的主要是翻譯工作,"翻譯既有端緒,然後令甄明大統、深知法意者,參詳考定,鎔彼方之材質,入大統之型模;譬如作室者,規範尺寸,一一如前,而木石瓦甓悉皆精好"①的工作没來得及做。

具體做這件事的是湯若望,清初即頒布了由他改編《崇禎曆書》後編製的《時憲曆》,並讓他做了欽天監的領導人。但是湯若望不是"甄明大統、深知法意者",他只是對西方數學和天文比較精通。在做中西會通這件事時,湯若望對徐光啓的會通思想有所改變。後來的江永在其著作《中西合法擬草》中認爲:"明徐光啓酌定新法,凡正朔閏月之類,從中不從西。定氣整度之類,從西不從中,然因用定氣,遂以每月中氣時刻爲太陽過宫時刻,系以中法十二宫之名,而西法十二宫之名,又用之於表。"②

並且湯若望堅持"就中曆而論,其根亦本於西"。③ 隨即發生了王錫闡《曉庵新法序》所批評的狀況:"譯書之初,本言取西曆之材質,歸大統之型範,不謂(湯若望等人的做法——筆者按)盡墮成憲而專用西法如今日者也。"④於是"(江)永病其錯互,又整度一事,永亦病其言之未盡。故著此論以辨之,亦多推文鼎之説"。⑤

當時與西方傳教士辯論的就有很多,出現了"較正會通之役",⑥中法派與西法派激烈辯論,楊光先挑起的康熙教案,使會通思想産生很大發展。比較著名的有王錫闡批評徐光啓、利瑪竇之認爲中國傳統數學没有基本原理的觀點"竇自入中國,竊見爲幾何

① (明)徐光啓.徐光啓集[M].上海:上海古籍出版社,1984:374-375.

② (清)永瑢.四庫全書總目提要[M].海口:海南出版社,1933:549.

③ (德)湯若望.曆法西傳,(明)徐光啓編纂、(清)姚鼐彙編.崇禎曆書[M].上海:上海古籍出版社,2009:1991.

④ (清)阮元.疇人傳[M].上海:商務印書館,1935:430.

⑤ (清)永瑢.四庫全書總目提要[M].海口:海南出版社,1933:549.

⑥ (清)薛鳳祚.曆學會通[M],韓寓群.山東文獻集成(23冊).濟南:山東大學出版社,2007:21.

之學者,其人與書,信自不乏,獨未睹有原本之論,既闕根基,遂難創造,即有斐然述作者,亦不能推明所以然之故,其是者己亦無從別白,有謬者人亦無從辨正”,[①]而認爲:“大約古人立一法必有一理,詳於法而不著其理,理具法中,好學深思者自能力索而得之也。西人竊取其意,豈能越其範圍?”[②]薛鳳祚持一種調和論調:“中土文明禮樂之鄉,何詎遂遜外洋?然非可强詞飾説也。要必先自立于無過之地,而後吾道始尊。此會通之不可緩也。”[③]並試圖以基於對數理論的新西法戰勝湯若望的舊西法。王、薛二人都曾自薦於中法派的極端論者楊光先,但是其理論的中法形式、西法内容之實質没有逃過楊光先的法眼,以致薛鳳祚多次感慨會通之難:“昔之會通皆在本局,今之會通更綜歧路,其難易不甚懸乎?”[④]“會通之學取材欲廣,況立法在近,多所就正,兹集之難已者以此。”[⑤]

黄宗羲、潘耒則對傳教士執掌欽天監不滿。潘耒説過:“曆術之不明,遂使曆官失其職而以殊方異域之人充之,中國何無人甚哉!”[⑥]黄宗羲强調“使西人歸我汶陽之田”:“勾股之學,其精爲容圓、測圓、割圓,皆周公、商高之遺術,六藝之一也。自後學者不講,方伎家遂私之。……珠失深淵,罔象得之,於是西洋改容圓爲矩度,測圓爲八線,割圓爲三角,吾中土人讓之爲獨絶,辟之爲違失,

---

① (意)利瑪竇. 譯《幾何原本》引,徐宗澤. 明清間耶穌會士譯著提要[M]. 上海:上海書店出版社,2006:200.

② (清)阮元. 疇人傳[M]. 上海:商務印書館,1935:439.

③ (清)薛鳳祚. 曆學會通[M],韓寓群. 山東文獻集成(23 册). 濟南:山東大學出版社,2007:2.

④ (清)薛鳳祚. 曆學會通[M],韓寓群. 山東文獻集成(23 册). 濟南:山東大學出版社,2007:2.

⑤ (清)薛鳳祚. 曆學會通[M],韓寓群. 山東文獻集成(23 册). 濟南:山東大學出版社,2007:364.

⑥ (清)潘耒. 曉庵遺書序. 潘耒. 遂初堂集[M]. 清雍正三年(1725)刻本.

皆不知二五之爲十者也。……余昔屏窮壑,雙瀑當窗,夜半猿啼倀嘯,布算簌簌,自歎真爲癡絶。及至學成,屠龍之伎,不但無用,且無可語者,漫不加理。今因言揚,遂當復完原書,盡以相授;言揚引而伸之,亦使西人歸我汶陽之田也。"①力圖奪回欽天監的領導權。

但可能是因爲王錫闡所説"古人立一法必有一理"的"理"不好表達,再加上其他原因,康熙帝斷然做出決策:尊崇儒家的理學,節取傳教士的技能。雖然在政策上很明確,但是在學術上,體、用的中西搭配並不容易實現,礙於政府的高壓政策和著名布衣曆算家梅文鼎的"權威"論證,不滿的聲音逐漸退縮於私人話語空間,西方曆算的正統地位得以確立,會通的不同意見也逐漸減弱。直到禮儀之争後,隨著中國傳統算書的發現,以中國傳統爲基礎的會通聲音又逐漸高漲,並一直持續著。

(二)中西數學會通对象的擴展

徐光啓的會通对象很明顯,就是中西曆法。其實,當時中西數學概念都包括了今天所説的曆法和數學,由於數學在學術中的作用很大,故數學會通必須在先。徐光啓又在數學會通的基礎上,設想了度數"旁通"十事,在他看來這"十事"是旁通而不是會通,但後人也都將之歸於會通範圍。徐光啓之後,會通对象的範圍逐漸擴大。這可作爲考察會通的一個視角,即可從會通对象看會通思想的發展。具體情況如下。

1. 從曆法會通到數術會通

到李天經主持曆局,會通的局面就擴大了,被徐光啓瞧不起的天文數術也參加進來了——徐光啓稱之爲"盲人射的""妖妄之術謬言數有神理""俗傳者余嘗戲目爲閉關之術,多謬妄弗論""小人

① 沈善洪. 黄宗羲全集[M]. 第10册. 杭州:浙江古籍出版社,1993:35-36.

之事”[1]“所謂榮方問于陳子者，言天地之數，則千古大愚也”。[2]而李天經曾編製並擬頒行以《崇禎曆書》爲基礎的曆法——《甲申經新曆》和《甲申緯新曆》各一册，並翻譯了西方占星學著作《天文實用》一卷，與中國當時的數術相會通，以減少中西之間的摩擦和衝突。[3] 這説明李天經已抵抗不住傳統勢力的進攻，做出不得已的妥協之策。湯若望也曾有著作《象數論》存世。隨後薛鳳祚、南懷仁、楊作枚都有此類行爲。南懷仁的此類工作已有詳細論述 。薛鳳祚的工作主要與《天步真原》有關，他試圖用西方天文數學復活傳統數術，可將其作爲“内算”會通的典型案例另外加以專門探討。楊作枚也做過數術的中西會通，光緒時的温葆深説：“無錫楊學山，刻七論，備載圖式。”“楊學山氏著《七論》成卷，專言西儒命術，至詳盡。”[4]歷史告訴我們，這些努力没有取得太大成效。

2. 從計算單位會通到計算工具會通

徐光啓《崇禎曆書》的會通主要是指單位换算，如《大測》，主要是三角學，白尚恕先生研究[5]表明，其主要内容來自畢的斯克斯的三角學著作 *Trigonometriae Sive* 和 *De dimensione Triangular*。其中第一篇第五部分涉及中西度量衡的會通：（五）大測法，分圈三百六十爲度，度析百分，或六十分（遠西），分或百析爲秒，遞析爲百，至纖而止；或析爲六十秒，遞析爲六十，至十位而止。[6]

---

① （明）徐光啓. 徐光啓集[M]. 上海：上海古籍出版社，1984：80－81.

② （明）徐光啓. 徐光啓集[M]. 上海：上海古籍出版社，1984：84.

③ 吴文俊. 中國數學史大系[M]. 第七卷. 北京：北京師範大學出版社，2000：27.

④ 吴文俊. 中國數學史大系[M]. 第七卷. 北京：北京師範大學出版社，2000：80－81.

⑤ 白尚恕. 白尚恕文集[M]. 北京：北京師範大學出版社，2008：315－323.

⑥ 吴文俊. 中國數學史大系[M]. 第七卷. 北京：北京師範大學出版社，2000：29.

計算工具的會通自西人東來就有,但前期主要是對西方儀器工具的模仿,後期才有中西儀器的會通,所製造的儀器中西特徵都很明顯。如"在 1687—1722 年的 30 多年間,我國改進傳入的帕斯卡萊布尼茨奥德内爾計算器的基礎上,製造了計算器",①其中盤式計算器從製造原理上與帕斯卡計算器相近,但擴大了適用範圍,可做加減乘除運算。配合九九乘法表,其乘除法使用原理與珠算一致。方中通在《數度衍》中給納披爾算籌增加了零籌、立方籌和平方籌。梅文鼎在《算籌》中把納披爾算籌的斜格改爲半圓格或直格,把豎排改爲横排。②

3. 從曆法會通到曆理會通

清朝初期及其後的中算家,多認爲中西算理是相同的,至少是相通的。梅文鼎指出:"去中西之見,以平心觀理,……務集衆長以觀其會通,勿拘名相而取其精粹。"③毛宗旦(1668—1728?)(生活於康雍年間)的數學會通著作《九章蠡測》10 卷載:"《同文算指》多刻西術,如三率、筆算等法,要旨不離加減乘除,仍是中土舊術,故知中西無二算也。""今有筆算、籌算、尺算辦法,本之泰西,能精熟其法,用之亦敏妙,然(中西算)法雖異,而理實同。"④李子金認爲"蓋天下之物莫不有一定之數,而數之所在,莫不有一定之理,明其理,雖法有萬變皆可即此以通之矣",於是"本其義而發明之,或

① 吴文俊.中國數學史大系[M].第七卷.北京:北京師範大學出版社,2000:341.

② 吴文俊.中國數學史大系[M].第七卷.北京:北京師範大學出版社,2000:350.

③ (清)梅文鼎.塹堵測量.梅文鼎.勿庵曆算書目[M].北京:中華書局,1985:33.

④ 吴文俊.中國數學史大系[M].第七卷.北京:北京師範大學出版社,2000:370.

敷演爲圖,或推廣其説,無非示學者易知易能而已”。①

在徐光啓、李之藻看來,“理”的較高層次是邏輯推理和公理化,較低層次是數和比例,梅文鼎時代則明確接受了數和比例,對邏輯推理雖有接受,但並不承認。多數人還是强調傳統的“理”,就像王錫闡所説:“大約古人立一法必有一理,詳於法而不著其理,理具法中,好學深思者自能力索而得之也。”②口頭上强調其存在性和神秘性,行動中並没有搞清楚。多數人也没有下力氣去研究。在體現西方數學公理化體系和形式邏輯的尺規作圖方面,除徐光啓、梅文鼎、明安圖關注了尺規作圖外,其他幾乎無人對其理論基礎、作圖規則、作圖解決問題的局限性做過討論。中算家的證明方法更多是從傳統“出入相補”思想入手。到清末,李善蘭、華蘅芳等人才熟練運用西方方法。

4. 從中西會通發展到古今中外的會通

梅文鼎《中西算學通》序言云:“以一人一日之心,通乎數千載之前,與數萬里之外,是之謂通。”“傳曰思之思之,鬼神通之。非鬼神也,精神之極也。”“數學征之於實”,“放之四海而皆準”,“余則以學問之道,求其通而已,吾之所不能通,而人則通之,又何問乎今古,何别乎中西?”③梅文鼎等人在這一思想的支配下,對傳統數學的歷史做了梳理,並把回回曆算看作早期傳入的西方學術,是很有道理的。

5. 爲西方傳過來的簡化公式補充算理

如孔林宗的數學工作,其著作《大測精義》主要是爲西方傳過來的未傳理之“術”著其理。他給出了《大測》中 72 度弦作法的理

---

① 吴文俊. 中國數學史大系[M]. 第七卷. 北京: 北京師範大學出版社, 2000: 120.

② (清) 阮元等撰、馮立昇等校注. 疇人傳合編校注[M]. 鄭州: 中州古籍出版社, 2014: 311.

③ (清) 梅文鼎. 績學堂詩文鈔[M]. 合肥: 黄山書社, 1995: 54.

論證明,從而獨立研究了五種半正多面體及其性質;他提出了一種新的星形體及其做法,"孔林宗對它的提出和研究實屬海内獨步"。[①] 王錫闡曾經爲《崇禎曆書》所載四個三角函數公式補充了證明,明安圖也曾經爲傳教士杜德美傳入而没有證明的級數公式做了證明,並在其基礎上有所擴充。

(三)中西數學會通的基本類型

以會通依據爲標準,我們可把會通分爲四類。

一是徐光啓模式。以西方公理化方法貫通中國傳統勾股之學,《勾股義》可做代表。李子金的中西會通繼承了徐光啓的這一傳統,被梅文鼎等人稱爲中西數學會通的典範,李子金自己説:"元史所載雖有曆經曆議而無所引喻,頗廢推術。予用是詳察西曆之理而通以中曆之法,静思數年始得其概,不得不筆之於策,以備後人之采擇。"他的會通原則是:"棄其所短而用其所長,斯善之善者也。然不明中曆之法,無以用西曆之長。昔徐玄扈先生有會通之議云:鎔彼方之材質,入大統之典範。""據其數以布算而無牽合附會之嫌,知過必改,見善斯遷,不青于藍而寒于水哉!""後人循習曉暢而求進,當復更進於前人。"[②]李子金《算法通義》欲爲《九章算術》建立原理。徐光啓曾爲勾股作"義",李子金的抱負更大,他要爲《九章算術》作"義",這説明除徐光啓外,當時已經有人認識到中國數學缺乏原理,所以他們所作之"義"即西方《幾何原本》之"原本(原理)"的含義。李子金認爲"學者按(《九章算術》)法布算無所不合",但是《九章算術》"不言其義","算學之士有終身由

① 吴文俊.中國數學史大系[M].第七卷.北京:北京師範大學出版社,2000:190.

② 吴文俊.中國數學史大系[M].第七卷.北京:北京師範大學出版社,2000:120.

之而不知其道者”，明朝唐順之曾作“六論”以講其原理，但“其文約，其指遠”——其著作太簡單，而道理又太深奥。但是他又認爲“蓋天下之物莫不有一定之數，而數之所在，莫不有一定之理，苟明其理，雖法有萬變，皆可即以通之矣”，於是“本其義而發明之，或敷演爲圖，或推廣其説，無非示學者易知易能而已”。①

二是王錫闡模式。以中通西，代表作爲《圓解》。這一模式又可從思想觀念和會通實踐上區分爲形式上的以中通西和實踐上的以中通西。如王錫闡的會通，形式上是以中通西，其内容卻是以西通中，其原因是没有把握住傳統的神秘的理（幾千年的歷史中始終没有人完全把握），卻把握住了西方的形式邏輯推理和數學公理化的“理”，而在比例和奇偶數的“理”上，中西基本上是相同的。以梅文鼎爲代表的以勾股通幾何，實現了部分内容的以中通西。

三是杜知耕模式。中西兼顧，各取所長，通而無偏，回避立場，對具體知識以先進性爲標準。内心深處有立場，但刻意不讓它起作用；有中西偏見，但刻意排除偏見。代表作爲《數學鑰》。

四是羅雅穀模式。以知識在現實中的功用爲標準，會而不通，以實際應用中的有效性爲目的，把有關中西知識彙集到一起，不考慮立場，代表作爲《測量全義》。

（四）中西數學會通與西學中源説的合理性

西學中源説除了有社會建構性以外，也有其不含偏見的合理之處。從中國傳統格義説、西方詮釋學的原理或心理學、教育學的同化理論來看，人們接觸、理解、消化、吸收新知識，要以其認知結構爲依據，那麽已有知識框架、前見、最近發展區都是其學習新知識所必需的，是不能克服的“偏見”。客觀地説，明清士人利用想

---

① 吴文俊.中國數學史大系［M］.第七卷.北京：北京師範大學出版社，2000：120.

象、類比等傳統思維方式來看待西方知識與傳統知識的相似性，他們大多没有區分傳統知識的猜測、想象性與西方知識經過地理大航海之後的實測驗證性。這有其合理之處，那就是那時的人們對方法論的認識不像現代人那樣清晰和深刻。他們也承認非中源的西方知識就是證據。如梅文鼎説“今則假對數以知本數，不用乘除，唯憑加減，數之奇也，前此無知者”，①年希堯（？—1739）説“迨細究一點之理，又非泰西所有而中土所無者，凡目之視物，近者大，遠者小，理由固然……由此推之，萬物能小如一點，一點亦能生萬物”，②都應該是公平之論。

三、社會與文化互動中的數學會通

（一）數學與上帝的不同待遇

利瑪竇等傳教士進入中國之初，基督教義在中國遭到了較大的抵觸，利瑪竇等人轉而嘗試其他曲線傳教辦法。他們發現中國朝野對改曆感興趣，於是在士人中間顯示製造天文儀器、預測日月食的能力，大受歡迎。進一步推究上述活動的原理就觸及數學，在徐光啓之前先後有瞿太素、張養默、李之藻等人深入瞭解並初步學習過《幾何原本》和其他西方數學知識。另一方面，中國人包括大臣如葉向高、太監如馬堂、皇帝如萬曆都對西洋奇器如自鳴鐘、三棱鏡感興趣。利瑪竇留在北京，就是因爲他上貢給萬曆的自鳴鐘中國人不會修，只有利瑪竇等傳教士會修，萬曆皇帝爲了滿足好奇

---

① （清）梅文鼎. 用勾股解幾何原本之根. 梅文鼎. 勿庵曆算書目[M]. 北京：中華書局，1985：36.

② 任繼愈. 中國科學技術典籍通匯（數學・卷四）[M]. 鄭州：河南教育出版社，1993：712.

心,不留他們不行。這些西洋奇器的製造原理也離不開數學。利瑪竇爲了打擊中國人的自大心理,以使中國人對傳教士好一點,曾在士大夫圈子裏展示世界地圖,這也引起了李之藻等人的强烈興趣,而繪製世界地圖也需要西方數學。中國國内的水旱災害的預防和治理、鎮壓農民起義的武器製造,也需要數學。

而正像徐光啓所説"其一爲名理之儒,土苴天下之實事;其一爲妖妄之術,謬言數有神理,能知來藏往,靡所不效。卒於神者無一效,而實者亡一存",①中國傳統數學在這些方面已經不能很好地解決問題。這樣,在引起中國人的數學興趣之後,翻譯《幾何原本》等數學著作就是順理成章的事了,而西方數學傳入後與中國傳統數學的會通也就水到渠成了。

而利瑪竇等傳教士卻在傳播數學的同時摻入基督教義,如在利瑪竇與李之藻合譯的《圜容較義》中就有上帝造圜形物體的論述,並引起李之藻等人的共鳴;傳教士還利用西方數學論述的邏輯性、表達的清晰性和實踐中的有效性,試圖吸引士大夫把注意力轉向有同樣特點的基督教義。其實,中國人這時尚無用西方體系完全取代中國曆算的計劃,只想與用回回曆一樣,用西法計算交食。但熊三拔 1612 年編寫並送呈羅馬的有關中國天文學的第一份天文報告中顯示出,耶穌會士打算控制中國曆法,他們並不滿足於中國人有限的需求。② 杜鼎克依據中西文獻令人信服地指出,(南京教案)問題的核心在於反對任用西人。特别是固守傳統的沈㴶之流,根本無法容忍分層旋轉的水晶天球模型。③

---

① (明) 徐光啓. 徐光啓集[M]. 上海: 上海古籍出版社,1984: 81.

② 參見: (日) 橋本敬造. 崇禎曆書和徐光啓的作用,李國豪等主編. 中國科技史探索[M]. 上海: 上海古籍出版社,1986: 191 - 203.

③ 參見: (荷) 安國風. 歐幾里得在中國[M]. 紀志剛等譯. 南京: 江蘇人民版,2008: 370.

但是,事與願違,基督教義的内容激怒了視儒學爲完美學術的人士,這些人不能容忍傳教士的宇宙觀念和倫理觀念,不能容忍與之聯繫密切的西方數學,只好尋找其他藉口,如政治上傳教士同情東林黨,來驅趕傳教士。1617 年沈潅發動南京教案後,傳教士失去了在中國待下去的正當理由。這期間翻譯或會通的數學著作有:《幾何原本》《圜容較義》《同文算指》《乾坤體義》(第二部分是圜和簡單計算)《勾股義》《測量法義》《測量異同》《幾何體論》《幾何用法》和《泰西算要》等。後三部書刊本很少,後曾合刊爲《小測全義》①。

以下擬以參與中西數學會通的人物爲線索,在對其會通著作進行分析的基礎上,總結其會通思想,在人物及其有關作品的分析過程中穿插中西數學會通過程中社會和文化的互動,並從這一系列分析中透視會通的整體態勢。

1. 徐光啓

徐光啓的數學會通著作主要有:《幾何原本》(與利瑪竇合譯)《測量法義》《測量異同》《勾股義》。

《幾何原本》。主要内容:卷 1,卷首和正文,卷首包括 36 界説、4 個求作和 19 個公論,正文論三角形,共 48 個命題;卷 2,卷首包括界説 2 則,本卷論線,14 題;卷 3,卷首界説 10 則,本卷論圜,共 37 題;卷 4,卷首界説 7 則,本卷論圜内外形,16 題;卷 5,卷首界説 19 則,本卷論比例,34 題;卷 6,卷首界説 6 則,本卷論線面之比例,33 題。只有卷 1 開頭用小字排出“界説三十六、公論十九,求作四”,其餘各卷都没類似説明,這是否預示著卷一的譯者與其餘各卷不同?比如是瞿太素等人以前譯的。目前已有材料没有提供充分證據。

編寫體例:(1)每卷都分卷首和正文。卷首包括界説、求作

① (清)劉獻廷.廣陽雜記[M].北京:中華書局,1957:217.

和公論(後二者只在卷一之首有),正文講本卷研究物件和命題個數。(2)界説 = 定義,求作 = 基本作圖,公論 = 公理或公設(公理比公設應用範圍廣,比如也可用於物理學,而公設只用於數學),題 = 命題(或定理)。(3)題又分爲兩種,一是定理,另一是作圖(不同於基本作圖,在基本作圖和其他界説、公論和命題基礎上進行)。(4)定理包括支(有的不分支)、解(有的不解,看定理的簡明程度)、論、系(有的不分系)、增和注(有些題没有增和注)。① 幾支 = 幾種情況。解 = 已知和求證。論 = 證明,分正論(一般所説的證明)和反論(駁論,反證法)。系 = 推論。增 = 更進一步的推論或應用。注 = 説明或注釋。② 有的題没有支、解、系、增、注,看題的複雜程度而言。有的解有先解、次解、後解等,有的系有一系、二系、三系等,有的增又有增一、增二、增三等。(5)作圖一般包括法、論、用法、增、注。其中,法 = 作法,論 = 證明,用法 = 本法的應用,增和注同上。

《測量法義》。在和利瑪竇翻譯《幾何原本》的同時,"徐光啓就開始將部分翻譯内容與其他數學知識混編在一起了",[①]這就是《測量法義》的由來。當然其中也有利瑪竇的貢獻,並且他們畢竟在一起翻譯《幾何原本》,幾乎每天都見面的。徐光啓編著這一作品的目的是給出測量方法的終極依據,主要是用《幾何原本》解釋中國數學測量方法,同時也堅持中國某些實用方法。此書主要介紹西方測量方法及其"義","西泰子之譯測量諸法也,十年矣"。[②]只是其"義"的傳入以前還不够。

本書首先描述了矩度(一種西方測量工具)的製作方法,然後用 15 道題介紹了用測杆或矩度進行測量的基本方法,並用《幾何

---

① (荷)安國風. 歐幾里得在中國[M]. 紀志剛等譯. 南京:江蘇人民出版社,2008:338.

② (明)徐光啓. 徐光啓集[M]. 上海:上海古籍出版社,1984:82.

原本》中的公理和定理進行了證明。此書還編入了《九章算術》中的三數算法（也稱“異乘同除”）：已知 $x : a = b : c$，求 x 的方法，即現在的求第四比例項問題。

我們知道，1603 年，徐光啓就應上海縣令劉一爌之邀，寫出了《量算河工及測驗地勢法》。① 他對測量是很感興趣的，因爲他關心的農業和水利需要測量。但是正如他在《測量法義》中所説：“是法也，與周髀九章之勾股測望異乎？不異也。不異何貴焉？亦貴其義也。”②這裏的“義”應該是“原理”的意思，是測量方法的最終依據。他接著説，劉徽和沈存中都不知道測量的依據，《周髀算經》中的測量依據也不是終極依據，所以隸首和商高也不知道這些，只有《幾何原本》徹底解決了這一問題。

《測量異同》。在《測量異同》中，徐光啓用西方數學方法和中國傳統數學方法同時解決六類測量問題，以示中西異同。如問題 1 爲已知樹的影長、測杆的長及其影長，求樹高。問題 2 實際是《九章算術》最後一題：“今有户不知高廣，杆不知長短，横之不出四尺，從之不出二尺，斜之適出，問户高、廣、邪各幾何。”③

徐光啓是根據西法，即我們今天熟悉的方法來解決的，已知兩個三角形相似，求兩組對應邊中的一條，其實也就是運用了上述中國三數算法。但是中國傳統數學方法的原理一般不給出來，只是説“答……”，至多再給出“術……”。前者是答案，後者是某兩數相乘，再除以另一數。但不講爲什麽這樣做。於是徐光啓抱怨道：“九章算法勾股篇中，故有用表、用矩尺測量數條，與今譯《測量法義》相較，其法略同，其義全缺。”④

---

① （明）徐光啓. 徐光啓集[M]. 上海：上海古籍出版社，1984：59.

② （明）徐光啓. 徐光啓集[M]. 上海：上海古籍出版社，1984：82.

③ 郭書春、劉鈍校點. 算經十書[M]. 瀋陽：遼寧教育出版社，1998：103.

④ （明）徐光啓. 徐光啓集[M]. 上海：上海古籍出版社，1984：86.

其實徐光啓對傳統數學有誤解。《九章算術》劉徽注就有關於這類問題的解法,並從中總結了"重差術",後人把"重差術"輯出作《海島算經》;楊輝還用"矩形對角線兩邊的補餘矩形相等"(《幾何原本》卷一命題43)給出了其"義",只是與《幾何原本》在比例形式上有所不同。但是,"程大位在理解楊輝的解釋時碰到了極大的困難",①這導致以程大位《算法統宗》爲主要參考書的徐光啓没能見到祖宗的真傳,又因對西法有點盲目崇拜,也没有時間或能力深入思考。他只是"稍改舊法以從今論"②,"既具新論,以考舊文"。③《測量異同》這一作品,也是在西方數學的立場上看中國傳統數學,並貶低傳統數學,顯示出徐光啓對中國數學不够熟悉。

《勾股義》。徐光啓編著這一作品目的是對中國古代算學模式"探本溯源",用《幾何原本》《測量法義》爲中國勾股立"義"——建立原理。

《勾股義》的前三題都可用《幾何原本》卷一第四十七題即畢氏定理直接求解,徐光啓按《幾何原本》的學術規範,即某結論來自某卷某題,很簡便地解決了這三題。但其第七題卻是徐光啓的著力點,我們以《勾股義》的第七題來説明徐光啓的思路。

該題是"勾股求容圓"(今譯:求直角三角形的内切圓半徑)。西方重於作圖,對其計算並不感興趣:用尺規做出任意二角平分線的交點,即爲圓心,圓心到任一頂點所連接的線段即爲圓的半徑,這樣就把三角形的内切圓做出來了。中國重計算,即用三角形的三邊長來表示圓的直徑或半徑。今天的中學教材把西方的做法

---

① (荷)安國風. 歐幾里得在中國[M]. 紀志剛等譯. 南京:江蘇人民出版社,2008:341.

② (明)徐光啓. 測量異同. 徐光啓著譯集[M]. 上海:上海古籍出版社,1983:4b.

③ (明)徐光啓. 測量異同. 徐光啓著譯集[M]. 上海:上海古籍出版社,1983:1a.

放在課本内容中,把中國的做法作爲例題或習題。《九章算術》的算法是：$d = 2ab/(a+b+c)$。楊輝的算法是：$d = a+b-c$。徐光啓用基於《幾何原本》的"圓城圖式"①給出了中國《九章算術》的算法的證明,梅文鼎後來也用同樣的思路給出了楊輝算式的幾何圖形。可惜的是,中國數學家雖然把中西數學的某些方面打通了,但其與西方的解析幾何思想卻是"同途異歸",這值得我們惋惜和思考。我們認爲,應該是二者努力的態度和目標不同,中國人是想用《幾何原本》解釋中國數學,西方人則對《幾何原本》的僵化刻板有所煩感,欲掙脱它的束縛。

徐光啓在《勾股義》緒言中這樣説:"勾股自相求,以至容方容圓,各和各較相求者,舊九章中亦有之,第能言其法,不能言其義也。所立諸法,蕪陋不堪睹,門人孫初陽氏删爲正法十五條,稍簡明矣,余因各爲論撰其義,使夫精於數學者,攬圖誦説,庶或爲之解頤。"②孫元化的材料不是直接從《九章算術》中獲得的,而是間接從程大位和吴敬的著作中獲得的。在中國傳統數學中,勾股可以代表數字直接參與運算,和今天一樣,而西方當時還不行。西方要爲之建立幾何圖形,如,a 表示一條線段,a^2 則是一個邊長爲 a 的正方形,如果没有對應的圖形,則不被承認。這種觀念直到伽利略、牛頓之後才得以突破。

徐光啓所説"舊九章中亦有之,第能言其法,不能言其義也。所立諸法,蕪陋不堪睹"其實是不準確的。他所説的"義",就是爲"法"或"術"提供證明,而中國趙爽早就給了"弦圖"——用面積割補法(出入相補原理)來證明畢氏定理,只是程大位和吴敬的著作中没有證明,這和明末重商業實用而不重原理的風氣有關。此二

① 參見:(荷)安國風. 歐幾里得在中國[M]. 紀志剛等譯. 南京:江蘇人民版,2008:347.

② (明)徐光啓. 徐光啓集[M]. 上海:上海古籍出版社,1984:85.

人著作中也都有類似於《勾股義》十五條的“勾股生變十三名圖”，只是不如徐光啓和孫元化總結得全面而已。從黄帝到伏羲，到大禹、周公、商高，再到漢代趙爽，唐代的甄鸞、李淳風，元代郭守敬、李冶和明代顧應祥，徐光啓對中國勾股的歷史淵源叙説了一遍，還遺憾郭守敬的勾股測量和水利之法没有傳下來，最後抱怨道：“又自古迄今，没有言二法之所以然者。”①於是他慨然自任，爲古代“算術古文第一”的《周髀》之首章、《九章》中的勾股之法説其“義”。他還計劃爲《九章》之勾股的新發展——李冶的《測圓海鏡》“説其義”，只是没有完成。還批評了“至於商高問答之後，所謂榮方問于陳子者，言日月天地之數”爲“則千古大愚也”——這是在表達對内算的不滿，並認爲李淳風關於這一點的批判和糾正不够。他還説《周髀》的蓋天説比後來的渾天説要好，“絶勝於渾天説”。至於“余嘗爲雌黄之，别有論”，我們卻不知其論安在?

2. 李之藻

李之藻的數學會通著作主要有《同文算指》《圜容較義》。

《同文算指》。李之藻與利瑪竇合作的會通著作，分前編、通編和别編三部分，三者不是一口氣做完的。前編是在克拉維斯《實用算術概要》譯文基礎上的擴充，首次系統介紹了西方筆算方法、整數、分數和開方等初等算術運算。通編在徐光啓的鼓勵和幫助下完成。二人收集中國算學資料，進行中西比較，還没做任何版權説明地將其收入了徐光啓的《勾股義》，編完後二人又“共讀之，共講之”。② 在此過程中，二人進步很大，對中西數學的修養比編著《勾股義》時高出了許多。徐光啓本來對數學、幾何和算術的區别就很謹慎，從他很少單獨用“幾何”一詞可知。在《同文算指》中，對“幾何研究形、算術研究數”的認識更加明確起來，這一點從此書書名可

---

① （明）徐光啓. 徐光啓集[M]. 上海：上海古籍出版社，1984：84.

② （明）徐光啓. 徐光啓集[M]. 上海：上海古籍出版社，1984：81.

以看出。但該書也並不特别明確,因爲其序言中對這三個詞的討論還是交叉的、不分明的,僅僅注意到了中國方程與西方數學的不同。别編收録了"測圓諸術"和 10 進制 7 位數正弦、餘弦表。

整體來看,《同文算指》貫徹了以理論統率題目的思路,重點突出理論的推導和闡釋,然後將理論用於解題。

"同文",出自《中庸》:"今天下車同軌,書同文,行同倫。"這裏"同文"即通過翻譯變成同一文字(漢語),使西方數學與中國數學相一致:"振之因取舊術斟酌去取,用所譯西術騈附梓之,題曰同文算指。"①"往游金台,遇西儒利瑪竇先生,精言天道,旁及算指……加減乘除,總亦不殊中土,至於奇零分合,特自玄暢,多昔賢未發之旨,盈縮、勾股、開方、測圓,舊法最難,新譯彌捷。夫西方遠人,安所窺龍馬龜疇之秘,隸首商高之業,而十九符其用,書數共其宗,精之入委微,高之出意表,良亦心同理同、天地自然之數同歟?……以昭九譯同文之盛,……庶補幼學灑掃應對之闕爾……薈輯所聞,厘爲三種,前編舉要,則思已過半,通編稍演其例,以通俚俗,間取九章補綴,而卒不出原書之範圍,别編則測圓諸術,存之以俟同志……今廟堂議興曆學,通算與明經並進。"②

李之藻在序言中對中西數學進行了比較:"以上原二十二條,補七條,與舊法盈朒略似,然本無盈朒,而借立一數以求盈朒,乃以盈朒推之者,與前借衰互證之法俱極超妙,雖至隱至奧之數,用此推求,未有不涣然冰釋者,學人熟此二法,於算義思過半矣。……舊法未知借推之妙。"③

---

① (明) 徐光啓. 徐光啓集[M]. 上海: 上海古籍出版社,1984: 81.

② 徐宗澤. 明清之際耶穌會士譯著提要[M]. 上海: 上海書店出版社, 2006: 205.

③ (明) 李之藻. 同文算指通編序. 同文算指通編[M]. 天學初函. 卷四: 27a-b.

《圓容較義》。李之藻與利瑪竇合作的會通著作,1608 年 12 月 7 日到 1609 年 1 月 6 日一月之内完成。包括 5 個定義和 18 個命題。主要内容是:證明周長相等的所有圖形中,圓的面積最大;表面積相等的所有圖形中,球的體積最大。這超出了《幾何原本》前六卷的範圍,引自其後各卷(其實《幾何原本》前六卷也有不少引自後幾卷的内容),還涉及阿基米德的《論球與圓柱》。結論大多没有證明,但指明了其源自某書的某一命題。"這些未被翻譯出來的命題後來成就了梅文鼎的重要研究。"①最後五道題屬於立體幾何:棱錐、圓錐和多邊形繞某軸旋轉所得立體。

這一著作爲上帝把天體創造爲球形提供了幾何學證明。李之藻在其《圓容較義》序言中説:"自造物主以大圜天包小圜地,而萬形萬象錯落其中,親上親下、肖呈圜體。大則日躔月離軌度所以循環,細則雨點雪花潤澤敷於涓滴。"②李之藻本來就對地圖感興趣,現在看來他對天體宇宙更感興趣。他的語言也比徐光啓"更加辭藻駢儷,引經據典,富有哲理"。③ 其中的"圓",不僅論圓這一圖形,還包括環形和天穹、人體器官、植物花果、動物窠巢、空中日暈、荷葉露珠,自然界中無所不包,宗法禮儀、行武戰陣、音樂慶典、蹴鞠棋弈等社會事務也多所涉及。觀天器物如星盤日晷、龜卜蓍策也無不依賴圓形。其引文也博及儒家孔子、道家莊子和佛學的《金剛經》,勾畫了一種綜合性的宇宙觀。他還用"多邊形邊數無限增加則爲圓形"來爲其幾何思想作解釋。最後,一切歸於上帝創世。他對儒釋道三家都做了批評:"即細物可推大物,即物物可推不物

---

① (荷)安國風. 歐幾里得在中國[M]. 紀志剛等譯. 南京:江蘇人民出版社,2008:357.

② 徐宗澤. 明清之際耶穌會士譯著提要[M]. 上海:上海書店出版社,2006:211.

③ (荷)安國風. 歐幾里得在中國[M]. 紀志剛等譯. 南京:江蘇人民出版社,2008:358.

之物,天圜、地圜,自然、必然,何復疑乎? 第儒者不究其所以然,而異學(佛道——筆者注)顧恣誕於必不然。”①李之藻還對兩小兒辯日做了折射現象的解釋,從而又一次嘲笑了孔子(儒生)。他還直指佛教宇宙觀的荒謬(誑),認爲其玄想的空虚妄誕誤導民衆(誣民),與利瑪竇所授理性之學(道理)形成鮮明對比。② 後來四庫館臣也失去了其慣有的謹慎,竟然讚揚《圜容較義》“多發前人所未發,其言多驗諸實測”。③

這樣,西方科學及其所描述的宇宙觀念,以其强有力的方式震撼著中國傳統宇宙觀念。這也反映了李之藻武科世家的直率作風。

3. 陽瑪諾和《天問略》

陽瑪諾(1574—1659)著《天問略》於1615年。此書來自克拉維斯《論天球》增補本,所論天的層數比利瑪竇所論多了一層。附録中報告了伽利略1610年的天文觀測。④ 陽馬諾《天問略》先講天主創世,繼而講西方格物窮理之學是實學,將“天文指論”分爲“測學”和“用學”,還論述了要識天主、事天主,認爲可由天主所造之物而識天主。

孔貞時《〈天問略〉小序》曰:“昔韋宗睹僁檀論議,因嘆絶其奇,以爲五經之外、冠冕之表各自有人,不必華宗夏士,亦不必八索九丘。旨哉斯言,固有奇文妙理發於咫聞之外者,第吾人罣步方内,安睹所謂奇人而稱之? 予於西泰書,初習之奇,及進而求之,乃

---

① 徐宗澤. 明清之際耶穌會士譯著提要[M]. 上海: 上海書店出版社, 2006: 212.

② 參見: (荷) 安國風. 歐幾里得在中國[M]. 紀志剛等譯. 南京: 江蘇人民出版社, 2008: 359.

③ 四庫全書. 卷七八七: 755。

④ 參見: (荷) 安國風. 歐幾里得在中國[M]. 紀志剛等譯. 南京: 江蘇人民出版社, 2008: 369.

知天地間預有此理,西士發之,東士睹之,非西士之能奇而吾東士之未嘗究心也,天問册特其一端。其言黄道,似沈夢溪(沈括——筆者注)辨九道之説;其言曰日食由月,似王充太陰、太陽之説;其言月借日光,似張衡《靈憲》所什生魄生明之説;其言諸天,似有出諸儒見解之外,而又非佛氏三十三天之説者。”①明末士人認可西方學術後,西人開始以爲已經赢得中國人心了,所以開始大膽傳教義,而其宇宙論卻受到另一些中國人的强烈反抗。

4. 熊三拔、周子愚和《表度説》

《表度説》,熊三拔、周子愚(欽天監五官正)合撰於1614年,主要是講西方圭表的製造原理和使用方法。

周子愚曾和利瑪竇討論過律管的道理。1611年,周子愚上書言事,由於1610年11月15日欽天監日食預報誤差達半小時,奏請熊三拔及其他傳教士翻譯西方天學。接著禮部也奏請此事。1613年,李之藻也奏請設立翻譯機構,並言西學14事。正是在這種情況下,《表度説》得以被翻譯。

其中論述了地圓理論,《四庫全書》編撰官這樣評述:“是時地圓、地小之説初入中土,驟聞而駭之者甚衆。”②人們對中西學術優劣進行了比較,熊明遇説:“西國之法爲盡善矣……圭表我中國本監雖有之,然無其書,理未窮、用未著也,余見大西洋諸先生,其諸書内具有此法。”③熊明遇的《〈表度説〉序》載:“漢興,號稱網羅文獻矣,然吹律之理微,占符之術鑿,張蒼蒙訛於黑疇,公孫炫繆於黄龍,事不師資,廣延何取?一行運算,淳風徵文,唐曆屢更,乞無定

① 徐宗澤.明清之際耶穌會士譯著提要[M].上海:上海書店出版社,2006:213-214.

② 轉引自:徐宗澤.明清之際耶穌會士譯著提要[M].上海:上海書店出版社,2006:216.

③ 徐宗澤.明清之際耶穌會士譯著提要[M].上海:上海書店出版社,2006:217.

據……不謂西方之儒之書,持之有故、言之成理也……惟黎亂秦燔,莊荒列寓,疇人耳食,學者臆摩,厥義永晦。若夫竺乾佛氏……其誕愈甚。語曰:'百聞不如一見。'西域歐邏巴國人四泛大海,周遭地輪,上窺玄象、下采風謡,匯合成書,確然理解。"①

5. 孫元化

孫元化(1582—1632)是徐光啓的門生,在徐光啓的工作中已述及,孫元化編排了《勾股義》的十五類數學問題。此外,孫元化還著有兩部幾何作品《幾何體論》和《幾何用法》,一部算法著作《泰西算要》。

《泰西算要》共分十五目,總體來看没有超出李之藻《同文算指》的水準,"僅'開三乘方'、'開四乘方'與'開方'中部分内容爲孫元化的獨自研究成果,較有深度"。② 其中"總法"與"泰西算法"介紹了六、八、十、十六、六十進位記數法。今天的除法當時稱爲"分法",今天的乘法當時稱爲"試"。"平差計"和"加倍計"分别介紹等差數列和等比數列及其前 N 項和公式,"開方"介紹高次方及其幾何意義。孫元化對開四次方的解決方法有所創新,他把四次方變成三次來處理。二次方本爲面積,而孫元化卻把它當作長度,這是中國古代數學中不講究數的幾何圖形意義之特點的表現。而在西方,四次或四次以上的開方問題不能用幾何解釋,所以"憶與利徐兩先生訪三成方之形,亦疑焉"。③

《泰西算要》現收録在《徐光啓著譯集》(復旦大學出版社,第四册)中,主要論述西方筆算。其中一節用圖形解釋了開方的幾何

① 徐宗澤. 明清之際耶穌會士譯著提要[M]. 上海: 上海書店出版社,2006: 217-218.

② 吴文俊主編. 中國數學史大系[M]. 第七卷. 北京: 北京師範大學出版社,2000: 62.

③ 吴文俊主編. 中國數學史大系[M]. 第七卷. 北京: 北京師範大學出版社,2000: 64.

原理,也是用《幾何原本》解釋中國數學的著作。"開方算法程序的創造是中國數學的重要成就之一……其程序與所謂魯菲尼-霍納算法基本相似……是宋元數學的基本工具。同樣,在明代,這一方法也幾乎無人知曉。"①

在西方,開方算法不是幾何學的任務,而在中國二者沒有明確的區别。從孫元化《泰西算要自識》來看,該書初稿在他活著時就很難找到了。由於工作需要,他後來又重寫這一著作,是分三次完成的,並且西方數學的傳入在1610年之後有一個衰落期:"丁未(1607年)留都門,徐師食之教之,授以幾何,因得旁及曆法算術諸書,蓋入門而跬不自持也。不三年利先生死,又數年龐、熊諸先生去,從遊星散。無論相見,即聞者鮮矣。向者手輯曆算種種,既爲人借抄,久失,今欲反乞於人未由也,嗟乎,人之云亡,道亦淪謝。識大有人,請從其小。因檢其最難憶者亟先之。窮兩日夜,首得算法,遂爲《懷西》一集,並述所由,時庚申(萬曆四十八年,即公元1620年)七月即日,增加倍計法。乙丑(天啓五年,即公元1625年),各增三乘四分開法,因再訂開方法。"②

此外,孫元化的軍事著作《經武全編》《西法神機》將數學用到火炮的瞄準器上。詳見黄一農先生相關研究。

這期間,欽天監五官正周子愚等人曾建議聘請傳教士改曆,但憚於所謂的"律禁"、"祖宗之法不可變"觀念和國家的其他事務如外敵侵入等,故未成行。傳教士的大本營也派人員阻止傳教士傳授數學,因爲其妨礙了傳教這一正統任務,但没有起到太大作用。

這一時期,徐光啓等幾人的共同特點,是極力推崇西方數學的

---

① (荷)安國風.歐幾里得在中國[M].紀志剛等譯.南京:江蘇人民出版社,2008:354.

② 轉引自:吴文俊主編.中國數學史大系[M].第七卷.北京:北京師範大學出版社,2000:60-61.

理論性、解釋性、自明性和有效性,想以此補足中國傳統數學缺乏“義”——數學理論的缺陷。利瑪竇發現,雖然中國的數學研究者和著作都不少,“獨未睹有原本之論”。① 李之藻所分析的中國曆法無原本之論的原因,其實也適用於數學:“間有草澤遺逸,誦經知算之士,留心曆理者,又皆獨學寡助,獨智師心,管窺有限,屢改爽終,未能有確然破千古之謬,而垂萬禩之修養。”②徐光啓則在《測量法義》中認爲要改變中國數學的境況,“不盡説《幾何原本》不止也”。

他們甚至有點鼓吹西方、貶低中國的傾向,李之藻説:“其於鼓吹休明,觀文成化,不無裨益。”③徐光啓也説“雖失十經,如棄敝屩”(《刻〈同文算指〉序》),“頓獲補綴唐虞三代之缺典遺義”(《刻〈幾何原本〉序》)。他們的目標是黜虚趨實,補益儒學,有益當世。在會通效果上,除徐光啓及其後的梅文鼎、明安圖關注了尺規作圖外,其他幾乎無人對其理論基礎、作圖規則、作圖解決問題的局限性做過討論,傳統“出入相補”方法幾乎没有被取代。到清末,李善蘭、華蘅芳等人才熟練運用公理化這一方法。另一方面,西方的筆算方法卻得到了廣泛流傳,數學家都有運用,算盤的應用局限於商業計算,傳統算籌幾乎退出了純粹數學領域,只在星占數術中還有運用。

(二)數學會通和戰争、改曆

西方數學輸入高潮再次掀起,則主要是軍事需要。滿清軍隊

① (意)利瑪竇.譯《幾何原本》引,徐宗澤.明清之際耶穌會士譯著提要[M].上海:上海書店出版社,2006:200.

② (明)李之藻.請譯西洋曆法等書疏,四庫全書·子部·西洋新法算書[M].緣起一.影印本册788.上海:上海古籍出版社,1987:5-6.

③ (明)李之藻.請譯西洋曆法等書疏,四庫全書·子部·西洋新法算書[M].緣起一.影印本册788.上海:上海古籍出版社,1987:5-6.

進入中原,勢如破竹,全國震動。這時徐光啓力主用西式火炮對付清軍,得到朝廷認可。就這樣,湯若望等傳教士以軍事顧問的名義進入内地,數學會通得以繼續。

1. 王徵(1571—1644)

王徵之父是一位民間數學家,著有一部記憶數學公式的《算學歌訣》。王徵少年時代就是一個技術天才,這也是他九次進士落第的主要原因,1622 年第十次科考終於成功,時年 52 歲。1626 年見到艾儒略《職方外記》所描述的西方機械後,他説服鄧玉函合譯《遠西奇器圖説録最》,後來又自撰《諸器圖説》。

《遠西奇器圖説録最》。鄧玉函口授,王徵譯繪,1627 年刻,收入《四庫全書》子部譜録類。這可能是第一部中國人用西文字母標圖和引入西方力學原理及其應用方法的著作。《四庫全書總目》評價其爲:"其法之神妙,大都荒誕恣肆,不足究詰。"①

《諸器圖説》。王徵撰,描述了對九種中國傳統農具的改進,鄧玉函論及數學在製造和使用儀器中的作用時説:"譯是不難,第此道雖屬力藝之小技,然必先考度數之學而後可。蓋凡器用之微,須先有度、有數,因度而生測量,因數而生計算,因測量、計算而有比例,因比例而後可以窮物之理,理得而後法可立也。不數測量、計算則必不得比例,不得比例則此器圖説必不能通曉。測量另有專書,算指具在《同文》,比例亦大都見《幾何原本》中。"②"有一段話後來被《四庫全書》的編撰官删除,因其將機械學的起源追溯到亞當與夏娃,他們從上帝那裏獲得這些道理。"③

---

① 徐宗澤. 明清之際耶穌會士譯著提要[M]. 上海: 上海書店出版社, 2006: 231.

② 徐宗澤. 明清之際耶穌會士譯著提要[M]. 上海: 上海書店出版社, 2006: 233.

③ (荷) 安國風. 歐幾里得在中國[M]. 紀志剛等譯. 南京: 江蘇人民出版社, 2008: 378.

南京教案十年後,徐光啓、李之藻、王徵等人的翻譯計劃和曆法改革終於有了大的進展。1627年10月2日崇禎帝登基,12月份魏忠賢就被迫自縊身亡。1628年初,徐光啓被任命爲户部尚書,停職的孫元化被提升爲兵部郎中。緊接著欽天監預報日月食失准,徐光啓又提改曆之議,被批准,於1629年成立曆局。他們重新修整了被魏忠賢摧毁的首善書院,將其設爲曆局。徐光啓、李天經先後領導曆法修改,所編製的《崇禎曆書》於1634年成書。在湯若望領導下,該書於1645年經删改後改稱爲《西洋新法曆書》,據此編製的新曆定名《時憲曆》。《數理精蘊》編成後,1736年的《時憲書》書面又改爲"欽天監欽遵御制《數理精蘊》印造"。收入《四庫全書》時,其書名避諱乾隆皇帝"弘曆"之名,改爲《西洋新法算書》。其中的基本五目——法原、法數、法算、法器、會通都涉及數學。

2. 艾儒略和《幾何要法》

艾儒略1621年後在福建傳教,雖然他認爲工作重點已不是科技,還是在1631年寫出了《幾何要法》一書,看來傳教不能離開幾何。這一本書後被湯若望收入了1645年刊印的《新法曆書》,因爲有御制的名頭,在當時比《幾何原本》傳播得還廣泛。在《新法曆書》中,湯若望對數學和幾何做了區分,把數學區分爲數的學問和形的學問,前者是算術,後者是幾何。在這裏我們看到了克拉維斯《幾何原本》第二版的内容,也體會出《幾何原本》在它的歐洲本土的變化。在新版中,克拉維斯寫了一個很長的注釋,討論割圓曲線是否可以作爲幾何線被接受。他引述了一個巧妙的有利論據,認爲儘管割圓曲線在古代被認爲是機械的,即非幾何的,但毫無疑問應該被接受爲幾何的。這是亞里士多德數學觀向近代轉化的標誌之一,把數學的範圍從形而上學擴展到物理學。我們知道,到恩格斯那裏,已經把數學定義爲"關於現實世界的數量關係和空間形式的科學",完全没有了形而上學的氣息。

艾儒略對幾何的定義還是没有脱離利瑪竇的窠臼,“幾何者,度與數之府也”。[①] 因爲人們發現《幾何原本》在應用中不方便,所以他爲實用而寫《幾何要法》。鄭洪猷的序言就提到《幾何原本》的艱澀難懂:“特初學望洋興嘆,不無驚其繁。”卻對《幾何要法》評價甚好:“明白曉暢,言簡意賅,如攻堅木,先其易者,後其節目,及其久也,相説以解。”[②]李子金在其1679年的《幾何易簡集》中則説得更嚴重:“是《幾何要法》既行,而《幾何原本》或幾乎廢矣。”[③]現代法國學者詹嘉玲認爲:“儘管此書取材自《幾何原本》,但是以一種非常具體的方式討論幾何,所作圖形完全不同於‘想象’中的圖形(不像《幾何原本》那樣——筆者按)。全書分爲四卷,沿用了《幾何原本》的術語。每章以定義開始,點、量、線、比、圓等概念皆有定義。隨後一節是作圖,突出了作圖在天文學中的必要性。詳細講解了標準尺規的製作方法,也介紹了幾種‘非歐’作圖工具,例如‘三脚’圓規。繼而介紹了作平行線、垂線,將圓周360等分,以及求圓心等問題的做法,還有丢勒作正五邊形的近似方法。……此書涉及單憑歐氏幾何無法作出的圖形,比如三等分任意角和化圓爲方。”[④]

3. 鄧玉函和《大測》《比例規解》

鄧玉函1631年編譯。《大測》運用了《幾何原本》的内容。比例規是伽利略發明的一種簡單計算器,嚴敦傑先生研究表明,《比

① (荷)安國風. 歐幾里得在中國[M]. 紀志剛等譯. 南京: 江蘇人民出版社,2008: 381.

② (荷)安國風. 歐幾里得在中國[M]. 紀志剛等譯. 南京: 江蘇人民出版社,2008: 382.

③ (荷)安國風. 歐幾里得在中國[M]. 紀志剛等譯. 南京: 江蘇人民出版社,2008: 421.

④ (荷)安國風. 歐幾里得在中國[M]. 紀志剛等譯. 南京: 江蘇人民出版社,2008: 382 - 383.

例規解》的底本,“似即伽氏(1606 年——筆者注)著作而得”。[①]白尚恕先生也曾作研究,認爲那時中國數學家對數學儀器工具和表格非常感興趣,可能是由於它們形象直觀地體現了中西差異,使人感到新奇。《大測》也没有對嚴謹的歐式幾何與三角學方法做出嚴格區分。梅文鼎在論述立體幾何時,有時會給出一份三角函數表作爲幾何(直角三角形)的解答。這説明《幾何原本》的嚴謹性與當時中國數學的狀況不太符合。當然,對《幾何原本》的嚴謹性這一特點,這時西方也開始感到其在實際運用中不够方便。

4.《測量全義》

這一作品是中西數學家多人共同勞動的成果。白尚恕先生研究[②]認爲,其中資料主要摘譯自瑪金尼(1555—1617,意大利)的《平面三角測量》《球面三角學》、克拉維斯的《實用幾何學》、第穀的《天文學》。其内容有些來自中國數學,有些是編著者爲應用目的編撰的。它貫穿了《幾何原本》的“題-系-解”模式,並論及立體幾何,共十卷,主要討論長度和面積計算公式及其方法。

其中,卷五含有阿基米德《論圓的度量》,書中用了中國數學術語,如:圓的面積等於以其周長和半徑分別爲“勾”、“股”的三角形的面積。書中還給出了阿基米德的圓周率 22/7,給出了橢圓的定義和面積公式(=11/14 * 長軸 * 短軸)。卷六論體,有一簡短序言,説明此篇爲“曆家測天之用”。[③] 其對體的定義具有隨意性和不精確性,如:“體者諸面之積”,“金木土石”爲實體,“盤池陶穹”爲虚體。定義不嚴格,定理也没有證明。

該書雖用了《幾何原本》的公理化思想,如定義和分類,但運

① 嚴敦傑. 伽利略的工作早期在中國的傳播[J]. 科學史集刊. 1964(7):8-27.

② 白尚恕. 白尚恕文集[M]. 北京:北京師範大學出版社,2008:315-323.

③ 四庫全書. 册 789:666.

用並不嚴謹,體現了中國實用思維的特色。其實這時西方也在發生這一變化,數學的價值觀念由追求理論嚴謹的經院哲學風格向注重在實際社會事務中的運用轉化。“曆家測天之用”的聲明,也可能體現了這一不嚴密傾向出現時人們心中的掙扎:迫於應用的無奈,要突破傳統的嚴密性。書中還討論了柏拉圖的五種正多面體——正四、六、八、十二、二十面體,既介紹了其立體圖形,又介紹了丟勒的平面展開圖以及製作實物模型的方法。書中還論述了中國傳統數學的特色專案,即中國古代的基本立體——塹堵、陽馬和鱉臑,並且讓讀者參見《九章算術》,可能是指吴敬的《九章算術比類大全》。該書確實有這些知識,作者應該熟悉這本書。書中還把棱錐和圓錐平截體稱爲“門體”,這也是中國傳統數學術語。《測量全義》還給出了體積單位的换算:“一千實寸爲一實尺,一千實分爲一實寸,則以立方之體再自之耳。”①這裏的“實”即“立方”。

5. 冷守忠、魏文魁與數學會通

如果説南京教案只是主要涉及數學所描述的宇宙觀念的話,設局改曆引起的對西方數學的反動就很大了。這與曆法在傳統觀念裏的崇高地位有關,曆法關乎一個王朝的正統性,即所謂的“改正朔,易服色”。繼邢雲路等人在改與不改之争中取勝而確定改曆之後,這一批人又由改革派變成保守派,抵制徐光啓等西法派用西法改曆的主張。

冷守忠是一名老秀才,其改曆思想來自邵雍《皇極經世》,曾經受到徐光啓的批評。徐光啓認爲,冷守忠用《皇極經世》改曆的思想,與“用大衍、用樂律”改曆的思想一樣,屬於牽强附會,在理論上是站不住腳的。双方約定以推算1631年4月15日四川的月食時刻爲檢驗標準,結果冷守忠所推誤差很大,辯論也隨之結束。

徐光啓與魏文魁關於“祖宗之法不可變”的争論,是突破這一

① 測量全義,四庫全書.新法算書[M].文淵閣影印本.卷九十二:3.

觀念的典型案例。徐光啓稱讚魏文魁爲"苦心力學之士","頗聞邢觀察雲路律曆考多出其手",並鼓勵他"征前驗後,確與天合,因推步成曆,不惟生平積學可以自見,本部亦得取資借力,以襄大典矣"。①

徐光啓對魏文魁的《曆元》《曆測》二書的審查意見主要體現於"二議"、"七論"。"二議"議其自相矛盾。第一議的内容是1628年5月日食食分。《曆元》稱食分爲一分二十一秒,但《曆測》稱三分九秒;《曆元》初虧爲午初初刻,《曆測》稱巳初三刻。而欽天監的實際觀察記録是食分爲二分,初虧爲巳正四刻。二書自相矛盾且都與實際不符。第二議的内容是冬至的時刻。魏文魁《曆測》所用歲實(一年的天數)既不是《授時曆》的消長歲實,又不是《大統曆》的恒定歲實365.242 5,而是金代《大明曆》的365.243 6。歷史已證明此資料不準確。其《曆元》根據此資料實測爲:1627年冬至爲癸未日午正二刻,1629年冬至爲甲午日子正初刻,兩年内冬至時刻相差49刻。徐光啓請魏文魁開列詳細算草,派其門生或兒子來曆局驗證。②

"七論"論其理論錯誤。一論金代《大明曆》歲實不準確。二論圓周率取爲三誤差太大。三論冬至取日行最快時刻、夏至取日行最慢時刻這一方法不對,其實它每年都在變化,應根據實測。四論月亮最高得疾、最低得遲這一觀念也是錯的,與實測不符。五論所取定朔時如果發生在正午則時差爲零的傳統觀念是不可取的,正午時定朔也應有時差。六論傳統曆法交食食限,陰曆八度、陽曆六度是不對的(古代曆法規定月亮在黄道以北爲入陰曆,以南爲入陽曆),實際情況爲陰曆十七度、陽曆八度。七論西元430年11月日食,歷史記載爲"不盡如鈎,星晝見",《授時曆》推算食分爲六分

① 新法算書[M].卷十,欽定四庫全書·子部.788-219.

② 新法算書[M].卷十,欽定四庫全書·子部.788-220—788-222.

九十六秒，魏文魁説《授時曆》不對。徐光啓解釋説，西元430年時國都在南京，《授時曆》造於北京，二地緯度差八度，所見食分自然不同。① 關於"歲實"來歷的問題，魏文魁所答頗可玩味："處士（魏文魁）自云所用歲實不假思索，皆從天得。"②明確可見其思維方法的傳統象數學來源。徐光啓希望魏文魁在深入研究後再討論，魏文魁卻勃然大怒，堅持己見、株守舊法，並把問題上升到"夷夏大防"之高度：徐光啓所據爲"夷外之曆學，非中國之有也"。③

這次大辯論對於用西方數學理論來改革曆法是關鍵性的。經過這些辯論，以前憚於改革的欽天監變成了認識、學習西方數學、天文的大本營。欽天監在局學習官生周胤、賈良棟、劉有慶、賈良琦、朱國壽、潘國祥、朱光顯、朱光大、朱光燦等談對西曆的認識過程（鄔明著參訂）説："向者己巳之歲，部議兼用西法，余輩亦心疑之。迨成書數百萬言，讀之井井，各有條理，然猶疑信半也。久之，與測日食者一，月食者再，見其方位時刻分秒，無不吻合，乃始心中折服。至邇來奉命學習。日與西先生探討，不直譜之以書，且試之以器；不直承之以耳，且習之以手。語語皆真詮，事事有實證。即使盡起古之作者共聚一堂，度無以難也。然後相悦以解，相勸以努力。譬如行路者，既得津梁，從之求進而已。若未入其門，何由能信其室中之藏。…… 而以公諸人人，使夫有志斯道者共論定之。"④

但是，魏文魁絶不是一個孤立的敵手，他背後集結了一股勢力，《明史·曆志》稱"内官實左右之"，内官即宦官。明末宦官在皇宫内設一曆局，有關研究很缺乏，原因是缺乏相關資料。魏文魁

① 新法算書[M].卷十，欽定四庫全書·子部.788－222—788－231.
② 新法算書[M].卷十，欽定四庫全書·子部.788－226.
③ 新法算書[M].卷十，欽定四庫全書·子部.788－225.
④ 新法算書[M].卷十，欽定四庫全書·子部.788－234—788－235.

曾是薛鳳祚等人的老師,與邢雲路的關係也非同一般。他曾被徐光啓拒絕於曆局之外,正是在李天經的領導下,他得以建立東局(1634 年建,1638 年撤銷)。當時出現了西法、回回、中法、東局並存的局面,言人人殊,紛争不斷。在這種氛圍中,人們的反應是複雜的。1629 年清軍攻破北京城牆,金聲(1598—1645)與徐光啓一道被啓用守衛京師。他對西學有興趣,但對數學和天文知之不多。1632 年徐光啓上疏奏請他參與曆法改革,他婉言謝辭,坦言自己對象數之學不甚了了,幾次讀《幾何原本》都難以終卷:"至於象數,全所未諳,即太老師所譯《幾何原本》一書,幾番解讀,必欲終集,曾不竟卷,輒復迷悶,又行掩真置。"①並且不敢接徐光啓的班:"六年(1633),聲上書光啓,力陳不能、不忍、不敢三端,並言已發願譯書傳道,以不仕爲宜。"②

(三)滿、漢、西數學和文化大角逐

緊接著就是明清鼎革,這期間的數學會通與傳統文化之間充滿了張力。明末求異,清初求同;明末求與天相合,清初求與理相合;明末的南京依然是中國文化中心,清初的北京則承擔了這一角色;明末的復社繼承東林爲重要文化組織,清初的任何結社都被打擊禁止;明末的耶穌會士是西儒,是西方文化的傳播者,清初的耶穌會士是專家,是滿清皇族的雇傭人;明末儒士與耶穌會士基本是自由交往,以個人趣味爲主導,清初儒士與耶穌會士的交往則主要受政策影響,看政策導向而行動;明末儒士參政議事是陽關大道,清初文人修志編譜蔚然成風;明末心學、理學激烈辯論,清初理學復爲學術正統;明末西學在學理上占了上風,馬上要與儒家整合,

① (荷)安國風.歐幾里得在中國[M].紀志剛等譯.南京:江蘇人民出版社,2008:387.

② 陳垣.休寧金聲傳.陳垣學術論文集[C].北京:中華書局,1980:62.

儒士多持一種迎合的心態,以求改變自己,清初西學從名義上成爲附庸,政策上禁止其深層思想的傳播,儒士多端一副僵硬面孔,維護理學正統;徐光啓、李之藻、王徵等多持心同理同基調,以西學爲坐標,以談教爲榮,熊明遇、方以智、王錫闡等卻强調西學中源口號,以儒學爲核心,談教則色變;明末崇禎不關注學術交流,只要有用就可引入,清初康熙則幾乎成爲學霸、學閥,要成爲一切學問争論的裁決者(到清朝中期有很大改變);明末的反教者與入教者偶有商談,反教止於驅逐羈押,清初的反教者與入教者反目成仇,反教造成人頭落地。隨著時間的流逝,這一狀況時重時輕。

明末的復社之類的團體打著昌明古典儒學的旗號,吸引了全國的文人學士,西方數學正是順應了這一旗號,才得以從耶穌會士和皈依者的小圈子裏傳播開來,有關情況如下。

1. 熊明遇和《格致草》

熊明遇(1579—1649),1601 年進士,1615 年校對陽瑪諾《天問略》,歷任南京刑部尚書、兵部尚書,後遷工部尚書。1631 年應詔與徐光啓等人一起籌劃軍務,對國家衰落憂心忡忡,是東林黨成員。南京教案時期應在南京任職,但没有明顯的言論,既不像沈㴶那樣反教,又不像徐光啓那樣友教,應該是持一種中間態度,明末之後這一中間態度成了接引西學的主流。

徐光啓所謂格物窮理之學指的是自然哲學,主要指實用科技,也包括具有同樣思維方式的天道。1648 年熊志學刊印的《函宇通》,第一部分是熊明遇的《格致草》,主要用格致討論天道,與熊明遇之子熊人霖的《地緯》談地相對應。曆法改革期間熊明遇不是曆局人員,從熊志學序言可知,《格致草》是理解《崇禎曆書》之作,《地緯》是理解《職方外記》之作。①

① (荷)安國風. 歐幾里得在中國[M]. 紀志剛等譯. 南京:江蘇人民出版社,2008:393.

熊明遇早在萬曆末年就開始編撰此書，取名《則草》。在其序言中，他把《崇禎曆書》比作正史，把《則草》比作野史，1616 年他因“任事”而未完成此書，當時剛校讀過陽瑪諾《天問略》。開篇幾節爲若干專題，其後每節分兩部分，前一部分爲“衡論”，後一部分爲“演説”。“演説”引用自傳統經典，若與“新説”——西學相關部分相一致，則注明“格言考信”（格言者：古聖賢之言，散見於載籍，而事理之確然有據者），不一致的歸於“渺論存疑”（渺論者：固皆子史傳記所載，其説章章行於世矣，然多才士寓言，學人臆測……）。可見這類人對經典的信仰並没有動摇，不像徐光啓那樣，對經典也已經有所懷疑。

該書的數學内容體現在：用數學圖形表示天體結構及其運行狀況。他還依據《易經》把傳統宇宙觀和西方科學“雜合”（安國風語，見前引）在一起，對自然現象的度量，用“象”、“數”將其合一（“象數合一”是中國傳統），取代了“量”、“數”二分。“天地之道，可一言而盡也：其爲物不二之宰，至隱不可推見，而費於氣則有象，費於事則有數。彼爲理外象數之言耳，非象數也。”①我們從中可見到他的神秘主義傾向：“不二之宰，至隱不可推見。”熊明遇對西方年代學有所相信，《格致草·洪荒辨信》中説：“西曆所記，開闢至今未滿六千年。據其譜系代數，皆有的然文字，則羲皇以前（至盤古）似不及千年，事理或信。惟是所稱洪水蕩世，僅餘諾厄三子。分傳天下，則不能無疑焉。”②

熊明遇稱，“格致”可用於“性”與“理”這些儒家核心概念，我們知道，徐光啓很少談論這些方面，而認爲不切實用的不要談。熊

① （荷）安國風. 歐幾里得在中國[M]. 紀志剛等譯. 南京：江蘇人民出版社，2008：396.

② （明）熊明遇. 格致草[M]，轉引自：張永堂. 明末清初理學與科學關係再論[M]. 臺北：臺灣學生書局，1994：45.

明遇把《則草》的"則"解釋爲規則和範式:"事必有其則。"①引用了當時廣爲流傳的孟子名言:"天之高也,星辰之遠也,苟求其故,千歲之日至,可坐而致也。"他還講到,伏羲以河圖爲八卦之則,大禹以洛書爲洪範之則。這一點與方以智更爲相同。然後他提到了西學中源説。但他在寫作思想上也不乏西學的痕跡:"竊不自量,以區區固陋平日所涉記,而衡以顯易之則,大而天地之定位,星辰之彪列,氣化之蕃變,以及細而草物蟲豸:一一因當然之象而求其所以然之故以明其不得不然之理。"②"所以然之故"、"不得不然之理"都是與西學很接近的話語。

他已經開始把西方科學融入《易經》的宇宙論之中,這也是入清之後的主流。徐光啓的思想傾向則只存於欽天監之内部了。雖然熊明遇這幫人也致力於會通,但他們的傾向是以中國傳統學術爲框架,並且過於强調這一框架。這開始是中西會通的一個支流,經過明清鼎革激發、夷夏之辨思潮的興盛和康熙教案中西文化的直接對抗,這一支流便發生了決定性轉變,而成爲浩浩蕩蕩的官方主流。徐光啓思想則分居欽天監和民間,由於國家對欽天監歷來都有的禁錮,二者不能相顧,欽天監的主要代表是明安圖,民間的代表先後有薛鳳祚、江永、汪萊等等。

2. 方以智和《通雅》

方以智(1611—1671)小時候跟隨其父方孔照(1591—1655)在福建爲官,得以認識熊明遇。方以智在《物理小識》卷一第四頁,回憶了熊明遇與方孔照討論西方學術的場景,這也可以作爲當時西學在中國的普及性及中西會通對中國學術的衝擊之大之例

---

① 轉引自:(荷)安國風.歐幾里得在中國[M].紀志剛等譯.南京:江蘇人民出版社,2008:394.

② 轉引自:(荷)安國風.歐幾里得在中國[M].紀志剛等譯.南京:江蘇人民出版社,2008:395.

證。方家五世傳《易》,是標準的以儒爲主,融合釋、道的理學世家。方孔照本人的一部論《易》的作品中,就有一篇《崇禎曆書約》。方以智 17 世紀 30 年代結識畢方濟,40 年代結識湯若望,這時他任明翰林院檢討,與三十年前的徐光啓所任官職一樣。任檢討期間,方以智帶著十幾歲的方中通,50 年代,方以智居於南京的一所寺院,這時父子二人結識穆尼閣。

《通雅》是方以智的主要會通著作之一。《通雅》中有"算數"一卷,按《九章算術》的分類標準介紹了中國傳統數學的演變過程和一些數學方法,接著是傳統度量衡制度演變和一些數位單位。他對西方學術並不太精通:"西儒利瑪竇……著書曰《天學初函》。余讀之,多所不解……問(畢方濟)曆算、奇器……"①方以智的三公子方中履著《古今釋疑》,將各種有争議的問題彙集成一部書,流傳很廣,其内容以引述典籍爲線索,並給出一些"新論","新論"則多出自西學,如"海水味鹹,前人所未發,得自西書",②對温泉的解釋引自熊三拔。③ 時人楊霖在序言中稱此書屬於"格物窮理之學":"上古之人,不以書爲書,而以世爲書,仰觀,俯察,近遠取,何非書?"④這與伽利略時代的"自然之書"的説法異曲同工,可能是受耶穌會士的影響。

方以智强調物在世界中的重要性,甚至把物歸於心、性、命的本原地位,對他來講格物即爲探究自然。他傾心於《易經》,對傳

---

① (清)方以智. 膝寓信筆[M],轉引自:李天綱. 跨文化的詮釋. 新星出版社,2007:104.

② (清)方中履. 古今釋疑[M]. 北京:中國科學院圖書館. 清康熙汗青閣刻本:1398.

③ (清)方中履. 古今釋疑[M]. 北京:中國科學院圖書館. 清康熙汗青閣刻本:1409.

④ (清)方中履. 古今釋疑[M]. 北京:中國科學院圖書館. 清康熙汗青閣刻本,楊霖序言:83.

統三式（太乙、六壬、遁甲）特別尊重，名之曰“家言”。他認爲“《易》以象數爲端幾，而至深、至變、至神在其中”，①還提出物理（數學、曆法、音樂、醫藥等）、宰理（相當於儒學倫理）、至理（以易學爲核心的宇宙觀念）等對學術的三種分類。“是物物神神之深機也，寂感之蘊，深究其所自來，是曰通幾，物有其故，實考究之，大而元會，小而草木蟲蠕，類其性情，征其好惡，推其常變，是曰質測，質測即藏通幾者也。”他認爲《天學初函》中的“理編”是“通幾之學”，“器編”是“質測之學”，並且“泰西學人，詳於質測，而拙於言通幾，然智士推之，彼之質測猶未備也”。②

3. 方中通和《數度衍》

方中通是方以智的兒子，他在序言中講，自己在兄弟三人中最笨，但對“象數之學”和“物理實義”“稍稍有入”，並且非常“好泰西諸書”。③ 他的《數度衍》，1661 年完稿，1687 年刊刻。在其序言中，方中通提到，他曾與梅文鼎、薛鳳祚、湯濩、邱維屏、揭暄、游藝等七人進行過深入探討。他還表達了以勾股“通”西方數學的志向：“西學精矣，中土失傳矣，今以西學歸九章，以九章歸周髀。而周髀獨言勾股，而九章皆勾股所生，故以勾股爲首。”④此書各節以九章的九個篇名（方田、粟米、少廣、衰分等）爲題目，只是打亂原有順序，把勾股提到最前。前五卷討論了中西算法的差異，第五卷是伽利略的“比例規”解。卷七、卷八收録了簡化的《測圓海鏡》《圓容較義》和《勾股義》，其餘部分爲開方技巧和方程解法。此書

---

① 馮錦榮. 方中通及其《數度衍》[M]，香港，1995：143 - 144.

② （清）方以智. 物理小識自序. 物理小識[M]. 文淵閣四庫全書本：1a - b.

③ （清）方中履. 古今釋疑[M]. 北京：中國科學院圖書館. 清康熙汗青閣刻本：104.

④ 轉引自：（荷）安國風. 歐幾里得在中國[M]. 紀志剛等譯. 南京：江蘇人民出版社，2008：402.

基本是資料彙編,也試圖做些相互矛盾的會通,如,把《勾股義》中的"題"換爲"式",用《幾何原本》説明開方法。所以,我們認爲其會通是很勉强的,没有實質性進展。

《幾何約》是《數度衍》卷首之三。方中通的《幾何約》,讀來就像一個《幾何原本》學習提要和讀後感的結合。他重新排列了定義、公理,自己增加了一些證明。他列出六個名目,從"名目一"到"名目六",用以概括《幾何原本》的"界説"。"名目"一詞,程大位《算法統宗》也用,方中通可能借鑒了程大位的這一名稱。他對《幾何原本》的定義做了一定改動,如,把線段定義爲"點引爲線",取代《幾何原本》"無廣之長"。[1] 名目之後是"度説",他基本羅列了《幾何原本》的公理,但都是語言叙述,没有圖形。[2] 然後是"線説"、"角説"、"比例説"。他忽略了《幾何原本》的求作作圖。不過,他對自己感興趣的問題作出了證明,並且思路與《幾何原本》不同,有一種注重中國傳統出入相補——圖形拼合思想的傾向。安國風研究表明:"他關於角平分線給出的另一種構造,説明他對推理結構的忽視,……推理過程是一種迴圈。"[3]與之相似,萬斯同《石園文集》卷七《送梅定九南還序》也對如何看待西學、中學發表了看法,稱:"乃世之好西學者至詆毁舊法,而確守舊法者又多抉摘西學之謬,若此者要未兼通兩家之學而折其衷也。"

方中通的《古今釋疑》序言則提供了一個實學的明確定義,安國風將其概括爲兩個方面:其一爲"内",如性命;再者爲"外",如拓展疆土,拯救黎民。二者都要研究禮、象數、曆算、音律、六書、醫藥,直至"物理"。每件事對身、性、國、家都至關重要,故謂之實

---

① 靖玉樹. 中國歷代算學集成[M]. 濟南: 山東人民出版社,1994: 2584.

② 靖玉樹. 中國歷代算學集成[M]. 濟南: 山東人民出版社,1994: 2587.

③ (荷) 安國風. 歐幾里得在中國[M]. 紀志剛等譯. 南京: 江蘇人民出版社,2008: 409.

學。方中通還貶斥釋道皆空虛無物,而實學完全符合儒家正統,實學可追溯到河圖、洛書。① "凡此皆儒者之所當務也,物如此而格,理如此而窮,情如此而類,德如此而通,學即如此而實,嗚呼,不誠難矣哉!"方中通還在其序言中談論了數學在實學中的作用:"故夫天、地、人身、禮、樂,以度測,以里測,以同身寸測,以尊卑等殺測,以損益高下測,必通夫九數而其故始明。"②

與徐光啓的著作相比,方中通的這一著作中國特色很濃,他把西方數學分爲數與度兩支,用"易學"重要概念"衍"來統領,結構安排上模仿《九章算術》的模式,内容上則是一個中西雜燴,間以"中通曰"來做評注。這裏一個"歸"字令人想起黄宗羲"使西人歸我汶陽之田"的感慨。方中通雖然承認數學起源於河圖、洛書:"九數出於勾股,勾股出於河圖,故河圖爲數之原。"③但卻試圖將河圖、洛書也歸於勾股。他是怎樣"歸於勾股"的呢?他首先選取勾、股、弦等三邊長分别爲3、4、5的直角三角形,河圖、洛書中的1到9九個數分别由這三個數得到:1是勾股之差,6是1加弦,2是弦減勾。他還解釋了"易學"中的天數25、地數30是怎樣經過這樣的運算得到的,等等。他認爲加減乘除就是所謂的"理",雖然從而駁斥了一些迷信思想,但是對形式邏輯和公理化體系這一西方數學的核心之"理",還是没有給予必要的關注。方中通這樣評價《九章算術》:"故九章以用而分,不以數而分。"認爲《九章》注重應用,而不注重數的來源這一原理。我們認爲這一認識是正確的。他認爲西方數學的18種方法(《同文算指》的18節)都包含於《九

① 參見:(荷)安國風.歐幾里得在中國[M].紀志剛等譯.南京:江蘇人民出版社,2008:400.

② 轉引自:(荷)安國風.歐幾里得在中國[M].紀志剛等譯.南京:江蘇人民出版社,2008:400.

③ 四庫全書.卷八〇二:234.

章算術》之内,《九章算術》和《周髀算經》都是周代的數學著作,都是儒家思想——從而對提升數學在儒學中的地位作出了貢獻。

從上述論述中,我們可以看到方中通對中西數學的矛盾心理及其在中西數學孰優孰劣問題上的掙扎和猶豫:既承認西方數學先進,又不願使自己的傳統低於西方,因西方數學强調幾何,故把自己的勾股搬出來;既“好泰西諸書”,又强行把它塞進傳統儒家框架。方中通還對中西算法、算具進行了比較:“乘莫善於籌,除莫善於筆,加減莫善於珠,比例莫善於尺。”①方中通還論述了《幾何原本》難學,他説:“西學莫精於象數,象數莫精於幾何。余初讀三過不解,忽秉燭玩之,竟夜而悟,明日質諸穆師,極蒙許可。凡制器、尚象、開物、成務,以前民用,以利出入,盡乎此矣。故約而記之於此。”②

4. 黄宗羲和黄百家

黄宗羲在清初被稱爲三先生之一(另二位是李顒和孫奇逢),被後人稱爲三大啓蒙思想家之一(另二位是王夫之和顧炎武),被數學史家李儼列爲17世紀三位精通西方數學的學者之一(另二位是梅文鼎和薛鳳祚),被國外學者司徒林稱爲“引領晚明學術,並結束那個時代的思想家”③黄宗羲,1639年與方以智結識,一見如故,過從甚密。他留下的與數學有關的資料卻只是幾封信和幾篇雜文。但他的思想可在其子黄百家等人那裏找到。黄宗羲與方以智的學術取向很類似,都屬於博采百家、以儒爲宗的類型,也都重視《易經》的崇高地位。

---

① (清)方中通.數度衍,靖玉樹.中國歷代算學集成[M].濟南:山東人民出版社,1994:2563.

② 靖玉樹.中國歷代算學集成[M].濟南:山東人民出版社,1994:2621.

③ 轉引自:(荷)安國風.歐幾里得在中國[M].紀志剛等譯.南京:江蘇人民出版社,2008:410.

他們對當局形勢的看法與徐光啓一脈相承，比如對實學的强調、對中國數學衰退情況及其原因的認識——在這些方面他們都有一致之處。黄百家説："嗟乎！六藝之數，其微渺足以貫三才，而勾股則數中之津梁也。自畫天經野，以至陣壘興作，莫不相須。科舉是尚，實學之不講已久，藝林之士，不知勾股矩度之名爲何物，又焉復知其中之理？"①徐光啓也曾説過"今之時文，直是無用"，"名理之儒土苴天下之實事"（《徐光啓集》）。黄宗羲説："勾股之學，其精爲容圓、測圓、割圓，皆周公商高之遺術，六藝之一也。自後學者不講，方技家遂私之。溪流逆上，古塚書傳，緣飾以爲神人授受，吾儒一切冒之理，反爲所笑。"②我們知道徐光啓就批判過"妖妄之術"，與之一致。和梅文鼎一樣，黄宗羲對中、西、回曆都有研究，曾爲南明小朝廷寫過一部曆法，爲當時的天文家寫過傳記和墓誌銘。其宇宙論著作《易學象數論》對傳統進行了激烈批判，認爲河圖、洛書不是宇宙模式，而是周代的地理圖及其解釋。③ 胡渭（1633—1714）1704 年刊刻的《易圖明辨》沿著黄宗羲的思路走得更遠，他通過考證得出，河圖、洛書不是古代傳下來的，而是宋代陳摶老祖自己做的。亨德森著作《中國宇宙論之興衰》就指出，大約在清朝初年傳統宇宙體系開始衰落，其原因在於批評者的增加和哲學與考據學工具的急劇精緻化。④ 他們與徐光啓也有所不同。徐光啓對儒家有所動摇："今失十經，如棄敝屩。"這後一輩人卻堅守儒家，至多是

① （清）黄百家. 學其初稿［M］. 卷二，四部叢刊. 南雷集. 上海：商務出版社，1929：22.

② （清）黄宗羲. 南雷集・南雷續文案・吾悔集［M］. 卷二，四部叢刊. 上海：商務出版社，1929：1.

③ 轉引自：（荷）安國風. 歐幾里得在中國［M］. 紀志剛等譯. 南京：江蘇人民出版社，2008：414.

④ 轉引自：（荷）安國風. 歐幾里得在中國［M］. 紀志剛等譯. 南京：江蘇人民出版社，2008：414.

對儒家經典有所辯證,而從不言拋棄一二。其改革力度與徐光啓難於相比。好像是繼承了徐光啓的遺志,其實失去了他的精神。

從黄百家的作品看,他也是站在儒家的立場上説話。他把《幾何原本》的"界説"改成了"假如",把"術"和"解"改成了"法"與"論",又把後二者歸入"理",我們發現,這與徐光啓的理解是不一致的。他還把圖形歸於"象",這是典型的"易學象數論"呀!① 黄宗羲把徐光啓的以西通中改爲"使西人歸我汶陽之田"。②（汶陽之田位於汶河南岸,汶河爲齊、魯兩國邊界,原屬魯國,僖公初年,因齊國出兵援助而贈齊,魯成公二年討回。)從上下文看,黄宗羲對耶穌會士把持欽天監不滿,想取而代之。

5. 陸世儀和《思辨録輯要》

陸世儀(1611—1672)曾經與黄宗羲同學於劉宗周,他也是將西學納入傳統學術框架。1632 年中秀才。代表著作《思辨録》,原作 35 卷,後經張伯行删節爲《思辨録輯要》22 卷。該書以對話體寫成,下分 14 篇,標題皆出自《大學》。它基於《大學》的框架來討論儀禮、教育、倫理、農業、兵法、天文等等,數次參照西學。

"治平"篇首先討論了中國傳統宇宙論,然後談到西方天文學,並强調:"惟西圖爲精密,不可以爲異國而忽之也。"③提到望遠鏡時,他嘲笑中國漢代宇宙論:"漢儒談天家多謬,至於升降四游,尤屬可笑。"④我們知道,方以智和黄百家對地有"四游"都是持肯

---

① 參見:(清) 黄百家. 學其初稿[M]. 卷二,四部叢刊. 南雷集. 上海:商務出版社,1929:22.

② (清) 黄宗羲. 序陳言揚《勾股述》. 南雷續文案[M]. 卷二,四部叢刊. 南雷集. 上海:商務出版社,1929:1.

③ (清) 陸桴亭. 思辨録輯要[M]. 卷十四,載:叢書集成初編. 北京:商務印書館,1985:141.

④ (清) 陸桴亭. 思辨録輯要[M]. 卷十四,載:叢書集成初編. 北京:商務印書館,1985:144.

定態度的,認爲它可與穆尼閣等傳教士的日心説中地球的轉動相媲美。在討論建都選址時,他談到"幾何用法",①提及孫元化的詳細注釋,並爲"其書未刊"而可惜。他還認爲《九章》之論"未若西學之精"。他認爲政府官員要懂算術:"儒生蒞官目不識算,能不爲吏書所欺乎?"②

他在"格致"篇中已經很强調實際事務,而不是只談性理。他認爲在他的時代,知識增長已經很快,人已不可能無所不知,所以讀書要有先後順序:第一類是經書和性理書,要反復念,終身學;第二類是水利、農業、兵法和天文書,要知道其根本道理;第三類是史書、諸子和雜書,要大概知道。③ 他還把中國的天人感應論與西學結合起來,斷言人事和天象一定有相互影響,這種影響通過"氣"來實現。他承認根據西學"七政"理論,日月交食和五星行度都有"常道"和"常度",這與薛鳳祚的有關態度是一致的。他認爲異常天象也會出現,而又没談對異常天象的占驗。這樣看來,他本人也基本是"會而不通"。

他對徐光啓的繼承還是很明顯的。他關注了徐光啓的最新著作:"有新刊水利全書、農政全書。"④他也和徐光啓、王徵一樣,强調"器"的重要性:"器雖一技之微,儒者亦不可不學。"⑤但是他認

---

① (清)陸桴亭.思辨録輯要[M].卷十四,載:叢書集成初編.北京:商務印書館,1985:144.

② (清)陸桴亭.思辨録輯要[M].卷十四,載:叢書集成初編.北京:商務印書館,1985:144.

③ (清)陸桴亭.思辨録輯要[M].卷十四,載:叢書集成初編.北京:商務印書館,1985:44-52.

④ (清)陸桴亭.思辨録輯要[M].卷十四,載:叢書集成初編.北京:商務印書館,1985:47.

⑤ (清)陸桴亭.思辨録輯要[M].卷十四,載:叢書集成初編.北京:商務印書館,1985:173.

爲天文比數學更重要:“曆數或可不必學,而天文日月五星運行、薄食之理必不可不知,此儒之事,非一藝之司也。”①明末徐光啓時代,“天文”(非今日用法,是認識天道之學問)是國家法律禁止的,所以徐光啓不讓民間天文家進入曆局,到陸世儀的時代,這種觀念已名存實亡了,天文已變成人人必學的儒者之學。另外,陸世儀身爲一介平民,談學論道都是站在政府官員的立場上,可見他對做官還是很嚮往的,這也可能幾乎是那個時代每一個儒生心中的理想。

6. 王錫闡和《圓解》

王錫闡(1628—1682)與明末其他遺民如顧炎武交往很深。《圓解》是其數學著作,主要貢獻是給出了鄧玉函《大測》重要數學公式的證明:

$\sin(A+B)=\sin A\cos B+\cos A\sin B$;

$\cos(A+B)=\cos A\cos B-\sin A\sin B$;

$\sin(A-B)=\sin A\cos B-\cos A\sin B$;

$\cos(A-B)=\cos A\cos B+\sin A\sin B$。

其實當時涉及這一組公式的著作還有《測量全義》,也没給出證明。梅文鼎就這樣評價過王錫闡《圓解》這一著作:“至若《測量全義》可謂精矣,而先後數相加減代乘除之法,亦但舉其用而不詳其理,熟復於寅旭此書,可以得其門户。”②看來王錫闡對中國傳統“理”的呼籲,還是有知音的。“他對三角公式的證明,開中國此項研究的先河。”③他把圓周的四分之一稱爲“象限”,可能也是今天所説“象限”的先驅。

---

① (清)陸桴亭.思辨録輯要[M].卷十四,載:叢書集成初編.北京:商務印書館,1985:52.

② (清)梅文鼎.《圓解》序,績學堂詩抄[M].卷二.合肥:黄山書社,1995:65.

③ 吴文俊主編.中國數學史大系[M].第七卷.北京:北京師範大學出版社,2000:115.

王錫闡保護傳統文化遺產的決心更大,從《圜解》文本就能看出一二。他雖然很深刻地從思想上理解西方數學,但在語言上卻固守傳統。他不用徐光啓、利瑪竇創立的某些數學名稱,而用"折"代替"角":"直角"是"矩折","鋭角"是"尖折","鈍角"是"斜折","三角形"是"三折形"。他把"相加"改爲"相從"、"相減"改爲"相消"。我們知道,《周髀算經》中就是這樣用"折"的。他還從不用角度來度量角,而用中國的度。

其實他對西方數學理解很深。中國傳統中没有平行線的概念,他對平行線研究得很透徹。我們看他對平行線性質的理解:"先有兩平行線,次復有兩平行線,相交相遇,其兩折必等。"這令我們想到了"兩直線平行,同位角相等"等定理。安國風等人想到的是《幾何原本》中如下定理:"圜中平行兩線,得皆不爲圜徑,不得皆爲圜徑。"意思是説,如果圓内兩條段線平行,那麽,二者不能都是圓的直徑,或者二者都不是圓的直徑,或者一個是圓的直徑,另一個不是圓的直徑。他還批評徐光啓死後南懷仁的全盤西化:"譯書(徐光啓和西士編譯《崇禎曆書》——筆者按)之初,本言要取西曆之材質,歸大統之型模,不謂盡墮成憲而專用西法,如今日者也!"他要真正地實踐"歸大統之型模"的理念。[①] 同時他認爲中國古代數學中也有"理"或"所以然之故",他説:"大約古人立一法必有一理,詳於法而不著其理,理具法中,好學深思者自能力索而得之也。西人竊取其意,豈能越其範圍?"[②]

無論如何,王錫闡的數學思想很深刻,安國風等人的研究表明,"這些孤立的命題似乎透露出一種'公理化傾向'","毫無疑

---

① (清) 王錫闡.《曉庵新法》自序,曉庵新法[M]. 上海: 商務印書館, 1936: 1.

② (清) 王錫闡. 曆策. 疇人傳[M]. 卷三十五. 上海: 商務印書館, 1935: 439.

問,王錫闡的目標卻是進行嚴密的推理","尤其是線段可以互乘,這可以説是'非歐幾何'的做法了"。① 我們還可以發現,和梅文鼎一樣,他也有透視幾何的修養:"平圓者,如圓鏡之平面。又如日月,雖皆圓球,自下視之,皆如平圓,運規成環,環周成圓。圓周距心遠近皆均。"②這真是一段用中國語言表示西方數學的典範之作。第一句和第三句用中國的模擬手法表達平圓與圓周概念,第二句話,特别是"又如日月,雖皆圓球,自下視之,皆如平圓",簡直是"透視幾何"的理論了。"從來言交食只有食甚分數,未及其邊,惟王寅旭則以日月圓體,分爲三百六十度,而論其食甚時所虧之邊凡幾何度。今爲推演其法,頗爲精確。"③我們知道,他是對的,但我們的模式與西方並不相同。我們傳統數學的"理"是從同類問題中總結出的模組性的公式,但不同公式之間的系統性並没有被總結出來,也就是今人説的算法化、模組化而不是公理化、形式化,而西方數學是同時具有算法化和公理化的。

從方以智到王錫闡,他們的共同點是都以維護中國傳統爲主要立場。這與明末教案有關,也與明清鼎革有關,强有力的西學喚起了民族自尊心,也喚起了我們民族的歷史記憶。有很多已被"集體無意識"的傳統資源又被深刻意識到,如早就被儒士們不屑一顧的魯班和墨子就不斷登場。傳統經典資源中的已被邊緣化的思想也不斷走入核心,比如《易經》中"以成器以爲天下利,莫大乎聖人",《論語》中的"以利民用",多次被徐光啓和王徵等人提起,作爲引進西學的策略和標準。"東海西海,心同理同"也被用於與

① (荷) 安國風. 歐幾里得在中國[M]. 紀志剛等譯. 南京: 江蘇人民出版社,2008: 419.

② 轉引自:(荷) 安國風. 歐幾里得在中國[M]. 紀志剛等譯. 南京: 江蘇人民出版社,2008: 418.

③ (清) 梅文鼎. 交食,梅勿庵先生曆算全書[M]. 兼濟堂刻本,1723.

"夷夏大防"對抗，但這後一句話，因爲明清鼎革之變又變得重要起來，以至於後來的人們只講"用"，不再講"理"。

通過後面的研究我們會發現，中國傳統的"理"和"用"都没有斷絶，只是與西方之"理"有關的話語被政治的力量排斥到"私人話語空間"之中了，公共話語空間裏，"用論"大行其道。

7. 薛鳳祚和《三角算法》

人們一般認爲，薛鳳祚（1600—1680）的數學工作就是把對數引入中國，其實，從數學的角度講，他還有其他重要貢獻。他的《三角算法》，比《崇禎曆書》中的《大測》《測量全義》對三角的講述都全面而且完整，"因爲那些書不是專門講三角。（薛鳳祚）'三角'之名可能在中國首次使用"。[1] 並且這一著作把三角和對數結合起來了，給出了兩角和、差的一般正切公式，半角的正弦、餘弦公式，"這些公式都是中文書中第一次出現"。[2]

另外他還把中西的數學做了會通："算法在予閲四變矣。癸酉（1633 年）之冬，予從玉山魏先生得開方之法……既而于長安復於皇清順治《時憲曆》得八線……亦即中法開方諸術，而以其方法易爲圓法，亦加精加倍矣……壬辰（1652 年）春日，予來自下，去癸酉且二十年，復得與彌閣穆先生求三角法，又求對數及對數四線表……今有較正會通之役，復患中法太脱落，而舊法又以六成十，不能相入，乃取而通之，自諸書以及八線皆取六數通以十數，然後《羲和》舊新二法，時憲舊新二法合二爲一，或可備此道階梯矣。"[3] 他主張"算爲曆原，天無二道"："在昔立法，聖人神悟超絶，雖各天

① 吴文俊主編. 中國數學史大系[M]. 第七卷. 北京：北京師範大學出版社，2000：103.

② 吴文俊主編. 中國數學史大系[M]. 第七卷. 北京：北京師範大學出版社，2000：104.

③ （清）薛鳳祚. 中法四線引. 曆學會通[M]（1644）. 山東文獻集成·第二輯·第二十三册. 濟南：山東大學出版社，2007：21.

一隅,而理無不同,創法立制,皆辟空豎義,有令人積思殫慮不能作一解者。其玄奥慧巧,豈容後人復置一喙!後世代有更易,不過即其成法而爲之節裁,非能別有創議也,不然,算爲曆原,天下豈有二道哉?”①薛鳳祚“會通十一條”與數學有關的是:一、將八線改爲對數;二、將度、分、秒西法六十進位改爲中法十進位。後者還没得到王錫闡、梅文鼎和“乾嘉學派”的認同。②

在數學方面他繼承了西方傳教士及徐光啓等人的觀點,如徑一圍三非弧矢真法;球上三角三弧形非勾股可盡等等。③

8. 楊作枚和孔林宗

《錫山曆算書》是楊作枚的數學會通著作。楊作枚重視推算之理,梅文鼎曾爲《錫山曆算書》作跋:“《錫山曆算書》者,友人鮑燕詒、楊學山之所作,而學山之祖定三爲之裁定者也。其書有步日月五星之法,有説有圖,以推明步算之理。”認爲楊作枚與薛鳳祚、王錫闡相比是“青出於藍”。④《解割圓八線之根》是楊作枚的重要著作,其目的是作三角函數表的根,即造表方法,將三角函數轉化爲圓内正多邊形的一邊:“第割圓八線表,雖久傳於世,而立法之根,未得專書剖析,《大測》中如正十邊五邊形之理,皆缺焉。”⑤“十邊形之理,據《曆書》見《幾何》十三卷九題,而《幾何》六卷已後之

---

① (清)薛鳳祚. 中法四線引,曆學會通[M](1644). 山東文獻集成·第二輯·第二十三册. 濟南:山東大學出版社,2007:21.

② 田淼. 中國數學的西化歷程[M]. 山東教育出版社,2005:87.

③ 參見:(清)薛鳳祚. 古今曆法中西曆法參訂條議,曆學會通[M](1644). 山東文獻集成·第二輯·第二十三册. 濟南:山東大學出版社,2007:3.

④ 吴文俊主編. 中國數學史大系[M]. 第七卷. 北京:北京師範大學出版社,2000:180.

⑤ 吴文俊主編. 中國數學史大系[M]. 第七卷. 北京:北京師範大學出版社,2000:182.

書,未經翻譯,不可得見,考之它書,亦未有發明其義者,余特作此解之。"①

像薛鳳祚一樣,楊作枚還做過數術的中西會通,光緒時的温葆深説:"無錫楊學山,刻七論備載圖式。""楊學山氏著《七論》成卷,專言西儒命術,至詳盡。"②

《大測精義》是孔林宗的數學會通著作,已佚。主要是爲西方傳過來之"術"著其理。他給出了《大測》中72度弦作法的理論證明,從而獨立研究了五種半正多面體及其性質;他提出了一種新的星形體及其做法,"孔林宗對它的提出和研究實屬海内獨步";③他的研究還涉及了多面體的非度量性質,是一種"爲數學而數學"的價值取向,在梅文鼎的基礎上給出了正12、24、30面體的邊數、棱數(E)、面數(F)、頂點數(V)關係的表格,只差一步就達到了歐拉多面體公式($V-E+F=2$)的研究水準。

梅文鼎、李子金、杜知耕,17世紀後四分之一時期活躍的民間數學家,多有創新。不僅能够測算推步,而且比較深刻地理解了西方宇宙觀和幾何思維。

9. 李子金

李子金(1622—1701),河南歸德府人,1643年貢生,後來没有考中舉人,於是隱居鄉間,熟讀很多詩書典章,以賣文换錢爲生,特别擅長數學。又在應試期間得以遊歷京城,廣泛結交師友,對西學非常熟悉。主要著作《隱山鄙事》,一直没有正式刻印,只有稿本留傳至今,《幾何要法》就被記載在這一著作之中。他的好友孔興

① 吴文俊主編.中國數學史大系[M].第七卷.北京:北京師範大學出版社,2000:184.

② 吴文俊主編.中國數學史大系[M].第七卷.北京:北京師範大學出版社,2000:180-181.

③ 吴文俊主編.中國數學史大系[M].第七卷.北京:北京師範大學出版社,2000:190.

泰與梅文鼎是至交,梅文鼎也在著作中多次提到李子金。李子金還與數學家杜知耕同鄉,孔、杜又與吴學顥同於1687年中舉。吴學顥也爲李子金著作作過序。他的數學會通著作主要是《算法通義》和《幾何易簡集》。

《算法通義》。李子金在其數學會通著作《算法通義》中,嘗試爲《九章算術》建立原理。徐光啓曾爲勾股作"義",李子金的抱負更大,他要爲《九章算術》作"義",我們知道當時的人們普遍認爲中國數學缺乏原理,所以他們所作之"義",即西方《幾何原本》之"原本"的含義。李子金認爲,"學者按(《九章算術》)法布算無所不合",但是《九章算術》"不言其義","算學之士有終身由之而不知其道者",明朝唐順之曾作"六論"以講其原理,但"其文約,其旨遠"——唐順之的著作太簡單,而道理又太深奥。但是他又認爲"蓋天下之物莫不有一定之數,而數之所在,莫不有一定之理,明其理,雖法有萬變皆可即此以通之矣",於是"本其義而發明之,或敷演爲圖,或推廣其説,無非示學者以易知易能而已"。①

《算法通義》的主要内容:共五卷,卷一是乘除論、勾股測望論、勾股容方容圓論,卷二是弧矢論,卷三是分法論,卷四是《九章算術》方田、少廣、商功、均輸等章節内容中較複雜的問題及其理論依據,卷五是方圓相減以餘弦求原徑法、徑背求弦新法、諸法相較、徑背求弦法可代八線表、徑弦求背法可代象限儀、各率考實、以三差之術求日行盈縮月行遲疾法、求日行盈縮差、創立四差求日行盈縮差法、求月行遲疾差、創立四差求月行遲疾差法、創立三差通用法、創立四差通用法等。

其中三差公式是:$\sin m = (1770\,000\ m - 3\,600\ m^2 - 38\ m^3)/108$。四差公式是:$\sin m = (1\,745\,600\ m - 2\,350\ m^2 - 18\ m^3 -$

① (清)李子金.算法通義,轉引自:吴文俊主編.中國數學史大系[M].第七卷.北京:北京師範大學出版社,2000:120.

0.38 m^4)/108。經研究,這一方法與郭守敬的公式相比,是“較精確的綜合公式”。[①] 這一公式又是對《崇禎曆書》造表法的改進,“開闢了一條新路子”。[②] 更加有趣的是,李子金本人並不清楚自己是怎樣得到某些公式的:“予徑背求弦之法,固前古所未有,然不過遷就其數,以求密合耳,若妄謂數出天然,確不可易,予又何敢自欺以欺人乎?”[③]可見,李子金的這一發明可能是熟練運用、深入思考後的靈感爆發。由於對西方數學非常熟練,他可能無意識地運用了形式邏輯和公理化思想,更爲可貴的是,他没有像前述魏文魁那樣,把這種靈感爆發神秘化爲天之所授,而是坦誠自己的真實感受。他本人的陳述不像中國傳統的某些説法那樣神秘,他本人是反對神秘主義的(魏文魁在與徐光啓等人的辯論中,曾説自己也不知道其算法的依據,而歸之於天啓)。

《幾何易簡集》。《幾何易簡集》共四卷,第一卷爲“幾何要法删注”,以“幾何家”對應“西法”,好像想表明中國數學家不是幾何家,而是算法家,與西方有區别,看來他不會主張“西學中源説”。他認爲艾儒略《幾何要法》中製作數學工具的銅應改爲竹或木,以節約費用,還提出基本作圖可用有别於艾儒略的方法做出。“取要法删而注之,於要法之外復取原本中之不可不載者,亦删而注之,或旁通其説,或發明其理,無非使讀要法者知幾何之有原本,而不至有學而不思之弊則已矣。”[④]第二卷討論《幾何原本》。他從《幾

① 吴文俊主編. 中國數學史大系[M]. 第七卷. 北京: 北京師範大學出版社,2000: 130.

② (清) 李子金. 算法通義,轉引自: 吴文俊主編. 中國數學史大系[M]. 第七卷. 北京: 北京師範大學出版社,2000: 130.

③ (清) 李子金. 算法通義,轉引自: 吴文俊主編. 中國數學史大系[M]. 第七卷. 北京: 北京師範大學出版社,2000: 129.

④ (清) 李子金. 幾何易簡集,轉引自: 吴文俊主編. 中國數學史大系[M]. 第七卷. 北京: 北京師範大學出版社,2000: 119.

何原本》第一卷挑選出幾個自認爲重要的定理,如三角形内角和定理。他在證明畢氏定理時給出了兩種圖形,第一個是等腰直角三角形,第二個是不等腰的。他認爲第二個是勾股之法。筆者猜測,他想强調中國的勾股之法與西方的畢達哥拉斯定理有所不同,這可能也是對第一卷稱呼西法爲幾何家的呼應。他用第二個圖形證明了這一定理,並且做了説明:"前圖平分,與度易合,而於數不盡,故以後圖論之,而前圖之理即在其中矣。"①認爲畢氏定理的基本圖形是特例,而不規則圖形更具有普遍性,這是很有道理的。

安國風先生猜想:"……在'數'與'度'之間做出了明確的區分,這意味著他認識到了長度的無理性了嗎?"②筆者認爲,真實情況可能不是這樣。康熙教案剛剛過去十年左右,當時中西學術源流之争勢如水火,他應該是想表明中國數學至少有比西方先進之處——中國的圖形容易測量,中國的"理"能解釋西方的"理"——以體現他以中通西的勇氣和高明之處。後兩卷是關於圖形作法的。對黄金分割問題,他採用了"理分中末綫"這一名稱,而抛棄了"神分綫"的稱呼,《幾何原本》兩種名稱都介紹了。這也可能是在表明他對"神"的反感,與康熙教案也有關係。對正五邊形的作法,他採用了丢勒的近似而簡便的方法,而没有採用歐幾里得繁難卻準確的方法,這可能是中國傳統實用理性在起作用。

從上述可知,李子金已經對幾何學有了自己的整體判斷,正像安國風先生所説,李子金"認真研究了歐式幾何的證明與結構"。③

艾儒略曾因爲《幾何原本》在應用中不方便而寫了《幾何要

① 轉引自:(荷)安國風. 歐幾里得在中國[M]. 紀志剛等譯. 南京:江蘇人民出版社,2008:424.

② (荷)安國風. 歐幾里得在中國[M]. 紀志剛等譯. 南京:江蘇人民出版社,2008:424.

③ (荷)安國風. 歐幾里得在中國[M],紀志剛等譯,南京:江蘇人民出版社,2008,425.

法》,鄭洪猷的《幾何要法》序言就抱怨《幾何原本》的艱澀難懂。李子金在其 1679 年的《幾何易簡集》序言中也對這種情形不太滿意。李子金認爲,以前《幾何要法》是《幾何原本》的入門書:"西國之儒,猶恐初學之士苦其浩蕃,又《幾何要法》一書,文約而法簡,蓋示人以易從之路也。"但《幾何要法》是通俗讀物,唯讀它學不到幾何學的精華:"若止讀《要法》,而不讀《原本》,是徒知其法而不知其理,天下後世將有習矣而不察者,夫《原本》一書,乃合上智下愚採納於教誨之中。"①這是當時人們對《幾何原本》的普遍反映,吴學顥的父親吴淇(進士,曾任推官)嗜好算學,"涉及天文、音律、占卜、勾股、算法和西方奇器"。② 吴淇曾研讀《幾何原本》,而其子吴學顥卻視之爲畏途。③

所以綜合二者,删簡約繁,而達到既明白易懂、又保持其精髓這一目的的時機來臨了:"故予於其至淺而以爲不足道者,盡去之。於其至深而以爲不能至者,從旁通之,發明之,使《原本》之微機妙義,燦若指掌,而《要法》所載,皆無一不可解者。"他認爲自己的著作又已完全包括了《幾何要法》的内容。

我們認爲,人們對《幾何原本》繁難的抱怨,原因多在中西思維方式差異上。當時西方著名哲學家、數學家、解析幾何發明者笛卡爾等人也對《幾何原本》不滿意,但對它的意見多在太僵化死板上,認爲其對社會生活中出現的新問題缺乏發散的眼光,要求人亦步亦趨,缺乏思維的跳躍性,而不是説它繁難。雖然當時中國也有數學,比如邵雍的《梅花易數》也很流行,但很多人都批評它,原因就是其中的數太玄虚高蹈,多數情況下是有結果無過程,即使有過

---

① 轉引自:(荷)安國風. 歐幾里得在中國[M]. 紀志剛等譯. 南京:江蘇人民出版社,2008:421.

② 《歸德府志》. 光緒十九年(1893)刻本. 卷二十五:14b.

③ 參見:《歸德府志》. 光緒十九年(1893)刻本. 卷二十五:6-7.

程,其過程的來歷也説不明白,也令人摸不著頭腦。而西方的數學著作卻因爲《幾何原本》的緣故,有本有末,可以一步一步地推導出來。所以中西人士對《幾何原本》的抱怨,總體來講是不一樣的。

李子金的著作作於1680年前後,那時明清鼎革之痛已逐漸成爲歷史的記憶,中國學者對西學的理解也逐漸深入。李子金的作品已不像前人,或簡單以西論中,或以中論西,或中西拼盤,他的作品已有自己的深刻見解。如前所述,他對《幾何原本》和《幾何要法》都不滿意,並且其評價很有針對性。

據載,他有目測距離和遠處物體長度的"特異功能",安國風的《歐幾里得在中國》(422頁)、吴文俊的《中國數學史大系》都記載了這一"奇跡":"眼瞄手畫,旋即給出尺寸,不爽銖黍。"但都没説明其中的玄機。據筆者瞭解,這是耶穌會士傳播過來的一種技法,在《利瑪竇中文著譯集》中就有記述。他認爲,《幾何原本》太繁難,《幾何要法》太簡略。《幾何原本》,事無巨細一概詳論,没有必要:"唯恐一人不能知不能行,故於至深至難解者解之,於至淺之不必解者亦解之。論説不厭其詳,圖畫不厭其多。遂致初學之士,有望洋之歎,而不得不以《要法》爲快捷。"①

李子金的中西會通之論被梅文鼎等人稱作中西曆算會通的典範。"元史所載雖有曆經曆議而無所引喻,頗廢推求。予用是詳察西曆之理而通以中曆之法,静思數年,始得其概,不得不筆之於策,以備後人之采擇。""棄其所短而用其所長,斯善之善者也。然不明中曆之法,無以用西曆之長。昔徐玄扈先生有會通之議云,鎔彼方之材質,入大統之典範。""據其數以布算而無牽合附會之嫌,知過必改,見善斯遷,不青于藍而寒于水哉!""後人循習曉暢而求

① 轉引自:(荷)安國風.歐幾里得在中國[M].紀志剛等譯.南京:江蘇人民出版社,2008:421.

進,當復更進於前人。"①

10. 杜知耕

杜知耕的數學會通著作主要有《數學鑰》和《幾何論約》。

《數學鑰》。1681 年刊印,結構形式上是《九章算術》的體系,思維方式上是《幾何原本》的精神。全書六卷分九個專題:卷一,方田上,直線類;卷二,方田下,曲線類;卷三,粟布、衰分;卷四,少廣;卷五,均輸、盈朒、方程;卷六,勾股。"數學"是書名的關鍵字之一,含義與今天很接近。内容既有代數又有幾何,但是幾何内容占多數,説明作者對西方數學關注度很大。每卷都先列出"凡例",以代替徐光啓的"界説"。這是中國傳統著述的做法,不限於數學著作。每一凡例都包括概念名稱和對概念的界定,這很接近《幾何原本》傳統。凡例,即"界説"的内容既有中國傳統術語,又有《幾何原本》的術語。其中中西一致的有三角形、梯形、垂直、平行、環、分形等等,不一致的有:把平行線方形改爲象目形,面積有三個名稱——積、冪和容方形之容,矩形的面積被定義爲"數"。書中也給出了命題及其證明,但是把"題"(即命題)改稱爲"則","論"(即證明)改爲"解"。書中大多數問題都可在程大位《算法统宗》和吴敬的《九章算法比類大全》中找到,有幾個問題與李冶《益古演段》中的題目類同。所以其問題是中國的,思維方式是西方的,中西合璧,是用西方方法解決中國問題的典範。

卷一②討論各種平面圖形的面積,也有少量數值計算。例如命題五"求一般三角形的面積",作者很熟練地運用了西方數學的"化歸"思想,即,做一條垂線作爲輔助線,把一般三角形化爲兩個

① (清)李子金.曆範,轉引自:吴文俊主編.中國數學史大系[M].第七卷.北京:北京師範大學出版社,2000:120.

② 靖玉樹.中國歷代算學集成[M].濟南:山東人民出版社,1994:2877-2904.

直角三角形,然後用直角三角形兩直角邊之積的一半來求面積。中國傳統上一般用近似方法來求,即將一般三角形的兩邊近似地看作互相垂直,然後求面積,如果不準確,再經多次測量和計算來校正。命題八"求'象目形'面積"也是拋棄了中國傳統的近似方法,而用《幾何原本》卷一命題 36"兩平行線内有兩平行方形若底等,則形亦等"來求,並給出了證明。此卷還討論了逆求問題,即已知面積求邊長。這相當於中國的開方或"帶縱"開方,一般用代數法,杜知耕在這裏用了幾何法。不僅如此,他還把一些本屬中國少廣(今解方程,古代方程是今天的方程組)的問題移到方田裏了,即把代數問題用幾何方法來解,這也顯示了作者對幾何的重視和熟練。

卷二討論圓形,主要是圓、弧矢(弓形)、環、橢圓等求面積的問題。其中給出了阿基米德的圓周率數值 22/7(那一時期,中國還流行"周三徑一"),並"從《測量全義》中轉引了阿基米德的證明……(他)不知道祖沖之已經得到了這個數值"。[①] 與之相關,杜知耕通過中西比較,糾正了中國傳統弧矢算法的錯誤,但也同時指出,傳統算法比較簡便,所以不可完全廢除:"舊法……半圓……無差……過此以往,其矢漸短,弧形漸細,其差愈多,甚至百步之積有差二十餘步者……前西法雖密於舊法,然必背矢弦皆具,方可起算,舊法有矢有弦即可得積,故並存之。"[②]

其餘幾卷思路與前兩卷類似,兹不贅述。顯然,杜知耕的數學研究,與前幾人相比進步很大,可以説發生了質的變化。首先,他處處表現出純粹公理化推理的傾向,對西方數學比對傳統數學的掌握還熟練,很明顯是受了西方數學思維方式的影響;其次,他嘗

① (荷)安國風.歐幾里得在中國[M].紀志剛等譯.南京:江蘇人民出版社,2008:430.

② 靖玉樹.中國歷代算學集成[M].濟南:山東人民出版社,1994:2917.

試將整個數學統一於一個整體框架,將傳統數學中的幾何内容分爲一類,其餘的歸爲第二類,這也是西方數學的"原原本本"、有源有流的系統化特點;再次,他通過中西對比,發現西方數學準確但有時運算量較大,中國數學不够準確但有時很方便,主張"並存之",也很有道理,並不是亦步亦趨地全盤西化。有繼承也有創新,有借鑒也有改造。另外,杜知耕的著作中未見有涉及《易經》與河圖、洛書的地方。

《幾何論約》。杜知耕數學會通著作,1700年成書。杜知耕的《數學鑰》雖然充滿了"幾何情結",但他的《幾何論約》才是幾何專論。吴學顥的序言稱杜知耕:"自束發受學,于天文、律曆、軒岐諸家無不該覽,極深湛之思而歸於平實,非心之所安,事之所驗,雖古人成説,不敢從也。"①從杜知耕自序中可以看出,他寫《幾何論約》的目的還是繼承徐光啓的遺志,並從方法和策略上加以改進:"書(《幾何原本》)成于萬曆丁未,至今九十餘年,而習者尚寥寥無幾,其故何與? 蓋以每題必先標大綱,繼之以解,又繼之以論,多者千言,少者亦不下百餘言;一題必繪數圖,一圖必有數線,讀者須凝精聚神,手志目顧,方明其義,精神少懈,一題未竟,已不知所言爲何事。習者之寡不盡由此,而未必不由此也。若使一題之藴,數語則盡,簡而能明,約而能該,篇幅即短,精神易括,一目了然如指諸掌,吾知人人習之恐晚矣……就其原文,因其次第,論可約者約之,別有可發者以己意附之,解已盡者,節其論題,自明者並節,其解務簡省文句,期合題意而止,又推義比類,復綴數條於末,以廣其餘意。"②與《數學鑰》的觀點相一致,作者表達了《幾何原本》不合中

① (清)吴學顥.幾何論約序.幾何論約.靖玉樹.中國歷代算學集成[M].濟南:山東人民出版社,1994:3029.

② 靖玉樹.中國歷代算學集成[M].濟南:山東人民出版社,1994:3030-3031.

國國情的缺陷：太煩難。其中也表達了中國數學研究者對簡明性表述方式的偏好,最後是自己的寫作方法和計劃。

此書整體來看是《幾何原本》的縮略本,“界説”“解”“論”等術語都與《幾何原本》一致,證明依據的來源也與《幾何原本》相同：標有“卷幾”。其術語運用與杜知耕二十年前的《數學鑰》又不相同,看來中國數學家對術語的選擇多有反復。像大多數中國數學家一樣,他没有選擇《幾何原本》的作圖公理,除了畢氏定理之外,也没有引述《幾何原本》的證明過程。

但上面所論還是遮掩不住杜知耕的創新精神,他在書的最後附加的15個“增題”和10個“後附”命題就是證據。這些命題比《幾何原本》原有命題更爲難解,説明杜知耕對《幾何原本》做了深度和廣度上的拓展,可以説達到了出神入化的境界。關於“增題”他説道:“利氏曰,丁先生言歐幾里得六卷中,多研察有比例之線,竟不及有比例之面,故因其義類,增益數題,補其未備……竊牟於首,仍以題旨從先生舊題,隨類附演,以廣其用,俱稱今者,以别于先生舊增也。”①他還是把西方數學家稱爲“幾何家”,把中國數學家稱爲“算家”。關於“後附”,他説道:“耕自爲圖論附之卷末,其法似爲本書所無,其理其實函各題之内,非能於本書之外别生新義也。稱後附者以别于丁氏、利氏之增題也。計十條。”②其實從今天的眼光來看,這些“增題”和“後附”應該屬於創新的内容。聯想到克拉維斯的研究也没有突破歐幾里得《幾何原本》的範圍,我們對杜知耕也就不會有更高的期望了,他的研究應該是很深入、很完備了。

我們認爲,他的獨立研究更能體現《幾何原本》精神,比如後附第一題：直角三邊形以直角兩邊求對直角邊。他的解法並不是

---

① 靖玉樹. 中國歷代算學集成[M]. 濟南：山東人民出版社,1994：3106.

② 靖玉樹. 中國歷代算學集成[M]. 濟南：山東人民出版社,1994：3112.

像傳統算家那樣，利用畢氏定理求出斜邊長，而是根據《幾何原本》的精神"不能作，即不能求也"，用幾何作圖的方法把斜邊做了出來。後附第七題"等角兩平行方形不必借象即可相結"，則對徐光啓的方法作了改進。關於這一點，安國風指出："當代的注釋者對歐幾里得的這一證明也是倍加指責。"①可見杜知耕的研究水準在某一方面已達到相當的高度。杜知耕的好友吴學顥對他的評價驗證了我們的認識，同時也讓我們看到他們生活時代的人與徐光啓的共鳴之處："然則此書誠格致之要論，藝學之津梁也。今夫釋迦之學亦來自西域，中更劉宋、蕭梁諸人翻演妙諦，轉涉恳渺，然終屬博沙，無裨實用。中國人尤嗜之，不啻饑渴，《幾何》一書絶非其倫，徐利二公一本平實。杜子所述更歸捷簡，學者輟其章句辭賦之功，假十一於千百，數日間可得之，亦何憚而不一觀與！杜子先有《數學鑰》六卷，已行於世，正與幾何家相爲表裏。合二書，評之皆潔净、精實，幾於不能損益一字。語不云乎：'言之無文，行之不遠？'吾以爲言之不簡，不可爲文，簡之不該，不可爲簡。請以此語贊兩書。"②徐光啓也曾説過，佛教來華一千多年，也没有見到它對中國風俗改進多少。

梅文鼎評價杜知耕《數學鑰》曰："杜端甫（知耕）《數學鑰》，圖注九章，頗中肯綮，可爲算家程式。"③從中可以看出，徐光啓的精神在中下層社會話語空間中和欽天監内一直延續著，這一話語權力一直很有生命力。吴學顥在《幾何論約序》中談數、理、道、器關係説："凡物之生有理有形有數，三者妙於自然……離形求理則

① （荷）安國風. 歐幾里得在中國［M］. 紀志剛等譯，南京：江蘇人民出版社，2008：437.

② 靖玉樹. 中國歷代算學集成［M］. 濟南：山東人民出版社，1994：3029－3030.

③ （清）梅文鼎. 勿庵曆算書目［M］. 叢書集成初編. 北京：中華書局，1985：自序.

意與象暌,而理爲無用;即形求理則道與器合,而理爲有本。”①李子金的《杜端甫數學鑰序》則認爲杜知耕得到了王錫闡所説的古人之意:“訓詁而疏通之,圖畫而剖析之,以考驗之形合布算之數,使古人用法之意無微不出,誠前此所未有之書也。”②

11. 梅文鼎

梅文鼎(1633—1721)的數學會通主要體現在《勿庵曆算書目》《梅氏曆算全書》和《績學堂詩文鈔》中。在他身上體現了數學在儒家觀念裏的重要性,他科舉不成功,以數學安身立命,甚至被汪中《國朝六儒頌》稱爲清初六大儒之一。③ 只可惜數學在儒家中的這種重要地位是西方數學傳入並與中國傳統數學會通後被刺激起來的,此事發生前後,數學很少有這一地位。另外他還是民間數學與宫廷數學溝通的重要管道,所以他的身份和觀點在公共話語空間和私人話語空間之間遊移。他既通近現代數學,又“家世易學,亦頗旁及于諸家雜占,及三式諸術”。④ 所以可以説他是集古今中西學術於一身。他又認爲易學與諸家雜占、三式諸術不一樣:“余以爲(後者)皆太卜筮人遺意,而易之餘也。然百氏言休咎,往往依託象緯,以尊其旨,故惟詳徵之推步實理,其疑始斷。”⑤認爲真正的數學(推步實理)昌明了,那些“易之餘”者所説的“休咎”是否有道理,才好解决。也就是今天所説“科技發達了,迷信也就

① 轉引自:吴文俊主編. 中國數學史大系[M]. 第七卷. 北京:北京師範大學出版社,2000:208.

② 吴文俊主編. 中國數學史大系. 第七卷. 北京師範大學出版社,2000:214.

③ 轉引自:梁啓超. 清代學術概論[M]. 上海:上海世紀出版集團,2005:11.

④ (清)梅文鼎. 勿庵曆算書目[M]. 叢書集成初編. 北京:中華書局,1985:自序.

⑤ (清)梅文鼎. 勿庵曆算書目[M]. 叢書集成初編. 北京:中華書局,1985:自序.

少了”。

梅文鼎早年從隱居於鄉的倪觀湖學曆學。15 歲中秀才後，“整天沉湎天算，家人只好把書藏匿起來，以免他過分分心”。① 科舉屢考屢敗，但在科舉考試期間結識了很多名人雅士，其中不乏對數學有興趣者。1661 年起潛心中西曆算。1674 年寫出第一部數學專著《方程論》，在幾何(量法，西方强盛)與算術、代數(算法，中國先進)之間作出明確區分。1675—1678 年間國家連續三次舉行鄉試，梅文鼎雖然科舉失敗，但在南京考試期間買到了《新法曆書》(有缺頁)，1678 年又結識了藏書家黄虞稷，並借閲了黄家所藏宋朝刻本《九章算術》前五卷。1679 年舉行“博學鴻儒”考試，梅文鼎未被推薦，但受邀爲《明史・曆志》撰稿(後來黄宗羲對其初稿做過修訂)，説明他的曆算聲譽已馳名全國。1684 年撰寫第一部關於西方數學的球面三角形著作。1688 年赴杭州拜訪殷鐸澤，討論中西方天算之學。1689 年起在北京待了四年，結識了大學士李光地，這時北京已取代南京成爲全國文化中心。1692 年《幾何通解》成書，1693 年《幾何補編》成書。1705 年被康熙皇帝御舟召見，題予“績學參微”，其詩文集因而被命名爲《績學堂詩文鈔》。受梅文鼎名聲影響，其孫梅瑴成没有參加科舉考試，只因懂數學就當了官。

梅文鼎的數學著作很多，我們試做一綜合論述。梅文鼎的數學學習理論，《數學星槎》一卷：“初學莫易於筆算，減並乘除三日可了。然除法定位轉易，乘法定位稍難。兹以本數、大數、小數三者别焉。雖童子可知矣，至於勾股開方，非圖不解。《周髀算經》有古圖，簡質可玩，曆書本幾何之流，亦足引人思，至今稍廣之爲圖者六，以示余兩孫瑴成、玕成。俾稍知其意，數學如海，非篤好精

① (荷) 安國風. 歐幾里得在中國[M]. 紀志剛等譯. 南京：江蘇人民出版社，2008：442.

思,鮮不自崖而反,然千里之行始於足下。因命之曰: 數學星槎云爾。"[1]其中,"曆書本幾何之流"爲西方數學思想,因爲中國古算都是天文的輔助材料,這裏反過來了。可見梅文鼎吸收西方數學之深。

據安國風研究,梅文鼎在《三角形舉要法》中涉及證明的内容用到了《幾何原本》的語言和方法,但"並不是把它奉爲確立'嚴格性'的神明"。[2] 他有幾部作品是中西數學的彙集,並對二者作了比較,但他傾向於中國古算。如在《勾股舉要》中他稱中國古法乃"至精之理"。

梅文鼎强調中西數學會通。爲什麽會通? 梅文鼎認爲:"算數作於隸首,見於周官,吾聖門六藝之一也。自利氏以西算鳴,於是有中西兩家之法,派别之分,各有本末,而理實同歸。或專己守殘,而廢兼收之義,或喜新立異而缺稽古之功,算數之所以無全學也。夫理求其是,事求適用而已,中西何擇焉? 雖然,不爲之各極其趣,亦無以觀其會通。因不揣固陋,著書九種,而爲之序列。"[3]他認爲中西兩家不應該相互攻擊,其實兩家"各有本末,而理實同歸",研究數學就應該"夫理求其是,事求適用而已,中西何擇焉?"

我們不能排除那個時代梅文鼎等人學習數學的動機或興趣與中西數學的相互攻擊之間的關係,因爲中西數學孰優孰劣的問題在當時已成爲國家的一件大事。它所涉及的正朔之權是與國家尊嚴、個人身家性命關係極大的事,與文化的核心價值觀和國家行政都有關係。而儒士們的民族氣節和愛國心又都這麽强烈,幾乎這

---

① (清) 梅文鼎. 勿庵曆算書目[M]. 叢書集成初編. 北京: 中華書局, 1985: 37.

② (荷) 安國風. 歐幾里得在中國[M]. 紀志剛等譯. 南京: 江蘇人民出版社, 2008: 444.

③ (清) 梅文鼎. 勿庵曆算書目[M]. 叢書集成初編. 北京: 中華書局, 1985: 27.

一時期的每一個數學家都説,學好數學是爲了國家,比如張雍敬就明確説,學好數學是爲了報效皇帝,要像梅文鼎那樣贏得皇帝的眷顧。有的甚至身爲草民,卻站在一位國家官員的立場上,爲政府官員的施政需要而寫作數學著作。在梅文鼎看來,"得乎其理"則"天道人事,經緯萬端,而無所不通","疇人守師説,蔑肯窺西書,歐羅矜别傳,寧肯徵昔儒,二者不相通,樊然生齟齬,大哉聖人言,流傳自古初(伏讀聖制《三角形論》,謂古人曆法流傳西土,彼土之人習而加精焉爾,大語煌煌,可息諸家聚訟)",[①]"學其(西)學者,又張惶過甚,無暇深考中算之源流,輒以世傳淺術,謂古九章盡此(批評徐光啓——筆者按),於是薄古法爲不足觀;而或者株守舊聞,遽斥西人爲異學,兩家之説遂成阻隔,亦學者之過也"(《績學堂詩文鈔》)。所以,"天下之不可不通,而又不易通者,算術之學是也"(《績學堂詩文鈔》),"法有可采何論東西,理所當然何分新舊","以學問之道求其通而已",不要夾雜政治或意識形態等因素。梅文鼎認爲,爲了得到準確曆法,天文常數必須來自觀測與計算,而不應來自象數。[②]

什麽是會通?梅文鼎在《用勾股解幾何原本之根》中説:"幾何不言勾股,然其理即勾股也。此言勾股,西謂之直角三邊形,譯書時未能會通,遂分途徑,故其最難通者,以勾股釋之則明。惟理分中末線似與勾股異源,今爲游心于立法之初,而仍出於勾股,信古九章之義,包舉無方,徐文定公譯大測表,名之曰測圜勾股八線表,其知之矣。"[③]梅文鼎認爲翻譯就是會通的一個環節,而徐光啓

---

① (清)梅文鼎. 上孝感相國. 績學堂詩文鈔. 合肥:黄山書社,1995:328.

② John B. Henderson, *The development and Decline of Chinese Cosmology*. New York:Columbia University Press, 1984,150 - 155.

③ (清)梅文鼎. 勿庵曆算書目[M]. 叢書集成初編. 北京:中華書局,1985:36.

翻譯時沒説明西方的直角三邊形就是中國的勾股——梅文鼎稱之爲"譯書時未能會通",中西之争由此引起。他認爲幾何與勾股的道理是同一的,黄金分割看似與勾股不是同一來源,實際上也可由勾股推出。他還强調《九章算術》包含了數學的一切。這主要是出於民族感情,我們也可以認爲,他没看出或不願承認中西數學的巨大差異。他認爲會通就是名稱上互相代替、含義或應用上互相解釋。

《塹堵測量》載:"塹堵(中國數學專有圖形——筆者注)又剖分爲三,成立三角(以直角三角形爲四個面的四面體——筆者注),立三角爲量體所必需。然此義中西皆未發,今以渾儀黄赤道之割切二線,成立三角形,而(立三角——筆者注)四面皆勾股,即弧度可相求,不需用角,西法通于古法也。又于餘弧取赤道及大距弧之割切線,成勾股方錐形,亦四面皆勾股,即弧度可相求,亦不言角,古法通於西法也。"①"譯書時未能會通",這説明梅文鼎認爲能相互代替就是會通。《三角法舉要》載:"西法用三角猶古法用勾股也,而三角能通勾股之窮,要其理不出勾股。……故全部曆書皆弧三角之法也。""鋭角形之分,則二勾股也;鈍角形以虚補實,亦勾股也。""三角即勾股之精理,八線乃勾股之立成也。"②"幾何不言勾股,然其理並勾股也。"③

他好像是想爲西方數學起源於中國這一説法提供證據,但安國風研究證明,他的數學思維方式與他的感情傾向並不一致:"梅文鼎的證明(數學題目)進路與傳統方法截然不同。很顯然,他的證明開始就利用歐氏幾何作圖方法,構造出圖形的主體部分,僅在

① (清)梅文鼎.勿庵曆算書目[M].叢書集成初編.北京:中華書局,1985:33.

② (清)梅文鼎.勿庵曆算書目[M].叢書集成初編.北京:中華書局,1985:29.

③ (清)梅文鼎.勿庵曆算書目[M].叢書集成初編.北京:中華書局,1985:36.

最後一步才將兩個三角形‘移位（傳統數學的出入相補原理）’。”①可以看出，梅文鼎把中國傳統方法與西方方法整合在一起了。他説：“余則以學問之道，求其通而已，吾之所不能通，而人則通之，又何問乎今古，何別於中西？”②《中西算學通》序言云：“以一人一日之心，通乎數千載之前，與數萬里之外，是之謂通。”“傳曰思之思之，鬼神通之。非鬼神也，精神之極也。”“數學徵之於實”，“放之四海而皆準”。

會通的基礎在於數學的普遍性。梅文鼎説：“同在九州方域內，而嗜好風氣不齊，況逾越海洋數萬里外哉！要其理數之同，未嘗不一。今歐羅測量之器、步算之式，多出新意，與古法殊。然所測者同此渾圓之天，所算者同此一至九之數，彼固蔑能自異。當其測算精密，雖隸首、商高復起，亦無以易，乃或以學之本末非同，而並其測算疑之，非公論矣。”③很顯然他在這裏贊成“心同理同”這一説法，並批評了兩種對立的觀點：貶低中國和懷疑西方。這與徐光啓的觀點是一致的：“數之原其與生人俱來乎？始於一，終於十，十指象之，屈而計諸，不可勝用也，五方萬國，風習千變，至於算數，無弗同者，十指胲存，無弗同耳。”④但是他們對中西學術哪個先進、哪個落後的看法是相反的。徐光啓關注的是中國科學的落後及其原因和改進辦法，他基本没有涉及中西學術的源流問題；梅文鼎面臨的最大問題是中西數學的源流問題，他基本没有涉及中國落後及其原因的考察，並對徐光啓貶低中國數學水準的言論進行了批評：“商高復起，亦無以易（徐光啓語，筆者注），……非公論

① （荷）安國風．歐幾里得在中國［M］．紀志剛等譯．南京：江蘇人民出版社，2008：447．

② （清）梅文鼎．績學堂詩文鈔［M］．合肥：黄山書社，1995：54．

③ 轉引自：張永堂．明末清初理學與科學關係再論［M］．臺北：臺灣學生書局，1994：137－138．

④ （明）徐光啓．徐光啓集［M］．上海：上海古籍出版社，1984：79．

矣。"梅文鼎對先天、後天周易八卦圖相統一的觀點也基於此。我們可以將梅文鼎的數學普遍性觀念稱爲古代的科學實在論。

梅文鼎的會通原則是利於中國習慣,利於實用。《勿庵筆算》曰:"余筆算亦用直寫,以便文人之用。"①他在《天學會通訂注》中堅持,單位統一也是會通,以中國習慣爲原則。他開始時對對數有偏見:"青州薛儀甫鳳祚,又本之作天學會通,以西法六十分通爲百分,從授時之法實爲便用,惟仍以對數立算,余則以不如直用乘除爲正法也。"②"去中西之見,以平心觀理……務集衆長以觀其會通,勿拘名相而取其精粹。"③

關於梅文鼎對徐光啓、利瑪竇所譯《幾何原本》的態度,《勿庵曆算書目・幾何摘要三卷》載:"《幾何原本》爲西算之根本,其法以點線面體,疏三角測量之理,以比例大小分合,疏算法異乘同除之理,由淺入深,善於曉譬。但取徑縈紆,行文古奥而峭險,學者畏之,多不能終卷。方位伯《幾何約》又苦太略。今遵新譯之意,稍爲順其文句,芟繁補遺而爲是書。"④據馬若安研究,梅文鼎雖然找到了中西數學的共通之處,但他關注的都是《幾何原本》中被歸爲"幾何代數化"類型的命題,⑤也就是説這些問題本身就接近中國的算法化,比較容易會通。梅文鼎對算術運算與幾何推理没有加

---

① (清)梅文鼎.勿庵曆算書目[M].叢書集成初編.北京:中華書局,1985:27.

② (清)梅文鼎.勿庵曆算書目[M].叢書集成初編.北京:中華書局,1985:24.

③ (清)梅文鼎.勿庵曆算書目[M].叢書集成初編.北京:中華書局,1985:33.

④ (清)梅文鼎.勿庵曆算書目[M].叢書集成初編.北京:中華書局,1985:30.

⑤ 參見:(荷)安國風.《歐幾里得在中國》[M].紀志剛等譯.南京:江蘇人民出版社,2008:446-456.

以區別,這也是其中西會通的特徵。他對《幾何原本》是有誤解的,比如,他雖然給出了理分中末線(黄金分割)的多種作圖方法,但他並没有意識到其中涉及的無理數問題。無理量的概念雖然傳入了中國,但未有效果,希臘數學中數與形的嚴格區分,幾乎没有被中國學者察覺到。

梅文鼎對立體幾何的研究應是他的"超勝"之處。正如他所説:"……《幾何原本》六卷,止於測面,其七卷以後未經譯出,蓋利氏既殞,徐李云亡,遂無任此者耳。然曆書中往往有雜引之處,讀者或未之詳也……乃覆取《測量全義》量體諸率實考其作法根源,……以補原書之未備。"①於是他對正多面體進行了研究,成果斐然。他總結出了方燈(截半六面體)和圓燈(截半二十面體)的製作方法,求出了它們的表面積和體積,還糾正了《測量全義》和《比例規解》的有關錯誤。在解決這些問題時他還用到了射影幾何的方法。"《環中黍尺》進一步發展了《塹堵測量》的基本思想,在世界上首次使用投影法把球面三角形轉化爲平面圖形。"②他對數學進行分類,與利瑪竇相同:"夫數學一也,分之則有度有數,度者量法,數者算術。"(《方程論》)

關於西學中源,梅文鼎有如下論述。《籌算》序云:"古者聖人聖教洋溢,無所不通。"《測算刀圭》序云:"算術本自中土傳入遠西。"《曆學疑問補》云:"西曆源流本自中土,即周髀之學。""西人言曆也,溯而上之,亦不能言其始于何人。"③"筆算,西人之法耳,

---

①　(清)梅文鼎. 勿庵曆算書目[M]. 叢書集成初編. 北京:中華書局,1985:33.

②　吴文俊主編. 中國數學史大系[M]. 第七卷. 北京:北京師範大學出版社,2000:153.

③　轉引自:文俊主編. 中國數學史大系[M]. 第七卷. 北京:北京師範大學出版社,2000:149.

子何規規焉?”“俾天下疑西说者,知其説之有所自來。”①梅文鼎談算術與測量的區别説:“測量非方程事,方程者,算術。算術恃計,測量恃目,實惟兩途,測量之不能兼算術,猶算術不能兼測量。”②

關於儒、數、理和曆(法)之間的關係,梅文鼎認爲:“或有問于梅子曰:曆學固儒者事乎?曰:然。吾聞之,通天地人斯曰儒,而戴焉不知其高可乎?曰:儒者知天,知其理而已,安用曆?曰:曆也者數也。數外無理,理外無數。數也者理之分限節次也。數不可臆説,理或可影談。於是有牽合附會以惑民聽而亂天常,皆以不得理數之真,而蔑由征實耳。且夫能知其理,莫堯舜若矣。”③我們可以看到,由於中西數學會通的刺激,數學在儒學框架中的地位已上升到很高,甚至比“理”都要招人喜歡,因爲“數外無理,理外無數。數也者理之分限節次也。數不可臆説,理或可影談”。而曆法在本質上也是數學:“曆也者數也。”梅文鼎做了兩種“曆家”的區分:“言天道者原有兩家:其一爲曆家,主于測算推步日月五星之行度,以授民事,而成歲功,即《周禮》之馮相氏也;其一爲天文家,主於占驗吉凶禍福,觀察祲祥災異,以知趨避而修救備,即《周禮》之保章氏也。”④其實徐光啓也有這類觀點。

關於《周易》與曆法編製的關係,梅文鼎認爲:“《易》言制曆,策數當期,典重授時,中星紀歲。蓋七政璿璣之制,類先天卦畫之圖。原道必本乎天,儒者根宗之學,制器以尚其象,帝王欽若之心,

---

① (清)梅文鼎.勿庵曆算書目[M].叢書集成初編.北京:中華書局,1985:9.

② (清)梅文鼎.測量.方程論.卷六.梅勿庵先生曆算全書[M].兼濟堂刻本,1723.

③ (清)梅文鼎.績學堂詩文鈔[M].合肥:黄山書社,1995:34.

④ 轉引自:陳美東、沈法榮主編.王錫闡研究文集[C].鄭州:河南科技出版社,2000:124.

理至難言，以象顯之，則理盡，意所未悉，以器示之，則意明。”①梅文鼎認爲，曆法與《易經》關係密切。這一點與徐光啓觀點不一樣，理學家黄道周曾向徐光啓闡明易、曆、律之義，卻遭到了徐氏的反駁，答曰：“易自是易，律自是律，與曆何干？”②

12. 康熙

康熙（1654—1722）的數學會通著作主要有《御制三角形論》和《積求勾股法》。康熙在 1670—1674 年跟南懷仁學數學，主要是《幾何原本》（但這一版本的來源目前研究不充分）。南懷仁引入的新思想方法有：測量距離新方法、坐標定位、温度計和濕度計的使用、擺錘、光在不同介質中的衍射現象。接著的幾年，國内戰亂不斷，康熙忙於平亂，没有時間學數學。1689 年康熙恢復數學學習，教師已變成法國國王數學家，法國國王數學家除了教授幾何外，也講代數。康熙既要做首席儒學家又要做首席數學家，以評判别人，顯示權威，這是他開始學習時的動機，也是他學會後的目的，學習的内容和形式都取決於他的個人興趣。更可怕的是他還有收集秘本又儘量不讓外人知道這一壟斷知識的習慣。據安國風研究，巴多明歷時五年翻譯的兩部醫學書籍，只有康熙自己獨享，從未刊印。他還將法國國王數學家翻譯的“反理比例”改爲“反比例”，因爲中國的“理”不能顛倒。③

安多在 1689—1691 年期間向康熙傳授“借根方”④，即今天的用“文字式”列方程解應用題。從中可以看出，康熙學習數學的方法與學儒家的經典方法有相同之處，即背誦。1712 年夏天，傳教

---

① （清）梅文鼎. 績學堂詩文鈔［M］. 合肥：黄山書社，1995：3.

② （清）黄道周. 榕檀問業［M］. 卷十. 景印文淵閣四庫全書. 臺北：臺灣商務印書館，1986.

③ 參見：（荷）安國風. 歐幾里得在中國［M］. 紀志剛等譯. 南京：江蘇人民出版社，2008：472－473.

④ 田淼. 中國數學的西化歷程［M］. 濟南：山東教育出版社，2005：87.

士傅聖澤介紹符號代數——《阿爾熱巴達新法》,杜德美講解,但杜因病講到二次方程就中斷了。康熙後與皇子們一塊學也没學會,並錯誤地批評傅聖澤的新法不如舊代數好。但是康熙並未對傳統數學做過深入研究,未曾聘任一位傳統數學家爲其講授中國數學。

康熙皇帝不僅自己學習西方數學,1677 年還令欽天監人員"學習新法"。① 他在其著作中論述了數與理及《周易》的關係(1711 年康熙與趙宏燮論算數):"算法之理,皆出於《易經》。"②"爾(某大臣——筆者注)曾以《易》數與衆講論乎? 算法與《易》數吻合。"他曾對李光地説:"朕凡閲諸書,必考其實,曾將算法與朱子全書對校過。"認爲數學與程朱理學是一致的。"理深者太過而不明,數學不及而未必得理,各塗各作,不能合而爲一。"③對"過深之理"有拋棄之嫌。他很强調數學的重要性,認爲"有測量而無推算(數學),勢不可成",數學與曆法關係密切,曆法不出數學的範圍:"曆本於測量,終於推算。"④他强調實用驗證:"熊賜履言算法,皆踵襲宋人舊説,不自知其非是,且人縱知徑一圍三之誤,若以此語人,必群起而非之,以爲宋人既主此論,不可不從,究竟試諸實用,一無所驗。……前人所言,豈能盡當,徑一圍三之法,推算不符,雖蔡元定之言,何可從也。"⑤可見其對程朱理學的尊崇不是盲目的。"古法推算……多用積數,因數多奇零,盈縮虚實之難明,不能合於天。新法多用餘數,及蒙氣差之類,又驗於測影,故較之古

① (清)乾隆敕撰. 皇朝文獻通考[M]. 卷二五六. 臺北:商務印書館,1983:10b.

② (清)蔣良騏. 東華録[M]. 濟南:齊魯書社,2005:322.

③ 清聖主實録[M]. 卷二四五.

④ 御制文集[M]. 第三集. 卷十九.

⑤ 轉引自:吴文俊主編. 中國數學史大系[M]. 第七卷. 北京:北京師範大學出版社,2000:236.

法僅能與天象相合。”[①]他認爲在純數學上，西方是高於中國的。他論測繪與三角的重要性説：“用儀器測繪遠近，此一定之理，斷無差舛，萬一有舛，乃用法之差，非數之不准。以此算地理田畝，皆可頃刻立辨，但須細用工夫，方能准驗，大抵不離三角形學。”[②]

康熙對梅文鼎曆算水準的認識有其過程。1692 年，康熙斥熊賜履不懂曆法，連帶著斥責了梅文鼎：“近日有江南人梅姓者，聞其通算學，曾遣人試之，所言測景，全然未合……彼因算法不密，曾不愈寸，故測景用短表，以欺人不見耳。”[③]這時他還在壓制漢人。1702 年康熙帝對李光地説：“漢人于算法，一字不知。”[④]康熙寵臣李光地的《榕村續語録》記録了康熙因身邊漢人不懂西方數學而輕視他們的事例：“皇上去年在德州，尚云：‘漢人于算法，一字不知，我問張英：“王畿千里，有幾個百里諸侯之國？”答曰：“十個。”余笑曰：“一百個。”他不解。將算書與他看，看了三日，問他，他説一字也不懂。問他王畿幾個侯國大，他仍説十個。’”“算學惟聖人精之，只‘參天兩地而倚數’一語已妙極矣。……你們漢人，全然不曉得算法，惟江南有個姓梅的，他知道些。他俱夢夢。”[⑤]做學霸壓制漢臣是康熙皇帝前期的一貫思想：1687 年 6 月 20 日，康熙特將朝廷重臣陳廷敬、湯斌、徐乾學、耿介、高士奇、德格勒、孟亮揆、徐元夢等人召至乾清宫，當場考試，親自出題，親自改卷，然後訓斥：“朕政事之暇，唯好讀書……故召爾等面試，妍媸優劣，今已判

---

① 轉引自：吴文俊主編. 中國數學史大系[M]. 第七卷. 北京：北京師範大學出版社，2000：238.

② 轉引自：吴文俊主編. 中國數學史大系[M]. 第七卷. 北京：北京師範大學出版社，2000：236.

③ 轉引自：田淼. 中國數學的西化歷程[M]. 濟南：山東教育出版社，2005：108.

④ （清）李光地. 榕村續語録[M]. 北京：中華書局，1995：814.

⑤ （清）李光地. 理氣，榕村續語録[M]. 北京：中華書局，1995.

然。總之,人之學問原有一定份量,真偽易明,若徒肆議論,則不自量矣!"1689 年 3 月 18 日,康熙差遣侍衛趙昌請教洪若翰、畢嘉有關老人星的知識後,批評李光地"老人星見,天下太平"的天人感應觀。1691 年 2 月 20 日,康熙於乾清門批判徑一圍三理論,與薛鳳祚觀點一致。

只是由於禮儀之争的刺激,康熙開始注重漢人曆算家,以擺脱傳教士的曆法控制。1705 年,他召見梅文鼎並賜"績學參微",予以表彰。梅文鼎在《勾股舉隅》中,也是用傳統出入相補原理證明畢氏定理。康熙坦白了使用西洋人技藝的想法。1706 年底,熊賜履和李光地在向康熙皇帝講完朱子書後,康熙帝令二人近前稱:"汝等知西洋人漸作怪乎?將孔夫子亦罵了。予所以好待他者,不過是用其技藝耳,曆算之學果然好,你們同是讀書人,見外面地方官與知道者,可具道朕意。"①1711 年 7 月 29 日,關於西方人不可信,康熙對大臣和素説:"現在西洋人(對於教廷關於禮儀之争的消息)所言,前後不相符,爾等理當防備。"②同年,康熙帝諭大學士,重申朱子的正確性:"《朱子全書》,凡天文、地理、樂律、曆數,俱非泛然空論,皆能確見其所以然之故,朕常細加尋繹,欲求毫釐之差,亦未可得。"③1721 年 1 月 18 日,康熙禁教:"以後不必西洋人在中國行教,禁止可也,免得生事。"④其實,西方曆法因長時間没有修正而出現的一些錯誤,如"今年夏至,欽天監奏聞午正三刻,

---

① 轉引自:田森.中國數學的西化歷程[M].濟南:山東教育出版社,2005:103.

② 中國第一歷史檔案館編.滿文朱批奏摺全譯[M].北京:中國社會科學出版社,1996:741.

③ (清)章梫.康熙政要[M].褚家偉、鄭天一、劉明華校注.北京:中共中央黨校出版社,1994:356.

④ (清)康熙朱批.康熙與羅馬關係文書[M].臺北:臺灣學生書局,1973:70-71.

朕細測日影,是午初三刻九分”,①也加劇了康熙皇帝對西方傳教士的懷疑。

關於康熙皇帝與數學會通,衆所周知,康熙皇帝喜歡數學,也知道處理湯若望教案時滿朝文武都不懂數學(康熙皇帝曾對南懷仁指稱楊光先爲騙子),康熙皇帝所理解的數學是廣義數學,包括數術。但那時很少有人論述與數術有關的事,黄一農先生《社會天文學史十講》對其歷史事實梳理得非常細緻,指出湯若望教案的原因有排外情緒、宇宙論衝擊、擇日和相地等數術思想,但對其思想藴涵揭示得不够充分。我們發現,很少有耶穌會士對中國人的作品進行修改和評價的記載。1714 年,康熙對誠親王允祉説:“古曆規模甚好,但其數目歲久不合。今修曆書(《律吕正義》)規模宜存古,數目宜準今。”②這裏康熙强調的是徐光啓當年所説,把西方的好材料融進中國曆法框架的思想。

康熙在公共話語空間與私人話語空間中的不同表現,説明他已不信天人感應,但還是利用這一觀念爲其政治服務。白晉記載“欽天監有一個特殊房間,這個房間只爲一切重大事件選擇時間和地點……康熙皇帝在原則上要求欽天監行使這個職能。可是他卻利用各種機會對我們流露了那種觀測毫不足信的意思。皇上個人的事情,實際上是把皇上的聖意,明確地通知欽天監,一切都由皇上自己做出決定。比如皇帝的長子結婚的時候,所有候選者,誰最適合作皇子之妃一事,按慣例屬於欽天監的職權範圍應由該部門決定。但欽天監卻接到了令其推舉皇上自己預先選定的一位貴族小姐的旨意。皇上要巡幸某地時,也採用同樣的辦法。欽天監認

---

① (清)章梫著、褚家偉鄭天一劉明華校注. 康熙政要[M]. 北京: 中共中央黨校出版社,1994: 356－357.

② 轉引自: 吴文俊主編. 中國數學史大系[M]. 第七卷. 北京: 北京師範大學出版社,2000: 253.

爲適當的日子和皇上決定啓駕的日子是完全一致的。”[1]1682 年 8 月 26 日彗星出現,康熙皇帝以“彗星上見,政事必有缺失”,當日命諸臣議應行應革之事。[2]

(四)數學會通與中西禮儀之争

法國人傅聖澤曾稱胤祉是歐洲天文學的敵人,其實是中西“禮儀之争”改變了皇家對西方數學的態度。由上述可知,康熙在 1700 年後就開始培養中國數學家和天文學家,用以擺脱西方人的天文控制。

1. 法國國王數學家與《幾何原本》(康熙時期版本)

1680 年南懷仁派傳教士柏應理赴法國,請求派遣懂數學的耶穌會士,1684 年柏應理和中國人沈福宗帶著康熙請求派遣精通天文數學的耶穌會士的親筆信受路易十四接見。早在 1666 年凱西尼等人創建法國皇家科學院時,就做出過繪製全天星圖、全球地圖和研究自然歷史(植物、動物、礦物)的計劃。17 世紀 80 年代初,凱西尼等人又提交了在東方進行天象觀測,以得到準確經度、緯度和地磁偏角的計劃。隨著其實力的增强,法國政府也正想與葡萄牙争奪保教權。在這種複雜背景下,白晉(1656—1730)、張誠(1654—1707)、李明(1655—1728)、劉應(1656—1737)、洪若翰(1643—1710)光明正大地來華,並受到熱烈歡迎。他們没有南懷仁、湯若望來華時的偷偷摸摸。

法國耶穌會士來華後,不像以前的教士那樣宣誓,因而與忠於葡萄牙保教權的教士們發生争吵。監察員方濟各禁止他們進行天文觀測,不許他們用法語寫信,寫信時只能用拉丁語。法國人於是

① (法)白晉.康熙皇帝[M].哈爾濱:黑龍江人民出版社,1981:45.

② (清)馬齊、朱軾纂.大清聖祖仁皇帝實録[M].卷一〇三.北京:中華書局,1985:21a.

申請另立北堂,1692 年被批准,1703 年康熙御批“萬有真源”。1702 年後不同來源的會士們的争吵更加激化,康熙讓他們親如一家、服從一個首領的命令,也没有解决問題,這一争吵後來升級爲康熙與羅馬教皇就中國禮儀問題的衝突。康熙於 1706 年讓教士們辦護照(領票),1708 年有 53 位教士領票留居,43 位教士不領而被逐;1707 年多羅發布“南京教令”,公開譴責中國禮儀,利瑪竇規矩在中國終結。1712 年傅聖澤傳授符號代數,康熙接受不了,並批評阿爾熱巴達新法不如舊法好,這引起了耶穌會内部關於是否傳授科學新進展的争論,法國耶穌會士多堅持傳授新科學。

康熙時期的《幾何原本》就是法國傳教士來華的成果之一。現存故宫博物院,有三個本子,7 卷滿文本(一般稱爲 A)、7 卷漢文本(B)、12 卷漢文本(C)(劉鈍先生近來又在臺灣發現一個抄本,研究後認爲很可能是 A 的底本),都源自法國人巴蒂斯(1636—1673)的《幾何要旨,或學習歐幾里得、阿波羅尼烏斯及其他古代和近代幾何學家的簡明方法》。它們繼而形成一部教科書,以《幾何原本》爲題收入《數理精藴》,1723 年出版。此後一直到鴉片戰争没有新的(狹義)數學著作傳入中國,1865 年李善蘭和偉烈亞力合譯《幾何原本》後九卷,與徐光啓利瑪竇合譯的前六卷一起刊印。其中,B 本序言中的一段内容透露出翻譯新本的原因:“幾何原本,數源之謂,利瑪竇所著。因文法不明,後先難解,故另譯。”①“後先難解”的評價,根據我們前面所述,所言不虚。但其原因未必是“文法不明”,筆者傾向於是中西思維方式的差異。但是,在没有新著作傳入的時期,中國人在不停地消化、吸收西方的知識技術和思想觀念,並與中國固有的知識技術和思想觀

① 轉引自:(荷)安國風.歐幾里得在中國[M].紀志剛等譯.南京:江蘇人民出版社,2008:473.

念進行了融合會通。

中西數學會通與耶穌會傳教政策的關係也很大。1493 年後，在教皇亞歷山大六世授權下，葡萄牙享有東南亞教團的派遣權，從里斯本出發到澳門；1622 年教廷成立傳信部，試圖通過“宗座代牧制”來加强中央控制，回避或取代保教權，成立了東京、交趾、南京三個代牧區；1670 年教廷又重申保教權；1680 年教皇英諾森十一世取消傳信部，將“宗座代牧權”收歸己有，並進一步加强“宗座代牧”的權威。其實，1615 年利瑪竇規矩就已經拐了一個彎，利瑪竇本人也認爲傳播教義的“收穫季節”到了，否則他不會同意讓龍華民接任他的領導職務。龍華民 1615 年向總部報告要改規矩，日本和中國的總會長瓦倫丁·卡爾瓦羅就給澳門下達訓令，由陽瑪諾在南京傳達，推翻利瑪竇規矩，不准再講授數學等科學科目，結果發生了南京教案。湯若望教案前由於多明我會和方濟各會的到來，耶穌會内部也有改規矩的呼聲，這與其他原因一起導致了湯若望教案發生。教案後傳教士們都還是改回利瑪竇規矩，曾反對南懷仁的利類思、安文思等人，後來也都變得擁護南懷仁。

2. 皇家官方數學會通與《數理精蘊》

《數理精蘊》中的數學會通是皇家官方會通。《數理精蘊》，1721 編成，1723 年出版，此後一直到鴉片戰争没有新的狹義數學著作傳入中國，直到 19 世紀早期一直是官方數學教學的典範。

全書分爲兩編。上編五卷，“立綱明體”，是數理基礎，這裏數理的含義應該是數學及用數學所表達的“理”，下編是“分條致用”，講的是具體運用。從這裏我們可以看出，這一劃分與李之藻的《天學初函》劃分相比，有一大進步：在《天學初函》裏，數學屬於“器編”，是“器編”的主要内容，而“理編”高高在上；而在《數理精蘊》裏，只是講數，而没講通常所説“理學”的“理”，其實數本身就表達了“理”。“數理”二字表明，數在前，理在後，突出了數的地位比理高，理是由數來表達的（如前述梅文鼎所言：“或有問于梅子曰：曆學固儒者事乎？曰：然。吾聞之，通天地人斯曰儒，而戴焉不知其高可乎？曰：儒者知天，知其理而已，安用曆？曰：曆也者數也；數外無理，理外無數。數也者理之分限節次也。數不可臆說，理或可影談。於是有牽合附會以惑民聽而亂天常，皆以不得理數之真，而蔑由徵實耳。且夫能知其理，莫堯舜若矣。"①數就是理，理就是數，理可以臆說，數不可影談），與伽利略所說"自然之書是用數學的語言（三角、圓等）寫成的"有異曲同工之妙。同時該書借鑒梅文鼎等人的思想，把數學分爲幾何與算法兩部分，正式把西方數學幾何學接納爲中國數學的一部分，並且是很重要的一部分。這與西方當時正在興起的把數學分爲幾何與代數兩大分支也是一致的。第二編講數學的應用，也符合利瑪竇所帶來的西方數學觀念：一切自然科學都是數學的分支。當然這部作品的思路也不全是西方思想，比如它把音樂突出出來，另外編爲一部《律吕正義》，而在西方，音樂也是數學的一部分。《數理精蘊》也把幾何放在河圖、洛書之後，認爲後者是前者的源泉，體現了當時官方盛行的西學中源、舍器保理思想。據研究，梅瑴成就反對把河圖、洛書放在數學著作前面作爲數學的起源，他的《赤水遺珍》可能就沒有這樣做。

安國風所說"利瑪竇引入的'度'和'數'的二分法，已被'數'與'理'所取代"②這一理解是錯誤的，這裏只講數與理的關係，並沒有涉及數學本身的劃分，幾何本身就包含了數與度，即 quantity，《數理精蘊》所講是很明確的。這種安排其實已表明，中國官方已承認西方數學於中國數學會通後已經是中國當時知識和思想的一個重要組成部分，只是礙於面子勉强把河圖、洛書强加在幾

① （清）梅文鼎. 績學堂詩文鈔［M］. 合肥：黄山書社，1995：34.

② （荷）安國風. 歐幾里得在中國［M］. 紀志剛等譯. 南京：江蘇人民出版社，2008：479.

何之前。民間的反應就不是這樣了,自黄宗羲、胡渭考證河圖、洛書爲宋代陳摶自撰後,知識分子心中對當時盛行的理學宇宙論的懷疑已無法被阻止。知識分子怎麼能不相信推理清楚明確的西方學術、精確實用的西方技術,又怎麼能將西方科學技術與其背後的宇宙觀區别開呢? 一旦宇宙觀受到懷疑,儒家倫理、社會生活方式和價值觀念等等,又怎能避免多米諾骨牌效應的發生呢?

正像安國風所説:"如果没有前此有利環境中播撒下的種子,晚清的翻譯運動也就不能取得如此之快的成功。"①臺灣學者洪萬生先生也指出,清末第二次西學東漸中,數學的翻譯受到明末清初數學翻譯工作的直接影響。②

《數理精藴》的開篇是數理本原。這一部分首先强調數學的中國起源:"粤稽上古,河出圖洛出書,八卦是生,九疇是敘,數學於是乎肇焉。蓋圖、書應天地之瑞,因聖人而始出,數學窮萬物之理,自聖人而得明也。昔黄帝命隸首作算,九章之義已啓,堯命羲和治曆,敬授人時,而歲功已成。周官以六藝教士,數居其一,周髀商高之説可考也。"③其次强調中國古代數學研究人才輩出:"秦漢而後,代不乏人,如洛下閎、張衡、劉焯、祖沖之之徒,各有著述。"再次强調唐宋這些强盛時代對數學的重視,認爲數學是格物窮理的重要部分:"唐宋設明經算學科,其書頒在學宫,令博士弟子肄習,是知算數之學,實格物致知之要務也。"④

---

① (荷)安國風. 歐幾里得在中國[M]. 紀志剛等譯. 南京: 江蘇人民出版社,2008: 482.

② 洪萬生. 19 世紀的中國數學,載: 林正紅和傅大爲主編. *Philosophy and Conceptual History of Science in Taiwan*, Dordrecht, 1983: 200.

③ 清聖祖敕編. 數理精藴[M]. 上編 · 卷一 · 數理本源. 北京: 商務印書館,1936: 1.

④ 清聖祖敕編. 數理精藴[M]. 上編 · 卷一 · 數理本源. 北京: 商務印書館,1936: 1.

從而,在討論數字時,讓它們代表事物的數量部分,得到不同數位的方法就確立了,這也是當時幾何的含義,該書借機把私人話語空間中西方數學的幾何歸於中國傳統數學:“故論其數,設爲幾何之分,而立相求之法。”①接著論述加減乘除的道理,在於數代表的形之中,數的道理就是事物的道理:“加減乘除,凡多寡輕重貴賤盈朒,無遺數也。略論其理,設爲幾何之形。”②它認爲算法的原理在於“比例分合”,比例分合又來自加減乘除,加減乘除則來自河圖、洛書,再次論證以强化西學中源説:“而明所以立算之故,比例分合,凡方圓大小遠近高深無遺理也。溯其本原,加減實出於河圖,乘除殆出於洛書。”③從中可以看出,這一官方會通的成就對西方形式邏輯和公理化體系的認識很膚淺。

繼而,編纂官們從中國傳統數學所重視的陰陽奇偶出發,談及數學的種種實用方面:“一奇一偶,對待相資,遞加遞減,而繁衍不窮焉。奇偶各分,縱橫相配,互乘互除,而變通不滯焉。徵其實用,測天地之高深,審日月之交會,察四時之節候,較晝夜之短長。以致協律度、同量衡、通食貨、便營作,皆賴之以爲統紀焉。”④最後提到中國傳統的類比思維方式,並與西方所重視的點線面體結合在一起,同時也講到《數理精蘊》的編纂思路和編纂的實用目的:“今彙集成編,以類相從,提點線面體以爲綱,分和較順逆以爲目,法無論巨細,惟擇其善者,由淺以及深,執簡以禦繁,使理與數協,務有

① 清聖祖敕編. 數理精蘊[M]. 上編・卷一・數理本源. 北京: 商務印書館,1936: 1.

② 清聖祖敕編. 數理精蘊[M]. 上編・卷一・數理本源. 北京: 商務印書館,1936: 1.

③ 清聖祖敕編. 數理精蘊[M]. 上編・卷一・數理本源. 北京: 商務印書館,1936: 1.

④ 清聖祖敕編. 數理精蘊[M]. 上編・卷一・數理本源. 北京: 商務印書館,1936: 1.

裨於天下國家(强調實用——筆者按),以傳億萬世云爾。"①然後講《易經》數理、陰陽奇偶,又提到河圖、洛書爲數學本原,並提到邵雍。該書堅持梅文鼎學派的數學思想,恢復理學的目的昭然若揭。

接下來該書回顧了數學的歷史:"數學之失傳久矣。漢晉以來所存幾如一綫,其後祖沖之、郭守敬輩殫心象數,立密率消長之法,以爲習算入門之規,然其法以有盡度無盡,止言天行未及地體,是以測之有變更,度之多盈縮,蓋有未盡之餘藴也。"②這令人想起王錫闡"古人立法必有立法之意"的思想。它對明末來華耶穌會士的貢獻多有貶低:"明萬曆間西洋人始入中土,其中一二習算者,如利瑪竇、穆尼閣等著爲《幾何原本》《同文算指》諸書,大體雖具,實未闡明數理之精微。"③而對清初來華的傳教士褒獎有加:"及我朝定鼎以來,遠人慕化,至者漸多,有湯若望、南懷仁、安多、閔明我,相繼治理曆法,間明算學,而度數之理漸加詳備。"④强調傳教士贊成西學中源説:"然詢其所自,皆云本東土所傳。"⑤我們知道,這不是傳教士的主流思想。該書接著根據梅文鼎思想論證西學中源説:"粤稽古聖,堯之欽明,舜之浚哲,曆象授時,閏餘定歲,璿璣玉衡,以齊七政,推步之學孰大。於是至於三代盛時,聲教四訖,重譯

① 清聖祖敕編. 數理精藴[M]. 上編·卷一·數理本源. 北京: 商務印書館,1936: 1.

② 清聖祖敕編. 數理精藴[M]. 上編·卷一·周髀經解. 北京: 商務印書館,1936: 8.

③ 清聖祖敕編. 數理精藴[M]. 上編·卷一·周髀經解. 北京: 商務印書館,1936: 8.

④ 清聖祖敕編. 數理精藴[M]. 上編·卷一·周髀經解. 北京: 商務印書館,1936: 8.

⑤ 清聖祖敕編. 數理精藴[M]. 上編·卷一·周髀經解. 北京: 商務印書館,1936: 8.

向風，則書籍流傳於海外者，殆不一矣。迺末疇人子弟失官分散，嗣經秦火，中原之典章，既多缺佚，而海外之支流反得真傳，此西學之所以有本也。"①

該書卷一最後對傳統數學家關於《周髀算經》中"榮方陳子"談天之論的懷疑思想做了牽强的分析，並重新將《周髀算經》樹爲中西數理之源："古算書存者獨有周髀，周公商高問答其本文也，榮方陳子以下所推衍也，而漢張衡、蔡邕以爲術數（徐光啓也有此感——筆者按），雖存考驗天狀，多所違失，按榮方陳子始言晷度，衡、邕所疑或在。於是若周髀本文，辭簡而意該，理精而用博，實言數者所不能外其圓方矩度之規，推測分合之用，莫不與西法相爲表裏，然則商高一篇誠成周六藝者（徐光啓不這樣看——筆者按），而非後人所能假託也，舊注義多舛訛，今悉詳正，弁於算書之首，以明數學之宗，使學者知中外本無二理焉爾。"②

《數理精蘊》的縮寫或改編本也有不少，如莊亨陽（1686—1746）的《莊氏算學》8 卷，屈曾發的《數學精詳》13 卷，何夢瑶的《算迪》12 卷。《數理精蘊》出版後就成爲數學教科書，直到清末還是新興學堂的教本③，不算各種抄本，只是印刷本就有 30 種之多④。在我國，最早使用小數點的數學著作是《數理精蘊》，只是它把小數點放在了右上角。其除法合開方法拋棄了繁難的帆船法，改爲接近於今天的方法。

雖然康熙嘲笑過漢人官員對數學天文的無知，嘲笑過理學家

① 清聖祖敕編. 數理精蘊[M]. 上編・卷一・周髀經解. 北京：商務印書館，1936：8.

② 清聖祖敕編. 數理精蘊[M]. 上編・卷一・周髀經解. 北京：商務印書館，1936：8.

③ 李儼. 中國數學史大綱[M]. 下册. 北京：科學出版社，1958：546.

④ 李迪等. 中國數學史大系[M]. 副卷二. 北京：北京師範大學出版社，2000.

的虛僞,他也早就開始拉攏漢人學者支持他的統治。鼎革之痛在多數人心裏並没有停留太長時間,隨著滿清對漢族文化的認同,中國人固有的愛國心和學而優則仕心理很快就又起了作用。與西方關係的破裂更加劇了他啓用漢人的決心,並刺激了他的相關行動。

爲了鞏固滿清王朝的地位,爲了證明自己是真龍天子,康熙極力彌合晚明心學、理學之争,鼓吹程朱理學。據陳榮捷先生研究,在儒學意識形態方面,康熙在1675—1678年連續舉行了三次科舉考試的鄉試,1679年舉行了博學鴻儒考試,此後還舉行過。康熙時代編撰了大量圖書:1690年的《大清會典》、1704年的《佩文韻府》、1713年的《淵鑒類函》、1715年的《御纂性理精義》,此外還有《朱子全書》《康熙字典》《駢字類編》《古今圖書集成》。①

在科學技術方面,在李光地的介紹下,1705年康熙皇帝御舟召見了梅文鼎,並題予"績學參微",多次在鄉野訪賢,這些措施極大地鼓舞了人們學習曆算的熱情,很多士人站在國家管理人員的立場上寫作數學著作,如張雍敬。康熙還於1713年在暢春園設立了隸屬於國子監的蒙養齋算學館,三位皇子任督學,一位元尚書管理具體事務,没有安排傳教士任教。由軍機大臣和翰林院學士領銜編撰,梅瑴成、陳厚耀、何國宗(?—1766)、明安圖(1692—1765)等人具體負責的《律曆淵源》也没有傳教士參與編寫,它於1723年編成刊刻,内含53卷《數理精蘊》。安國風先生認爲:"'算學館'的建立亦標誌著天算之學獨立於西人的開始。"②我們認爲這只是形式上的事情,實際上已不可能把西方數學的影響從中國剔除。歷史不是水(H_2O_1),在一定條件下能在混合物(O_2、H_2)和

① 參見:(荷)安國風.歐幾里得在中國[M].紀志剛等譯.南京:江蘇人民出版社,2008:475.

② (荷)安國風.歐幾里得在中國[M].紀志剛等譯.南京:江蘇人民出版社,2008:476.

化合物（H_2O_1）之間自由還原。比如，黄宗羲對中、西、回曆都有研究，曾爲南明小朝廷寫過一部曆法，爲前朝當時或已故的天文家寫過傳記和墓誌銘。其宇宙論著作《易學象數論》對傳統進行了激烈批判，認爲河圖、洛書不是宇宙模式，而是周代的地理圖及其解釋[①]。繼黄宗羲之後，胡渭（1633—1714）1704年刊刻的《易圖明辨》沿著黄宗羲的思路走得更遠，通過考證得出河圖、洛書不是古代傳下來的，而是宋代陳摶老祖自己做的。這最起碼説明，對理學至關重要的宇宙論圖式難以追溯到古老的三代了，也提供了人們對理學産生懷疑的證據。亨德森著作《中國宇宙論之興衰》就指出，大約在清朝初年傳統宇宙體系開始衰落，其原因在於批評者的增加和哲學與考據學工具的急劇精緻化。[②] 而這些批評者大多傾心西學，另外，考據學者的方法也浸透著西學的思維方式（梁啓超、胡適語，參見導論）。

3. 梅瑴成與《赤水遺珍》

在其數學會通著作《赤水遺珍》中，梅瑴成發現了西方代數與中國天元術的相似性，當時人們把這一相似性當做西學中源的又一有力證據。"嘗讀《授時曆草》，求弦矢之法，先立天元一爲矢。而元學士李冶所著《測圓海鏡》亦用天元一立算。傳寫魯魚，算式訛舛，殊不易讀……而無以解也。後供奉内廷，蒙聖祖仁皇帝授以借根方法，且諭曰：西洋人名此書爲阿爾熱八達，譯言東來法也。敬受而讀之。其法神妙。誠算法之指南。而竊疑天元一之術頗與相似。復取《授時曆草》觀之，乃涣如冰釋。殆名異實同，非徒曰似之已也。"[③]梅瑴成借

---

① 轉引自：（荷）安國風. 歐幾里得在中國[M]. 紀志剛等譯. 南京：江蘇人民出版社，2008：414.

② 轉引自：（荷）安國風. 歐幾里得在中國[M]. 紀志剛等譯. 南京：江蘇人民出版社，2008：414.

③ 轉引自：吴文俊主編. 中國數學史大系[M]. 第七卷. 北京：北京師範大學出版社，2000：361.

助借根方法解讀了《授時曆》原文,對每一步都作了説明,還對《測圓海鏡》《四元玉鑒》等著作中的題目做了解釋。阮元對梅瑴成的這一成就非常讚賞:"使洞淵遺法,有明三百年來所不能知者,一旦復顯於世,其功算學爲甚巨矣。"①其大功之一是爲西學中源説提供的一個鐵證:"猶幸遠人慕化,復得故物,東來之名,彼尚不能忘所自。"②另外梅瑴成還證明了正切定理和球面三角形的正弦定理。

4. 毛宗旦和《九章蠡測》

毛宗旦(1668—1728?)(生活於康雍年間)的數學會通著作《九章蠡測》共10卷。其會通思想的基礎也是心同理同,但是堅持中國傳統數學有先進之處:"《同文算指》多刻西術,如三率、筆算等法,要旨不離加減乘除,仍是中土舊術,故知中西無二算也。""近有筆算、籌算、尺算辦法,本之泰西,能精熟其法,用之亦敏妙,然(中西算——筆者按)法雖異,而理實同。"③他這樣描述自己的寫作過程和原則:

> 《九章算術》,未見古本,數年以來僅得《周髀算經》、吴氏《九章比類》及《算海説詳》、《算法統宗》、《幾何原本》、《勾股義》、《測量法義》、《數學鑰》諸書,互相考訂,皆大同小異。又得宣城梅氏《方程論》,極言方程古法廢墜,諸本缺略不全,並多舛謬,專撰成書,鑿然論斷,依其術,録入是編,故方程卷帙獨多,而九章諸法略稱完備。是書所列設問,皆舊法也,方田、粟米、少廣、商功、均輸多本吴氏《九章》,差分、盈朒並開方諸

---

① (清)阮元.疇人傳[M].卷三十九.梅瑴成.上海:商務印書館,1935:490.

② 轉引自:吴文俊主編.中國數學史大系[M].第七卷.北京:北京師範大學出版社,2000:361.

③ 轉引自:吴文俊主編.中國數學史大系[M].第七卷.北京:北京師範大學出版社,2000:370.

變多出《算指》,方程專取梅氏論中諸法,勾股則兼取衆説。①

清初陳厚耀對毛宗旦所作與西方數學原理相似的"立法原則"極爲讚賞:"扆再所著《九章》,有裨實用,余所見諸家著論多矣,未有若斯之委曲詳盡者,法雖創自古人,而能一一抉其立法之原則,是書所獨也。"②可見他在體例上深受《幾何原本》影響,對概念進行定義,題目也按題設、法置、按等順序排列,與《九章算術》的"問-答-術"模式不同。其卷首對各種概念依據西方公理化體系進行了定義,其中"率"定義如下:"率音律,約數也,總而約之曰率,又爲彀率之率,有準的之意,故方法謂之方率,圓法謂之圓率,比例列數謂之三率,中數謂之中率,立法縝密謂之密率。大抵立一數於此,而爲一定之法,則皆可謂之率也。"③

西學中源説有利於確立學習西方數學的合法性,不利於虛心學習其先進學術和思想方法。乾嘉學派復興了古算研究,但"他們的興趣局限於古代文獻,完全忽視了數學的創新性"。④ 最具數學頭腦的乾嘉學派代表錢大昕對數學也没有實質性貢獻⑤。18 世紀這一時期,中國數學研究應有三個流派:欽天監是一派,研究西法;乾嘉學派是一派,研究古算,《疇人傳》是其代表作,但阮元等人的存世文獻説明他們是出於自尊心故意爲之,有關資料還需進

① 轉引自:吴文俊主編.中國數學史大系[M].第七卷.北京:北京師範大學出版社,2000:375.

② 轉引自:吴文俊主編.中國數學史大系[M].第七卷.北京:北京師範大學出版社,2000:376.

③ 轉引自:吴文俊主編.中國數學史大系[M].第七卷.北京:北京師範大學出版社,2000:372.

④ 洪萬生.19 世紀的中國數學,載:林正紅和傅大爲主編.*Philosophy and Conceptual History of Science in Taiwan. Dordrecht*, 1983:167 -208.

⑤ 參見:洪萬生.19 世紀的中國數學,載:林正紅和傅大爲主編.*Philosophy and Conceptual History of Science in Taiwan. Dordrecht*, 1983:180.

一步整理;民間還有一派如汪萊、江永、没入京時的戴震,他們尊西法,如戴震入京之初對西法的諱言、入京後的心口不一,江永與梅瑴成的論戰,汪萊因尊西法而受歧視,還有民間數學的一些材料可作證據。

5. 年希堯、梅文鼎和《視學》

年希堯的透視幾何中西會通著作是《視學》。中國古代先民在生産實踐、繪畫創作和數學理論探索中,已經在研究和嘗試用平面圖形表現空間物體。山西大同雲岡石窟北魏石刻使用了正投影,四川成都楊子山漢代畫磚民居應用了"軸側圖",陝西西安大雁塔西門楣佛教殿石刻是透視圖,石刻本身也是用平行透視畫法做出的。① "遠在三國時代劉徽注釋《九章算術》時,就開始用圖表達空間形體。"②梅文鼎説:"故視法不但作圖之用,即步算之法已在其中。"③由本文前述可知,王錫闡也用過透視方法。

年希堯(? —1739)也是這樣來認識中西透視知識的:"迨細究一點之理,又非泰西所有,而中土所無者。凡目之視物,近者大,遠者小,理由固然……由此推之,萬物能小如一點,一點亦能生萬物。"④中國傳統作畫工具是毛筆,西方傳過來的則是自成體系的一系列透視工具,有圖桌、圖板、直尺、丁字尺、兩腳規、鉛筆、羽毛筆。這些工具後來流入民間,不斷與中國傳統進行會通,並流傳下來。中國傳統畫法中是有大者與小者成比例的相似原理的,但"用

---

① 參見:吴文俊主編.中國數學史大系[M].第七卷.北京:北京師範大學出版社,2000:379.

② 吴文俊主編.中國數學史大系[M].第七卷.北京:北京師範大學出版社,2000:385.

③ (清)梅文鼎.弧三角舉要.卷一.梅勿庵先生曆算全書[M].兼濟堂刻本,1723.

④ 任繼愈主編.中國科學技術典籍通彙.數學卷四.鄭州:河南教育出版社,1993:4-712.

合乎中心投影畫法來畫實物,我國前所未聞”。[①] “余曩歲即留心視學,率嘗任智殫思,究未得其端緒,迨後獲與泰西郎學士相晤對,即能以西法作中土繪事。”[②]“在中國固有作畫基礎理論上年希堯吸取西方畫法、幾何學説寫成《視學》,可以説是東西方畫法、幾何水乳交融的豐碩成果。”[③]

將年希堯、明安圖二人的經歷相比較,我們可以發現,傳教士在中西會通中所起的作用不僅是西學傳入者,而且是會通的催化劑,有了他們的參加,會通效率會大大提高。年希堯“率常任智殫思,究未得其端緒”,而“迨後獲與泰西郎學士相晤對,即能以西法作中土繪事”,自己冥思苦想很長時間,找不到頭緒,一旦與西方人交流,很快就理解了透視方法,並能在作畫時加以運用。明安圖(1692—1764)的數學水準是比較高的:“查此表(1730 年編的《日躔表》和《月離表》——筆者注)的作者系監正加禮部侍郎銜、西洋人戴進賢,能用此表者惟監副西洋人徐懋德與食員外郎俸五官正明安圖。此三人外,别無解者。”[④]明安圖談會通説:“圓徑求周、弧背求弦、求矢三法,本泰西杜德美所著,實今古未有也。亟欲公諸同好,惜僅有其法,而未詳其義,恐人有金針不度之疑。”明安圖於是自己辛勤研究,“以至成書,約三十餘年”。[⑤] 年希堯在郎世寧的

① 吴文俊主編.中國數學史大系[M].第七卷.北京:北京師範大學出版社,2000:439.

② 任繼愈主編.中國科學技術典籍通彙.數學・卷四.鄭州:河南教育出版社,1993:4-712.

③ 吴文俊主編.中國數學史大系[M].第七卷.北京:北京師範大學出版社,2000:437.

④ 吴文俊主編.中國數學史大系[M].第七卷.北京:北京師範大學出版社,2000:460.

⑤ 吴文俊主編.中國數學史大系[M].第七卷.北京:北京師範大學出版社,2000:466.

幫助下,很快學會了視學,而明安圖自己摸索,30 年才出成果 。

四、數學會通與東傳數學的先進性

本章前面討論了數學會通的成果和過程,本節關注的是西方當時最前沿的數學著作及其思想與數學會通的關係,這也將從一個側面證明會通與傳入、輸入等視角的區别。

明末清初西學東漸是中國史乃至世界史上的大事,其影響波及今天。包括數學在内的科學是當時西學的主體,對西方科學先進性及其傳播者傳教士的評價,涉及對西學東漸及其影響的認識,也是今天文化建設和科學發展的前提。學界有關認識目前還没有取得一致,①有進一步討論的必要。種種認識中,"負面成效顯著"論影響較大,值得仔細討論。侯外廬先生主編的《中國思想通史》可做這類觀點的代表,《中國思想通史》對西學東漸的評價是負面的:"(一)耶穌會所宣揚的自然哲學及其世界圖像是當時反動的思想;(二)耶穌會所傳來的科學,是當時落後的科學,其目的在爲神學服務;(三)耶穌會所提供的思想方法,不是有助於而是不利於科學發展的思想方法。"②其撰寫人之一何兆武先生至今仍持這一觀點,比如,何先生雖然在《略論徐光啓在中國思想史上的地位》《論徐光啓的哲學思想》等近期論文中認爲徐光啓注重演繹推理、科學實踐、以數學關係表達事物規律等,但卻又認爲這是徐光啓的天才之處,不是中西會通的結果。其實李之藻、徐光啓本人在其著作中均已承認他們直接受到傳教士影響。江曉原先生已經對

① 宋芝業.明末清初的科學話語空間[J].自然辯證法通訊,2012(1):45-49.

② 侯外廬主編.中國思想通史[M].第四卷,北京:人民出版社,1959:1240.

天文學的先進性問題做了辨析和論證,[1]數學方面的相關工作有待進一步開展。

研究表明,傳教士傳入了先進的數學,不過,有些先進的西方數學與中國數學的會通結果不理想,其原因的主要方面在中國;與中國數學會通充分和不充分的這兩類西方數學的先進性問題,在西方數學的發源地還没有得到明確一致的認識,基本不存在傳教士故意不傳播先進數學的現象。

(一) 傳入西方數學的先進性及中西數學會通情況

1. 傳入的數學及其先進性

據不完全統計,明末清初一直有相當數量的西算書籍傳入,[2]大約有82種數學著作及與數學關係密切的天文著作,其中明末70種,清初12種。西方當時擁有的數學著作幾乎都被涉及了,包括歐幾里得、阿基米德、笛卡爾等著名數學家的著作,包括算術、代數、幾何、微積分等全部數學分支。

一般認爲,對數、解析幾何和微積分是17世紀的先進數學,這些數學分支的著作都有傳入。在解析幾何方面,該學科的兩位創始人笛卡爾和費馬的學術著作雖未傳入,但由英國數學家查理斯(C. F. M. de Chales, 1621—1678)整理的笛卡爾《幾何學》單行本在清初多次傳入,如名爲《宇宙數學》(*cursus seu Mundus Mathematicus*)的有1674、1690年版本傳入,而《幾何學》(*Geometria*)則有1649、1659、1683、1695年4種版本傳入。他在解析幾何學科中首次引入負的縱横坐標,並導出各種圓錐曲線方程。

① 江曉原. 論耶穌會士没有阻撓哥白尼學説在華傳播[J]. 學術月刊, 2004(2): 100-109.

② 參見: 吴文俊主編. 中國數學史大系[M]. 第七卷, 北京: 北京師範大學出版社, 2000: 8-13, 90-92.

對數方面，當時對數的先進性主要表現在簡化三角學運算方面，這類著作有德國斯特勞赫[1]的 *Tabulae sinuum, tangentium logarithmorum et per universam mathesin*（1700 年版），荷蘭數學家弗拉克[2]的 *Trigonometria artificialis: sive Maganus canon trangulorum logarithmicus, Ad radium 10 000 000 000, & ad dena Scrupula Sestructu*（1633 年版）、*Tabulae sinuum, Tangentium, et logarithmi sinuum, tangentium, & Numerorum ab unitate ad 10000*[3]、*Tabulae sinuum, tangentium, et secantium, et logarithm*（該書傳入時間較晚），法國數學家奧則南（J. Ozanam, 1640—1717）的 *Tables des sinus tangents et secants; et des logarithms des sinus et des tangents; & des nombres depuis l'unite jusques a 10 000*[4] 傳入。微積分方面，有霍格遜[5]的著作 *The doctrine of fluxions* 傳入。該書主要講解牛頓微積分方法，對牛頓創立的"流數術"作了較爲詳細的介紹。牛頓將古希臘以來求解無窮小問題的種種特殊方法統一爲兩類算法：正流數術（微分）和反流數術（積分）。而牛頓著名的《自然哲學的數學原理》著作則在 18 世紀後多次傳入。

2. 中西數學會通與西方數學的先進性

中國數學史界一般將明末和清代數學的主要内容稱爲會通數

---

① Aegidius Strauch (1632—1682)，德國數學家、天文學家、神學家、歷史學家.

② 其重要貢獻是增補了常用對數表，給出了從 1 到 100 000 的全部對數值.

③ 1670 年版，該書第一版於 1628 年在荷蘭高德（Goudo）出版.

④ 1685 年版，該書内容爲三角函數中的正弦、正切和正割表，正弦和正切的對數表，10 000 以内數的因數分解表，該書於 1670 年在里昂出版.

⑤ James Hodgson (1672—1755)，英國數學家和天文學家，皇家學會會員，曾經擔任格林尼治天文臺首任台長約翰·弗拉姆斯提德（John Flamsteed）的助手.

學,研究表明,明末清初的數學著作絶大部分是會通數學,純粹的中國傳統數學所占比例很小。[1] 傳教士傳入數學中,經過中西會通後産生影響的主要是形式邏輯和公理化思想方法、幾何學、對數、各種計算工具和三角學等。近代先進數學的代表之一對數,主要是作爲一種方法與三角函數相結合,爲較多的明末清初曆算學者所掌握和運用,在中西會通、曆算改革、大地測量、機械改進和其他相關活動中作用很大。

作爲近代先進數學之二的解析幾何的直接運用還没有確切的證據,但是解析幾何所代表的言必有據和清楚明白的思想方法對中國數學界産生了衝擊。日本學者研究發現,笛卡爾漩渦理論當時已經傳入,並且被翻譯運用。[2] 利瑪竇説:"夫儒者之學,亟致其知,致其知當由明達物理耳。物理渺隱,人才頑昏,不因既明,累推其未明,吾知奚致哉?吾西陬國雖褊小,而其庠校所業格物窮理之法,視諸列邦爲獨備焉。故審究物理之書極繁富也。彼士立論宗旨,惟尚理之所據,弗取人之所意,蓋日理之審,乃令我知,若夫人之意,又令我意耳。知之謂,謂無疑焉,而意猶兼疑也。然虚理、隱理之論,雖據有真指,而釋疑不盡者,尚可以他理駁焉。能引人以是之,而不能使人信其無或非也,獨實理者、明理者,剖散心疑,能强人不得不是之,不復有理以疵之,其所致之知且深且固,則無有若幾何家者矣。"[3]在解析幾何方面,該學科的兩位創始人笛卡爾和費馬的學術著作雖未傳入,但由英國學者查理斯整理的笛卡爾《幾何學》單行本在清初多次傳入,如名爲

① 宋芝業.會通與嬗變[J].山東科技大學學報(社會科學版),2011(2):25-29.

② (日)橋本敬造.中國康熙時代的笛卡爾科學[J],載:卓新平主編.相遇與對話[C].北京:宗教文化出版社,2003:367.

③ 徐宗澤.明清間耶穌會士譯著提要[M].上海:上海書店出版社,2006:198.

《宇宙數學》(*cursus seu Mundus Mathematicus*)的有1674、1690年版本傳入,而《幾何學》(*Geometria*)則有1649、1659、1683、1695年4種版本傳入(見前述)。後人對這些著作是否有研究,有待新資料的進一步驗證。所以真實情況是,笛卡爾思想没有完全傳入,而不是完全没有傳入。

西方數學的異質性也可以理解爲一種先進性。異質文化的碰撞所帶來的刺激往往是一種促進文化發展的動力,清代中後期傳統數學的復興應該與西方數學的東漸密切相關。

當然也有一些數學著作没有參與中西會通,甚至没有被翻譯爲漢語,但是這與西方傳入數學的先進性是兩碼事。西方傳教士幾乎帶來了當時西方的所有數學,没有翻譯某些先進數學恰恰表明了中國人在數學發展方面的局限性,比如中算家研究西方數學主要是用於解決實際的問題而不是促進數學本身的發展,中算家的傳統思維方式與西方數學對思維方式的要求有一定的差距。康熙對符號代數的拒絶説明了中國數學界的這種局限性。

(二)西方本土對其數學先進性的認識

1. 先進數學思想與科學革命

科學革命時期,數學的重要性和先進性是毋庸置疑的。莫里斯·克萊因説:"很多人把現代科學的出現主要歸功於實驗方法的引進,並相信數學知識只是作爲一個方便的工具偶爾起點作用。真實的情況……恰恰相反,文藝復興時期的科學家是作爲數學家進入自然科學研究領域的……實驗提供的幫助很小,甚至没有。科學家在當時指望從這些原理推導出新的定律。"①哥白尼、開普

① 轉引自:(美)哈爾·赫爾曼.數學恩仇記[M].范偉譯.上海:復旦大學出版社,2009:8-9.

勒、笛卡爾、伽利略、牛頓等爲現代科學造型的人，都認爲科學工作中的演繹數學部分所起的作用比實驗要大得多。我們知道，16、17世紀的巨大科學成就在天文和力學上。關於前者，觀測只給出了很少的一點新鮮的東西；關於後者，實驗的結果很難説是驚人的，也確實没有決定性。但是，數學理論卻達到了一個廣博和完善的境地，在後來的幾個世紀中，科學家們根據極少的實驗就給出了普遍和深刻的自然定律。①

笛卡爾的著作對科學革命的重要性是不可否認的。笛卡爾（1596—1650）的《方法論》被認爲可與牛頓的《原理》相媲美，是好幾個領域的里程碑，爲17世紀數學的偉大復興做出了卓越貢獻。② 笛卡爾的著作影響很大，他的演繹且系統的哲學風行於17世紀，特别是使牛頓注意到運動的重要性。他的哲學著作的精裝本甚至成爲貴婦們梳妝檯上的點綴品。③ 笛卡爾認爲，聯繫在一切領域中建立真理的方法，就是數學方法。④ “笛卡爾明確宣稱，科學的本質是數學。”客觀世界是固體化了的空間，或者説是幾何的化身。除了上帝和靈魂外，一切都是機械的。⑤

笛卡爾的科學思想“支配著17世紀……只有教會排斥他。他雖然相信上帝，並且在其著作中證明了上帝的存在，但他的思路與

---

① 參見：（美）克萊因. 古今數學思想[M]. 第二册. 上海：上海科技出版社，2002：36.

② （美）哈爾·赫爾曼. 數學恩仇記[M]. 范偉譯. 上海：復旦大學出版社，2009：31.

③ （美）克萊因. 古今數學思想[M]. 第二册. 上海：上海科技出版社，2002：30.

④ （美）克萊因. 古今數學思想[M]. 第二册. 上海：上海科技出版社，2002：6.

⑤ （美）克萊因. 古今數學思想[M]. 第二册. 上海：上海科技出版社，2002：28－29.

教會不同。他説,《聖經》不是科學知識的來源,只憑理性就足以證明上帝的存在(完美的觀念不能從人的不完美的心中推導或製造出來,他只能從一個完美的東西得到。因此,上帝存在)”。① 並且説,人們應該只承認他所能瞭解的東西。教會對他的反應是:“在他死後不久,就把他的書列入《禁書目録》,並且當在巴黎給他舉行葬禮的時候,阻止給他致悼詞……他生活在清教與天主教間的争論達到高潮的時代。”②另一個文獻也爲此提供了證據,笛卡爾死時,他的朋友們爲了紀念他“本來要舉行公開的演講,但國王匆匆下令禁止,因爲笛卡爾的學説仍然被認爲太激進,不能在公衆面前宣講……笛卡爾死後不久,他的書就被列入教會的《禁書目録》”。③

伽利略和笛卡爾一樣,相信自然界是用數學設計的:“這書(自然之書——筆者注)是用數學語言寫出的,符號是三角形、圓形和别的幾何圖像,没有它們的幫助,是連一個字也不會認識的;没有它們,人就在一個黑暗的迷宫裏勞而無功地遊蕩著。”④上帝把嚴密的數學必要性放入世界,人只有通過艱苦的努力才能領會這個必要性。因此,數學知識不但是絶對真理,而且像《聖經》那樣都是神聖不可侵犯的。實際上數學更爲優越,因爲人們對《聖經》有很多不同意見,而對於數學真理,則不會有不同意見。“如果把耳朵、舌頭和鼻子都去掉,我的意見是:形狀、數量[大小]和

① (美)克萊因.古今數學思想[M].第二册.上海:上海科技出版社,2002:37.

② (美)克萊因.古今數學思想[M].第二册.上海:上海科技出版社,2002:5.

③ (美)E.T.貝爾.數學大師[M].徐源譯.上海:上海科技教育出版社,2004:61-62.

④ 轉引自:(美)克萊因.古今數學思想[M].第二册.上海:上海科技出版社,2002:33.

運動仍將存在。”①讀到這裏,不禁令人想起梅文鼎“數不可以臆說,理卻可以影談”的觀念。雖然仍然相信上帝,他們已經給上帝分配了不同於以前的角色——上帝最好不染指科學事務。而天主教徒在科學領域也有很大的發言權,近代新科學並非全由新教徒創造。“那個時代(笛卡爾時代——筆者注)天主教的教士們從事並熱愛科學,這與狂熱的新教徒形成了令人欣慰的對照,那些新教徒的偏執使科學在德國銷聲匿跡。”②

2. 西方學術界中的數學先進性

(1) 當時學術與古希臘傳統之間的關係尚不明朗

西方數學也有停滯時期。克萊因曾經論述過西方數學的700年停滯。中世紀初期大約從西元400年起到西元1100年左右爲止,在這一段時期内數學沒有進展,主要原因是人們對物理世界缺乏興趣。整個明朝中國數學沒有發展的主要原因是政治高壓,文化禁錮。數學必須在一個自由的學術氣氛中才最能獲得成功。羅馬文明是産生不出數學來的,因爲它太注重實際和可以立即應用的結果,歐洲中世紀文明之不能産生數學成果,則處於正相反的原因。它根本不關心物理世界,俗世的事務和問題是不重要的。基督教重視死後的生活並重視爲此而進行的準備。③ 這兩條與徐光啓所總結的明末情況可以相互印證:“名理之儒土苴天下之實事”,理學大儒不關心物理世界,一心講求心性之學;“妖妄之術,謬言數有神理”,下層術士只想著神秘的奇跡出現,用僵死的機械的數字公式套用在具體事務上。而相比之下,耶穌會士不全是一

---

① (美) 克萊因. 古今數學思想[M]. 第二册. 上海: 上海科技出版社,2002: 33.

② (美) E. T. 貝爾. 數學大師[M]. 徐源譯. 上海: 上海科技教育出版社,2004: 52.

③ 參見: (美) 克萊因. 古今數學思想[M]. 第一册. 上海: 上海科技出版社,2002: 234.

心想著上帝的，他們也關心世俗生活，也進行數學訓練。1225 年在其算術著作《算經》和《四藝經》中，斐波那契(1170—1250)也照著阿拉伯人的樣子用文字而不用符號講述數學。①

當時學術與古希臘的傳統之間的關係是不明朗的。例如，"笛卡爾批評希臘的傳統，而且主張同它決裂，費馬則著眼於繼承希臘人的思想"。② 我們認爲這是個"斷乳期"或近代學術"青春期"，對古希臘思想既有排斥又有依賴。牛頓就是一個很好的例證，在 1707 年前不久的一封信中他這樣評價代數："代數是數學中的笨拙者的分析。"而在其發表於 1707 年的《普遍的算術》中，他一邊批評笛卡爾等人把代數與幾何混淆起來，另一方面，他自己卻也在建立代數的優越性上貢獻很大。他使算術和代數成爲基礎科學，僅在能使證明容易一些的地方才允許幾何存在；他的《原理》是按歐幾里得《幾何原本》的公理體系形式寫出的，但他最重要的貢獻卻是其中不够嚴密的微積分思想；他曾經輕視過公理體系，卻在其老師巴羅的教訓下，認真地學習了《幾何原本》。笛卡爾的哲學和科學學説背離了亞里士多德主義和經院主義，他傳播了一個不同於《聖經》的普遍的系統的哲學，震撼了經院主義的堡壘，他關於清除一切先入之見和偏見的企圖是對過去服從亞里士多德和聖經權威的傳統的造反；他把自然現象歸結爲純物理的事態，剥掉了科學中的神秘主義和玄虛成分。但是"他還是一個經院主義者，他從自己心裏得出關於存在和實在的命題，他相信有先天的真理"。③

---

① 參見：(美) 克萊因. 古今數學思想[M]. 第一册. 上海：上海科技出版社，2002：240.

② (美) 克萊因. 古今數學思想[M]. 第二册. 上海：上海科技出版社，2002：17.

③ (美) 克萊因. 古今數學思想[M]. 第二册. 上海：上海科技出版社，2002：30.

在17世紀中,人們理解的數學範圍,可從克勞德·弗朗索瓦·米列特(Claude-Francois-Milliet Deschales,1621—1678)著的、1674年出版、1690年增訂出版的《數學課程或數學世界》中看到。除了算術、三角和對數以外,他還論述了實用幾何、力學、静力學、地理、磁學、土木工程學、(大)木工、石工、軍事建築、流體静力學、液體流動、水力學、船體結構學、光學、透視圖、音樂、火器和火炮的設計、星盤、日晷、天文學、日曆計算和算命天宫圖。最後他還把代數、不可分理論、圓錐理論和諸如二次曲線和螺線那樣的特殊曲線包括在内。"……事實上,在這一世紀,很難説出一位對科學没有濃厚興趣的數學家的名字。"①事實上,17世紀初葉在英國,數學還不是一門課程。它被認爲是魔術,或"是商人的事情……數學的教授席位首先是在牛津大學於1619年設立的"。② 可見這時期的大學對數學的研究還在活躍期的晨曦之中。

利瑪竇的數學觀念與此有很多重合之處。西方數學認爲幾何是所有數學分支的總稱:"幾何家者,專察物之分限者也……則數者立算法家,度者立量法家,……立律吕樂家……立天文曆家也。此四大支流析百派……"③西方認爲幾何(數學)是其他自然科學的源頭和總稱:"此四大支流析百派,……量天地之大……測景以明四時之候……造器……制機巧……察目視勢……爲地理者……此類皆幾何家正屬矣。若其餘家,大道小道,無不籍幾何之論,以成其業者。……夫爲國從政……農人……醫者……商賈計會……

---

① (美)克萊因.古今數學思想[M].第二册.上海:上海科技出版社,2002:112.

② (美)克萊因.古今數學思想[M].第二册.上海:上海科技出版社,2002:115.

③ 徐宗澤.明清間耶穌會士譯著提要[M].上海:上海書店出版社,2006:198.

兵法……”①“中世紀早期數學家書中的所有問題都只涉及整數的四則運算……實際計算是用各種算盤來做的,……把善算的人叫做‘蠱術’師或巫師。”②這與明末清初中國學者“内算”“外算”不分的狀況很相似。

中世紀所謂的三科、四藝,三科是指修辭、辯證法和文法,四藝是指:算術——純數的科學,音樂——數的一個應用,幾何——關於長度、面積、體積和其他諸量的學問,天文——關於運動中量的學問。數學首先被認爲是訓練神學説理的最好學科,其次是學習占星術的必要準備。在中世紀末期和文藝復興時期,占星術不僅是一項重要的工作,而且是數學的一個分支。“第穀在1566年上羅斯托克大學時,那裏没有天文學家,但有占星術士、煉金術士、數學家和醫學家……伽利略確曾對醫科學生講過天文,但目的是爲了使他們能搞占星術。”③它在中世紀幾乎被人們普遍接受,基本信條是天體能控制和影響人體以及人的命運。我們知道,耶穌會對此進行了限制,只承認它在預言天氣和醫療方面的應用(由利瑪竇《譯幾何原本引》中對這兩方面的論述可知),對否定上帝全能性的方面,則予以批判和禁止。

17世紀科學革命中注重應用的不嚴格數學也是剛剛開始發展,並不成熟。正如克萊因所説:“1800年以前數學史實際上所走的道路——完全依據幾何來嚴格處理連續量,就成爲不可避免的事。”④

---

① 徐宗澤.明清間耶穌會士譯著提要[M].上海:上海書店出版社,2006:198-199.

② (美)克萊因.古今數學思想[M].第一册.上海:上海科技出版社,2002:231.

③ (美)克萊因.古今數學思想[M].第一册.上海:上海科技出版社,2002:233.

④ (美)克萊因.古今數學思想[M].第一册.上海:上海科技出版社,2002:83.

所以,耶穌會士們没有充分傳播過來近代數學是情有可原的。

代數方法並没有成熟和公開。19 世紀傳記作家亨利・莫雷對利瑪竇在祖國意大利的同行、16 世紀著名數學家塔塔利亞(1499—1577)這樣評價:"他把他的關於三次方程的新解法當作私有財産一樣保存,珍視它們如珍視魔法裝備一般,以確保他在代數學的争端中保持常勝,並使他享有盛名、受人敬畏……"①這種情形在當時的西方是常有的事,因爲那裏的教授"席位是按地位和名望來安排的,隨時要迎接公開的挑戰"。② 與其故鄉同仁相比,利瑪竇等傳教士對中國人傳授數學是相當高尚的,没有保密。誠然,當時的很多數學家都是天主教徒或耶穌教徒,但很多數學成就又不是在天主教占統治地位的大學裏做出的,相反,卻是在世俗的皇宫或皇族家裏做出的,所以有些數學新成果傳教士們没有接觸到,没有帶到中國,但這無損於他們傳播數學的熱情,也無損於他們對中國的貢獻。

(2)《幾何原本》在數學界的地位還很穩固

西方人學習《幾何原本》也多限於前六卷。卡丹(1501—1576)這樣談他學《幾何原本》的情況:"在我童年,父親(曾是達・芬奇的朋友——筆者按)就教我初步的數學知識……12 歲以後,他教我歐幾里得幾何,學了六本書之後,他再没有花太多功夫在這上面,因爲我已經能够自學了。"③這也説明當時歐洲本土對《幾何原本》的態度和耶穌會士在中國時是一樣的,認爲學會前六卷就基本够了。《幾何原本》所代表的古典數學仍然佔有支配地位。"17

---

① 轉引自:(美)哈爾・赫爾曼.數學恩仇記[M].范偉譯.上海:復旦大學出版社,2009:13.

② (美)哈爾・赫爾曼.數學恩仇記[M].范偉譯.上海:復旦大學出版社,2009:11.

③ (美)哈爾・赫爾曼.數學恩仇記[M].范偉譯.上海:復旦大學出版社,2009:14.

世紀初期……是一個擁有伽利略、開普勒、哈威、吉爾伯特、弗朗西斯・培根、莎士比亞和蒙田的激動人心的時代,這個時代也是後來被稱爲理性時代的肇端,産生了牛頓、萊布尼茨、彌爾頓和莫里哀等偉人。但是標準的教育在很大程度上還是建立在古典課程的基礎上。"①而《幾何原本》就是最大的經典之一。這樣所謂耶穌會士傳入中國的學術落後這一問題就不存在了。

《幾何原本》的"拉丁文印刷版本是1482年首次在意大利的威尼斯出現的",②100年後由意大利的利瑪竇傳入中國,並不算遲。英國在這一時期的科學落後於歐洲其他國家,"直到1570年才首次把《幾何原本》從希臘文翻譯爲英文",③可見《幾何原本》進入中國與英國的時間幾乎相同。"從希臘時代到1600年,幾何統治著數學,代數居於附庸地位,1600年後,代數成爲基本的數學部門。"④這再次説明《幾何原本》是當時西方的主流數學文本。

古典時期的數學包括算術(只是研究整數和整數比)、幾何、音樂和天文。在亞歷山大裏亞時期,數學的範圍擴大得無法限制。西元前一世紀的材料,引述後者對數學的分類:算術(今日的數論)、幾何、力學、天文學、光學、測地學和聲學以及實用算術。⑤ 文

---

① (美)哈爾・赫爾曼. 數學恩仇記[M]. 范偉譯. 上海:復旦大學出版社,2009:32.

② (美)克萊因. 古今數學思想[M]. 第一册. 上海:上海科技出版社,2002:249.

③ (英)斯科特. 數學史[M]. 侯德潤、張蘭譯. 南寧:廣西師範大學出版社,2002:86.

④ (美)克萊因. 古今數學思想[M]. 第二册. 上海:上海科技出版社,2002:25.

⑤ (美)克萊因. 古今數學思想[M]. 第一册. 上海:上海科技出版社,2002:118.

藝復興時期的數學進展情況大致如下：第一，算術方面，新的有效的計算方法出現了；第二，代數方面，現代方程論進展很大，三次、四次方程的解法已經得出；第三，三角學有了驚人的進展，開始作爲一門獨立的學科出現；第四，以數學爲基礎的力學在阿基米德之後潛伏了 18 個世紀，此時開始引起了科學家的注意。① 克萊因也這樣談文藝復興時期（1400—1600）的數學貢獻：第一，透視法，在中世紀頌揚上帝和爲《聖經》插圖是繪畫的目的，到文藝復興時期，描繪現實世界成爲繪畫的目的，繪畫變成了一門科學，它可以揭示自然界的真實性；第二，幾何本身，求出物體的中心，空間曲線的投影或畫法幾何和代數製作地圖都促進了幾何學自身的發展；第三，代數，"阿爾朱八爾"是其代表；第四，三角，②它也傳入了中國。德國的主要貢獻是在三角學和天文學，意大利的卓越之處在於代數學的發展，法國直到 16 世紀末才表現出其力量，先是韋達，後來是笛卡爾、帕斯卡和費爾馬，這使法國佔據領導地位幾乎一個世紀之久，英國的被人重視則是 17 世紀的事了。③

當然，數學的發展變化是有目共睹的，亞里士多德派和中世紀的科學家都倒向質的方面，他們認爲質是根本的（關注事情爲什麽發生，關鍵字是流動性、剛性、要素、自然位置、自然的和猛烈的運動，以及潛勢等），研究了質的獲得和喪失，辯論了質的意義。伽利略和他們不同，主張尋求量的公理（選擇了一組可以測量的概念，可以用公式連接起來，包括距離、時間、速度、加速度、力、品質和重

---

① 參見：（英）斯科特．數學史［M］．侯德潤、張蘭譯．南寧：廣西師範大學出版社，2002：86.

② 參見：（美）克萊因．古今數學思想［M］．第一册．上海：上海科技出版社，2002：266－289.

③ 參見：（英）斯科特．數學史［M］．侯德潤、張蘭譯．南寧：廣西師範大學出版社，2002：87.

量等)。這個改變最爲重要。① 造反的17世紀發現了一個(新)質的世界,它的研究要輔助以數學的抽象;“而遺留下一個數學的量的世界,它把物質世界的具體性統歸在它的數學定律之下。”②數學從運動研究中引出了一個基本概念,在那(伽利略以後)以後的二百年裏,“這個概念在幾乎所有的工作中占中心位置,這就是函數——或變量間的關係——的概念”。③ 到了這個(17)世紀的末尾,數學家實質上已經扔掉了對明確定義的概念和演繹證明的要求。“……因爲演繹法證明已經是數學的最顯著特徵,所以數學家們在拋棄他們學科的標誌。”④不過,數學界内部有幾個原因使笛卡爾的解析幾何思想在當時的西方不被人們熱情地接受和利用。首先,許多那個時代的人認爲解析幾何主要是解決作圖問題,而不是新數學乃至新科學的工具,萊布尼茨就批評説:“笛卡爾的工作是退到古代去了。”⑤其次,很多數學家反對把代數或算術和幾何混淆起來。牛頓就有這一觀點,他在其著作《普遍的算術》中這樣説:方程是算術計算的運算式,它在幾何裏,除了表示真正幾何量(線、面、立體、比例)間的相等關係以外,是没有地位的,近來把乘、除和同類計算法引入幾何,是輕率的而且是違反這一科學的基本原則的……最後,代數被認爲缺乏嚴密性,代數不能代替幾何。

---

① (美)克萊因.古今數學思想[M].第二册.上海:上海科技出版社,2002:37-38.

② (美)克萊因.古今數學思想[M].第二册.上海:上海科技出版社,2002:111.

③ (美)克萊因.古今數學思想[M].第二册.上海:上海科技出版社,2002:43.

④ (美)克萊因.古今數學思想[M].第二册.上海:上海科技出版社,2002:110.

⑤ (美)克萊因.古今數學思想[M].第二册.上海:上海科技出版社,2002:18.

牛頓的老師巴羅和哲學家霍布斯就持這一觀點。① 但這種改變無疑還在進行之中,大家並没有達成共識。

(3) 解析幾何的重要性没有達成共識

在笛卡爾和費馬引進解析幾何以後的百餘年裏,代數的和分析的方法統治了幾何學,幾乎排斥了綜合的方法。但是,純粹幾何學(歐式幾何)雖然不是處於當時數學發展的中心,但也始終保持著一些活力。幾何方法的優美、直觀和清晰也總是吸引著一些人。到了19世紀初,不少數學大師感覺忽視幾何學是不公平、不明智的,他們用幾何方法解決了旋轉橢圓體對其表面或内部一點的引力這一難題。馬克勞林表示,他喜愛幾何學勝過分析學;龐加萊雖然承認綜合幾何學在普遍性上不如解析幾何,但他認爲這不是必然的,因而提出要創造與解析幾何在威力上相匹敵的新的綜合幾何學方法,這就是後來在歐幾里得幾何學基礎上發展起來的射影幾何。Michel Chasles(1793—1880)是幾何方法的另一個支持者,他的著作《幾何方法的起源和發展的歷史概述》對幾何學已過時和無用的論調做了批評。爲了克服幾何學的普遍性問題,他提出兩條守則,一是把特殊的定理推廣成最普遍同時也是最簡單和最自然的結果。二是不能滿足於一個定理的證明,而是要找到一個定理的簡單而又直觀的真正基礎。拉格朗日這樣説:"雖然分析學也許比舊的幾何學的(通常被不適當地稱爲綜合的)方法要優越,但是在有一些問題中,後者卻顯得更優越,部分是由於其内在的清晰,部分是由於其解法的優美平易。甚至還有一些問題,代數的分析有點不够用,似乎只有綜合的方法才能制服。"他説的"一些問題"包括了天體力學中一個很難的問題。Lambert Adolphe Quetlet(1796—1874)這樣批評:"我們的大多數年輕數學家這麼輕視純

① 參見:(美) 克萊因. 古今數學思想[M]. 第二册. 上海: 上海科技出版社,2002: 19.

粹幾何學,是不恰當的。"①

還有數學家用粗魯的語言攻擊新的分析方法。卡諾特(Carnot)希望"把幾何學從分析學的畫符樣難懂的文字中解放出來",Eduard Study(1862—1922)稱坐標幾何學機器似的過程爲"坐標磨坊的嘎嘎聲"。其實,數學家們對解析幾何的分析方法的反對不只是出於個人的偏好或口味。首先人們懷疑它是不是幾何學,因爲它的幾何意義是隱蔽的,其方法和結果的實質都是代數的;其次,解析幾何的分析方法略去了幾何學所不斷採取的小步驟,條件和結果之間的聯繫不够清楚,不像幾何學那樣簡單、清楚、直觀。Michel Chasles 問道:"在一門科學的哲理性的、基礎的研究中,光知道某件事是對的卻不知道它爲什麽對、不知道它在所屬的真理系列中處於什麽地位,這難道够嗎?"②

解析幾何的創始人笛卡爾也提出過有利於純粹或綜合(而不是他本人創造的解析幾何)幾何學的一個觀點,即幾何學是關於空間和現實世界的真理(恩格斯就是這樣定義幾何的)。這也引起了歐式幾何支持者的共鳴。分析方法這時還不完善、邏輯基礎還不健全(這要等到幾十年後才被解決),那麽它本身還不是真理,至多是達到真理的方法。分析學家只能説幾何證明笨拙而不優美,卻不敢懷疑它的真理性。純粹幾何學家 Steiner 曾經這樣威脅過 Crelle 的《數學雜誌》:"要停止爲 Crelle 的《數學雜誌》寫稿,如果 Crelle 繼續發表 Plucker 的分析學的文章的話。"③對解析幾何作出過重要貢獻的蒙日(Gaspard Monge)比較早地提出恢復純粹幾

① (美)克萊因.古今數學思想[M].第三册.上海:上海科技出版社,2002:244.

② (美)克萊因.古今數學思想[M].第二册.上海:上海科技出版社,2002:245.

③ (美)克萊因.古今數學思想[M].第三册.上海:上海科技出版社,2002:245.

何學在數學中的地位問題,他想把幾何學帶回數學圈子,目的是將它作爲分析學結果的有啓發性的途徑和解釋,使兩種思想方法並重。但是,他的幾何學研究(體現於其作品《畫法幾何》,首次討論三維圖形到兩個二維圖形的投影,可用於建築學、堡壘設計、透視學木匠業和石匠業)和他對幾何學的熱情激發了後人復興純粹幾何學的强烈願望。

3. 結語

綜上所述,西方傳入數學的先進性是没有疑問的。當然,由於中西數學趣味的差異性和其他因素,有些先進數學没有被會通。儘管他們由於宗教的考慮可能做出不利於先進數學傳播的事,但傳教士主觀上基本没有不傳播先進數學的動機,他們對數學先進性的判斷没有今天的我們的判斷那麼清晰而準確。客觀上,他們帶來了幾乎西方當時所有的數學,包括今天看來先進的數學。

第三章　外算會通案例研究

一、爲什麽翻譯《幾何原本》

明朝末年,以數學大國自居的傳統中國爲什麽要翻譯"遠夷西洋"的數學著作《幾何原本》? 這個問題的解決,對於瞭解《幾何原本》翻譯過程、認識與比較其中的中西數學知識和思想、確定《幾何原本》翻譯時間斷限,對於確定徐光啓之於《幾何原本》的貢獻、徐光啓本人學術思想形成的脈絡以及探索異質文化交流模式(比如中西會通思想的探索)等,都是非常重要的。

(一)《幾何原本》來到中國

從1582年開始,以利瑪竇爲代表的耶穌會傳教士,踏著西方地理大發現的足跡,用整個西方學術和思想——西方數學(當時這一概念幾乎包含了西方所有的自然科學)、基督教倫理與人文主義的混合體和新舊交織的宇宙觀念——武裝了頭腦,堅定地來到東方的中國。他們的真正目的當然是爲上帝傳播福音,即用基督教倫理來給中國人洗腦,使之變成基督的臣民,但是東方"三首巨怪"(利瑪竇語,指儒、釋、道混合體)並不買他們的賬,對之鄙夷不屑,多次拒之門外。然而百密必有一疏,在這緊要關口,我們的内算、外算(秦九韶說:"今數術之書尚三十餘家。天象、曆度謂之綴術,太乙、壬、甲謂之三式,皆曰内算,言其秘也。《九章》所載,即周官九數,系於方圓者,爲專術,皆曰外算,對内而言也。其用相通,不可歧二。"①)居然都"掉鏈子"了。天文曆法不能準確預測日食、月食,天朝正朔發生紊亂,"通神明"的功能發生故障;流寇猖獗,努爾哈赤來犯,分明擺好架勢要來争天命,"順性命"的功能也發生了危機;國内天旱水澇、盗賊四起、民不聊生,"經世務""類萬物"的外算也突然出現"死機"。並且反復調試也不見奇跡出現。傳教士們又無所不用其極,不惜服儒服、語漢語、學儒學,不惜請客送禮,不惜違願跪拜,不惜不情願地拿西方的星占術來會通中國的内算。

這就形成了中西數學會通的良好時機,以《幾何原本》《同文算指》《對數表》爲代表的著作征服了中國的外算,也衝擊了中國的内算。利瑪竇説:"那些矜持自傲的文人學士用盡了努力,卻無法讀懂用他們自己的語言寫成的書(指《幾何原本》)。"②於是,利瑪竇想借西方數學嚴密推理和精確計算的新異特點打動中國人,以其數學知識的精確性和天文知識的有效性來間接證明西方學術整體的有效性,以其邏輯推理的嚴密性來間接證明西方學術整體的可信性,證明西方數學等學術比中國學術"强",以打入上層社會,推廣其宗教。

利瑪竇的一切行爲都是爲了傳教,翻譯《幾何原本》也不例外,在二人翻譯完《幾何原本》前六卷後,徐光啓"意方鋭,欲竟之",而利瑪竇卻説"止,請先傳此,使同志者習之果以爲用也,而後徐計其餘",③然後説了一些利於實學、對中國君臣知恩圖報的話,其實是想讓中國士人和朝廷對他和他的學術産生好印象,爲下一步傳教做準備。利瑪竇在寫給耶穌會總會長的信中説道:"我曾

① (宋)秦九韶.《數書九章》序,載:靖玉樹.中國歷代算學集成[M].濟南:山東人民出版社,1994:467.

② (荷)安國風.歐幾里得在中國[M].紀志剛等譯.江蘇人民版,2008:332.

③ 徐宗澤.明清間耶穌會士譯著提要[M].上海:上海書店出版社,2006:201.

給您寫信,內容就是這位紳士(徐光啓——筆者注)和我一起把歐幾里德的《幾何原本》譯成中文,此舉不但把科學介紹給大明帝國,提供中國人一種有用的工具,而且也使中國人更敬重我們的宗教。"①徐光啓的表白對利瑪竇的用意説得更加明白:"顧惟先生之學略有三種,大者修身事天,小者格物窮理,物理之一端,别爲象數,一一皆精實典要,洞無可疑,其分解擘析亦能使人無疑。而余乃亟傳其小者,趨欲先其易信,使人繹其文,想見其意理,而知先生之學可信不疑,大概如是,則是書之爲用更大矣。"②徐光啓也想讓中國人對利瑪竇等耶穌會士刮目相看,從《幾何原本》看到其所有學問(包括基督教義)的可信性。

利瑪竇對中國數學也非常熟悉。"竇自入中國,竊見爲幾何之學者,其人與書,信自不乏,獨未睹有原本之論",③這説明他很關注中國的數學書籍,並且讀過不少,他也是很瞭解中國數學知識和思想的。當利瑪竇給江西南昌士人們講解日夜成因,將自製日晷、地球儀送給巡撫和建安王時,"中國人都認爲我是一名了不起的數學家"。④"至論科舉取士,所考試的科目並無科學一門,他們所有的一點數學缺失很多,還是從阿拉伯回教人學來的,並無鞏固的基礎,也只有皇宫裏或欽天監才有所謂數學家……推算日期的法則是不正確的,可説全是錯謬的。……文學……尚未達到辯證推理的水準。"⑤可見,

① 楊小紅. 崇高的神父和學者——利瑪竇[J]. 輔仁大學神學論集[C]. 第97號. http://www.ccccn.org/book/html/150/9159.html.

② 徐宗澤. 明清間耶穌會士譯著提要[M]. 上海: 上海書店出版社, 2006: 197-198.

③ 徐宗澤. 明清間耶穌會士譯著提要[M]. 上海: 上海書店出版社, 2006: 200.

④ (意) 利瑪竇. 利瑪竇書信集[C](上). 羅漁譯. 臺北: 光啓出版社, 輔仁大學出版社聯合發行, 1986: 210.

⑤ (意) 利瑪竇. 利瑪竇書信集[C](上). 羅漁譯. 臺北: 光啓出版社, 輔仁大學出版社聯合發行, 1986: 244.

利瑪竇對中國傳統數學缺乏基本原理這一問題,體會很深。

(二) 徐、利之前的中西數學比較

我們知道,明末中國文化是以儒家爲主導的儒釋道融合體,而當時中國人對《幾何原本》的認識,正體現了部分中國士人心中對中國數學、文化和西方數學、文化的比較與甄别。

瞿太素與《幾何原本》的接觸是中國道家與基督教文化比較的一個例子。他的名字"太素"有濃厚的道家氣息,他本來是一位尚書的兒子,"是這個家裏的天才……變成了一個公開的敗家子……父親死後,他越變越壞,交接敗類,沾染種種惡習,其中包括他變成煉金術士時所得的狂熱病"。① 他接觸傳教士的目的本來是學習煉金術以擺脱貧困的局面,"在結識之初,瞿太素並不洩露他的主要興趣是搞煉金術。有關神父們是用這種方法變出銀子來的謡言和信念仍在流傳著,但他們每天交往的結果倒使他放棄了這種邪術,而把他的天才用於嚴肅的和高尚的科學研究。他從研究算學開始"。② 看來他被西方數學《幾何原本》征服了。

張養默與《幾何原本》的接觸體現了部分中國人心中佛家與基督教的比較。"在講授過程中,利瑪竇神父提到了傳播基督的律法,這個特殊的學生告訴他説,與偶像崇拜者進行辯論純屬浪費時間,他認爲以教授數學來啓迪中國人就可以達到他的目的了。"③ 這説明張養默認爲《幾何原本》的形式邏輯和公理化體系及西方數學所描述的宇宙觀念都比佛家有道理。

---

① (意) 利瑪竇、(法) 金尼閣. 利瑪竇中國劄記[M]. 何高濟等譯. 北京:中華書局,2005:245.

② (意) 利瑪竇、(法) 金尼閣. 利瑪竇中國劄記[M]. 何高濟等譯. 北京:中華書局,2005:246.

③ (意) 利瑪竇、(法) 金尼閣. 利瑪竇中國劄記[M]. 何高濟等譯. 北京:中華書局,2005:350-351.

王肯堂對西方學術的認識則體現了儒家與基督教在數學方面的比較。"經過長時期的研究之後,他(王肯堂——筆者注)没有能發現任何明確的中國數學體系這樣的東西;他枉然試圖建立一個體系,作爲一種方法論的科學,但最後放棄了這種努力。於是他把他的學生派來。"①王肯堂是明末翰林,而成爲翰林是每一個儒家學者夢寐以求的人生理想,他對中西數學的感受表明一部分儒士已經承認中國傳統數學至少在體系化方面不如西方數學好,他的行爲表明他代表的這部分儒士心胸是開闊的,願意見賢思齊。

這樣,作爲傳統中國文化三大主要要素的儒、釋、道三家,都有人認識到,傳統文化有某些不足之處,必須通過《幾何原本》中的數學知識、公理化體系和形式邏輯等外來文化因素的刺激和補充,才能進一步發展和更好地滿足社會需要。

(三)徐光啓的深入比較與會通設想

1. 中國數學的缺點是缺乏邏輯系統

如果説前述中西比較還處於淺層次的話,徐光啓和利瑪竇的工作就深入多了。中國傳統數學方法的原理一般不給出來,只是説"答……",至多再給出"術……"。前者是答案,後者是某兩數相乘,再除以另一數。但不講爲什麼這樣做。於是徐光啓抱怨道:"九章算法勾股篇中,故有用表、用矩尺測量數條,與今譯測量法義相較,其法略同,其義全缺。"②從黄帝到伏羲,到大禹、周公、商高,再到漢代趙爽,唐代的甄鸞、李淳風,元代郭守敬、李冶和明代顧應祥,徐光啓對中國勾股的歷史淵源叙説了一遍,還遺憾郭守敬的勾

---

① (意)利瑪竇、(法)金尼閣.利瑪竇中國劄記[M].何高濟等譯.北京:中華書局,2005:351.

② (明)徐光啓.徐光啓集[M].上海:上海古籍出版社,1984:86.

股測量和水利之法没有傳下來,最後抱怨道:"又自古迄今,没有言二法之所以然者。"①於是他慨然自任,爲古代"算術古文第一"的《周髀》之首章、《九章》中的勾股之法説其"義"。他還要爲《九章》之勾股的新發展——李冶的《測圓海鏡》"説其義",只是没有完成。但是正如他在《測量法義》中所説:"是法也,與周髀九章之勾股測望異乎?不異也。不異、何貴焉?亦貴其義也。"②這裹的"義"應該是"原理"的意思,是測量方法的最終依據,具體來説,就是《幾何原本》所體現的形式邏輯和公理化思想。他接著説,劉徽和沈存中都不知道測量的依據,《周髀算經》中的測量依據也不是終極依據,所以,隸首和商高也不知道這些,只有《幾何原本》徹底解決了這一問題。這與利瑪竇對中國數學的印象恰好相互印證:"竇自入中國,竊見爲幾何之學者,其人與書,信自不乏,獨未睹有原本之論,既闕根基,遂難創造,即有斐然述作者,亦不能推明所以然之故,其是者己亦無從别白,有謬者人亦無從辨證,當此之時,遽有志翻譯此書。"③而他在翻譯《幾何原本》之後,"私心自謂:不意古學絶廢二千年後,頓獲補綴唐虞三代闕典遺義"。④

《幾何原本》在徐光啓眼裹真是一根"金針",是繪製理想藍圖、實現人生目標的工具。有了它,就能"古學絶廢二千年後,頓獲補綴唐虞三代闕典遺義",⑤就像他對李之藻的《同文算指》的評價那樣:有了《同文算指》(之類的書)後"雖失十經(《算經十書》——筆者注),如棄敝屩矣"。⑥ 徐光啓在《勾股義》緒言中這

---

① (明)徐光啓.徐光啓集[M].上海:上海古籍出版社,1984:84.

② (明)徐光啓.徐光啓集[M].上海:上海古籍出版社,1984:82.

③ 徐宗澤.明清間耶穌會士譯著提要[M].上海:上海書店出版社,2006:200.

④ (明)徐光啓.徐光啓集[M].上海:上海古籍出版社,1984:75.

⑤ (明)徐光啓.徐光啓集[M].上海:上海古籍出版社,1984:75.

⑥ (明)徐光啓.徐光啓集[M].上海:上海古籍出版社,1984:81.

樣説:“勾股自相求,以至容方容圓,各和各較相求者,舊九章中亦有之,第能言其法,不能言其義也。所立諸法,蕪陋不堪睹,門人孫初陽氏删爲正法十五條,稍簡明矣,余因各爲論撰其義,使夫精於數學者,攬圖誦説,庶或爲之解頤。”①對於如何進行中西會通,徐光啓的態度是以《幾何原本》爲標準“稍改舊法,以從今論”,②“既具新論,以考舊文”。③

2. 數學會通思想

徐光啓的中西數學會通思想來自其曆法改革的計劃:“臣等愚心,以爲欲求超勝,必須會通,會通之前,先需翻譯。蓋大統書籍絶少,而西法至爲詳備,且又近數十年間所定,其青于藍,寒于水者,十倍前人,又皆隨地異測,隨地異用,故可爲目前必驗之法,又可爲二百年不易之法,又可爲二三百年後測審差數。因而更改之法。又可令後之人循習曉暢,因而,求進當復更勝於今也。翻譯既有端緒,然後令甄明大統、深知法意者,參詳考定,鎔彼方之材質,入大統之型模;譬如作室者,規範尺寸,一一如前,而木石瓦甓悉皆精好(會通的具體計劃——筆者按),百千萬年必無敝壞。即尊制同文,合之雙美,聖朝之巨典,可以遠邁百王,垂貽永世。且于高皇帝之遺意,爲後先合轍,善作善承矣。”④

我們知道,數學是天文曆法的基礎,所以,要改革曆法,必須進行中西數學的會通,徐光啓的中西數學會通思想因此得以形成。在此基礎上,他還設想了度數旁通十事,⑤即一切富民强國事務的

---

① (明)徐光啓. 徐光啓集[M]. 上海:上海古籍出版社,1984:85.

② (明)徐光啓. 測量異同,載:徐光啓著譯集[M]. 上海:上海古籍出版社,1983:4b.

③ (明)徐光啓. 測量異同,載:徐光啓著譯集[M]. 上海:上海古籍出版社,1983:1a.

④ (明)徐光啓. 徐光啓集[M]. 上海:上海古籍出版社,1984:374-375.

⑤ (明)徐光啓. 徐光啓集[M]. 上海:上海古籍出版社,1984:337-338.

基礎是數學:"《幾何原本》者度數之宗,所以窮方圓平直之情,盡規矩準繩之用……蓋不用爲用,衆用所基,真可謂萬象之形囿,百家之學海。"①而中國傳統數學又不如西方數學,所以"會通之前,先需翻譯"。後來梅文鼎認爲翻譯的過程中也包括會通:"幾何不言勾股,然其理亦勾股也。此言勾股,西謂之直角三邊形,譯書時未能會通。"②此後,中西會通不僅發生在數學天文領域,而且"'會通中西'的理想,存在於有清一代的'經學'和'漢學'之中,清末仍在發揚"。③

(四) 結語

這樣看來,《幾何原本》來到中國,恰逢其時。《幾何原本》的翻譯過程貫穿著中西數學比較,比較的結果是人們發現中國數學缺少形式邏輯系統和公理化體系。於是徐光啓等人形成了以《幾何原本》的公理化體系和形式邏輯爲標準的中西會通設想,開創了其後幾百年中國數學甚至文化發展的新範式。

二、徐、利譯《幾何原本》若干史實新證

(一)《幾何原本》翻譯的時間斷限

學界對於《幾何原本》翻譯的時間斷限問題衆説紛紜、莫衷一是,但是這個問題的解決對於確定徐光啓之於《幾何原本》的貢獻、徐光啓本人學術思想形成的脈絡以及異質文化交流模式的探索研究都是非常重要的。不同的説法還易引起混亂和相互矛盾的

① (明)徐光啓. 徐光啓集[M]. 上海:上海古籍出版社,1984:75.
② (清)梅文鼎. 勿庵曆算書目[M]. 叢書集成初編. 中華書局,1985:36.
③ 李天綱. 跨文化的詮釋[M]. 北京:新星出版社,2007:135.

現象,[①]因此有必要予以闡明。概括來説,關於《幾何原本》翻譯成書的時間斷限大致有三種觀點——“半年”説[②]、“近一年”説[③]和“一年多”説,[④]並且三種説法的上、下限也各有不同。下面我們就參考三種觀點對翻譯時間的下限和上限予以勘定。

1.《幾何原本》翻譯的時間下限

毛子水先生在《徐譯幾何原本影印本導言》[⑤]中認爲此書的完成時間在 1603 年,而徐宗澤神父《明清間耶穌會士譯著提要》[⑥]一書認爲在 1605 年,另外還有一種説法,即利瑪竇的記載,認爲完成時間應該在 1607 年春。利瑪竇本人在 1607 年的《譯〈幾何原本〉引》中寫道:“迄今春首(1607 年——筆者注),其最要者前六卷獲卒業矣。”筆者認爲:一方面,鑒於利瑪竇是《幾何原本》翻譯的主要涉及人,他的記載應該是翔實確定的,而認爲完成時間在 1603 年和 1605 年的兩種説法出現的原因可能是筆誤或刊誤;另一方面,參與本書譯介的徐光啓在 1603 年正處於科舉考試階段,也不可能有充足的時間和精力分心於翻譯,而 1604 年和 1605 年春夏之際,據利瑪竇記述,徐光啓正忙於翰林庶起士的考試和館課活動,二人的交流也多限於“天主大道”。

故此書翻譯時間的下限是基本確定的,即在 1607 年春。

---

① 田淼. 中國數學的西化歷程[M]. 濟南: 山東教育出版社,2005: 28,57.

② 徐宗澤. 明清間耶穌會士譯著提要[M]. 上海: 上海書店出版社,2006: 201.

③ 利瑪竇、金尼閣著. 利瑪竇中國劄記[M]. 北京: 中華書局,2005: 517.

④ 田淼. 中國數學的西化歷程[M]. 濟南: 山東教育出版社,2005: 57.

⑤ 毛子水. 徐譯幾何原本影印本導言,載: 李之藻. 天學初函[M]. 臺灣: 臺灣學生書局,1978.

⑥ 徐宗澤. 明清間耶穌會士譯著提要[M]. 上海: 上海書店出版社,2006: 196,338.

2.《幾何原本》翻譯的時間上限則比較難以確定

田淼在《中國數學的西化歷程》中説"1606 年秋天,徐光啓與利瑪竇談及數學,利瑪竇因述歐幾里德 Elements 之精,並稱'此書未譯,則他書俱不可得',且陳'翻譯之難及向來中輟狀',徐光啓慨然決定自任其艱。1607 年,全書譯成刊刻",①即認爲徐光啓與利瑪竇開始翻譯《幾何原本》的時間至早應爲 1606 年秋。陳衛平等在《徐光啓評傳》中説:"大約在萬曆三十三年(1605 年)冬或萬曆三十四年(1606 年)初,時年 44 歲的徐光啓和 54 歲的利瑪竇開始翻譯《幾何原本》。"②在這篇評傳中,開始時間被前移了一年。梅榮照、王渝生、劉鈍的論文《歐幾里得〈原本〉的傳入和對我國明清數學發展的影響》中又有另一種説法,認爲開始翻譯的時間應在 1605 年秋。③

半年説的時間好像太短。1606 年秋兩人才開始談及數學,即便假設徐光啓的數學天賦驚人,在半年内僅將《幾何原本》的前六卷核心部分譯成漢文都是非常困難的,況且還要"以中夏之文重複訂正,凡三易稿",④談何容易。參考徐光啓譯介的其他西學著作如《泰西水法》,其内容僅 205 頁,他卻用了六年時間。⑤ 再比如説李之藻與傅泛際合譯的《寰有詮》與《名理探》,儘管當時李之藻已辭官歸田,專事翻譯,最終還是分別用了兩年和五年才譯出。⑥ 並

---

① 田淼. 中國數學的西化歷程[M]. 濟南: 山東教育出版社,2005: 28.

② 陳衛平等. 徐光啓評傳[M]. 南京: 南京大學出版社,2006: 180.

③ 梅榮照、王渝生、劉鈍. 歐幾里得《原本》的傳入和對我國明清數學發展的影響[J],載: 席澤宗、吴德鐸主編. 徐光啓研究論文集[M]. 上海: 學林出版社,1986: 50.

④ 徐宗澤. 明清間耶穌會士譯著提要[M]. 上海: 上海書店出版社,2006: 201.

⑤ (明) 李之藻. 天學初函[M]. 臺灣: 臺灣學生書局,1978: 1513.

⑥ 徐宗澤. 明清間耶穌會士譯著提要[M]. 上海: 上海書店出版社,2006: 147 - 151.

且,筆者還對照了《天學初函》中《幾何原本》和《四庫全書》中《寰有詮》的篇幅,前者601頁、12萬餘字,後者只有369頁、10萬餘字。① 更何況《幾何原本》是我國翻譯的第一本西方科學類書籍,創始之難可想而知,故半年之内譯出怕是相當困難的。第二種説法與利瑪竇、金尼閣所著《利瑪竇中國劄記》“一年之内,他們就用清晰而優美的中文體裁出版了一套很像樣的《幾何原本》前六卷”②的説法相吻合,似乎可信。值得注意的是,利瑪竇的《譯〈幾何原本〉引》是與翻譯時間有關的原始文獻,文中記有終止時間,只是起始時間記載得比較模糊,現引如下:

歲庚子竇因貢獻僑邸燕臺,癸卯(1603年——筆者注)冬則吴下徐太史先生來,太史既自精心,長於文筆,與旅人輩交遊頗久,私計得與對譯成書不難,於時以計偕至,及春(1604年——筆者注)薦南宫,選爲庶常,然方讀中秘書,時得晤言,多咨論天主大道,以修身昭事爲急,未遑此土苴之業也,客秋乃詢西庠舉業,余以格物實義應,及譚幾何家之説,余爲述此書之精,且陳翻譯之難及向來中綴狀。先生曰:“吾先正有言:‘一物不知,儒者之恥。’今此一家已失傳,爲其學者皆暗中摸索耳,既遇此書,又遇子不驕不吝,欲相指授,豈可畏勞玩日,當吾世而失之?嗚呼!吾避難,難自長大;吾迎難,難目消微,必成之。”先生就功,命余口傳,自以筆受焉,反復展轉,求合本書之意,以中夏之文重複訂政,凡三易稿。先生勤,余不敢承以怠,迄今春首(1607年——筆者注),其最要者前六卷獲卒業矣……③

① (明)李之藻.寰有詮[M].四庫全書本.

② 李天綱.跨文化的詮釋[M].北京:新星出版社,2007.

③ 徐宗澤.明清間耶穌會士譯著提要[M].上海:上海書店出版社,2006:201.

文中“客秋”的“客”是時間問題的關鍵,《漢語大詞典》中該詞條只有一個義項與時間有關,即“剛過去的”,可見“客秋”當指1606年秋。因爲《譯〈幾何原本〉引》所署時間是萬曆丁未(1607),但利瑪竇先“談格物實義”又及“幾何家之説”,這之間應有一段時間,所以他用於翻譯《幾何原本》的時間更短,半年説應該與此有關。但據此説,其翻譯時間應該不足半年,這明顯與利瑪竇(或金尼閣)“一年之内”或“一年多”的説法相矛盾。

綜上所述,筆者認爲:參照原始資料《利瑪竇中國劄記》與《譯〈幾何原本〉引》,我們可勘定其翻譯時間應在半年到一年之間。席澤宗先生“8個月”[①]説雖未標明出處,卻是個可靠的參照。這裏的出入大概與我們後邊要談到的話題有關,對於這一矛盾可作如下解釋:徐光啓實際參與翻譯的時間應是半年左右,即從1606年秋冬之際到1607年初春,這一論斷也得到了安國風先生研究的支援。[②] 而在徐光啓參與之前,《幾何原本》的翻譯工作已經在做了。

(二)《幾何原本》翻譯的兩個階段

在徐光啓與利瑪竇合作翻譯之前,《幾何原本》已有三次譯而未竟的經歷。利瑪竇在《譯〈幾何原本〉引》中説:“嗣是以來,屢逢志士左提右挈,而每患作輟,三進三止。”[③]所謂“三進三止”,到底是何人所爲?梅榮照等人的《歐幾里得〈原本〉的傳入和對我國明清數學發展的影響》一文講道:“在徐光啓以前,這些有志之士是誰,他們在翻譯《原本》時如何‘三進三止’,不十分清楚。裴化行

① 席澤宗.歐幾里得《幾何原本》的中譯及其意義.科學文化評論,2008(2):72.

② 安國風.歐幾里得在中國[M].紀志剛等譯,南京:江蘇人民出版社,2008:143.

③ 徐宗澤.明清間耶穌會士譯著提要[M].上海:上海書店出版社,2006:200-201.

(H. Bernard,1897—?)在《利瑪竇與當代中國社會》中提到,瞿太素(? —1612)與一位姓蔣的窮舉人曾企圖翻譯此書,但均遭失敗。可以肯定,瞿和蔣就是在徐光啓以前嘗試翻譯《原本》的兩位有志之士。"筆者今據《利瑪竇中國劄記》記載認爲,張養默應是第三位"在徐光啓以前嘗試翻譯《原本》的有志之士"。

1. 瞿太素主導下的翻譯探索

《利瑪竇中國劄記》載,學習了西方算學後,"他(指瞿太素——筆者注)接著從事研究丁先生的地球儀和歐幾里德的原理,即歐氏的第一書。然後他學習繪製各種日晷的圖案,準確地表示時辰,並用幾何法則測量物體的高度……他運用所學到的知識寫出一系列精細的注釋,當他把這些注釋呈獻給他的有學識的官員朋友們時,他和他所歸功的老師都贏得普遍的、令人豔羨的聲譽。……用圖表來裝點他的手稿,……他還爲自己製作科學儀器……"①從中我們看出,"第一書"可能是"歐氏最好的書"。也可能的是,利瑪竇帶來的歐氏幾何是分册的,比如前六卷一本,7—13 卷第二本,14—15 卷(克拉維斯注釋)爲第三本,或者 7—15 卷爲一本。這一猜測得到了安國風先生的著作《歐幾里得在中國》的支持:"實際上,前六卷可單獨成篇,爲平面幾何學專論。前六卷的獨立版本在歐洲也不爲少見。"②瞿太素在利瑪竇的指導下,通讀了《幾何原本》前六卷,並寫下了不少學習體會,在士大夫圈子裏廣爲宣傳,"不僅如此,瞿太素還將歐幾里得《幾何原本》第一卷譯成了中文。遺憾的是,他的這類文稿均已失傳"。③ 據沈定平先

① 利瑪竇、金尼閣著. 利瑪竇中國劄記[M]. 北京: 中華書局,2005: 247.

② (荷) 安國風. 歐幾里得在中國[M]. 紀志剛等譯,南京: 江蘇人民出版社,2008: 144.

③ (荷) 安國風. 歐幾里得在中國[M]. 紀志剛等譯,南京: 江蘇人民出版社,2008: 67.

生考證,①瞿太素隨利瑪竇學習的兩年應是1589—1591年,這時學術傳教路線還未形成(學術傳教路線形成是十幾年後的事),利瑪竇熱衷於擴大自身影響,以接近中國社會上層人士。可以説瞿、利二人此時都没意識到正式翻譯該書的必要性。

正如沈定平所説:"我們看到,無論是中西之間在科學技術領域最早的交流和相互瞭解,還是利瑪竇適應中國傳統文化和風俗的傳教路線的確立,或者傳教團在韶州、南昌、南京和北京地區的擴展,均得力於瞿太素的引導、中介和謀劃。正如同科技交流、適應路線和教區擴展總的來説有利於在融合和改造異質文化的條件下,傳統文化的進步與革新一樣,瞿太素在中西文化交流中的積極作用和歷史地位是應該肯定的。"②僅就《幾何原本》的傳播而言,瞿太素的工作無疑對未來徐、利翻譯是一次必不可少的預演,也爲徐、利在較短的時間内高品質地完成譯事打下了基礎。

張養默之於《幾何原本》發生關係,是1599年利瑪竇定居南京之後的事,而且也是由瞿太素的人際關係將張、利二者聯繫起來的。由於瞿太素的宣傳,利瑪竇的數學家名聲已廣爲人知。《利瑪竇中國劄記》這樣描述張養默:"隨同這兩個人(李心齋學生——筆者注)一起來的還有第三個人,他比其他兩個人都聰明。第三個學生是被他的老師(王肯堂——筆者注)派來的。""他(王肯堂——筆者注)枉然試圖建立一個體系,作爲一種方法論的科學,但最後放棄了這種努力。於是他把他的學生派來。""這個學生性情有點傲慢……他無師自學了歐幾里德的第一卷。他不斷向利瑪竇神父請教幾何學問題,但他的老師告訴他不要占用别人的時間

① 沈定平.明清之際中西文化交流史——明代:調適與會通[M].北京:商務印書館,2007:528-529.

② 沈定平.明清之際中西文化交流史——明代:調適與會通[M].北京:商務印書館,2007:536.

時,他就去工作和用中文印刷自己的教科書……他認爲以教授數學來啓迪中國人就可以達到他的目的了。”[①]從這段引文我們看出,張養默自學的“第一卷”應是瞿太素與利瑪竇合譯的草稿,因爲這段引文前有一段話“瞿太素已從一個學生成長爲一個導師了”。[②] 張養默的數學才能應該是很高的,他還用中文印刷自己的教科書,這時利瑪竇還是以傳教爲主要目的,並無意於主攻《幾何原本》的翻譯,但張養默“不斷向利瑪竇神父請教幾何學問題”,並且還“用中文印刷自己的教科書”,説明他在瞿太素工作的基礎上,對《幾何原本》進行了探索,抑或作了翻譯嘗試。

2. 徐光啓主導下的翻譯

蔣姓舉人的翻譯與徐光啓有關。這是1605年耶穌會士在北京從租賃的房子裏遷入固定新居時候的事。《利瑪竇中國劄記》載“保禄(徐光啓教名——筆者注)有一位朋友與他同年中舉,但不能合法地取得更高的學位,他被委派與利瑪竇神父合作準備歐氏的這個中文版本……這兩位編者的結合並不理想。”[③]這時利瑪竇的中文水準已很高,並刻印了《交友論》《天主實義》等中文著作,也正是這種“合作不理想”的情況加速了徐、利的合作,並進一步强化了利瑪竇對於學術傳教的設想。

正如上文所説,此時的利瑪竇已經在明末士林中樹立了數學家的良好名聲,又加上利瑪竇經常與當時的儒者坐論“天”道,利瑪竇意識到,他需要借助於當時已貴爲翰林的徐光啓的力量來“譯書立説”,達到曲線傳教的目的,同時他也意識到了翻譯《幾何原

① （意）利瑪竇、（法）金尼閣著. 利瑪竇中國劄記[M]. 北京：中華書局,2005：350－351.

② （意）利瑪竇、（法）金尼閣著. 利瑪竇中國劄記[M]. 北京：中華書局,2005：350.

③ （意）利瑪竇、（法）金尼閣著. 利瑪竇中國劄記[M]. 北京：中華書局,2005：517.

本》的必要性和重要性。而所謂的“三進三止”以及交友諸論的寫成也使得利瑪竇的中文水準得到了很好的鍛煉和提高。同時,瞿太素在士人中傳播了《幾何原本》的基礎知識,徐光啓與利瑪竇的頻繁接觸也使得徐光啓對於《幾何原本》有了一個比較客觀的瞭解。這些都爲徐、利二人快速地譯就《幾何原本》做了充分的準備。

綜上所述,可以想見,没有這三位“有志者”及其他有關士人的嘗試,徐、利的工作不會做得這麽好、這麽快。也可以説,徐、利版《幾何原本》是集體智慧的結晶。特别是在對《幾何原本》的翻譯和校勘過程中,龐迪我、熊三拔、李之藻等人都做出了相應的貢獻。據《利瑪竇中國劄記》記載,李之藻在這之前“就精通了丁先生所寫的幾何學教科書的大部分内容”,[1]在兹不贅。

(三)《幾何原本》的版本流傳與影響問題

1. 從版本流傳的角度看徐、利譯本對後世的影響

據内蒙古師範大學莫德教授研究,[2]在現存 26 個《幾何原本》的版本中,有 17 個是徐、利本的再版或徐、利本與深受其影響的李善蘭續譯本的合訂版。此外,還有數種没有流傳下來的不完整譯本,如 1589—1591 年的瞿太素的手稿,1599 年張養默的手稿,1605 年蔣姓舉人的不成功的手稿,以及南懷仁的滿文本。

南懷仁的滿文版在這裏是需要特殊説明的,“爲了向康熙帝傳授數學知識,南懷仁曾將歐幾里德的《幾何原本》譯成滿文,但總

① (意)利瑪竇、(法)金尼閣著. 利瑪竇中國劄記[M]. 北京:中華書局,2005:432.

② 莫德.《幾何原本》版本研究(一)[J],載:内蒙古師大學學報(自然科學漢文版),2006(12):465-468.

的來説,他並未引入新的歐洲數學内容。”[1]南懷仁譯文的底本應該是徐、利版,因爲 1656 年南懷仁起程赴中國,1660 年來到北京,1669 年起給康熙講授數學,而 1671 年出版的巴蒂斯本(康熙《數理精藴》本的底本),其本身在法國的傳播就需要很久的時間,再從法國由傳教士帶過來,需要的時間會更久,我們假設它能及時地傳過來,要被譯成滿文也還是需要花很長時間的,並且滿文本也没有新的内容。有鑒於此,我們可以合理地推測: 南懷仁的滿文本的原本也是徐、利本。

這樣,徐、利本至少有 20 幾個版本,影響綿延不絶。

2. 從會通與傳播看徐、利譯本對後世的影響

據不完全統計,當時和後世關於《幾何原本》或在其基礎上的研究專著中,影響較大的有 27 本,其中明顯受徐、利本影響的有 20 本。據梅榮照等先生研究,這些專著都有中西會通的意味,明顯受《幾何原本》等邏輯思維方法的影響。徐光啓本人對幾何進行了推廣,進行了中西數學會通的工作。明末如李篤培等學者也開始了一定程度上獨立的幾何研究,清初學者梅文鼎等則更注重在中國傳統數學基礎上詮釋《幾何原本》。清中期以後,應該是徐、利本與康熙本同時起作用,但其作用的群體不同。康熙本作用於皇親貴族和欽天監,徐、利本則主要作用於士人和民間,並且康熙開始學習時也用了徐、利本。清末,徐、利本對李善蘭等人的影響尤其明顯。李善蘭秉承徐光啓的翻譯體例,在 1857 年終於實現了徐光啓續成《原本》後九卷的願望;1862 年成立的京師同文館設有《幾何原本》課程,李善蘭是總教習,教材應有徐、利本。地方學堂也以《幾何原本》爲教材,1898 年京師大學堂、1902—1903 年興建的一批中學堂以及 1905 年廢除科舉後興辦的新式學校中,中學課程均採用了《幾何原本》作爲藍本的新教材。

---

① 田淼. 中國數學的西化歷程[M]. 濟南: 山東教育出版社,2005: 93.

結語

總之,關於徐光啓和利瑪竇合作翻譯《幾何原本》所用時間問題的不同説法出現的原因是: 對翻譯過程不清楚、對不同人員的貢獻區分不明確。徐、利本《幾何原本》的翻譯應是集體智慧的結晶,其成書過程包括瞿太素主導下的翻譯探索和徐光啓主導下的翻譯,以及穿插其中的多人參與研究和校訂;徐光啓本人參加的翻譯時間是半年左右,從由他主導、蔣姓舉人參與翻譯嘗試開始算,時間是接近一年,從瞿太素開始翻譯算起,到1607年止,時間則有十五年之多。這一考察爲解決徐、利譯《幾何原本》時間在説法上的矛盾提供了方便。正是徐光啓參與翻譯之前的三次"預演"和多次講述,促成了利瑪竇對《幾何原本》的高度熟練,再加上徐光啓精彩的中文表述和潤色敲定,遂使《幾何原本》最後成書,徐、利二人的默契合作是《幾何原本》翻譯最後的關鍵一步。徐、利譯《幾何原本》的不同版次和研究專著的數量分析告訴我們: 徐、利譯《幾何原本》的多次刊行激起了時人和後人對中國傳統數學的反省和深入研究,它對中國數學研究的影響是極其深遠的。

三、"幾何"曾經不是幾何學

(一) 引言

在我國古代數學史上,"幾何"一詞從大約西元前186年前的《算數書》開始,一直是表示求解某數多少或某量大小的疑問詞。① 在古希臘時代前的埃及,幾何學是指測地學,而在希臘,"幾何"一

---

① 孫宏安. 中國古代數學思想[M]. 大連: 大連理工大學出版社,2008: 49-51.

詞轉換成一個邏輯學詞彙,出現在亞里士多德的邏輯學中,①相當於今天的數量範疇。最早用"幾何"一詞來表示一門學科的名稱,在希臘科學史家歐德莫斯約西元前320年編寫的《幾何學史》中已有記載。② 1607年,中國的徐光啓和意大利的利瑪竇一起翻譯《幾何原本》,並用"幾何之學"一詞表示西方的數學這一學科,"幾何"一詞也相應地用於表示邏輯學中的數量範疇。這是一個標誌著中西數學、科學甚至文化首次實質性交流的重大歷史事件,然而學界目前對"幾何""幾何之學"等概念的中西來源及其含義的研究,頗多值得商榷之處。本文從已有研究出發,通過對明末與之有關原始文獻的詳細解讀,試圖得到一個更爲合理的答案。

(二)關於"幾何"中西來源及其含義的已有研究

關於徐光啓和利瑪竇合譯《幾何原本》中"幾何"一詞的命名,其來源和含義的討論已有不少。現綜合已有研究,將主要觀點及其出處、代表人物列舉如下,分別見表1和表2。

表1 "幾何"一詞的來源

主要觀點	代表人物	觀點出處	備注
1. 意譯自英文 Magnitude	嚴敦傑	嚴敦傑,《幾何不是Geo的譯音》,《數學通報》,1959,11期,31頁	西方來源
2. 意譯自拉丁文 Magnitudo	白尚恕,安國風	白尚恕,《中國數學史研究——白尚恕文集》,李仲來主編,北京師範大學出版社,2008,369頁;安國風,《歐幾里得在中國》,紀志剛等譯,江蘇人民出版社,2008,152頁	西方來源

① (古希臘)亞里士多德.工具論[M].余紀元等譯,北京:中國人民大學出版社,2003:5.

② 杜瑞芝主編.數學史辭典[M].濟南:山東教育出版社,2000:407.

續表

主要觀點	代表人物	觀點出處	備注
3. 意譯自拉丁文 Quantitae	安國風	安國風,《歐幾里得在中國》,紀志剛等譯,江蘇人民出版社,2008,150 頁	西方來源
4. 音譯自英文 Geometry 的 Geo	中村正直、三上義夫和艾約瑟;蘭紀正	白尚恕,《中國數學史研究——白尚恕文集》,李仲來主編,北京師範大學出版社,2008,369 頁;蘭紀正等譯,《幾何原本》第 2 版,陝西科學技術出版社,2003,635—671 頁	西方來源
5. 音意並譯自拉丁文 Geomitria	梁宗巨	梁宗巨,《世界數學史簡編》,遼寧人民出版社,1980 年,90 頁	西方來源
6. "幾何"是中國固有詞彙	梅榮照、王渝生、劉鈍;馮天瑜	梅榮照、王渝生、劉鈍,《歐幾里得〈原本〉的傳入和對我國明清數學的影響》,載《明清數學史論文集》,梅榮照主編,江蘇教育出版社,1990,53—83 頁;馮天瑜,《晚明西學譯詞的文化轉型意義》,《武漢大學學報(人文科學版)》,2003 年 11 月,657—664 頁	中國來源

表 2 "幾何"一詞的含義

主要觀點	代表人物	觀點出處	備注
1. 相當於今天的數學,一切"度、數之學"	梅榮照、王渝生、劉鈍;安國風		觀點出處同上表
2. 測地學	中村正直、三上義夫、艾約瑟;蘭紀正;梁宗巨;馮天瑜		觀點出處同上表
3. 量或計量	嚴敦傑;白尚恕;		觀點出處同上表

(三) 關於"幾何"一詞來源的辯證

"幾何"一詞選自中文固有詞彙,大家對這一點的認識是一致的。"幾何"一詞所對應的西學詞彙,已有研究基本使之明朗了,即"幾何"一詞意譯自拉丁文 Magnitudo 和 Quantitae,而不是音譯。

但是,現有觀點中仍有個别不完全一致之處,本部分以綜述前人成果爲主,並擬將其理順。

安國風將徐、利譯《幾何原本》與克拉維斯拉丁文本進行了比對,有力地證明"幾何"一詞的來源之一是意譯自拉丁文Magnitudo。白尚恕將"幾何"唯一地對應於Magnitudo,有失全面。白認爲Quantitae是"形學",[①]有待商榷,Quantitae的對應英文是Quantity,漢譯爲數量,筆者比對了今譯亞里士多德《工具論》(中國人民大學出版社,2003)和李之藻、傅泛際的《名理探》(三聯書店,1959)的相關部分,認爲Quantitae翻譯爲"數量"應是較爲準確,在當時"數量"就是"幾何"。李之藻與傅泛際合譯的《名理探》明確説明"量法"譯自Geomitria:"審形學分爲純雜兩端。凡測量幾何性情,而不及於其所依賴者,是之謂純。類屬有二:一測量并合之幾何,是爲量法,西云日阿默第亞(Geomitria的漢語音譯——筆者注)。一測量數目之幾何,是爲算法,西云亞利默第加也。"[②]

"幾何"一詞音譯自英文Geometry的Geo這一説法的錯誤性,嚴敦傑的研究已對其進行了糾正。其錯誤一是時間的不對應,將幾何與Geometry對應,在西方已是利瑪竇來中國一段時間以後的事,而我們在康熙時代法國傳教士白晉、張誠翻譯的巴蒂斯(Ignace pardies,1636—1673)的《幾何原本》底本中,才發現"幾何"與Geometrie(此詞爲法文,對應英文爲Geometry)完全對應;[③]二是徐光啓和利瑪竇所用原文是拉丁文,而不是英文。同時這第二點也説明僅僅意譯自英文Magnitude這一説法也是不準確的。

---

① 白尚恕.中國數學史研究——白尚恕文集[C].李仲來主編,北京:北京師範大學出版社,2008:372.

② (葡)傅泛際譯義、(明)李之藻達辭.名理探[M].北京:三聯書店,1959:12.

③ (荷)安國風.歐幾里得在中國[M].紀志剛等譯,南京:江蘇人民出版社,2008:473.

音意並譯自拉丁文 Geomitria 這一説法也不是明末的原意。安國風已經注意到“李之藻和傅泛際合譯的《名理探》就將 Geomitria 音譯爲‘日阿默第亞’”,①但安先生在同一著作中似乎不同意將其意譯爲“量法”,②值得討論。實際上,徐、利二人把這一詞彙翻譯爲“量法”了,利瑪竇在《譯〈幾何原本〉引》中表述西方數學的基本分類説:“幾何家者,專察物之分限者也,其分者若截以爲數,則顯物幾何衆也。若完以爲度,則指物幾何大也。其數與度或脱於物體而空論之,則數者立算法家,度者立量法家也。”③在這裏他將“度者”立爲“量法家”,這與克拉維斯的《導言》是一致的,④其實在徐光啓的時代,漢字“度”的動詞含義就是今天的測量。艾儒略的《西學凡》(1623 年刊行)也是這樣分類的:“幾何之學,名曰瑪得瑪第加者,譯言察幾何之道,則主乎審究形物之分限者也,復取斐禄之所論天地萬物,又進一番學問……獨專究物形之度與數,度其完者以爲幾何大,數其截者以爲幾何衆,然度數或脱於物體而空論之,則數者立算法家,度者立量法家……”⑤與利瑪竇的論述幾乎完全一致。

根據耶穌會的教育體制,西方耶穌會教育計劃中的六科——文、理、醫、法、教、道之中,亞里士多德的邏輯學是他們的必修學

---

① (荷)安國風. 歐幾里得在中國[M]. 紀志剛等譯,南京:江蘇人民出版社,2008:194.

② (荷)安國風. 歐幾里得在中國[M]. 紀志剛等譯,南京:江蘇人民出版社,2008:151.

③ 徐宗澤. 明清間耶穌會士譯著提要[M]. 上海:上海書店出版社,2006:198.

④ (荷)安國風. 歐幾里得在中國[M]. 紀志剛等譯,南京:江蘇人民出版社,2008:150 - 151.

⑤ (意)艾儒略. 西學凡[M]. 1623 年刊行,載:李之藻輯刻:天學初函[C]. 臺北:臺灣學生書局,1978:37 - 38.

科,屬於分科研修(醫、法、教、道)之前的公共必修課,教材也是統一的。所以利瑪竇所説“量法家”與傅泛際的説法是一致的,即“量法家”對應的拉丁文是 Geomitria。所謂 Geomitria 的測地學含義是埃及人的思想,在希臘人、羅馬人及其後的“利瑪竇們”那裏已變成了“量法家”。

(四) 關於“幾何”一詞含義的辯證

關於“幾何”一詞的含義,已有研究問題比較多。“幾何”的基本含義其實很簡單,就是數和量,即多少和大小,包括數量統稱、具體的數和幾何圖形。關於前者,上文已多有涉及;關於後者,王徵曾言:“《幾何原本》卷五之首第三界解釋: 兩幾何者,或兩數,或兩線,或兩面,或兩體,各以同類大小相比,謂之比例。”①但是已有研究没有將其明確起來,反而將其他詞彙的含義强加給了“幾何”。

關於“幾何”一詞的含義,即幾何一詞在漢語語境中的含義,馮天瑜先生做了精彩的考證:“‘幾何’本是漢語古典詞,義項有三: 其一,多少、若干,用於詢問數量或時間,如《詩・小雅・巧言》:‘爲猶將多少,爾居徒幾何?’《左傳・僖公二十七年》:‘所獲幾何?’《史記・孔子世家》:‘孔子居魯,得禄幾何?’劉獻廷《廣陽雜記》:‘家私幾何?’其二,無多時、所剩無幾,如《墨子・兼愛下》:‘人之生乎地上之無幾何也。’《漢書・五行志》:‘民生幾何’,注:‘幾何,言無多時也。’曹操《短歌行》:‘對酒當歌,人生幾何。’其三,問當何時,如《國語・楚語下》:‘其爲寶也,幾何矣?’解:‘幾何世也。’《漢書・五行志》:‘趙孟曰: 其幾何?’注:‘師古曰,言當幾時也。’總括言之,‘幾何’在古典漢語中是作爲疑問數詞使用的。”

---

① 張柏春等. 傳播與會通——《奇器圖説》的研究與校注(下篇)[M]. 鳳凰出版傳媒集團・江蘇科學技術出版社,2008: 20.

這樣,利瑪竇便把中國士人常用的漢語疑問數詞"幾何",改造成爲一個表示物體形狀、大小、位置間互相關係的數學術語。① 但是,馮先生恰恰忽略了中國傳統數學文獻,"幾何"本來就是中國傳統數學的最常用術語,中國傳統數學典籍如《算經十書》中,作爲表示求解某數量多少或大小的疑問詞,這一用法數不勝數,《九章算術》中幾乎每一道題都有它。今以徐光啓在其翻譯《幾何原本》之前的著作中所用爲例:"算定勾幾何,股幾何,弦幾何,量取數處,便見何等勾股,方得免坍。"②筆者做了一個統計,在這一篇僅 5 頁(32 開)的論文中,他用了 24 次"幾何"這個詞,並且都是表示求解大小或多少的疑問詞或數量詞。

另外,利瑪竇並没有完全排斥幾何的中文原意,只是做了引申,比如,他也採用"其分者若截以爲數,則顯物幾何衆也,若完以爲度,則指物幾何大也"(見前引)等説法,這裏"幾何大""幾何衆"的意思是"數量大小""數量多少"。

如此看來,前述表 2 中已有研究關於"幾何"含義的結論,都是值得商榷的。相當於今天的數學,一切"度、數之學"和測地學,兩種説法都不對。量或計量的説法,如果視其爲動詞,則接近今天的幾何學含義,即關於測量的學問;如果視其爲名詞,則它缺少了數的方面,也是不全面的。問題的根源在於,三者都把"幾何"的含義看作它的引申義了,也就是把"幾何"理解爲"幾何府""幾何家""幾何之學"等的簡稱了。而這些簡化是後來的事,在明末還没有出現。"幾何府""幾何家""幾何之學"等都有各自不同於"幾何"的固定含義。

---

① 馮天瑜. 晚明西學譯詞的文化轉型意義[J]. 武漢大學學報(人文科學版),2003(11):657-664.

② (明)徐光啓. 徐光啓集[M]. 上海:上海古籍出版社,1984:59.

（五）與“幾何”有關的學術之含義

與“幾何”有關的學術主要有：幾何府、幾何家、幾何之學、《幾何原本》。幾何府是《名理探》“十倫”之一，是今天邏輯學的一部分，它在數學原理中的應用是《幾何原本》；《幾何原本》又是徐光啓所稱的“度數之宗”，幾何家、幾何之學是《幾何原本》在度（測量）數（計算）之中的擴展。

1. “幾何府”的邏輯意藴

關於“幾何”的來歷及其在西學中的歸屬，徐光啓和利瑪竇在翻譯時採用的是“幾何府”這一説法，在徐光啓和利瑪竇的語境中，“幾何”的含義是數量，它屬於“幾何府”。他們所强調的是：“幾何”屬於“幾何府”這一邏輯學中的範疇。《幾何原本》開頭内容就是明證：“凡曆法、地理、樂律、算章、技藝、工巧諸事，有度有數者，皆依賴十府中幾何府屬（‘十府’指亞里士多德的十大範疇，‘幾何’，今譯爲數量，是其中之一——筆者按）。凡論幾何，先從一點始，自點引之爲線，線展爲面，面積爲體，是名三度（今天所説‘三維’——筆者按）。”①

艾儒略則用“宗”來表達“府”的含義：“一門是十宗論，……（其）一爲幾何，如尺寸一十等。”②李之藻輯刻的《天學初函》中就有《幾何原本》和《西學凡》兩書，但他並没有將其譯法統一，並且他和傅泛際稍後譯《名理探》時，又創造了“府”和“宗”之後的第三種譯法——“倫”。《名理探》所講“五公十倫”的“十倫之二”，即爲“幾何”，是緊接著“十倫之一——自立體”來講的。總之，我們

① （意）利瑪竇口授、（明）徐光啓筆受. 幾何原本［M］. 北京：商務印書館，1939：1.

② （意）艾儒略. 西學凡［M］. 1623 年刊行，載：李之藻輯刻：天學初函［C］. 臺北：臺灣學生書局，1978：32－33.

可以知道,“幾何”這一“府”與邏輯學關係密切。利瑪竇不否認中國有數學研究,認爲其只是缺乏邏輯性强的原本之論:“竇自入中國,竊見爲幾何之學者,其人與書,信自不乏,獨未睹有原本之論,既闕根基,遂難創造,即有斐然述作者,亦不能推明所以然之故,其是者己亦無從別白,有謬者人亦無從辨證。”①

徐光啓對中國數術之學反感的原因之一就是它的“謬妄”,即缺乏明確的邏輯關係。“算數之學特廢於近數百年爾,廢之緣有二:其一爲名理之儒,土苴天下之實事;其一爲妖妄之術,謬言數有神理。”②他稱數術爲“盲人射的”“俗傳者余嘗戲目爲閉關之術,多謬妄,弗論”“小人之事”③而對歐式幾何的公理化體系和與之密切聯繫的演繹邏輯讚賞有加。徐光啓説:“下學功夫,有事有理,此書(《幾何原本》——筆者注)爲益,能令學理者,祛其浮氣,練其精心,學事者,資其定法,發其巧思,故舉世無一人不當學……何故?欲其心思細密而已。……人具上資而意理疏莽,即上資無用;人具中材而心思縝密,即中材有用;能通幾何之學,縝密甚矣,故率天下之人而歸於實用者,是或其所由之道也。”他還有“四不必”“四不可得”“三至三能”之論,都是稱道《幾何原本》的邏輯性。首先,《幾何原本》對格物致知有作用:“幾何之學,深有益於致知。明此,知向所揣摩造作(致知方法——筆者注),而自詭爲工巧者,皆非也,一也。明此,知吾所已知不若吾所未知之多(虚心的態度——筆者注),而不可算計也,二也。明此,知向所想象之理,多(方法——筆者注)虚浮而不可按也,三也。明此,知向所立言之

① 徐宗澤.明清間耶穌會士譯著提要[M].上海:上海書店出版社,2006:200.

② (明)徐光啓.徐光啓集[M].上海:上海古籍出版社,1984:80.

③ (明)徐光啓.徐光啓集[M].上海:上海古籍出版社,1984:80-81.

可得而遷徙移易也(確定性——筆者注),四也。"[①]可見,他站在《幾何原本》的立場上,對傳統思維方式和"所立之言"都産生了懷疑。其次,《幾何原本》對人的德性有作用:"此學不止增才,亦德基也。"因爲"躁心人不可學,粗心人不可學,滿心人不可學,妒心人不可學,傲心人不可學"。[②] 再次,《幾何原本》在徐光啓眼裏真是一根"金針",是繪製理想藍圖、實現人生目標的工具。有了它,就能"古學絶廢二千年後,頓獲補綴唐虞三代闕典遺義",[③]就像他對李之藻的《同文算指》的評價那樣:有了《幾何原本》《同文算指》之類的書後,"雖失十經(《算經十書》——筆者注),如棄敝屩矣"。[④]

我們現在是把《幾何原本》看作一本數學書的,而與徐光啓同時代的人幾乎都没有把《幾何原本》看作一本數學書,而是看作一本探求萬事萬物之理的邏輯方法書。徐光啓把它看作數學的根本而不是數學本身:"《幾何原本》者度數之宗,所以窮方圓平直之情,盡規矩準繩之用也……蓋不用爲用,衆用所基,真可謂萬象之形囿,百家之學海。"[⑤]王徵在其著作中强調了鄧玉函的觀點:"鄧(玉函)先生則曰:'譯是不難,第此道雖屬力藝之小技,然必先考度數之學而後可。蓋凡器用之微,須先有度有數。因度而生測量,因數而生計算,因測量計算而有比例,因比例而後可以窮物之理,理得而後法可立。不曉測量、計算,則必不得比例;不得比例,則此器圖説必不能通曉。測量另有專書,算指具在同文,比例亦大都見《幾何原本》中。'"[⑥]

---

① (明) 徐光啓. 徐光啓集[M]. 上海: 上海古籍出版社,1984: 77-78.
② (明) 徐光啓. 徐光啓集[M]. 上海: 上海古籍出版社,1984: 78.
③ (明) 徐光啓. 徐光啓集[M]. 上海: 上海古籍出版社,1984: 75.
④ (明) 徐光啓. 徐光啓集[M]. 上海: 上海古籍出版社,1984: 81.
⑤ (明) 徐光啓. 徐光啓集[M]. 上海: 上海古籍出版社,1984: 75.
⑥ 張柏春等. 傳播與會通——《奇器圖説》的研究與校注(下篇)[M]. 鳳凰出版傳媒集團·江蘇科學技術出版社,2008: 19-20.

2. “幾何之學”相當於今天的數學

“幾何之學”，在徐光啓、利瑪竇和當時的其他人看來，所對應的拉丁文是 Mathematicarum。艾儒略的《西學凡》（1623 年刊行）即採用這一用法：“幾何之學，名曰瑪得瑪第加者，譯言察幾何之道，則主乎審究形物之分限者也，復取斐祿之所論天地萬物，又進一番學問……獨專究物形之度與數，度其完者以爲幾何大，數其截者以爲幾何衆……”①李之藻和傅泛際也是持這一看法，其“明藝之二”明確界定了今天所說的數學爲“審形學，西言瑪得瑪第加”。② 所以“審形學”“察幾何之道”“幾何家”才是“幾何之學”的同義詞。筆者對徐光啓和利瑪竇關於西方數學的著作進行了考察，在利瑪竇的表述如《譯〈幾何原本〉引》（對該文的作者學界也有不同看法，本文認爲是利瑪竇）中，“幾何”一詞比比皆是，但徐光啓關於《幾何原本》的論述一般不單獨用“幾何”一詞，多數情況下，“幾何”和“原本”同時出現。③

利瑪竇在《譯〈幾何原本〉引》中表述西方數學的基本分類説：“幾何家者，專察物之分限者也，其分者若截以爲數，則顯物幾何衆也，若完以爲度，則指物幾何大也。其數與度，或脱於物體而空論之，則數者立算法家，度者立量法家，或二者在物體而偕其物議之，則議數者，如在音相濟爲和，而立律吕樂家，議度者，如在動天迭運爲時，而立天文曆家也。”④在這裹他將“度者”立爲“量法家”，與

---

① （意）艾儒略. 西學凡[M]. 1623 年刊行，載：李之藻輯刻. 天學初函[C]. 臺北：臺灣學生書局，1978：37－38.

② （葡）傅泛際譯義、李之藻達辭. 名理探[M]. 北京：三聯書店，1959：11.

③ （意）利瑪竇口授、（明）徐光啓筆受. 幾何原本[M]. 北京：商務印書館，1939：1.

④ 徐宗澤. 明清間耶穌會士譯著提要[M]. 上海：上海書店出版社，2006：198.

克拉維斯的《導言》是一致的，[①]其實在徐光啓的時代，漢字“度”的動詞含義就是今天的測量。艾儒略的《西學凡》（1623 年刊行）也是這樣分類的：“幾何之學，名曰瑪得瑪第加者，譯言察幾何之道，則主乎審究形物之分限者也，……然度數或脱於物體而空論之，則數者立算法家，度者立量法家……”[②]與利瑪竇的論述幾乎完全一致。李之藻與傅泛際合譯的《名理探》則明確説明“量法家”譯自 Geomitria：“審形學分爲純雜兩端。凡測量幾何性情，而不及於其所依賴者，是之謂純。類屬有二：一測量并合之幾何，是爲量法，西云日阿默第亞（Geomitria 的漢語音譯——筆者注）。一測量數目之幾何，是爲算法，西云亞利默第加也。其測量幾何而有所依賴于物者，是之謂雜。其類有三：一謂視藝，……一謂‘樂藝’，……一謂星藝。”[③]

（六）幾何何時成了幾何學？

中國傳統數學的分類標準是所要解決的實際問題，大體不超出《九章算術》的九個類别。《算經十書》中不同類别的問題的解決方法是不同的。與中國大一統思想相一致，劉徽《九章算術注》開始試圖用一種思想方法將整個數學一以貫之，劉徽選擇的思想方法是“率”，隨後，秦九韶選擇的是“大衍求一術”，李冶選擇的是“圓城圖式”，朱世傑選擇的是“四元術”，方中通選擇的是“勾股術”，等等。中國傳統數學包含度與數兩個因素，大體相當於算術、代數和幾何，但是古代中國人没有人嘗試做這樣的

---

① （荷）安國風. 歐幾里得在中國［M］. 紀志剛等譯，南京：江蘇人民出版社，2008：150－151.

② （意）艾儒略. 西學凡［M］. 1623 年刊行，載：李之藻輯刻. 天學初函［C］. 臺北：臺灣學生書局，1978：37－38.

③ （葡）傅泛際譯義、李之藻達辭. 名理探［M］. 北京：三聯書店，1959：12.

分類。按照算術、代數和幾何這樣的學科標準將數學進行分類，始於明末清初西方數學的東漸，終於清末民初中國現代數學體系的形成。這時，幾何學實現了學科獨立，初等數學基本形成算術、代數、幾何三分支格局。中國數學史界關於數學分科情況的研究不多，有一篇文章稱"幾何"一詞曾經不是幾何學。① 那麼幾何何時成爲幾何學、幾何怎樣成爲幾何學，就成了數學史的一個問題。

綜觀中國數學史，從有數學著作起，幾何一詞就是數學的常用詞，如在《九章算術》中，大部分題目中都會出現它。它與幾何學這一學科的名稱發生聯繫，開始於明末清初西學東漸，可以 1607 年《幾何原本》的出版爲標誌。正如上文所說，這時它並不是幾何學的學科名稱，直到清末它才基本固定爲這門學科的名稱，也就是表示關於圖形的學問，這可用 1903 年頒布的《奏定學堂章程》作爲標誌。如此說來，這一歷程經歷了近 300 年。這一歷程有幾個重要環節，分述如下。

"幾何"一詞由常用詞彙變爲專用術語。就在與利瑪竇合譯《幾何原本》的前幾年，徐光啓在其數學類作品中還把幾何作爲常用詞彙，以其《量算河工及測驗地勢法》中所用爲例："算定勾幾何，股幾何，弦幾何，量取數處，便見何等勾股，方得免坍。"②據統計，在這一篇僅 5 頁 32 開本的論文中，他用了 24 次"幾何"，都表示大小或多少。而到了 1606 年二人合譯《幾何原本》時，這一常用詞彙就變成了數學的專用術語，利瑪竇在《譯〈幾何原本〉引》中表述西方數學的基本分類說："幾何家者，專察物之分限者也，其分者若截以爲數，則顯物幾何衆也，若完以爲度，則指物幾何大也。其

---

① 宋芝業."幾何"曾經不是幾何學[J].科學文化評論.第 8 卷第 1 期，2011(2)：77－85.

② （明）徐光啓.徐光啓集[M].上海：上海古籍出版社，1984：57－62.

數與度，或脱於物體而空論之，則數者立算法家，度者立量法家也。”①據以翻譯的 Clavius 拉丁文底本書名 *Euclidis elementorum libri XV* 中並没有 Geomitria 字樣。

幾何學的多重名稱及其含義的産生。既然徐光啓和利瑪竇在翻譯時不是用幾何對應拉丁詞 Geomitria，幾何學的含義就只能從當時人們對它的理解和應用中尋找，據考察，大致有以下幾種情況。

1. 幾何學是量法或測量學

李之藻與傅泛際合譯的《名理探》明確説明“量法”譯自 Geomitria：“審形學分爲純雜兩端。凡測量幾何性情，而不及于其所依賴者，是之謂純。類屬有二：一測量并合之幾何，是爲量法，西云日阿默第亞（Geomitria 的漢語音譯——筆者注）。一測量數目之幾何，是爲算法，西云亞利默第加也。”②梅文鼎也有這種理解：“數學有九，要之則二支，一者算術，一者量法。”（《方程論·餘論》，《景印文淵閣四庫全書》，子部，天文算法類，《曆算全書》卷四十、四十一，乾隆四十六年十月）進而論述西方量法先進，而算術落後。測量、量法倒是與西方所理解幾何學的英語拼法 Geometry 或它的其他語種拼法的原始含義相符，Geo 意思是大地，Metry 意思是測量，Geometry 意思是大地測量術，引申爲測量學。《測量全義》《測量法義》《測量異同》等著作大概是這種用法。

2. 幾何學是關於數、量和數量的學問，或今天所説的數學

“幾何”一詞取自中國傳統數學中求解某數量多少或大小這一含義，對應拉丁文詞彙 Magnitudo 和 Quantitae，這是徐光啓和利

① （意）利瑪竇. 譯《幾何原本》引[A]，朱維錚、李天綱主編. 徐光啓全集（肆）·幾何原本[C]. 上海：上海古籍出版社，2010：7.

② （葡）傅泛際譯義、李之藻達辭. 名理探[M]. 北京：三聯書店，1959：12.

瑪竇翻譯時的原意①。他們並没有留下什麽對增加"幾何"二字的原因的説明,根據數學史知識推測,這大概與底本中拉丁文詞彙Magnitudo(數或量)很多有關,也與Quantitae(數量)是一個重要邏輯範疇有關,《幾何原本》開頭説:"凡曆法、地理、樂律、算章、技藝、工巧諸事,有度有數者,皆依賴十府中幾何府屬('十府'指亞里士多德的十大範疇,'幾何',今譯爲數量,是其中之一——筆者按)。"②畢竟這兩個拉丁詞彙都與中國的幾何含義相近。這樣,幾何學就類似於今天所説的數學了。然而,"數學(Mathematics)"在古羅馬名聲不好,他們稱占星術士爲數學家,而占星術是羅馬君王所嚴令禁止的;歐洲在中世紀仍使用"數學和惡行禁典"——禁止占星術的羅馬法律;17世紀和18世紀,人們仍然稱呼我們今天心目中的數學家爲"幾何學家"。③ 由Theon於西元四世紀整理的世界第一部完整的《原本》名稱中就出現了拉丁詞Mathematici。④

3. 幾何學就是《幾何原本》所記載的學問

把幾何理解爲《幾何原本》也是一種常見的情況,這種理解與上一種有點類似。清初梅文鼎就是一例:"《幾何原本》爲西算之根本,其法以點、線、面、體疏三角、測量之理,以比例、大小、分合疏算法異乘同除之理,由淺入深,善於曉譬,但取徑縈紆,行文古奥而峭險,學者畏之,多不能終卷。方位伯《幾何約》又苦太略,今遵新譯之意,稍爲順其文句,芟繁補遺,而爲是書,於初編則爲第七,梠

---

① 宋芝業."幾何"曾經不是幾何學[J].科學文化評論.第8卷第1期,2011(2):77-85.

② 朱維錚、李天綱主編.徐光啓全集(肆)·幾何原本[C].上海:上海古籍出版社,2010:15.

③ (美)克萊因.古今數學思想(第一册)[M].上海:上海科技出版社,2002:77-85.

④ 莫德.歐幾里得原本研究[M].呼和浩特:内蒙古出版集團,2012:圖四.

城杜端甫孝廉知耕有《幾何論約》，吾弟爾素有《幾何類求》，並可與是書參證。"(《勿庵曆算書目・幾何摘要》三卷)清末的吴道鎔也是一例："光緒癸卯(1903 年——筆者注)冬道鎔忝督高等學堂，爲諸生謀各科學豫備，以算學一門當補習幾何。……贅説云者，以徐文定公言此書自首迄末，文悉顯明，玆之附益猶贅疣也，愚竊謂幾何一書絲聯繩貫。"[①]此外，艾儒略的《幾何要法》、方中通的《幾何約》、李子金的《幾何易簡集》、杜知耕的《幾何論約》等著作也是這種情況。與持上兩種看法的作者李之藻、徐光啓等都與傳教士有較多的接觸不同，除艾儒略外，做這種理解的人大多與傳教士接觸不多或没有接觸，是《幾何原本》傳播過程中的二傳手、三傳手。他們認爲《幾何原本》是西方數學的代表，"《幾何原本》，西庠之數學也"。[②] 至於幾何的含義是什麽，他們並没有考慮太多。這種理解西方也有，畢竟"歐幾里得《原本》的主要内容是幾何學、比例理論和數論"。[③] 不過，這些中國數學著作所關注的内容主要都是《幾何原本》中的幾何學部分。

4. 幾何學是 Geometry

如"凡幾何之屬有四，曰點、曰線、曰面、曰體"(《測量全義敘目》，載徐光啓編纂、潘鼐彙編《崇禎曆書(下)》，1295 頁)。康熙時期翻譯的《幾何原本》底本就出現了法語 geomerie(幾何學)，"現存故宫博物院，有三個本子，7 卷滿文本(一般稱爲 A)、7 卷漢

---

① 吴道鎔. 幾何贅説(廣東高等學堂預科幾何課本)[M]. 丙午(光緒三十三年，1906)春三月：1.

② (明) 徐爾默. 附録一：跋幾何原本三校本[A]，朱維錚、李天綱主編. 徐光啓全集(肆)・幾何原本[C]. 上海：上海古籍出版社，2010：505.

③ The main subjects of the work (Euclid's Elements) are geometry, proportion, and number theory. Introduction. *EUCLID'S ELEMENTS OF GEOMETRY*, edited by Richard Fitzpatrick, ISBN 978-0-6151-7984-1, First edition-2007, Revised and corrected-2008: 2.

文本(B)、12 卷漢文本(C)(近來劉鈍先生又在臺灣發現一個抄本,研究後認爲很可能是 A 的底本),都源自法國人巴蒂斯(1636—1673)的《幾何要旨(*Elements de geomerie*),或學習歐幾里得、阿波羅尼烏斯及其他古代和近代幾何學家的簡明方法》”。①它們繼而形成一部教科書,以《幾何原本》爲題收入《數理精蘊》,對中國數學影響很廣泛。李善蘭與英國傳教士偉烈亞力譯本的底本——比林斯利(H. Billingsley,? —1606)的著作的英文題目 *The Elements of Geometria of the Most Auncient Philosopher Euclide of Megara*(1570)中也出現了幾何學 Geometria 字樣。

5. 幾何是形學,也就是關於圖形的學問

把幾何理解爲形學也是一種情形。李之藻和傅泛際曾經把拉丁文 Mathematicarum 翻譯爲審形學:其“明藝之二”明確界定了今天所説的數學爲“審形學,西言瑪得瑪第加”。② 吴學顥則把《幾何原本》理解爲形學:“凡物之生,有理、有形、有數,三者妙于自然,不可言合,何有於分。顧從來言格物者,每詳求理,而略形與數,其於數,雖有九章之術求其精確,已苦無傳書。致論物之形,則絶無及者。孟子曰:繼之以規矩準繩,以爲方圓平直,不可勝用。意古者公輸、墨翟之流,未嘗不究心於此,而特未及勒爲一家之言歟,然不可考矣。竊嘗論之,理爲物原,數爲物紀,而形爲物質。形也者,理數之相附以立者也。得形之所以然,則理與數皆在其中,不得其形,則數有窮時,而理亦杳渺而不安。……《幾何原本》一書,創于西洋歐吉里斯,自利瑪竇攜入中國,而上海徐元扈先生極爲表彰,譯以華文,中國人始得以讀之,其書囊括萬象,包羅諸有,以爲物之形有短長,有闊

① (荷)安國風.歐幾里得在中國[M].紀志剛等譯,南京:江蘇人民出版社,2008:473 注釋③.

② (葡)傅泛際譯義、李之藻達辭.名理探[M].北京:三聯書店,1959:11.

狹,有厚薄。"①周書訓也把幾何理解爲形學:"前二十年,余肄業登州文會館,與張君松溪同學。而館中課藝,有算學一門,其代數形學,師授者指爲要領,此張君與余所同聞者也。光緒三十一年(1905——筆者注)八月,安邱銘九周書訓序於禮賢書院之藏拙山房。"(《勾股題鏡序》,勾股題鏡,耶穌降世一千九百零七年,臨朐張松溪著,大清光緒三十三年歲次丁未,上海美華書館排印)劉光照也是這樣:"是書則按形學以解其理,本代數以布其式,而號碼則概用泰西通行者,式既簡明,證復淺顯。"②

1884年美國傳教士狄考文將幾何與形學做了辯證:"今余作此形學一書,與幾何原本,乃同而不同。其所以不名幾何而名形學者,誠以幾何之名,所概過廣,不第包形學之理,舉凡算學各類,悉括於其中。且歐氏創作是書,非特論各形之理,乃將當時之算學,幾盡載其書,如第七、八、九、十諸卷,端論數算,絶未論形,故其名爲幾何也亦宜。"③1895王澤沛對其進行了聲援:"學算之書,古而今,中而外,必以西士歐幾里得爲最,昔人論之詳矣。顧其書以形學爲至要,而渾其名曰幾何者,以所論不專形學也。"④

6. 幾何固定爲幾何學,與代數、三角、算術等並列爲數學的基本分支

1903年頒布的《奏定學堂章程・初級師範學堂章程》規定中,

---

① 吴學顥. 幾何論約・吴學顥序[A]. 景印文淵閣四庫全書(802冊)・子部・天文算法類[C]. 乾隆四十六年(1781):2.

② (清)劉光照. 勾股題鏡・勾股題鏡序[M]. 光緒壬寅秋(光緒二十八年,1902):1.

③ (美)狄考文. 形學備旨十卷(重校本)・狄考文序[M]. 劉永錫、(美)狄考文同譯. 古今算學叢書第三. 算學書局. 光緒戊戌(1898):2.

④ (清)王澤沛. 形學演八卷(原稿本)[M]. 古今算學叢書第三. 光緒戊戌(1898):1.

關於學生算學科目注明了:"幾何又謂之形學",[①]三年級學生算學科目有"代數、幾何"。[②] 清末,《形學備旨十卷》非常流行,但是最終改名爲《續幾何》:"宣統二年(1910)十一次印本,徐樹勳成都翻刻本附圓錐曲線三卷,坊本改名《續幾何》。"[③]標誌著幾何學科名稱的統一。相應地,"幾何學是關於數、量和數量的學問"中的幾何學轉變爲今天所説的數學,"幾何學就是《幾何原本》所記載的學問"轉變爲今天所説的歐氏幾何或初等幾何,"幾何學是量法或測量學"固定爲今天的測量學,馮立升先生就著有一部《中國古代測量學史》,[④]"幾何學是形學,也就是關於圖形的學問"中的幾何學融入了現代所説的幾何學。在獨立後的幾何學的著作中,中國傳統數學中的幾何學内容消融於西方公理化和證明性的形式與内容之中。

此外,筆者對於幾何學的獨立與中國數學分科問題的認識如下。在近300年的歷程中,中國人對幾何學的理解基本包括了西方世界對幾何學的各種理解,真是應了中國的一句古語"東海西海,心同理同"。不過二者在時間上有所不同,中國用300年走完了西方2 000多年的幾何文化歷程,顯得不是那麽從容。按照中國的語言特點,這一學科最恰當的名稱應該是形學,狄考文的論證非常有説服力。最後中國採用了在西方含義從來也不是那麽純粹的幾何學(geometry),其原因大概有三:其一,最能代表西方數學的《幾何原本》,與中國傳統數學相比,其内容的異質性給中國的社會

① 張之洞纂.奏定學堂章程[M].沈雲龍主編.近代中國史料叢刊.第七十三輯,臺灣:雲海出版社,民國七十五年(1986):289.

② 張之洞纂.奏定學堂章程[M].沈雲龍主編.近代中國史料叢刊.第七十三輯,臺灣:雲海出版社,民國七十五年(1986):303.

③ 丁福保、周雲清.四部總録算法編[M].北京:商務印書館,1956:56.

④ 馮立升.中國古代測量學史[M].呼和浩特:内蒙古大學出版社,1995.

心理帶來了太深刻的刺激和震撼，一接觸有關内容，大家就想到幾何二字；其二，幾何是中國傳統數學固有的常用詞彙，接受起來比較習慣；其三，西方傳入的幾何學，無論是徐光啓和利瑪竇的翻譯、康熙時期的譯本，還是李善蘭與偉烈亞力的譯本，都不那麽純粹。

在幾何學獨立的過程中，梅文鼎等人將幾何理解爲《幾何原本》，並關注其中的幾何學部分，認識到西方數學的特長在於量法，在此基礎上，梅文鼎在中國數學史上首次將傳統數學分爲算術和幾何（量法）兩個部分。他在《方程論》中對此作了詳細論證，這在中國數學從傳統到近代的轉换中無疑具有深刻的意義。

結語

綜上所述，本文在梳理了前人對"幾何""幾何之學"等概念命名的研究的基礎上，作了進一步探索，認爲："幾何"一詞取自中國傳統數學中求解某數量多少或大小這一含義，對應拉丁文詞彙 Magnitudo 和 Quantitae；"幾何府"是西方邏輯學中的數量範疇，"幾何家""幾何之學""審形學""察幾何之道"的學科含義則是西方的數學，它對應的拉丁文詞彙是 Mathematicarum；"量法家""度學"才是今天的幾何學，它對應的拉丁文是 Geomitria；明末的"幾何"並不是幾何學。

從數學發展史來看，在中西方，數學、幾何等詞彙在其歷史發展中所代表的思想都是不斷發生變化的。在清前期梅文鼎時代，"幾何"也曾被廣泛用於代表西方數學，到嚴復時代，人們用"形學"表示今天的幾何學。數學是關於現實世界空間形式和數量關係的科學這一説法，在西方是恩格斯時代的事，在中國，20 世紀 30 年代才被固定下來。

四、明末清初中算家與公理化

隨著《幾何原本》的翻譯和出版（1607 年），西方數學的核心思想方法——公理化正式登陸中國。從定義、公理(公設)出發,根據演繹邏輯和直觀體驗推導出其餘命題,是《幾何原本》組織數學材料的基本方法,也是其進行數學論證的基本思維方式,它的三個要素是定義、公理和推理。習慣於算法化的中算家對這些異質性數學因素的理解、接受和研究,是決定中西數學會通成功與否的關鍵,也是體現以後中國數學發展方向的風向標。前人對這一問題的研究還不够深入,没有定論。有人認爲"從徐光啓以後的二百多年裏,遍覽當時國人撰寫的科學和數學著作,除了數學證明被保留了下來,其他的一些公理化的做法幾乎都遺失殆盡"。① 也有人通過"列舉3 項案例,對梅文鼎的理分中末線、明安圖的無窮級數、李善蘭的積分公式等標誌性成果進行具體分析,認爲這些成就的獲得除了傳統數學的影響外,程度不同地受益於《幾何原本》"。② 還有人認爲,梅文鼎對幾何學進行了"發掘和創造",③"對《幾何原本》已相當熟悉",④"在梅文鼎看來,傳統的勾股算術就是西方的幾何學"。⑤ 還有人通過對梅文鼎及清末數學家的研究,認爲《幾何原本》在中算家"邏輯推理能力的加强、新數學概念的接受、從

① 楊澤忠. 明末清初公理化方法未能在我國廣泛傳播的原因[J]. 科學技術與辯證法,2006(10): 84 - 88.

② 羅見今、沙娜.《幾何原本》對清代數學影響的案例研究[J]. 高等數學研究,2009(7): 124 - 129.

③ 梅榮照、王渝生、劉鈍. 歐幾里得《原本》的傳入和對我國明清數學發展的影響[A],莫德、朱恩寬主編. 幾何原本研究論文集[C]. 内蒙古文化出版社,2006: 114 - 144.

④ 梅榮照、王渝生、劉鈍. 歐幾里得《原本》的傳入和對我國明清數學發展的影響[A],莫德、朱恩寬主編. 幾何原本研究論文集[C]. 内蒙古文化出版社,2006: 131.

⑤ 梅榮照、王渝生、劉鈍. 歐幾里得《原本》的傳入和對我國明清數學發展的影響[A],莫德、朱恩寬主編. 幾何原本研究論文集[C]. 内蒙古文化出版社,2006: 129.

一般性出發考慮問題、對數學性質的重視、尺規作圖和數學符號的使用等方面產生了影響”。① 但是,關於“明末清初這一關鍵時期的另一批中西算家對公理化思想方法這一核心因素如何理解”方面的研究,似乎還很不充分。在前人研究成果的基礎上,結合李子金、杜知耕和方中通等中算家對《幾何原本》公理化的反應以及艾儒略等傳教士針對這種反應進一步傳播公理化的策略調整,對中算家與公理化的關係做更爲深入的研究,是很有必要的。

(一) 不懂與尊重

刊印之初,中國士人大多讀不懂《幾何原本》,正像利瑪竇所説:“那些矜持自傲的文人學士用盡了努力,卻無法讀懂用他們自己的語言寫成的書(《幾何原本》——筆者注)。”②據筆者不完全統計,關於該史實有如下一些明確的文獻記載。李子金(1622—1701)説,明清之際“京師諸君子,即素所號爲通人者,無不望(《幾何原本》——筆者注)而返走,否則掩卷不談,或談之亦茫然不得其解”。③ 1629 年清軍攻破北京城牆,金聲(1598—1645)與徐光啓一道被啓用守衛京師。他對西學有興趣,但對數學和天文知之不多。1632 年徐光啓上疏奏請他參與曆法改革,他婉言謝辭,坦言自己對象數之學不甚了了,幾次讀《幾何原本》都難以終卷:“至於象數,全所未諳,即太老師(徐光啓——筆者注)所譯《幾何原本》一書,幾番解讀,必欲終集,曾不竟卷,�復迷悶,又行掩真寘。”④方以智

---

① 郭世榮. 論《幾何原本》對明清數學的影響[A],莫德、朱恩寬主編. 幾何原本研究論文集[C]. 呼和浩特: 内蒙古文化出版社,2006: 246 - 262.

② (荷) 安國風. 歐幾里得在中國[M],紀志剛、鄭誠、鄭方磊譯. 南京: 江蘇人民出版社,2008: 332.

③ (清) 杜知耕. 數學鑰[M]. 開封榮興齋石印本,1916.

④ (荷) 安國風. 歐幾里得在中國[M],紀志剛、鄭誠、鄭方磊譯. 南京: 江蘇人民出版社,2008: 387.

(1611—1671)説:“西儒利瑪竇,……著書《天學初函》(内含《幾何原本》),余讀之多所不解。”①方中通論《幾何原本》難學道:“西學莫精於象數,象數莫精於幾何。余初讀,三過不解。”②

其實,很多儒家士人都有這樣的反應。究其原因,士人們認爲,一是推理過程繁難。艾儒略1631年寫出了《幾何要法》一書,就是因《幾何原本》太繁瑣、在應用中不方便而寫的簡縮本。鄭洪猷爲李子金著《幾何易簡集》所寫序言就抱怨《幾何原本》的艱澀難懂:“特初學望洋興嘆,不無驚其繁。”③李子金亦認爲《幾何原本》事無巨細、一概詳論是没有必要的:“唯恐一人不能知不能行,故於至深至難解者解之,於至淺之不必解者亦解之。論説不厭其詳,圖畫不厭其多。遂致初學之士,有望洋之歎,而不得不以《要法》爲捷徑。”④杜知耕寫《幾何論約》的目的,還是繼承徐光啓的遺志,並從方法和策略上加以改進:“書(《幾何原本》——筆者注)成于萬曆丁未,至今九十餘年,而習者尚寥寥無幾,其故何與?蓋以每題必先標大綱,繼之以解,又繼之以論,多者千言,少者亦不下百餘言;一題必繪數圖,一圖必有數線,讀者須凝精聚神,手誌目顧,方明其義,精神少懈,一題未竟已不知所言爲何事。習者之寡不盡由此,而未必不由此也。”⑤二是語言表達不清晰。梅文鼎《勿庵曆算書目·幾何摘要三卷》載:“《幾何原本》爲西算之根本,其法以

---

① 李天綱. 跨文化的詮釋[M]. 北京: 新星出版社,2007: 104.

② 方中通. 數度衍[A],靖玉樹. 中國歷代算學集成[C]. 濟南: 山東人民出版社,1994: 2553-2873.

③ (荷) 安國風. 歐幾里得在中國[M],紀志剛、鄭誠、鄭方磊譯. 南京: 江蘇人民出版社,2008: 382.

④ (荷) 安國風. 歐幾里得在中國[M],紀志剛、鄭誠、鄭方磊譯. 南京: 江蘇人民出版社,2008: 382.

⑤ (清) 杜知耕. 幾何論約[A],靖玉樹. 中國歷代算學集成[C]. 濟南: 山東人民出版社,1994: 3030.

點線面體,疏三角測量之理,以比例、大小、分合,疏算法異乘同除之理,由淺入深,善於曉譬。但取徑縈紆,行文古奥而峭險,學者畏之,多不能終卷。方位伯《幾何約》又苦太略。今遵新譯之意,稍爲順其文句,芟繁補遺,而爲是書。"[1]康熙時期又翻譯了新的《幾何原本》,翻譯新本的原因爲:"《幾何原本》,數源之謂,利瑪竇所著。因文法不明,後先難解,故另譯。"[2]

"後先難解"的評價,所言不虚。但是其原因未必是"文法不明",更可能是中西思維方式的差異。用中國以取類比象爲主的關聯式思維方式去解讀層層深入、邏輯嚴密的《幾何原本》,方法和目標有不一致之處。《幾何原本》本身的組織方法是公理化思想,屬於形式邏輯,它要求大前提、小前提、結論的理解程式,而不是前後命題的相似性和模組之間的類推性,它要求純形式的思維連續性。大家的困難應主要在於對公理化的不理解上。

當然,也有學通《幾何原本》的記載。與對《幾何原本》難懂的反應相比,感覺學懂的人較少。徐光啓的情況廣爲人知,不再詳述,此外還有如下幾例。張養默,"這個學生性情有點傲慢……他無師自學了歐幾里德的第一卷。他不斷向利瑪竇神父請教幾何學問題"。[3] 李之藻,《利瑪竇中國劄記》記載,李之藻"就精通了丁先生所寫的幾何學教科書的大部分内容"。[4] 瞿太素,《利瑪竇中國劄記》載,學習了西方算學後,"他(指瞿太素——筆者注)接著從

① (清) 梅文鼎. 勿庵曆算書目[M](叢書集成初編). 北京: 中華書局,1985: 30.

② (荷) 安國風. 歐幾里得在中國[M],紀志剛、鄭誠、鄭方磊譯. 南京: 江蘇人民出版社,2008: 473.

③ (意) 利瑪竇、(法) 金尼閣. 利瑪竇中國劄記[M]. 何高濟、王遵仲、李申譯. 北京: 中華書局,2005: 350 - 351.

④ (意) 利瑪竇、(法) 金尼閣. 利瑪竇中國劄記[M]. 何高濟、王遵仲、李申譯. 北京: 中華書局,2005: 432.

事研究丁先生的地球儀和歐幾裏德的原理,即歐氏的第一書。然後他學習繪製各種日晷的圖案,準確地表示時辰,並用幾何法則測量物體的高度……他運用所學到的知識寫出一系列精細的注釋,當他把這些注釋呈獻給他的有學識的官員朋友們時,他和他所歸功的老師都贏得普遍的、令人豔羡的聲譽。以用圖表裝點他的手稿,他還爲自己製作科學儀器……"①杜知耕,"端甫則寓目(《幾何原本》——筆者注)輒通,莫不涣然冰釋而無所凝滯。一時皆翕然稱異,而不知其爲端甫等閒之事也"。② 這些學懂的人必然對《幾何原本》公理化的清晰性感受很深。

儘管很多人讀不懂,鑒於士人們對道德的尊崇和對學問的熱愛,以及《幾何原本》在改曆、軍事和農業等應用方面的基礎地位,人們對《幾何原本》還是很尊重的。《幾何原本》在爲利瑪竇贏得中國墓地的過程中起了關鍵作用,葉向高就因爲利瑪竇帶來了《幾何原本》而爲他争取了北京的墓地,"有内官言於相國葉公文忠曰:'諸遠方來賓者,從古皆無賜葬,何獨厚於利子?'文忠公曰:'子見從古來賓,其道德學問,有一如利子者乎?毋論其他事,即譯《幾何原本》一書,便宜賜葬地矣。'"③《幾何原本》讓中國士人初步認識到西學比中國學術高明。《幾何原本》出版後,西學圈子迅速擴大,新作翻譯不斷出現,並由高官名士爲其撰寫序跋。

(二)會通與超勝

中算家們懷著不懂與尊重的複雜心理,與西方傳教士一起對

---

① (意)利瑪竇、(法)金尼閣. 利瑪竇中國劄記[M]. 何高濟、王遵仲、李申譯. 北京:中華書局,2005:247.

② (清)杜知耕. 數學鑰[M]. 開封榮興齋石印本,1916.

③ 張星烺編注. 中西交通史料彙編[M](第一册). 北京:中華書局,1977:382.

《幾何原本》的公理化展開了會通與超勝工作。

1. 基本接受了公理化的定義和公理兩個要素

艾儒略 1621 年後在福建傳教時,編撰了《幾何要法》。全書分爲四卷,沿用了《幾何原本》的術語。每章以定義開始,點、量、線、比、圓等概念皆有定義。方中通的《幾何約》也採用了定義和公理兩個因素,只是定義採取了中國化的名詞,用名目取代了界説。他列出六個名目,從"名目一"到"名目六",用以概括《幾何原本》的"界説"。"名目"一詞,程大位《算法統宗》也用,方中通可能借鑒了程大位的這一名稱。他對《幾何原本》的定義做了一定改動,如,把線段定義爲"點引爲線",取代《幾何原本》"無廣之長",①即變抽象爲直觀。名目之後的"度説"基本羅列了《幾何原本》的公理,但都是語言敘述,没有圖形,②即忽略了圖形,然後是"線説""角説""比例説",也就是説,他重新排列了定義、公理,自己增加了一些證明,打亂了《幾何原本》的原有次序。

2. 對繁難的推理進行了簡化

李子金著作《幾何易簡集》出版於 1680 年前後,他對《幾何原本》和《幾何要法》都不滿意,"取要法删而注之,於要法之外復取原本中之不可不載者,亦删而注之,或旁通其説,或發明其理,無非使讀要法者知幾何之有原本,而不至有學而不思之弊則已矣"。③

《幾何易簡集》共四卷。第一卷爲"幾何要法删注",以"幾何家"對應"西法",注意到中西數學之别。第二卷討論《幾何原本》,他從《幾何原本》第一卷挑選出幾個自認爲重要的定理,如三角形

① （清）方中通. 數度衍[A],靖玉樹. 中國歷代算學集成[C]. 濟南:山東人民出版社,1994:2584.

② （清）方中通. 數度衍[A],靖玉樹. 中國歷代算學集成[C]. 濟南:山東人民出版社,1994:2587.

③ 吴文俊主編. 中國數學史大系[M](第七卷). 北京:北京師範大學出版社,2000:119.

内角和定理等,進行研究。他在證明畢氏定理時給出了兩種圖形,第一個是等腰直角三角形,第二個是不等腰的。他認爲第二個是勾股之法。筆者猜測,他想强調中國的勾股之法與西方的畢達哥拉斯定理有所不同,這可能也是對第一卷稱呼西法爲幾何家的呼應。他用第二個圖形證明了這一定理,並且做了説明:“前圖平分,與度易合,而於數不盡,故以後圖論之,而前圖之理即在其中矣。”①安國風先生猜想:“……在‘數’與‘度’之間做出了明確的區分,這意味著他認識到了長度的無理性了嗎?”②筆者認爲,真實情況可能不是這樣。康熙教案剛剛過去十年左右,當時中西學術源流之争勢如水火,他應該是想表明中國數學至少有比西方先進之處——中國的圖形容易測量,中國的“理”能解釋西方的“理”——以體現他以中通西的勇氣和高明之處。後兩卷是關於圖形的作法的。對黄金分割問題,他采用了“理分中末線”這一名稱,而拋棄了“神分線”的稱呼,《幾何原本》兩種名稱都介紹了。這也可能是在表明他對“神”的反感,與康熙教案有關係。對正五邊形的做法,他採用了丢勒的近似而簡便的方法,而没有採用歐幾里得的繁難卻準確的方法,這是中國傳統實用理性在起作用。從上述可知,李子金已經對幾何學有了自己的整體判斷,安國風先生説,李子金“認真研究了歐式幾何的證明與結構”。③

杜知耕的《幾何論約》(1700 年成書)是幾何專論。吴學顥的序言稱,杜知耕“自束發受學,於天文、律曆、軒岐諸家無不該覽,極

① (荷)安國風. 歐幾里得在中國[M],紀志剛、鄭誠、鄭方磊譯. 南京:江蘇人民出版社,2008:424.

② (荷)安國風. 歐幾里得在中國[M],紀志剛、鄭誠、鄭方磊譯. 南京:江蘇人民出版社,2008:424.

③ (荷)安國風. 歐幾里得在中國[M],紀志剛、鄭誠、鄭方磊譯. 南京:江蘇人民出版社,2008:425.

深湛之思而歸於平實,非心之所安,事之所驗,雖古人成説,不敢從也"。[①] 杜知耕認爲:"若使一題之藴,數語則盡,簡而能明,約而能該,篇幅即短,精神易括,一目了然如指諸掌,吾知人人習之恐晚矣……就其原文,因其次第,論可約者約之,别有可發者以己意附之,解已盡者,節其論題,自明者並節,其解務簡省文句,又推義比類,復綴數條於末,以廣其餘意。"[②]他指出了《幾何原本》不合中國國情的缺陷,也表達了中國數學研究者對表述方式的偏好,最後是自己的寫作方法和計劃。此書整體來看是《幾何原本》的縮略本,"界説""解""論"等術語都與《幾何原本》一致,證明依據的來源也與《幾何原本》相同:標有"卷幾"。像大多數中國數學家一樣,他没有選擇《幾何原本》的作圖公理,除了畢氏定理之外,也没有引述《幾何原本》的證明過程。這體現了中國數學的實用性和簡約性特點。

方中通也對自己感興趣的問題作出了證明,並且思路與《幾何原本》不同,有一種用中國傳統出入相補——圖形拼合思想的傾向。安國風研究表明:"他關於角平分線給出的另一種構造,説明他對推理結構的忽視……推理過程是一種回圈。"[③]這説明他接受了證明思想,但是證明方法中有較多的中國因素。

3. 會通的主線有變化

徐光啓的以西通中。對徐光啓來説,翻譯《幾何原本》的根本目的就是爲中國數學補充其所缺乏的原理:形式邏輯和公理化思想。從黄帝到伏羲,到大禹、周公、商高,再到漢代趙爽,唐代的甄

① (清)杜知耕.幾何論約[A],靖玉樹.中國歷代算學集成[C].濟南:山東人民出版社,1994:3029.

② (清)杜知耕.幾何論約[A],靖玉樹.中國歷代算學集成[C].濟南:山東人民出版社,1994:3030-3031.

③ (荷)安國風.歐幾里得在中國[M],紀志剛、鄭誠、鄭方磊譯.南京:江蘇人民出版社,2008:409.

鸞、李淳風，元代郭守敬、李冶和明代顧應祥，徐光啓對中國勾股的歷史淵源敘説了一遍，還遺憾郭守敬的勾股測量和水利之法没有傳下來，最後抱怨道："又自古迄今，没有言二法之所以然者。"①於是他慨然自任，爲古代"算術古文第一"的《周髀》之首章、《九章》中的勾股之法"説其義"。所謂"説其義"就是根據定義和公理給出勾股之法的證明過程。他還打算爲《九章》之勾股的新發展——李冶的《測圓海鏡》"説其義"，只是没有完成。

翻譯《幾何原本》之後他就開始著手這一方面的工作，《勾股義》的寫作是一個最好的例證。徐光啓在《勾股義》緒言中這樣説："勾股自相求，以至容方容圓，各和各較相求者，舊九章中亦有之，第能言其法，不能言其義也。所立諸法，蕪陋不堪睹，門人孫初陽氏删爲正法十五條，稍簡明矣，余因各爲論撰其義，使夫精於數學者，攬圖誦説，庶或爲之解頤。"②在中國傳統數學中，勾股可以代表數字直接參與運算，和今天一樣；而西方當時還不行，西方要爲之建立幾何圖形，如：a 表示一條線段，a^2 則是一個邊長爲 a 的正方形，如果没有對應的圖形，則不被承認。這種觀念直到伽利略、牛頓之後才得以突破。徐光啓所説"舊九章中亦有之，第能言其法，不能言其義也。所立諸法，蕪陋不堪睹"其實是不準確的。他所説的"義"，就是爲"法"或"術"提供證明，而中國趙爽早就給了"弦圖"——用面積割補法（出入相補原理）來證明畢氏定理，只是程大位和吴敬的著作中没有證明，這和明末重商業實用而不重原理的文化氛圍有關。此二人著作中也都有類似於《勾股義》十五條的"勾股生變十三名圖"，只是不如徐光啓和孫元化總結得全面而已。

對於《勾股義》的前三題，徐光啓都用畢氏定理直接求解，還

① （明）徐光啓. 徐光啓集[M]. 上海：上海古籍出版社，1984：84.

② （明）徐光啓. 徐光啓集[M]. 上海：上海古籍出版社，1984：85.

根據《幾何原本》的傳統給推算的每一步都加上理由；但其第七題"勾股求容圓"（即求直角三角形的内切圓）的解法體現了徐光啓爲傳統數學補充原理的做法。西方方法重於作圖，對其計算並不感興趣：用尺規做出任意二角平分線的交點，即爲圓心，圓心到任一頂點所連接的線段即爲圓的半徑，這樣就把三角形的内切圓做出來了。中國重計算，即用三角形的三邊長來表示圓的直徑或半徑，在作圖中是要運用《幾何原本》中公理的。《九章算術》的算法是：$d=2ab/(a+b+c)$。楊輝的算法是：$d=a+b-c$。徐光啓用基於《幾何原本》的"圓城圖式"[①]給出了中國《九章算術》的算法的證明。

梅文鼎的以中通西。據馬若安研究，梅文鼎雖然找到了中西數學的共通之處，但他所關注的都是《幾何原本》中被歸爲"幾何代數化"類型的命題，[②]也就是説這些問題本身就接近中國的算法化。梅文鼎對算術運算與幾何推理没有加以區别。他對《幾何原本》是有誤解的，比如，他雖然給出了理分中末線（黄金分割）的多種作圖方法，但他並没有意識到其中涉及的無理數問題。

梅文鼎《用勾股解幾何原本之根》云："幾何不言勾股，然其理亦勾股也。此言勾股，西謂之直角三邊形，譯書時未能會通，遂分途徑，故其最難通者，以勾股釋之則明。惟理分中末線似與勾股異源，今爲游心于立法之初，而仍出於勾股，信古九章之義，包舉無方，徐文定公譯大測表，名之曰測圓勾股八線表，其知之矣。"[③]梅文鼎認爲翻譯就是會通的一個環節，而徐光啓翻譯時没説明西方

① （荷）安國風. 歐幾里得在中國[M]，紀志剛、鄭誠、鄭方磊譯. 南京：江蘇人民出版社，2008：347.

② （荷）安國風. 歐幾里得在中國[M]，紀志剛、鄭誠、鄭方磊譯. 南京：江蘇人民出版社，2008：446－456.

③ （清）梅文鼎. 勿庵曆算書目[M]（叢書集成初編）. 北京：中華書局，1985：36.

的直角三邊形就是中國的勾股——梅文鼎稱之爲"譯書時未能會通",中西之爭由此引起。他認爲幾何與勾股的道理是同一的,黄金分割看似與勾股不是同一來源,實際上也可由勾股推出。他還强調《九章算術》包含了數學的一切,這主要是出於民族感情。我們也可以認爲,他没看出或不願承認中西數學的巨大差異。他認爲會通就是名稱上互相代替、含義或應用上互相解釋,而以中國觀念爲正宗。這説明中西數學會通的主線由以西通中變爲以中通西。

4. 超勝獲得部分成功

杜知耕的超勝之處,表現在他在書的最後附加的15個"增題"和10個"後附"命題。這些命題比《幾何原本》原有命題更難解答,説明杜知耕對《幾何原本》做了深度和廣度上的拓展,可以説達到了出神入化的境界。關於"增題"他説道:"利氏曰,丁先生言歐幾里得六卷中,多研察有比例之線,竟不及有比例之面,故因其義類,增益數題,補其未備……竊牟於首,仍以題旨,從先生舊題,隨類附演,以廣其用,俱稱今者,以别于先生舊增也。"①他還是把西方數學家稱爲幾何家,把中國數學家稱爲算家。關於"後附",他説道:"耕自爲圖論附之卷末,其法似爲本書所無,其理實函各題之内,非能於本書之外别生新義也。稱後附者以别于丁氏、利氏之增題也。計十條。"②其實從今天的眼光來看,這些"增題"和"後附"應該屬於創新的内容。

我們認爲,他的獨立研究更能體現《幾何原本》精神,比如後附第一題:"直角三邊形以直角旁兩邊求對直角邊。"(同上注)他的解法並不是像傳統算家那樣,利用畢氏定理求出斜邊長,而是根

---

① (清)杜知耕.幾何論約[A],靖玉樹.中國歷代算學集成[C].濟南:山東人民出版社,1994:3106.

② (清)杜知耕.幾何論約[A],靖玉樹.中國歷代算學集成[C].濟南:山東人民出版社,1994:3112.

據《幾何原本》的精神“不能作,即不能求也”,用幾何作圖的方法把斜邊做了出來。後附第七題“等角兩平行方形不必借象即可相結”則對徐光啓的方法作了改進。關於這一點,安國風指出:“當代的注釋者對歐幾里得的這一證明也是倍加指責。”①可見杜知耕的研究水準在某一方面已達到相當的高度。

梅文鼎的超勝之處如下所述。正如他所説:“《幾何原本》六卷,止於測面,其七卷以後未經譯出,蓋利氏既殞,徐李云亡,遂無有任此者耳。然曆書中往往有雜引之處,讀者或未之詳也……乃覆取《測量全義》量體諸率實,考其作法根源……以補原書之未備。”②於是他對正多面體進行了研究,總結出了方燈(截半六面體)和圓燈(截半二十面體)的製作方法,求出了它們的表面積和體積,還糾正了《測量全義》和《比例規解》的有關錯誤。在解決這些問題時他還用到了射影幾何的方法。“《環中黍尺》進一步發展了《塹堵測量》的基本思想,在世界上首次使用投影法把球面三角形轉化爲平面圖形。”③他對立體幾何的研究應是他的超勝之處。

結語

從上述可知,明末清初時期,中國人在不停地消化、吸收著西方的公理化思想方法,並將其與中國固有的知識、技術和思想觀念進行了融合會通。

我們知道,中西數學會通從徐光啓開始。反觀他論會通的理論,對比以上會通實踐,我們認爲二者有相符之處。徐光啓强調會通歸一,反對“分曹各治,事畢而止”。我們看到,上述中國數學家

---

① (荷) 安國風. 歐幾里得在中國[M],紀志剛、鄭誠、鄭方磊譯. 南京: 江蘇人民出版社,2008: 437.

② (清) 梅文鼎. 勿庵曆算書目[M](叢書集成初編). 北京: 中華書局,1985: 33.

③ 吴文俊主編. 中國數學史大系[M](第七卷). 北京: 北京師範大學出版社,2000: 153.

的數學著作都是遵循這一目標的,即把中國傳統數學和《幾何原本》理論整合成了一種“會通數學”,“翻譯既有端緒,然後令甄明大統、深知法意者,參詳考定,鎔彼方之材質,入大統之型模;譬如作室者,規範尺寸,一一如前,而木石瓦縈悉皆精好(會通的具體計劃——筆者按)”。① 這些著作在編寫方法上大多遵循了中國傳統數學的名目,如粟米、衰分、勾股、少廣、方田、商功、差分、均輸、盈朒、方程等等,但是每一部分的安排都有西方數學的特色,如取用了其解説、論、解等方法,也吸收了西方數學的很多研究内容,如點、綫、面、體、角説、比例説等等。當然也有不足之處,我們發現會通數學中“通”的程度較高的部分,多是中西的共同關注點,差别較大之處,“通”的程度一般不高。

“研究中算家是如何理解、吸收、改進西方數學這一整體思考過程,可以更好地瞭解中西方數學交流及對撞中不同思想、方法的理解與融合。”②我們發現,雖然很多中國數學家注意到了“推求”的方法,《幾何原本》和《名理探》等著作也做好了理論指導和例證示範,但是我們的數學家對形式邏輯和公理化思想的認識還不够深入,用之於貫穿整部作品的著作没有出現。我們的數學家對理推之法的“理”的認識也不够準確,雖然强調了數、比例、法、術等具體知識和方法是“理”的内容,但是還没有自覺地認識到,形式邏輯和公理化思想是西方之“理”的核心,是必不可少的組織數學材料的方法論,是必不可少的數學運思方式。當然這裏不排除中國數學家們無意之中的應用。

---

① (明)徐光啓.徐光啓集[M].上海:上海古籍出版社,1984:374-375.

② 董傑.《大測》中的三角公式辨析[J].内蒙古師範大學學報(自然科學漢文版),2007(11):677-682.

第四章　内算會通案例研究

一、明末清初内算概覽

與外算情況相反,内算,包括理的數學和術的數學,特别是術的數學仍然很活躍,只是其社會地位變低了。我國的數術活動上承巫術,如果把巫術看作前數術,則有人類活動就有數術。其中"數"既有數位、計算、運算、推算的含義,還有想象和模擬的含義,也有規律、宿命、定數的含義。其目的是把握天(自然)、人(人事)的規律,並對其進行預測。"術"有"技術""道術""技巧"等含義。其中包括今天所説的數學知識,其作用如上述;還有天文曆法知識及人對其生存環境的認識和觀念,如蓋天説、渾天説、宣夜説、穹天説、安天説、平天説等對天地結構和形狀的認識,還有對日月五星及其他天象如彗星、流星、風、雲雨、雪的認識;第三項内容就是人生、政治、軍事和其他活動的經驗。數術活動是一個經驗——歸納——新經驗——再歸納……的不斷成熟的過程。

(一) 明末清初内算機構及其職能

中國古代在天人感應思想的影響之下,各朝均設置天文機構,其名稱有太史局、天文院、司天臺、司天監、欽天監。欽天監是明清兩代天文機構的名稱。其功能主要是觀象、授時、治曆、星占和擇日。星占的目的是觀察天象變化,以預算人事安排,趨吉避凶,其中都需要"算"這一重要環節。清初欽天監的組織機構及其職能如下:"曆科: 推算七政經緯宿度、日月交食、五星伏見、月五星淩犯、四季天象……繕寫進呈曆等;漏刻科:相看營建内外宫室,山陵風水,推合大婚,選擇吉期,調品壺漏,管理譙樓,郊祀候時,兼鋪注奇門出師方向;天文科:測候天象,輪直在台督率天文生晝夜周覽,所得象占,每日呈報。"①"即以曆科與天文科所從事的推步與觀象等科學活動而言,其最終目的亦是希望能透過星占、術數之學的闡釋,從天變的預推與觀察中體察人事,以掌握吉凶休咎並妥做因應。"②而漏刻科很明顯是在做選擇事宜,負責"取吉日,辨禁忌"。③ 據江曉原先生《天學真原》《天學外史》研究,中國古代天學就是星占數術學;俞曉群先生《數術探秘》《數與數術劄記》研究表明,中國古代數學的最高境界也是數術學。

在地方上則縣學内設有陰陽科。爲了最大限度地掌握、控制天下陰陽術士,朝廷創立陰陽學制度。此制度創立於元代,於明代趨於完備,具體内容可參見江曉原《天學外史》,④即從民間的陰陽術士中招收人員,將其納入到官方管轄之下,成爲皇家天學機構的後補成員,此外還特别禁止民間陰陽術士染指政治。爲此,明清兩代法典《大明律》和《大清律例》均設有"術士妄言禍福"之條,且内容相同:凡陰陽術士,不許於大小文武官員之家妄言禍福。違者,杖一百。其依經推算星命、卜課者,不在禁限。

(二)明末清初的内算活動

明末清初數術活動的依據就是《曆法》《曆法鋪注》《通書》及一些專門的著述如《奇門遁甲》等。如明末余象斗《萬用正宗》

---

① (德)湯若望,轉引自:黄一農.社會天文學史十講[M].上海:復旦大學出版社,2004:94-95.

② 黄一農.社會天文學史十講[M].上海:復旦大學出版社,2004:95.

③ 清史稿[M].卷一一五.北京:中華書局,1976:3324.

④ 江曉原.天學外史[M].上海:上海人民出版社,1999:58-59.

(1599 年刻印)就載有如下“天文祥異”①:(1)清明起風是紙價上升的徵兆,穀雨下雨是麥田歉收的徵兆,重陽節颳風是穀價上漲的徵兆。(2)晴空霹靂:《五行志》説打雷是天上在敲天鼓,晴空霹靂意味著將罹兵亂。(3)晴天下雨是三十年(即一代)内頻發旱災的徵兆。(4)蛇雲掩日(一縷蛇形的雲彩掠過太陽)。如果雲是綠色的,就是瘟疫的徵兆;白色的雲則是兵變的徵兆;紅色的雲則是不忠的徵兆;黄色是戰争的徵兆;黑色是水澇災害的徵兆。(5)日珥是三年大旱的徵兆。(6)日斑。一塊日斑是暴風雨的徵兆;兩塊日斑是無風的徵兆;三塊日斑,無雨;四塊日斑,乾旱;五塊日斑,饑饉。(7)一隻鳥從太陽那邊飛來,預示著乾旱。(8)如果望日的金蟾在月底出現,呈上躍姿態,這意味著要出現人吃人的慘狀。(9)彗星犯北斗。國民將遭罹饑饉和疾病,穀價上揚。(10)彗星犯牽牛。牝雞司晨,改朝换代。(11)彗星犯房宿。瘟疫流行,將有十分之一的人死於這場瘟疫。

順治年間刊刻的小説《平沙冷燕》,開頭就是以明末欽天監早朝所報異象爲引,影射書中才子們均上應天象:“臣夜觀乾象,見祥雲瑞靄,拱護紫微,喜曜吉星,照臨黄道,主天子聖明,朝廷有道……臣又見文昌六星,光彩倍常,主有翰苑鴻儒,丕顯文明之治,此在朝在外,濟濟者皆足以應之,不足爲奇也。最可奇者,奎壁流光,散滿天下,主海内當生不世奇才,爲麟爲鳳,隱伏深幽秘密之地,恐非正途網路所能盡得。乞敕禮部會議,遣使分行天下搜求……”②

明末清初,數術活動涉及整個社會,大到治國理政,小到拆建

① 參見:(加)卜正民.縱樂的困惑[M].方駿等譯.北京:三聯書店,2004:182－183.

② 荻岸山人著.李致中校點.新刻批評平山冷燕[M].瀋陽:春風文藝出版社,1982:2.

婚嫁。如明代朱元璋以下皇帝的名字與五行直接相關：朱允炆、朱棣、朱高熾、朱瞻基、朱祁鎮、朱祁鈺、朱見深、朱祐樘、朱厚照、朱厚熜、朱載垕、朱翊鈞、朱常洛、朱由校、朱由檢。名字的偏旁都有金木水火土，與五行有關。明末國運衰退，當努爾哈赤（曾建國號大金）奪取遼東時，明政府懷疑是金代陵墓氣望所致，將金代帝陵後之地脈掘斷；[①]皇太極於崇禎二年舉兵入關時，明朝又派王公、貝勒、大臣去金太祖、金世宗陵墓祭拜，並將陵墓前的石柱拆毀，改建關帝廟，以求鎮壓風水。[②] 明朝之《草廬經略》云："今日軍中，動輒豔慕太乙、六壬、奇門遁甲、六丁、六甲、神將太乙。"[③]

順治九年（1652），達賴五世前來朝拜，整個朝廷對順治是否親自出迎言人人殊，洪承疇借"金星耀日"和"流星入微"建議順治不親自出迎，最後作罷，另派别人迎接。[④] 達賴喇嘛没有進入京城時，湯若望就有奏報，發現太陽上出現黑點，並解釋爲喇嘛僧徒遮掩皇帝光輝所致。接著又奏報"太白與太陽争輝"和"流星進入紫微宫"兩種災異天象，與洪承疇、陳之遴一起謀劃，將這兩大災異天象解釋爲上天示警，並上疏進諫，順治帝最終没有親自關外出迎喇嘛。達賴喇嘛進京後，湯若望又上疏將當時戰事失利、天花流行等事解釋爲達賴喇嘛進京所引起的上天示警。黄一農先生認爲："由於湯若望所奏天象的時機及其星占意義與時事太過巧合，令人懷疑這些占驗很可能是湯若望藉職務之便而蓄意附會出的，期盼壓制當時在統治階級間盛行的喇嘛教的氣焰。"[⑤]

---

① 參見：世祖章皇帝實録[M]. 卷一百六，北京：中華書局，1985：8.

② 參見：世祖章皇帝實録[M]. 卷一百十，北京：中華書局，1985：3－4.

③ 轉引自：黄一農. 社會天文學史十講[M]. 上海：復旦大學出版社，2004：90.

④ 大清世祖章皇帝實録[M]. 卷六十八，臺北：華文書局，1969：806－807.

⑤ 黄一農. 社會天文學史十講[M]. 上海：復旦大學出版社，2004：117.

順治十一年(1654),皇帝執意東巡滿洲,皇家宗室和文武百官都認爲國内還不安定,不宜出巡,但順治帝卻相當堅決:“如不(東巡——筆者注)謁陵,我心不死。”①湯若望也是用異常天象才將其巡期延緩,以致其未能成行。其後一個姓吴的人也占卦:“帝星不動,必不成行。”②

1658年,清政府下旨,禁止北京城北掘土、開窯、燒磚,“以固龍脈”。③ 1672年,欽天監呈報德勝門外有磚窯數十所,“當都城龍脈,風水所關”,於是政府下令將這些磚窯拆毁。④ 康熙皇帝北征時也有風角大師劉禄跟隨。⑤ 1726年,古北口遊擊劉繼鼎在參考通書後,選擇於十月十三日婚娶,提都郭成功參奏,皇帝批閱:“朕觀曆本所載,此日無嫁娶之期,劉繼鼎乃敢肆意妄行,將伊革職,交部從重治罪。”⑥欽天監耶穌會士借職務之便,利用占驗數術來維護教會利益或間接表達他們對國事的主張。順治六年,多爾袞以“京城水苦,人多疾病”爲藉口,要在北京東神木廠建新城軟禁順治帝,湯若望以欽天監印務身份上疏:“建城所關非小,龍脈必合星垣……今新建基址,乃龍脈餘氣,土脈、水勢未及都城……今所建之地未爲盡善,臣因此而思,臣前屢奏占驗,有月生暈、有霧氣、有風皆主土工興之兆,然此兆非建城所宜,乃天心垂愛示警也。兹若建城,恐蹈前占,未可輕舉,事關重大,臣不敢緘默……”湯若望在無充分理由的情况下,將自己先前所報有關“土工興之兆”的占辭,改爲“天心垂愛示警”,並以風水未善反

① (明) 談遷. 北遊録[M]. 紀聞下,北京: 中華書局,1960: 373.

② (明) 談遷. 北遊録[M]. 紀聞下,北京: 中華書局,1960: 373.

③ 參見: 世祖章皇帝實録[M]. 卷一百十八,北京: 中華書局,1985: 10.

④ 參見: 聖祖仁皇帝實録[M]. 卷三十九,北京: 中華書局,1985: 11.

⑤ 清史稿·藝術傳,參見: 黄一農. 社會天文學史十講[M]. 上海: 復旦大學出版社,2004: 89.

⑥ 黄一農. 社會天文學史十講[M]. 上海: 復旦大學出版社,2004: 188.

對建城,多爾袞傳湯若望入内院面説之後,聽從其建議,下詔"估計浩繁"而罷事。①

(三) 國人對數術的一般態度

Richard J. Smith 研究表明,中國古代不論官方還是民間,對星占數術均持相信態度。② 其實不然,國人對數術的看法,自古就不一致,但自明末開始,質疑的聲音逐漸變大。如宋應星在《談天》中就曾論其没有道理:"儒者言事應,以日食爲天變之大者,臣子儆君,無已之愛也。是以事應言之:主弱臣强,日宜食矣,乃漢景帝乙酉至庚子,君德清明,臣庶用命,十六年中,日爲之九食。王莽居攝乙丑至新鳳乙酉,强臣竊國,莫甚此時。而二十一年中,日僅兩食,事應果何如也? 女主乘權,嗣君幽閉,日宜食矣。乃貞觀丁亥至庚寅,乾綱獨斷,坤德順從,四載之中,日爲之五食,永徽庚戌迄乾封己巳,牝雞之晨,無以加矣,而二十年中,日亦兩食,事應又何如也?"③下面以兩種特殊星象爲例,探討國人對數術的矛盾態度。

1. 國人對"五星連珠"這一星象的對立態度

五星連珠,也叫五星會聚,是指金、木、水、火、土五顆星連成一條線,一般認爲是大祥瑞。據黄一農先生研究,"從漢高祖以後以迄清季,觀測條件最佳的 16 次'五星會聚'(各星相距 <30°)均未見於文獻中,而有記載的 13 次當中,要不是根本無法同時以肉眼測見,就是五星間的距離超過 30°(不是連珠——筆者注)",④可見天文官用天文數術造假的比率很大。明末清初五星會聚的天象

---

① 參見:(德)魏特.湯若望傳[M].楊丙辰譯.臺北:臺灣商務印書館,1949:第一册 247-248;第二册 429.

② Richard J. Smith. *Fortune-tellers and Philosophy: Divination in Traditional Chinese Society*, Boulder: Westview Press, 1991: 13-17.

③ (明)宋應星.佚著四種[M].上海:上海人民出版社,1976:106.

④ 黄一農.社會天文學史十講[M].上海:復旦大學出版社,2004:69.

記録爲：1624 年，聚於張；1662 年，聚於析木，土、金、水聚於心；1725 年，日月合璧，五星連珠；1761 年，日月合璧，五星連珠。[①] 其中 1725 年欽天監對日月合璧、五星連珠的上奏是："本年二月初二庚午，日月合璧，以同明五星聯珠而共貫宿，躔營室之次，位當取訾之宫，查亥、子、醜同屬一方，二曜、五星聯絡晨見，亘古罕有，爲此繪圖呈覽，請敕下史臣，永垂典册。"[②]元代數學家李冶（1192—1279）認爲五星會聚不是祥瑞："五星聚，非祥瑞，乃兵象。故高祖入關，五星聚于東井，則爲秦亡之應……天寶九載八月，五星聚於箕尾、燕分也，占曰：無德則殃……後數歲，安、史煽禍，中國塗炭，至累世不息，是何得爲偶然哉！""大約星聚少則其用兵少，星聚多則其用兵多。"[③]黄宗羲就認爲五星會聚是大祥瑞："五星聚奎，濂、洛、關、閩出焉；五星聚室，陽明子之説昌；五星聚張，子劉子之道通。豈非天哉！豈非天哉！"[④]

我們可以看到，上述關於"五星連珠"的對立態度，多與文化和政治挂上了鈎，從而使數術活動具有了文化性質，這也是中國傳統數術（數學）的基本性質。所以我們對古代人關於數術的態度要具體問題具體分析，不能一概而論。

2. 時人對"熒惑守心"的猶豫態度

"熒惑守心"這一天象是指熒惑在心宿發生由順行——人面向北極，星宿自西向東——轉爲逆行或相反的轉换，並在心宿停留一段時間的現象。這在星占學上是直接影響統治者命運的極嚴重

---

① 參見：黄一農．社會天文學史十講［M］．上海：復旦大學出版社，2004：66.

② 大清世宗實録［M］．卷二十八，北京：中華書局，1986：11.

③ （元）李冶撰．劉德權點校．敬齋古今注［M］．卷五，北京：中華書局，1995：71.

④ （清）黄宗羲著．沈芝盈點校．明儒學案［M］．卷六十二，北京：中華書局，1985：1512.

的凶兆,意味著“大人易政,主去其宫”“天子走失位”“王、將軍爲亂”“大臣爲變,謀其主,諸侯皆起”等事件。① 熒惑之意②有三:一、眩惑,迷惑;二、神名,代表“朱雀之精”或“火之精”的“赤熛怒之使”;三、火星别名。心宿爲二十八宿之一,屬東蒼龍,共三星,中間者代表皇帝,另二分别代表太子和庶子。

《明史·天文二》載:“崇禎十五年(1642——筆者注)五月,熒惑守心。”經黄一農先生推算,“此月,熒惑從室宿順行至奎宿,不曾守心”。③ 可見,明史館的官員建構此虚假天象,也是爲了巴結討好清朝皇族,陷明末皇帝於不得天命之境地。當然,當然編撰此條之人也有可能是所謂身懷故國之思,而爲“不事清、不爲清朝之官的有氣節的遺民”,抑或爲後人篡改之結果。而魏文魁、薛鳳祚(1600—1680)曾將熒惑守心的災異歸於大臣:“一,心宿兩星,二爲天王正位,中天子,前太子,後庶子……火留,天子明,大臣誅……(心大星),火留守,諫臣誅,賢良死,奸佞幸,天子孤,黎元苦。”④

總體看來,在西學東漸時期,人們對數術已有很大的不信任感。明末清初熊伯龍曾著書論證“星變不與人相應”等説法。⑤ 清初湯斌修《明史·天文志二》,也有此類按語:“緯星出入黄道之内外,凡恒星之近黄道者,皆其必由之道,淩犯皆由於此。而行遲則

① 馬王堆漢墓帛書整理小組.五行占釋文[M],載:中國天文學史文集.科學出版社,1987:1-13.

② 參見:黄一農.社會天文學史十講[M].上海:復旦大學出版社,2004:25-26.

③ 轉引自:黄一農.社會天文學史十講[M].上海:復旦大學出版社,2004:38.

④ (清)薛鳳祚.曆學會通,賢相通占[M].卷十一.清康熙刻本:439.

⑤ 陳鼓應等主編.明清實學思潮史[M].濟南:齊魯書社,1989:1133-1159.

淩犯少,行速則多,數可預定,非如彗、孛、飛、流之無常。然則天象之示炯戒者,應在彼而不在此。歷代史志淩犯多系以事應,非附會即偶中爾。兹取緯星之掩,犯恒星者次列之,比事以觀,其有驗者,十無一二,後之人可以觀矣。"①同時人們還表示出對某些數術(星犯事應)的拒斥,但又不完全拒斥。人們對不明白的自然現象(慧、孛、飛、流等不常出現的星象)還是抱有相信態度,這種情況古今中外皆然,只是這一時期更突出一些。康熙皇帝就表現出明顯的猶豫:"天氣垂戒,理則有之,(熒惑)若果退舍,後來推算者,以何積算?"②

(四) 中西内算會通

1. 耶穌會士對西方星占術的態度

西方没有風水術,其星占術非常發達。星占術是中國數術的一個分支,並且是一個很重要的分支。十五六世紀也是西方星占學大行其道的時代,星占學有取代上帝信仰的可能,又對國家世俗政治和戰争説三道四,"教皇希斯篤五世在1586年發布一訓諭,公開譴責星占術,並不許教徒擁有此類書籍,當時流行的用來卜算個人命運的天宫圖亦在禁止之列"。③ 教會認爲,只有上帝知道未來,即使魔鬼亦不可預見,唯有星占醫學的行爲以及預卜氣候、天災、莊稼豐歉、航行成敗等才被允許。"1631年教皇爾本八世更因不滿大量流傳的有關政治及教會的預言,又重申希斯篤五世的訓諭,並威脅將把忽視此一禁令者抄家或處死。"④我們這樣就明白

---

① 轉引自:黄一農.社會天文學史十講[M].上海:復旦大學出版社,2004:43.

② 轉引自:黄一農.社會天文學史十講[M].上海:復旦大學出版社,2004:43.

③ 黄一農.社會天文學史十講[M].上海:復旦大學出版社,2004:106.

④ 黄一農.社會天文學史十講[M].上海:復旦大學出版社,2004:106.

了爲什麽傳教士在中國也持同一態度。

但教會的反對並無法有效抑制星占學在當時歐洲社會的影響力。明末清初的歐洲社會,星占學和天文學仍然不是涇渭分明。第穀是星占學的支持者,開普勒也曾經爲人占卜天宫圖以補貼家用。① 直到十七世紀後半葉在哥白尼、伽利略、開普勒等學者所建立的新天文學中,星占理論所根據的地心説被證明有誤: 七政的構成及其運行與地球物體的構成及其運行是一樣的,天上物體並不能決定地球上人與物的命運。再加上牛頓等人所建立的機械物理學的興起,終於使得星占學漸失其在知識界的存活能力,開始正式與科學分道揚鑣,成爲僞科學的主要成分。② 這也與中國的情況有相類之處。

耶穌會士、神學家納達爾於 1615 年發表《神學星占》一文,將星占預言分成四類: 一、有關人類自由意志轉移的事故或行動,如政治人物將遭刺殺;二、有關人類自由意志無法轉移的事故或行動,如天氣陰晴和莊稼豐歉;三、預言人類可直接受到星辰運動影響行動的時間,如放血療法的最佳時間和莊稼種收的最佳時間;四、預推七政運行天象。第四類教會允許,第一類絶對反對,二、三類雖可接受但人類對相關知識尚未完全掌握,所以未可深信。③ 湯若望認爲中國曆書中的鋪注同於上述二、三類,如擇日,可算是一種錯誤的觀察和判斷,而不是純粹迷信。④ 這一觀點基

① 參見: 席澤宗主編. 世界著名科學家傳記[M]. 天文學家. 卷一,北京: 科學出版社,1990: 8-34,138-165.

② Bernard Capp. *Astrology and the Popular Press*, London: Faber and Faber, 1979: 32.

③ 參見: 方豪. 中國天主教史人物傳 · 湯若望[M]. 北京: 宗教文化出版社,2007: 229-238.

④ 參見: (德) 魏特. 湯若望傳[M]. 楊丙辰譯. 臺北: 臺灣商務印書館,1949: 445-447.

本代表了耶穌會士對星占數術的態度。

2. 耶穌會士對中國數術的態度

利瑪竇《中國劄記》嘗稱擇日爲中國社會最普遍的迷信。利瑪竇曾記載,一位本來長於堪輿與星占術的皈依者,在受洗之後就將此類藏書悉數焚毀。[1] 明清之際奉教士人在教義的影響下多拒斥中國傳統的星占、地理、選擇之術。如徐光啓就曾將天文與曆法嚴格區分:"私習天文,古有明禁……臣等考之《周禮》,則馮相與保章異職,輯之職掌,則天文與曆法異科。蓋天文占候之宜禁者,懼妄言禍福,惑世誣人也,若曆法則止於敬授人時而已,豈律曆所禁哉!"[2]難怪我們讀徐光啓著作時感到他怎麽就像我們現代人,這説明我們現代人對古代天文的態度就和當年利瑪竇的態度很相似。徐光啓的曆算旁通十事中就没有星占。而其所旁通的氣象、醫藥二事,正是西方星占學最主要的兩個用途。[3]

南懷仁對中國數術的批判最有代表性,其有關作品有《妄推吉凶辯》(南懷仁,羅馬耶穌會檔案館,編號 BNP4995)、《妄占辯》(南懷仁,羅馬耶穌會檔案館,編號 BNP4998)、《妄擇辯》(南懷仁,羅馬耶穌會檔案館,編號 ARSI Jap. Sin. Ⅱ45D)。基本内容爲:"本監所選定之吉日或太近、或太遠,爲工部等衙門不便用者,則本監衙門(禮部——筆者注)駁回本監所選定之吉日,令更定便用之日期……若本監凡選之吉日吉地(主要用中國傳統數術——筆者按),果有一定之禍福所關係者,則部員、監員何敢改换其吉日與吉

① Jacques Gernet. *China and the Christian Impact*, Cambridge: Cambridge University Press, 1985: 178 – 179.

② (明)徐光啓. 王重民輯校. 徐光啓集[M]. 卷七,上海: 上海古籍出版社,1984: 324 – 331.

③ Bernard Capp. *Astrology and the Popular Press*, London: Faber and Faber, 1979: 204 – 214.

地,以隨其便用乎?"①這説明他認爲中國吉日吉地之選擇有很大的隨意性,没有一定之規。

南懷仁認爲風雨旱澇等事均與天象"因性相連",但是因爲人類對這方面知識的掌握很欠缺,所以"尚不能推知其十分之一",這與上述納達爾著作觀點一致,認爲中國占星術所謂"甲子有雨,乙丑日有風"等等,是"無知者之占也"。② 由此看來,南懷仁在數術方面也有中西會通。西方原始觀念認爲,上帝全知全能,其他的生存者都達不到這一點,連魔鬼也不能探知上帝的心意。來到中國後,面對中國人對數術的迷戀和信仰,他的觀點改爲,認爲風雨旱澇等事均與天象"因性相連",但是因爲人類對這方面知識的掌握很欠缺,所以"尚不能推知其十分之一"。當然他認爲中國占星術所謂"甲子有雨,乙丑日有風"等等,更是"無知者之占也"。③ 他還認爲數術選擇家盜用天文數學的術語,但不懂曆法曆理:"皆偷曆日之高明,以混不知者之眼目,以便行其誑術也。"④這肯定會引起中國數術家的反對。

3. 不同的内算觀點持有者之間的對抗

順治十五年榮親王葬期選擇之事,使禮部自尚書以下七名官

---

① (比)南懷仁. 妄推吉凶辯,羅馬耶穌會檔案館,編號 BNP4995,18頁,轉引自:黄一農. 社會天文學史十講[M]. 上海:復旦大學出版社,2004:112.

② (比)南懷仁. 妄推吉凶辯,羅馬耶穌會檔案館,編號 BNP4995,12頁,轉引自:黄一農. 社會天文學史十講[M]. 上海:復旦大學出版社,2004:114.

③ 參見:(比)南懷仁. 妄推吉凶辯,羅馬耶穌會檔案館,編號 BNP4995,12頁,轉引自:黄一農. 社會天文學史十講[M]. 上海:復旦大學出版社,2004:114.

④ (比)南懷仁. 妄擇辯,羅馬耶穌會檔案館,編號 ARSI Jap. Sin. Ⅱ 45D,6-7頁,轉引自:黄一農. 社會天文學史十講[M]. 上海:復旦大學出版社,2004:113.

員被開除公職;不同擇日派别之間的矛盾,終在清初因關涉康熙曆獄等大案,成爲康熙教案的主要原因之一,致使天主教天文官員五人被斬。① 康熙七年,皇上讓欽天監及南懷仁同選起建太和殿的日期,楊光先等因而攻訐南懷仁曰:“曆法關係選擇,今南懷仁不習選擇,則是南懷仁之曆法有何用乎?”南懷仁回奏曰:“選擇較曆法最易,故知選擇者甚多,由此可知曆法重且要於選擇,況選擇繫於曆法,曆法不繫於選擇。”南懷仁在此疏中同時説明自己所長者爲天象推步,占驗方面則稱己所能預測的唯有如“某日宜療病針刺、宜沐浴、宜伐木、宜栽種與收成”等項,於定吉日、凶日一事則“不敢妄定”。皇上又問他新舊兩曆間有關鋪注與支干的異同,他説:“若論支干,新舊二曆如一,若論補(鋪)注,原不關係天行,非從曆理所推而定,惟從明季以來沿習舊例而行。今南懷仁所習者皆天文實用、曆法正理而已,此二端實南懷仁所用選擇之根本也。如定兵、農、醫、賈諸事宜忌從此而定,務期日後與天有相應之效驗,與歷年所報各節氣、天象歷歷可證。”②

康熙教案發生的原因之一,可以説是中西數術會通不恰當。湯若望因欲佔據欽天監爲傳教據點,不得不對中國數術持寬容態度,部分採用中國數術。但是其他會士指責他提倡迷信,他又挖空心思地將這一部分稱爲“合理之用”,與西方《天文實用》《星占神學》等著作的思想相合,將其餘部分稱爲“非理之用”,而西方教會卻又裁決曆書中的陰陽選擇爲迷信,“奉教監官在突顯西法優越的同時,因未能適度考量入中國社會廣泛將天文應用於術數的實際

① 參見:黄一農.社會天文學史十講[M].上海:復旦大學出版社,2004:98.

② (比)南懷仁.欽定新曆測驗紀略.法國巴黎國家圖書館藏本,編號BNP4992,39-42頁,轉引自:黄一農.社會天文學史十講[M].上海:復旦大學出版社,2004:111.

需要，終致引發以維護傳統爲職志的保守士人的反擊”，[1]以致引發康熙教案。

4. 被迫而勉强的會通

清初欽天監中的耶穌會士，在天主教文化和中國文化的深層接觸中，也曾試圖會通中西的星占數術。[2] 順治七年，湯若望奉命編修《時憲曆》時，關於傳統方位、神煞、用事等内容，只好請不奉教的欽天監監員到曆局協助編寫，[3]當時曆局官生幾乎全部奉教，不願再做陰陽選擇之事。當時曆法鋪注仍用中國傳統方法：“西法皆關推算之事，而該監鋪注尚仍舊例，非西洋《天文實用》之鋪注也。”[4]

湯若望面對其所必須從事的占候和選擇之事，内心一直忐忑不安，同會教士也不停地指責他，如自順治五六年起，以安文思爲首的傳教士發表了一連串文章抨擊湯若望，“稱其所編製的曆書中含有不合教義的迷信内容”。[5] 湯若望一方面曾在南懷仁的幫助下對其所編《民曆鋪注解惑》中的鋪注内容進行解釋：擇日是人們從長期積累的經驗中總結出的約定成俗的舉動，不是純粹的迷信。[6] 另一方面他想到用西方耶穌會允許的星占術來做：“曆之可貴者，上合天行，下應人事也。苟徒矜推測密合之美名，而遺置裨益民用之實學，聊將一切宜忌仍依舊曆鋪注，終非臣心之所安……

---

① 黄一農. 社會天文學史十講[M]. 上海：復旦大學出版社，2004：118.

② 黄一農. 社會天文學史十講[M]. 自序，上海：復旦大學出版社，2004：5.

③ （德）湯若望. 奏疏. 新法算書[M]：15－17.

④ （德）湯若望. 新曆曉惑. 新法算書[M]：5.

⑤ 參見：（德）魏特. 湯若望傳[M]. 楊丙辰譯. 臺北：臺灣商務印書館，1949：267－294.

⑥ 參見：黄一農. 社會天文學史十講[M]. 上海：復旦大學出版社，2004：108.

若目前緊要之事，謹約舉條議二款，伏乞聖鑒施行。計開：一、考七政之性情，原與人事各有所宜，不明此理，則一切水旱、災荒無從預修救備之術，而兵、農、醫、賈總屬乖違。臣西洋是以有《天文實用》一書，已經纂譯首卷（李天經領銜時——筆者按），未暇講求，合無恭請敕下臣局，陸續纂成，嗣後依實用新法鋪注，庶國計民生大有裨益矣……"①但並未被准奏。

但是教士方面對數術的態度也並不完全一致，黄一農先生認爲他們可能受到教會在順治十六年對在華傳教士發布的一項訓令的鼓舞："只要不是顯然有違宗教和善良道德，千萬不可使人們改變自己的禮儀習慣與風俗……不要輸入國家，但要輸入信仰。任何民族的利益與習慣，只要不是邪惡的，不僅不應排斥，且要予以保存……不值得讚揚的，你無須像阿諛奉媚者一般予以阿諛，只宜小心謹慎，不予置評，絶不可毫無體諒地隨便予以譴責。你若碰到醜風陋習，可以對以聳肩和緘默，而不必用語言表示不滿，但人們若有接受真理的心意，便應該把握時機，慢慢掃除這些惡習……"②

但他在數術上的中西會通不可否認有被迫的嫌疑。據黄一農先生研究，南懷仁領導的欽天監所上題本中，不乏西方星占術所用天宫圖，但南懷仁僅用之推算節氣的氣候收成等，不用於推算人的命運，天宫圖中的黄道十二宫坐標也改成了中國傳統的十二次。南懷仁按西方占法作出占辭後，均附加了中國傳統占辭，但篇幅遠較西方占辭爲少。黄一農先生認爲，南懷仁這樣做是爲了"避人口實"。③ 於康熙八年（1669）起，南懷仁將西方教會認可的西方星占

① （德）湯若望．奏疏．新法算書［M］：48－49．

② Joeseph Jennes 著．Albert van Lierde 英譯．田永正中譯．中國教理講授史［M］．臺北：天主教華明書局，1976：88．

③ 參見：黄一農．社會天文學史十講［M］．上海：復旦大學出版社，2004：114－115．

術——《天文實用》正式用於中國社會(是否在李天經、湯若望所譯基礎上增譯,則不知),用於預推每年於春、夏、秋、冬四正節及四立節,以及交食等日的天象,主要項目如下:"各季所主天氣、人物之變動效驗,如空際天氣冷熱、乾濕、陰雲、風雨、霜雪等項有驗與否,下土有旱澇,五穀百果有收成與否,人身之血氣調和、不調和,疾病多寡,用藥治理以何日順天、何日不順天"。① 黄一農先生認爲,南懷仁在《預推紀驗》一書中所列欽天監於康熙八年至十九年之"觀候而有驗者"——預推氣候變化有驗之事,均屬附會。② "自立夏至夏至,土星爲天象之主,立夏、小滿二節,土星、太陽及金、水二星,久在相會之限,主空際多濛氣,陰雲,天氣仍涼。立夏初旬,土、火二星在夏至左右兩宫相近,主人身氣血不和,多癆病、吐血,遍體疼痛之疾,於五月初二、初三、初四、初九、初十、十一日調理服藥,方合於天象……"③

5. 會通的不徹底性

中西的數術、星占各與其宇宙觀念和社會倫理密切聯繫,而這三方面中西思想觀念又都迥然不同,如中國風水與儒家孝道倫理關係密切,儒士認爲具備風水知識、按風水理論辨事是孝道的具體内容之一。"上以盡送終之孝,下以爲啓後之謀。"宋代儒士蔡發説:"爲人子者,不可不知醫藥、地理。"從《儒門崇理折衷堪輿完孝

---

① (比)南懷仁.預推紀驗,羅馬耶穌會檔案館,編號ARSI Jap. Sin. Ⅱ 45a,1頁,轉引自:黄一農.社會天文學史十講[M].上海:復旦大學出版社,2004:113.

② 參見:黄一農.社會天文學史十講[M].上海:復旦大學出版社,2004:114頁注①.

③ (比)南懷仁等欽天監監官於康熙十六年(1677)四月初四日所上題本.北京第一檔案館,轉引自:黄一農.社會天文學史十講[M].上海:復旦大學出版社,2004:113.

録》《地理人子須知》等暢銷書的書名也可看到這一點。[1] 因此,會通的不徹底性是可想而知的。

但是南懷仁對相度、選擇的基本態度並没有改變,並與湯若望一致,即將其分爲實用與虚用兩部分。實用者是教會允許的,被稱爲"合理之用",虚用者爲"非理之用",在他看來,後者純屬迷信。他認爲地理的實用是選取一個美觀相稱的地形及地勢,選擇的實用在於選取一個便用的時辰。[2]

由於"星辰淩犯"等項目事關政治和軍國大事,屬於上帝掌管範圍中的核心層面,南懷仁曾經不加奏聞。康熙十六年(1677)三月,康熙皇帝責其"蒙昧疏忽,有負職掌",禮部會議後擬交吏部議處,幸獲寬免。此後南懷仁開始奏報異常天象方面的占驗,當月就有"天雨土、瑞星現、卿雲現"三事,且其題本占法完全是中國式的。康熙十六年三月十三日,康熙皇帝諭禮部曰:"帝王克謹天戒,凡有垂象,皆關治理,故設立專官,職司占候,所繫甚重,一切祥異,理應詳加推測,不時具奏。今欽天監於尋常節氣,尚有觀驗,至今歲三月霜霧,及以前星辰淩犯等項,應行占奏者,並未奏聞,皆由該監官員蒙昧疏忽,有負職掌,爾部即行察議具奏。"[3]

陰陽家們的相度、選擇要以七政行度爲本,但《時憲曆》只有朔望、節氣、太陽出入、晝夜長短等資料。所以民間的數術話語得以成長,有人借機出版《便覽通書》以供使用。據黄一農先生研究,湯若望所編列有日月五星坐標位置的《七政經緯曆》,雖然政

---

① 參見:黄一農.社會天文學史十講[M].上海:復旦大學出版社,2004:98.

② 參見:(比)南懷仁.妄推吉凶辯,羅馬耶穌會檔案館,編號BNP4995,14—18頁,轉引自:黄一農.社會天文學史十講[M].上海:復旦大學出版社,2004:115.

③ (清)康熙.聖主仁皇帝實録[M].卷六十六,中國第一歷史檔案館,6-7.

府下令全國頒行,實際因故只頒行直隸八府。① 康熙十九年正月,欽天監爲改變這一局面,再次奏請全面頒行湯若望《七政曆》,康熙徵求大學士李衛的意見,李衛説:"頒行亦無益,星家所用皆與此不同。"②教案之後南懷仁極力攻擊中國傳統數術之學,卻無法全盤否定它,儘管南懷仁在星占術上抑中揚西,但是仍無法將欽天監中這方面的事情改頭换面。

這樣看來,一定程度上,皇家已不用傳統數術,中國數學家梅文鼎等人也排斥傳統數術,提倡西方數學和傳統外算。中國傳統民間數術與官方和士大夫的天文數學研究相距越來越遠,傳統數術的生存空間就越來越小。傳統數術與國家頒布的曆法,二者所基於的宇宙觀念已大不相同,就地球觀念而言,傳統數術仍然基於大地方形觀念,國家頒布的曆法則已基於大地圓形觀念。雖然民間術士大多將其推算之術附會於穆尼閣《天步真原》與下文所述《欽定協紀辨方書》,其實並非如此,這些人很多是看不懂《天步真原》這部與傳統迥異的書的。術家之間的諸多差異和爭議也説明,《欽定協紀辨方書》的推行情況也並不良好。

康熙教案之後,清廷曾先後編製過如下數術書,想統一口徑、解決爭執: 1685 年,欽天監監正安泰主持,奉康熙之命編撰《欽定選擇曆書》;1713 年,大學士李光地奉旨編撰《御定星曆考原》,這二者都没有完全解決問題;1739 年,允祿等人選用近五十名官員和欽天監官生,以兩年多時間編撰了《欽定協紀辨方書》三十六卷,試圖"盡破世俗術家選擇附會不經、拘忌、鮮當之説,而正之以干支、生克、衰旺之理……使覽者咸得曉然于趨吉避凶之道,而不

① 黄一農. 社會天文學史十講[M]. 上海: 復旦大學出版社,2004: 103.

② 中國第一歷史檔案館標點整理. 康熙起居注[M]. 北京: 中華書局,1984: 482.

爲習俗謬悠之論所惑”。[①] 正如黄一農先生所説：“不同擇日派别之間的矛盾，終在清初因關涉康熙曆獄等大案，而引發官方的介入。清廷於是數度以政府的力量編輯官訂的選擇書，乾隆初年完成的《欽定協紀辨方書》三十六卷，即是官方爲整合畫一選擇術義理與規則的最重要的努力。該書雖對復日等神煞的存在並不十分認同，但因其術的歷史悠遠，亦不敢輕言革除。”[②]

二、薛鳳祚中西占驗會通與曆法改革

薛鳳祚編輯、訂、校和著有大量占驗作品，僅《曆學會通》[③]中直接的占驗内容就有：《曆學會通·考驗部·天步真原·世界部》，(576—589)，24 頁；《曆學會通·考驗部·天步真原·人命部》上、中、下卷(598—667)，70 頁；《曆學會通·考驗部·天步真原·選擇部》(668—677)，12 頁等。《曆學會通·致用部·氣化遷流卷之七·五運六氣》(764—765)，2 頁；《曆學會通·致用部·中法占驗部》共四卷(783—829)，41 頁；《曆學會通·致用部·中法選擇部》共二卷(829—857)，28 頁；《曆學會通·致用部·中法命理部》(858—866)，8 頁。總計 178 頁。與《曆學會通》總頁數 959 相比，其所占比例爲 17.5%。此外還有《甲遁真授秘集》《乾象類占》等單行本占驗著作。另外，“他也很相信星占學，他兩次遷墳，第一次將其父薛近洙的墓遷到離家 20 餘華里的淄河岸邊，又將自己的墓址確定到離金嶺鎮 10 餘華里的鐵山南麓。據口碑資料，他經常外出爲人看風水，這也成爲他謀

① （清）允禄等.欽定協紀辨方書目録[M].四庫全書本：6.

② 黄一農.社會天文學史十講[M].上海：復旦大學出版社，2004：164.

③ （清）薛鳳祚.曆學會通[M].山東文獻集成·第二輯·第二十三册，濟南：山東大學出版社，2007.

生、交遊的重要手段。”①馬來平先生等研究者的實地考察也證實了這一點。

(一)薛鳳祚的占驗作品簡述

1.《人命部》

穆尼閣口譯,薛鳳祚編輯,劉衍仁参訂,薛鳳祚之子薛嗣瑜和薛嗣桂校正。共70頁(山東文獻集成本,598—668),分上、中、下卷,内容完整而系統。薛鳳祚作《人命敘》5頁。

《人命敘》認爲命理學是有道理的:“呼者,飲食之氣,亦即人原禀兩間之氣也;吸者,天地之氣,亦即隨時五行推移之氣也。則人原生吉凶與其流運禍福有所從受,概可睹已。”(598)“命之理,聖人不輕言,而爲益世教,未嘗無也。窮通有定,擇術在人:或爲五帝之聖焉而死,或爲操莽之愚焉而死;涼薄時有益堅之念,赫奕時有飲冰之思。人能知命,即能寡過人也。”(600)評論了多種命理學理論:“譚命多家,除煩雜不歸正道者不論,近理者有子平、五星二種。”(598)表達了對穆尼閣所傳理論的推崇:“壬辰予來白下,暨西儒穆先生閒居講譯,詳悉參求,益以愚見,得其理爲舊法所未及者有數種焉。”(599)

《人命部》上卷分三部分,第一部分主要陳述星相學的一般原理,内容有:“論人性日月五星之能”,討論日、月、金、木、水、火、土對人的影響;“論人生十二象之能”,認爲黄道十二宫白羊、金牛、陰陽、巨蟹、獅子、雙女、天秤、天蝎、人馬、摩羯、寶瓶、雙魚對應不同人的性格;“太陰十二象之能”,認爲十二宫與人體各部位相對應,如白羊主頭、金牛主項等,十二宫又與人命、財帛、兄弟姊妹、父母、男女、疾病等相對應;“人自初生各有七曜主照”,説人一生各

① 袁兆桐.薛鳳祚研究述略,載:張士友等主編.薛鳳祚研究[C].北京:中國戲劇出版社,2009:241.

段時間如何與日月五星對應,如月主出生的4年,水星主4歲後10年,金星主14歲後8年,太陽主22歲後19年,火星主41歲後15年,木星主56歲後12年,土星主68歲後的歲月;"世界之權入人命",論述了日月五星進入人命本宫並産生影響。第二部分論述了日月五星在十二宫的位置對人的相貌、性格、術業、財帛、官禄、疾厄、死亡、父母、兄弟、夫婦等的影響,是生辰星占學。第三部分"月離五星逐五星",論述月亮處於相對於五星和太陽的不同位置時地上會發生的相應事情,包括人事和天氣,以及五星和太陽所主的吉凶。這部分特加小批"深微之理皆係於此"。

《人命部》中卷包括兩部分:一是講"算十二宫""安十二宫"和"安七政"等方法,幾乎全是天文學内容,在薛鳳祚看來天體運行規律是占驗的基礎;二是講"命理"和"人命吉凶"等的推算原則,其方法是根據日月五星的運動以及相對十二宫的位置。

《人命部》下卷包括了十六個算命天宫圖的占星實例,此卷内容所占比例較小。

2.《世界部》

正文14頁(576—589),没有注明作者,從序言看,可能是穆尼閣提供資料,薛鳳祚編輯。末附"回回曆論吉凶"6頁,首行標明是"洪武十六年癸亥譯節録"。

在《世界敘》中,薛鳳祚非常認同天人感應:"上古聖人以人事卜天行,在天爲雨暘燠寒風,在人爲狂僭豫急蒙,綦關切已。後有言天變不足畏者,先儒皆深非之。是吉凶皆本於一定之數,則人之修悖何與焉?而非也。人之行與事,亦非人所能主,大抵機動於上而下應之,其相召與爲所召者俱有不得不爾之勢。所貴乎,知道者朝夕凜惕,與乾坤之善氣迎,不爲乾坤之厲氣迎。爾夫世即惡人當陽,何嘗絶善類。世之升沉,有人以此日廢,何嘗無人以此日興乎。"(576—577)"雨暘燠寒風"和"狂僭豫急蒙"出自《尚書·洪範》"曰狂,恒雨若;曰僭,恒暘若;曰豫,恒燠若;曰急,恒寒若;曰蒙,恒風若”(787),認爲雨暘燠寒風這些自然現象與統治者的思想行爲密切相關。薛鳳祚在《世界敘》的最後說:“今新西法有七政,《世界部》一書,於日月五星沖合所主特爲明晰,而在天大小會一說,中法所未曾及,篇目不煩,而義已兼至,其于乾象,豈小補者?予述曆法因並及之,善乎!洪武癸亥西儒敘此書之言曰,此書實至精至微之理,雖有不驗之時,不可因其有不驗遂廢此理也。”(577)可見,新西法是相對明初洪武癸亥(1383)吴伯宗所譯西法(回回曆)而言。從“洪武癸亥西儒敘此書”來看,《世界部》在西方也是1383年出版,距離薛鳳祚編譯此書的時間已有二百六十多年了,新西法與之有傳承關係。

本部分内容主要論及日月五星的相合相沖對氣象的影響,也涉及日月食、彗星、流星等特殊天象的出現與地上和人間大事件的對應,如地震、瘟疫、洪水、騷亂等。

3.《選擇部》

正文16頁,薛鳳祚作《選擇敘》2頁。這部分没有特别標明作者,從内容上來看,有點中西合璧,不像穆尼閣所作,像薛鳳祚的親筆。其内容主要包括了四個方面——“太陰十二宫二十八舍之用”“太陰會合五星太陽之能”“細分選擇條件”並“附回回曆選法”,是選擇星相學的内容。人間之事大到國王登位就任,小到百姓理髮、剪指甲、小孩斷乳,都要看良辰吉日。該文非常短,從對太陽和月亮的稱謂上來看,《人命部》裏直接稱之爲日、月,《選擇部》則稱之爲太陽、太陰,這是中國人的習慣。再看“二十八舍”,文章中没有明確指出它就是中國的二十八宿,也没有標出二十八宿的名字,但從字面上看,宿即舍;筆者簡單統計了一下黄道十二宫每個宫中的星宿數目,凡是位於黄道附近的星宿,在十二宫中的分佈數目,基本上是吻合的。另外看“回回曆”,自元、明以來,漢文史籍多用“回回”一詞泛稱中外信仰伊斯蘭教的民族、國家和信徒,稱伊斯蘭教爲“回回教”,將該教曆法稱爲“回回曆”。回回曆於

1383 年被引入中國,已成爲中國古代曆法的一部分。由以上三個方面判斷,《選擇部》很可能是薛鳳祚根據穆尼閣提供的資料,將中西方占星術會通了。這在其序言中也能看出大概:“回回曆舊有選擇一書,譯于洪武癸亥,闕略不備,難以行世。今新西法出,取其切要于日用者,理辭簡切,以視附會。神煞諸説,殆爝火之于日月也。選擇之理,中法不及七政,西法不及干支,從來傳法大師或有深意,第予偶一見及之,不欲偏有所廢,而且述其優劣如此。”(668)中法不涉及七政,西法不涉及干支,中法和西法各有優劣,薛鳳祚不想因爲它們有所偏而廢棄,這也正是他中西會通的思想根源。

4.《緯星性情部》

正文 15 頁,首行標明爲“新西法選要”,是翻譯。在《緯星性情敘》中,薛鳳祚論述了天變與人事的同構性:“聖人治世,於日月五星稱爲七政,而其經國之道,如禮、樂、兵、刑之屬,皆于七者分有所屬。若以爲天之于人有相關切者,夫在天有寒暑代變,晝夜循環,風雷不時;在人有治忽更易,壽數難期,悔吝不測。吾不敢謂天行之有相召,而不敢不謂天步之無所似也。”(545)這是天人感應的基礎。同時他也表達了對天人感應的某種謹慎態度:“兹曆于七緯遲速順逆升降出入,皆可推步其星爲性情之有美惡,猶善人之不可以作慝,亦猶惡人之不能爲集慶者。然而力有不等,一正當陽,則群邪悉退,故星有在高在卑得位不得位之分,而吉凶即易然。其力又有一星之力,又有傍星相助之力,於是有會有沖有合……雖稱紛賾,實有倫要。至于此書稱備悉矣,其于事物果有當否,亦存此理耳,不可以爲是也。”(545—546)

文中加了許多批或注。比如“土星性冷性乾,其冷更甚于乾”之後有批曰:“離太陽遠,不能受太陽之熱,離人遠,熱不能到人……”(547)這些注都是從天文學的角度闡述的科學道理。該部主要論述日月五星的性情與世間事物的對應關係以及其相沖合所主地上的吉凶,核心還是用天象卜人事。

5.《經星部》

從内容看,也是翻譯作品,在"新西法選要"中與《緯星性情部》相對應。《經星敘》中强調了恒星移動問題:"經星,古人以爲千古不動,積年既久,位次皆失。是其實未嘗不動也,但行甚遲,大約六七十年始過一度,非久莫覺。又其星各有色,上智之人,因其色異以别其性情之殊,以之驗天時人事,鮮不符合。亦猶上古聖人,因草木之味以定各品主治,爲醫王也。精此道者首推地穀。"(564)

從其序言看,書中似乎是談占星的問題,但是其内容卻主要是天文學的——給出了一個肉眼可見的亮恒星表,包括星名、五行屬性、位置坐標(黄經、黄緯,赤經、赤緯)、方向及亮度(星等)。看來,這個表是可以爲星占者服務的。

6.《致用部》

書中注明爲薛鳳祚編輯。《致用敘》中特别强調"天下極大極重之務莫如天,極繁賾奥渺之理莫如數;人事無一事不本於天,則亦無一事不本于數"。(719)

目録中列有三角算法、樂律、醫藥、占驗、選擇、命理、水法、火法、重學和師學。其中占驗、選擇、命理三部都是星占的内容,講的是中國的占星術。

占驗部分的題名爲《中法占驗部》,内容較多,近百頁,包括的内容有《尚書·洪範》《乙巳占》《賢相通占》《天元玉曆》等中國古代星占著作。

《中法占驗敘》中,他表達了用西方數學修正傳統占驗的態度:"羲和氏以曆象察七政,且考驗之。曆學之有占候舊矣,然以彰往察來,乃有玄象著明,竟無事應者,此占驗之不足盡憑者也……至於修禳之術,尤謬戾不經之事……從來七政變異皆歸之於失行,今算術即密,乃知絶無失行之事。其順逆、遲留、掩食、淩犯一一皆

數之當然,此無煩仰觀,但一推步皆可。"(783)

選擇部即《中法選擇部》,《選擇敘》認爲選擇有一定道理:"日家者言,似出幻妄,然七政在天,善惡喜忌各有攸屬,人生本命,與之相應,其休咎悔吝,必有相叶應者,難盡誣也。"(668)

其内容是一本通書,規定了一年中每一天從事各事項的吉凶。

命理部即《中法命理部》,内容不多。《命理敘》認爲天地之道與人之道是一致的:"人生於天地,得其氣以成形。以原禀者言之,天道左旋,一日一周天,人自受氣之辰至明日此時,周天之氣即全賦之矣。嗣後,悔吝吉凶,一歲一度,莫可逭也。以流年言之,日用呼吸皆出其食息之氣。納天地清淑之氣,燥濕温寒,與時盈虚,以輔禀賦之質,同運共行。此造化之所由生也,則天地命運即人之命運,無二道已。"(858)其内容是講具體如何算命。

後人對薛鳳祚從事占驗會通這一現象一直迷惑不解。道光時期,錢熙祚在《天步真原跋》中,述及後人對薛鳳祚、穆尼閣星占學著作《天步真原》的冷落、當時的主流學術趣味和自己的猜測:"國初僅百餘載,而諸家著述均未及此書,豈以其爲星命家言,遂棄置不屑觀也。"①説明當時大多主流學者對《天學真原》是很不感興趣的。偉烈亞力(Alexander Wylie,1815—1887)對薛鳳祚與穆尼閣合撰《天步真原》感到奇怪:"很難理解這個傳教士爲什麼要將西方二百年前荒誕不經的體系介紹給中國人。"②方豪則認爲《天步真原》"不過是遊戲之作,以滿足中國人的好奇心"。費賴之和 Kosibowiez 都否認穆尼閣參與了《天步真原》的著述,認爲是薛鳳祚的作品,前者説:"我認爲這是薛鳳祚的著

① (波蘭)穆尼閣.天步真原[M],北京:商務印書館,1936:3.

② 轉引自:(比利時)鍾鳴旦.清初中國的歐洲星占學[J].吕曉鈺譯.自然科學史研究,第29卷第3期,2010(7):339-360,340.

述,因爲柏應理、衛匡國兩位神父,以及中文手稿或其他著作,都未提到爲穆尼閣所著。"①後者説:"(《人命部》)有許多錯誤及不精確處,這與穆尼閣的學識是不相稱的……當是薛鳳祚所述,反映了中國的星占理論和薛氏的觀點,挂在波蘭傳教士名下不過借用其權威罷了。"②當代則有人認爲這是薛鳳祚的一個不盡人意之處。"誠然,由於時代和階級的局限,薛鳳祚的研究工作是有缺陷的。他介紹的西法在個别方面有不加選擇的傾向,如《曆學會通》中的《人命部》就是照搬的西方占星術,是利用星相來附會人命的,充滿了封建糟粕。"③馬來平認爲薛鳳祚"對於'理'的客觀性認識是不徹底的。這突出地表現在他天人感應思想濃厚,對於(中國——筆者注)占驗雖然明確表示有價值的不過百分之一二,但他所肯定的部分,仍然包括了較多的迷信成分"。④ 近來人們逐漸認識到薛鳳祚這一做法的歷史合理性。劉孝賢先生指出:"在人類未進入現代科學時代以前,在歷史上有影響的國家和民族中,占星術士和煉丹術士幾乎都曾經是知識和文化的承載者和傳播者的重要成員,他們中的一部分人通常還會有很高的社會地位和社會影響。"⑤人們也認識到對此探討的重要性:"薛鳳祚身上體現的科學和迷信的雙重性是非常值得探討的……總之,薛鳳祚的星占學也

---

① 轉引自:(比利時)鍾鳴旦.清初中國的歐洲星占學[J].吕曉鈺譯.自然科學史研究,第29卷第3期,2010(7):339-360,340.

② 轉引自:(比利時)鍾鳴旦.清初中國的歐洲星占學[J].吕曉鈺譯.自然科學史研究,第29卷第3期,2010(7):339-360,340.

③ 袁兆桐.清初山東科學家薛鳳祚,載:張士友等主編.薛鳳祚研究[C].中國戲劇出版社,2009:62.

④ 馬來平.薛鳳祚科學思想管窺,載:張士友等主編.薛鳳祚研究[C].北京:中國戲劇出版社,2009:146.

⑤ 劉孝賢.薛鳳祚時代的學術文化背景,載:張士友等主編.薛鳳祚研究[C].北京:中國戲劇出版社,2009:153.

是一個值得關注的重要問題。”①馬來平先生在他的研究團隊中專門安排人員研究薛鳳祚的占驗思想。這些言行説明,在有關薛鳳祚的研究中,薛鳳祚的占驗會通與當時中國科技界大事曆法改革的關係、薛鳳祚的占驗思想觀念等方面還有待深入。本文擬就第一個方面做些探索。

會通中西自明末徐光啓等人發端之後,到清初已蔚爲大觀,成爲學術研究特别是曆算領域的主流。薛鳳祚會通模式突出的特點表現在其占驗思想方面。在這一方面,徐光啓態度很鮮明,他瞧不起天文占驗,稱之爲“盲人射的”“妖妄之術謬言數有神理”“俗傳者,余嘗戲目爲閉關之術,多謬妄,弗論”“小人之事”②、“所謂榮方問于陳子者,言天地之數,則千古大愚也”。③ 梅文鼎於此“一是對占驗的批判,二是對選擇宜忌的不滿”,三是“相信葬術(即風水——筆者注)”。④ 王錫闡對此也有批評:“每見天文家言日月亂行,當有何事應,五星違次當主何庶徵,余竊笑之,此皆推步之舛,而即附以徵應,則殃慶禎異,唯術師之所爲也。”⑤薛鳳祚則試圖用西方占驗思想方法復活中國傳統占驗,他保存、整理和創作了大量占驗資料。薛鳳祚的這一獨特之處不能僅僅歸於科學與迷信那時没有完全分化這一特徵,其背後有深層的原因,比如中西會通發展的階段性和薛鳳祚的經歷和超勝理想。雖然没有材料證明薛鳳祚直接參與曆法改革,但是他密切關注這一活動的進程,他的曆算活

① 袁兆桐. 薛鳳祚研究述略,載: 張士友等主編. 薛鳳祚研究[C]. 北京: 中國戲劇出版社,2009: 241.

② (明) 徐光啓. 徐光啓集[M]. 上海: 上海古籍出版社,1984: 80-81.

③ (明) 徐光啓. 徐光啓集[M]. 上海: 上海古籍出版社,1984: 84.

④ 張永堂. 明末清初理學與科學關係再論[M]. 臺灣: 學生書局,1994: 265.

⑤ (清) 王錫闡. 推步交食序. 薄樹人主編. 中國科學技術典籍通彙[M]. 天文卷(六),第二分册,河南科技教育出版社: 607.

動與曆法改革有不解之緣。1633 年，在魏文魁成立東局前後，他向魏文魁學習開方法："算法在予閲四變矣。癸酉（1633——筆者注）之冬，予從玉山魏先生得開方之法。"①他積極參與中西會通："今有較正會通之役，復患中法太脱略，而舊法又以六成十，不能相入，乃取而通之，自諸書以及八線皆取其六數通以十數，然後羲和舊新二法，時憲舊新二法合而爲一，或可備此道階梯矣。"②並提出自己的會通原則"鎔各方之材質，入吾學之型範"。③ 在會通目標上，薛鳳祚試圖以運用對數進行計算的新西法，戰勝徐光啓、湯若望的今西法。並且他認爲自己做到了會通歸一："兹以新西法詳譯敘録，令繼此學者有程可式，斯于曆學無遺意矣。"④《曆學會通》即其會通主要成果，該著作在湯若望曆獄發生期間（1659—1668）出版（1664），暗示了薛鳳祚對曆法改革的關注，其《正集敘》末講到"聖天子欽崇天道，廣搜逸遺，當不以愚言爲妄議"，⑤説明他的《曆學會通》是爲應徵而作。他《曆學會通》中所選占驗著作《賢相通占》採取了丞相對君主的著述口氣，朱熹輯、薛鳳祚訂的《天元玉曆》的末尾也是對匡扶國君治理國家的有志之士發出的號召："士乎！士乎！志欲學匡國佐君之術，尤宜覽斯書、誦斯賦。"⑥

① （清）薛鳳祚. 中法四線引. 曆學會通［M］. 山東文獻集成・第二輯・第二十三册，濟南：山東大學出版社，2007：20.

② （清）薛鳳祚. 中法四線引. 曆學會通［M］. 山東文獻集成・第二輯・第二十三册，濟南：山東大學出版社，2007：21.

③ （清）薛鳳祚. 正集敘. 曆學會通［M］. 山東文獻集成・第二輯・第二十三册，濟南：山東大學出版社，2007：2.

④ （清）薛鳳祚. 表中卷敘. 曆學會通［M］. 山東文獻集成・第二輯・第二十三册，濟南：山東大學出版社，2007：516.

⑤ （清）薛鳳祚. 正集敘. 曆學會通［M］. 山東文獻集成・第二輯・第二十三册，濟南：山東大學出版社，2007：2.

⑥ （清）薛鳳祚. 曆學會通［M］. 山東文獻集成・第二輯・第二十三册，濟南：山東大學出版社，2007：823.

（二）對早期曆法改革的不滿情緒

徐光啓在領導早期立法改革時，摒棄"天文"等占驗理論和活動，排斥魏文魁等中法的堅守者。薛鳳祚則認爲占驗有理，維護魏文魁，欣賞李天經、湯若望和羅雅穀，忽視徐光啓，表達了對早期曆法改革的不滿情緒。

在督領曆局改革曆法期間，徐光啓排斥天文占候："臣等考之周禮，則馮相與保章異職，稽之職掌，則天文與曆法異科。蓋天文占候之宜禁者，懼妄言禍福，惑世誣人也。若曆法，止於敬授人時已，豈律例所禁哉！……但有通曉曆法者，具文前來。其言天文者一概不取。"①徐光啓對冷守忠的批評也説明了這一點。冷守忠，四川資縣人，是一名老秀才，1630 年應四川御史馬如蛟推薦，進書曆局，反對用西方曆法進行改革，受徐光啓駁斥②。冷守忠所進書涉及的大衍、樂律、《皇極經世》都與占驗有不解之緣。雙方約定以推算 1631 年 4 月 15 日四川的月食時刻爲檢驗標準，結果冷守忠所推誤差很大，辯論也隨之結束。徐光啓的父親本來"于陰陽、醫術、星相、占候、二氏之書，多所統綜"，後來受徐光啓影響，"晚年悉棄去，專事修身事天之學，以惠迪清異爲宗。遷化之日，夷然處順，語不及私家事"。③ 薛鳳祚則明確强調占驗有理可循，表現出爲占驗恢復名譽的學術立場。

薛鳳祚的會通思想與他的學術和人生經歷大有關係。薛鳳祚 20 餘歲時，曾跟隨儒學大師鹿善繼和孫奇逢學習傳統文化，受到

---

① （明）徐光啓. 禮部奉旨修改曆法開列事宜乞裁疏（1628）. 徐光啓集[M]，上海：上海古籍出版社，1984：327.

② （清）阮元. 疇人傳[M]. 卷三十二，上海：商務印書館，1935：399－407.

③ （明）徐光啓. 先考事略. 徐光啓集[M]. 上海：上海古籍出版社，1984：526.

了高水準的儒學教育,對儒家之理應該很有感情。後雖“棄虚就實”,轉而學習科學技術,但早年世界觀形成時期對“理”的信仰,應該不是輕易可以拋棄的。其早期曆算學老師爲堅守傳統曆法的代表人物魏文魁,“鳳祚初從魏文魁遊,主持舊法”。[①] 當年魏文魁與徐光啓大辯論時,魏文魁所代表的傳統中法失敗了,魏文魁卻惱羞成怒,堅持己見、株守舊法,並把問題上升到夷夏大防之高度,指責徐光啓所據爲“夷外之曆學,非中國之有也”。[②] 看來,薛鳳祚雖然後來“棄中就西”,離開魏文魁而向穆尼閣學習,但是卻難以摒除魏文魁的影響,其對“理”觀念的珍視和關聯式思維方式即爲明證。另外,他對魏文魁“新中法”推崇有加,稱其《曆原》《曆測》或以之爲理論依據制定的曆法雖然不完備,仍不失爲新中法:“崇禎初年,魏山人文奎改立新法,氣應加六刻,交應加十九刻,以推甲戌日食,亦合天行,其事未竟,然五星終缺緯度,實闕略之大者。”[③]薛鳳祚就把魏文魁的《曆原》編入其“新中法選要”中。[④]

薛鳳祚强調:“昔人皆以特出之聰明創立一義,當時莫不驚爲神奇,殆繼起者出,而神奇更成陳迹,然皆不能不借爲增修之地。則以陳迹爲土苴,是後人之忘原背本也。兹《舊中法選要》備載授時、大統,前人遺躅咸在矣,可以存前哲之苦心,可以備後人之探討。若曰有時憲新法、有新中法遂可存之不論也,誠何心哉?”[⑤]對

---

① 四庫全書提要. 載薛鳳祚. 天步真原[M]. 北京: 中華書局,1985,1.

② 學歷小辯.(明)徐光啓編纂. 潘鼐彙編. 崇禎曆書[M]. 上海: 上海古籍出版社,2009: 1782.

③ (清)薛鳳祚. 考驗敘,曆學會通[M]. 山東文獻集成·第二輯·第二十三册. 濟南: 山東大學出版社,2007: 409.

④ (清)薛鳳祚. 曆學會通[M]. 山東文獻集成·第二輯·第二十三册. 濟南: 山東大學出版社,2007: 331.

⑤ (清)薛鳳祚. 舊中法選要敘,曆學會通[M]. 山東文獻集成·第二輯·第二十三册,濟南: 山東大學出版社,2007: 270.

魏文魁的"新中法"被拒抱打不平。他對忽視中國傳統"文義"的現象非常不滿:"治曆者欲以張往察來、以今驗古,即同戴此天,推求尚自不易,況南北東西種種不同,明于今者未必不朦于古,而謂有西曆,遂將中國文義一概棄置,未爲通論。"①在對第穀理論的態度上,他雖然認爲其已經過時,還是將其收入自己的著作,目的只是表明自己不"阿私":"精此道者首推地谷。其法備于今西法,新西法又因壁宿一星離黄經四度者爲王,各星皆距此日行,而且于黄赤經緯之外,有斜升斜降、出入地平等法更爲幽渺。予未之及,而猶存地谷之法,竊以爲不没人善,亦以見予于諸法去取,非有所阿私于其間也。"②

把徐光啓摒棄的天文占驗資料又收集整理起來、把徐光啓排除的内容又整理起來,並且給予較高的評價,這一做法説明以薛鳳祚爲代表的傳統學者對曆法改革中專用西法有不滿情緒。這一做法有一定道理,由於中國傳統科技著作散失等原因,徐光啓等早期會通者在中西學術優劣的評價上有崇西現象。

(三)曆法改革的必要步驟

馬來平先生曾經揭示過薛鳳祚的兩次人生轉向:"一次是青年時代由師從鹿善繼和孫奇逢轉向師從魏文魁,這是從儒家理學轉向自然科學;二是中年時代毅然投奔穆尼閣,從學習中國傳統科學轉向學習先進的西方自然科學。"③如果説薛鳳祚的兩次人生轉向是明末清初中國學術主流發展趨勢的一個縮影的話,那麽他的中

① (清)薛鳳祚.曆學會通[M].山東文獻集成·第二輯·第二十三册,濟南:山東大學出版社,2007:9.

② (清)薛鳳祚.經星敘,曆學會通[M].山東文獻集成·第二輯·第二十三册,濟南:山東大學出版社,2007:564.

③ 馬來平.薛鳳祚科學思想管窺[J],載:張士友等主編.薛鳳祚研究[C].北京:中國戲劇出版社,2009:136.

西術數會通的思想則是中西會通實踐的新要求。《崇禎曆書》解決了曆法的授時問題,卻使沿襲已久的占驗習俗發生了斷裂,康熙十九年正月,欽天監再次奏請全面頒行湯若望《七政曆》,康熙徵求大學士李衛的意見,李衛説:"頒行亦無益,星家所用皆與此不同。"①。由於文化的整體性,曆法的授時方面會通後,占驗方面的會通勢在必行,薛鳳祚的占驗會通正是順應了這一時代潮流。

薛鳳祚之前就有人認識到了這一問題。到李天經主持曆局,會通的局面就擴大了,被徐光啓瞧不起的天文數術也參加進來了,而李天經曾編製並擬頒行以《崇禎曆書》爲基礎的曆法——《甲申經新曆》和《甲申緯新曆》各一册,並翻譯了西方占星學著作《天文實用》一卷,與中國當時的數術相會通,以減少中西之間的摩擦和衝突。② 這説明李天經已抵抗不住傳統勢力的進攻,做出不得已的妥協。湯若望也曾有著作《象數論》存世,順治七年,湯若望奉命編修《時憲曆》時,關於傳統方位、神煞、用事等内容,只好請不奉教的欽天監監員到曆局協助編寫,③當時曆局官生幾乎全部奉教,不願再做陰陽選擇之事。當時曆法鋪注仍用中國傳統方法:"西法皆關推算之事,而該監鋪注尚仍舊例,非西洋《天文實用》之鋪注也。"④南懷仁領導的欽天監所上題本中,不乏西方星占術所用天宫圖,但南懷仁僅用之推算節氣的氣候收成等,不用於推算人的命運,天宫圖中的黄道十二宫坐標也改成了中國傳統的十二次。

---

① 中國第一歷史檔案館標點整理. 康熙起居注[M]. 北京:中華書局,1984:482.

② 吴文俊主編. 中國數學史大系[M]. 第七卷,北京:北京師範大學出版社,2000:27.

③ (德)湯若望. 奏疏. 崇禎曆書[M]. 上海:上海古籍出版社,2009:2053.

④ (德)湯若望. 新曆曉惑. 崇禎曆書[M]. 上海:上海古籍出版社,2009:1773.

這説明,清初欽天監中的耶穌會士,在天主教文化和中國文化的深層接觸中,意識到了會通中西的星占數術勢在必行。這樣,薛鳳祚對中西占驗的會通就可以理解了。另一方面他對《崇禎曆書》基礎上的占驗會通並不滿意。薛鳳祚認爲《時憲曆》的時、日、吉、凶方面因仍舊法是不合理的:"時憲頒行已久,時日吉凶仍取授時,此等義理皆本之太歲,諸殺禄存諸神煞等説,與西法淩犯等項何嘗相涉,學者最忌自欺,此不能信之心者。"①如此看來,第穀理論方法已過時,前人會通不徹底,没有會通占驗方面。其解決辦法就是引進更先進的占驗思想和方法,《天步真原》也就應運而生了。這樣看來,薛鳳祚是繼承了徐光啓的事業,但事情又没有這麼簡單。我們知道,徐光啓對天文占驗是持否定態度的。這樣,薛鳳祚的會通是比較複雜的。他與徐光啓相比有所進步,又有所退步,進步在天文學理論的方法有改進,退步在使占驗理論延續了生命。

薛鳳祚之後,楊作枚也做過數術的中西會通。光緒時的温葆深説:"無錫楊學山,刻七論備載圖式。""楊學山氏著《七論》成卷,專言西儒命術,至詳盡。"②歷史告訴我們,這些努力没有取得太大成效。

(四)協調曆法改革中不同占驗態度的必然要求

薛鳳祚的占驗思想、曆法改革與耶穌會傳教政策的關係也很大,占驗思想是數學會通的一部分,數學會通的西方參與者是耶穌會士,他們大多遵守耶穌會政策。教會和傳教士方面對數術的態度前後也並不完全一致。西方基督教觀念認爲,上帝全知全能,其

① (清)薛鳳祚.曆學會通[M].山東文獻集成·第二輯·第二十三册,濟南:山東大學出版社,2007:9.

② 吴文俊主編.中國數學史大系[M].第七卷,北京:北京師範大學出版社,2000:180-181.

他的生存者都達不到這一點,連魔鬼也不能探知上帝的心意,它對星占數術總體上是否定的,當然也没有完全禁絶。利瑪竇時期教會對之基本是完全禁止,稱中國祭天、祭祖和占驗爲迷信。南懷仁時期略有放鬆,教會基本認同《神學星占》的觀點。"耶穌會士神學家達乃爾於1615年發表《星占神學》一文,將星占預言分成四類:一、有關人類自由意志的轉移的事故或行動,如政治人物將遭刺殺;二、有關人類自由意志無法轉移的事故或行動,如天氣陰晴和莊稼豐歉;三、預言人類可直接受到星辰運動影響行動的時間,如放血療法的最佳時間,和莊稼種收的最佳時間;四、預推七政運行天象。第四類教會允許,第一類絶對反對,二、三類雖可接受但人類對相關知識尚未完全掌握,所以未可深信。"①"值得注意的是,《人命部》没有使用托勒密(《四書》——筆者注)第二書的任何内容。第二書論述了政治和經濟方面的星占學,預測地區或國家的重大事件,諸如戰争、瘟疫、饑荒、地震、颶風、乾旱,以及種種氣候變異。《世界部》節選了相關條目。换言之,《人命部》專門介紹個人生辰星占學。"②這與耶穌會當時關於星占學的政策是相符合的。另外,他們可能受到教會在順治十六年對在華傳教士發布的一項訓令的鼓舞:"只要不是顯然有違宗教和善良道德,千萬不可使人們改變自己的禮儀習慣與風俗……不要輸入國家,但要輸入信仰。任何民族的利益與習慣,只要不是邪惡的,不僅不應排斥,且要予以保存……不值得讚揚的,你無須像阿諛奉媚者一般予以阿諛,只宜小心謹慎,不予置評,絶不可毫無體諒地隨便予以譴責。你若碰到醜風陋習,可以對以聳肩和緘默,而不必用語言表示不

---

① 方豪.中國天主教人物傳·湯若望[M].北京:宗教文化出版社,2007:208-215.

② 轉引自:(比利時)鍾鳴旦.清初中國的歐洲星占學[J].吕曉鈺譯.自然科學史研究,第29卷第3期,2010(7):339-360,342-343.

滿,但人們若有接受真理的心意,便應該把握時機,慢慢掃除這些惡習……"[1]來到中國後,耶穌會士大多沿襲會規要求,利瑪竇基本完全否定占驗,湯若望、南懷仁時期略有放鬆。

傳教士之間、傳教士與中國占驗人士(如欽天監選擇科人員和民間術士)就占驗問題充滿了矛盾。這些矛盾也需要協調,薛鳳祚就試圖充當協調員的角色。在中西法鬥争的焦點問題上薛鳳祚表現出折中調和的態度。在節氣劃定上,他堅持將中國平氣法改爲西方定氣法:"舊法氣策爲歲周二十四分之一,然太陽之行有盈有縮,不得平分,如以平數定春秋分,則春分後天二日,秋分先天二日矣,今悉改定。"[2]在紫氣問題上,他也堅持將其删除:"舊謂紫氣生于閏餘,又曰紫氣爲木之餘氣,今細考諸曜此種行度無從而得,無象可明,欲推算無數可定,欲論述又無理可據。展轉商求則知作者爲妄增,後來爲傅會,鄙俚不經,無庸置辨。"[3]這都與中法的堅持者相一致。他也批判和摒棄了中法中的太歲神煞等觀念:"時憲頒行已久,時日吉凶仍取授時,此等義理皆本之太歲,諸殺禄存諸神煞等説,與西法淩犯等項何嘗相涉,學者最忌自欺,此不能信之心者。"[4]薛鳳祚的分野觀念也發生了變化。薛鳳祚認同西方的地圓説:"日月地心在一線爲正會",[5]"大西東來應加一日"。[6] 這是他

---

① Joeseph Jennes 著. Albert van Lierde 英譯. 田永正中譯. 中國教理講授史[M]. 臺北: 天主教華明書局,1976: 88.

② (清) 薛鳳祚. 曆學會通[M]. 山東文獻集成·第二輯·第二十三册,濟南: 山東大學出版社,2007: 6.

③ (清) 薛鳳祚. 曆學會通[M]. 山東文獻集成·第二輯·第二十三册,濟南: 山東大學出版社,2007: 6.

④ (清) 薛鳳祚. 曆學會通[M]. 山東文獻集成·第二輯·第二十三册,濟南: 山東大學出版社,2007: 9.

⑤ (清) 薛鳳祚. 天步真原[M]. 北京: 中華書局,1985: 1.

⑥ (清) 薛鳳祚. 天步真原[M]. 北京: 中華書局,1985: 2.

對中西天地結構的會通,具體來説,是拋棄了中國天圓地方這一傳統觀念。這樣,傳統分野觀念就必須調整:"分野,古異今名不足取准。又有疑中土封域不能遍海輿大地者,不知天官分野,原以山海、風氣、陰陽、燥濕論,非以一隅之東西南北論也。"①可以看出,在分野問題上,薛鳳祚也是傾向於西方理論的,即委婉地否認了中國傳統天地對應的分野標準,而認同有濃厚西方意味的"山海風氣陰陽燥濕"這一標準。

而在參、觜二宿順序和羅、計二餘界定上,薛鳳祚做出了明顯的妥協。在參、觜先後順序上,在觀測事實面前他承認西法爲正法:"黄道變易,實測觜居參後,此正法也。"②但由於中法"七宿"與"七政"相配,二者相互感應,也是重要義理,故他稍作修改後仍然堅持舊法:"中法原以七宿分屬七政,觜火參水,猶之尾火箕水、室火壁水、翼火軫水,非無義理者比,今宜仍用古法而參距移西第二星。"③在羅、計問題上,他認爲中西都有道理,居然二者都要保留:"天首爲羅,天尾爲計,皆交道,非有星形。今中法與西法相反,蓋中以丑爲星紀,萬法所從起;西以未爲天頂,居最高故耳。各有其義,二法惟命理用之。中法計爲壬年元禄、羅爲癸年元禄,西法則羅在命甚强、計在命甚弱。各從原名,亦各從原義,不可易也。"④在與萬物形成有關的西方水、火、土、氣和中方金、木、水、火、土二者的選擇上,他態度曖昧,堅持一切由氣形成:"天地中一氣充塞,

---

① (清)薛鳳祚.曆學會通[M].中占敘,山東文獻集成·第二輯·第二十三册,濟南:山東大學出版社,2007:785.

② (清)薛鳳祚.曆學會通[M].山東文獻集成·第二輯·第二十三册,濟南:山東大學出版社,2007:9.

③ (清)薛鳳祚.曆學會通[M].山東文獻集成·第二輯·第二十三册,濟南:山東大學出版社,2007:9.

④ (清)薛鳳祚.曆學會通[M].山東文獻集成·第二輯·第二十三册,濟南:山東大學出版社,2007:9.

遍滿無間。以水言之,有爲氣之所生者焉,有爲氣之所升者焉。"①"氣與火同類,《内經》云：氣有餘即是火。"②我們認爲這樣做在理論上固然可行,但在曆法編製和占驗推算的實踐中可能會帶來混亂,有會而不通之嫌。

三、用科學方法達成占驗目的的嘗試

占驗資料占薛鳳祚作品總量五分之一左右,占驗實踐也是他一生學術活動的重要組成部分。這一特點與其同時代著名科學家徐光啓等人迥然相異,也引起後人的迷惑不解、種種猜測和深深惋惜(詳見拙作《薛鳳祚中西占驗會通與曆法改革》)。薛鳳祚爲什麽會通中西占驗？他的會通爲什麽會呈現出上述特點？其原因不僅是占驗和科學在那時還没有完全分化,而是多方面的,我們認爲,在思想觀念根源上主要有以下幾個方面。

(一) 曆法的占驗功能

中國古代曆法在實際運作中一直具有授時和占驗兩種功能,甚至有研究表明,中國天學曆法的性質與文化功能應該是指"爲政治服務之通天星占之學,及爲擇吉服務之曆忌之學"。③ 但是在古代學者的觀念裏,對於曆法的功能是否應該有占驗,自古以來人們的態度就不一致。薛鳳祚的時代正是兩種觀念殊死搏鬥的關鍵時刻。明末邢雲路作《古今律曆考》(1600 年前後),認爲曆數不出於

① (清) 薛鳳祚. 水法又敘,曆學會通[M]. 山東文獻集成・第二輯・第二十三册,濟南：山東大學出版社,2007：868.

② (清) 薛鳳祚. 火法,曆學會通[M]. 山東文獻集成・第二輯・第二十三册,濟南：山東大學出版社,2007：906.

③ 江曉原. 天學真原[M]. 瀋陽：遼寧教育出版社,2004：176.

易數:“周易講的是道,什麽事物能没有道?曆法當然也在周易的大道之中。但曆法的數據很精細,必須隨時測驗、修正。搞准了曆法數字,也就增加了易的神聖。劉歆、班固不懂這一點,他們把大衍之數這些表示大單位的數位,和曆法牽强湊合,説什麽曆數就來源於此,這就不對了……一行的大衍曆,基礎是測影觀象,與大衍之數本無關係。比如大衍之數説,乾坤之策三百六十,説此策數合於一年的天數,不過是象徵性的説法。曆法的難點,乃是整日之後的零數。分分秒秒,用大衍之數絶對推不出來。”①從而在一定程度上否認了曆法的占驗功能。比邢雲路稍晚的冷守忠,1630 年應四川御史馬如蛟推薦,進書曆局,反對用西方曆法進行改革,所據原理卻是《皇極經世》。徐光啓這樣批評他:“資縣儒學生員冷守忠執有成書……曆法一家本于周禮馮相氏‘會天位,辨四時之敘’,於他學無與也,從古用大衍、用樂律,牽合附會,盡屬贅疣,今用皇極經世,亦猶二家之意也。此則無關工拙,可置勿論。”②雙方約定以推算 1631 年 4 月 15 日四川的月食時刻爲檢驗標準,結果冷守忠所推誤差很大,辯論也隨之結束。

對薛鳳祚而言,在曆法的功能上,授時和占驗都是重要功用,“曆法以授時占驗爲大用”。③“予敘曆法,因並及之(‘乾象’,占驗的内容之一——筆者注),善乎。”④在會通材料選擇上,他反對秘而不傳和各執己見,主張中法與西法賢者爲師:“中法岀論五行生克、干支喜忌,西法岀論吉炤吉凶、斜降斜升,二者絶無一字可

---

① 席澤宗主編. 中國科學思想史. 北京: 科學出版社,2009: 505.

② (明) 徐光啓. 諮禮部轉諮都察院文. 徐光啓集[M]. 上海: 上海古籍出版社,1984: 359.

③ (清) 薛鳳祚. 曆學會通[M]. 山東文獻集成·第二輯·第二十三册,濟南: 山東大學出版社,2007: 9.

④ (清) 薛鳳祚. 世界敘,曆學會通[M]. 山東文獻集成·第二輯·第二十三册,濟南: 山東大學出版社,2007: 576-577.

通。授法者既秘其半,而傳道者又各執成見,以偏廢之,致令此理遂絶,無開生面之日,實非古人'聞一善言、見一善行'若決江河之意也。"①在這種曆法觀的支配下,薛鳳祚對選擇、命理等占驗活動都是持肯定態度的。《曆學會通・中法選擇敘》載:"治曆者,齊七政以授民時。選擇,其要務也……學者更取生人日干、用神,合而推之,以定趨避,必有當矣。"②他認爲命理學的價值在於有益世教,有研究的必要,認爲知道了天命之理就能少犯錯誤:"命之理,聖人不輕言,而爲益世教,未嘗無也。窮通有定,擇術在人:或爲五帝之聖焉而死,或爲操莽之愚焉而死;涼薄時有益堅之念,赫奕時有飲冰之思。人能知命即能寡過人也。"③

薛鳳祚相信占驗文化有理可循。首先作爲一代曆算大家,薛鳳祚熟悉占驗在我國古代的悠久歷史,占驗如果没有道理,應該早就被淘汰了,不可能延續這麽長時間:"羲和氏以曆象察七政,且考驗之,曆學之有占候舊矣。"④其次,古代聖人也相信占驗:"上古聖人以人事卜天行,在天爲雨暘燠寒風,在人爲狂僭豫急蒙,綦關切已。後有言天變不足畏者,先儒皆深非之。"⑤那當然就有道理了。他也知道有不驗之時:"然以彰往察來,乃有玄象著明,竟無事應者,此占驗之不足盡憑者也;抑且君相造命,統天立極,凶吉成於惠

① (清)薛鳳祚.曆學會通[M].山東文獻集成・第二輯・第二十三册,濟南:山東大學出版社,2007:9.

② (清)薛鳳祚.選擇敘,曆學會通[M].山東文獻集成・第二輯・第二十三册,濟南:山東大學出版社,2007:829-830.

③ (清)薛鳳祚.人命敘,曆學會通[M].山東文獻集成・第二輯・第二十三册,濟南:山東大學出版社,2007:598-600.

④ (清)薛鳳祚.中法占驗敘,曆學會通[M].山東文獻集成・第二輯・第二十三册,濟南:山東大學出版社,2007:783-784.

⑤ (清)薛鳳祚.世界敘,曆學會通[M].山東文獻集成・第二輯・第二十三册,濟南:山東大學出版社,2007:576-577.

逆，祲祥本之敬怠，此占驗之不當盡憑者也。"①不過，他認爲占驗無事應的原因不在占驗本身，而是因爲以前的占驗著作大多没有遵循"理"："第占驗之書，皆不根據理要，逞逞以穿鑿之見、鄙俚之譚，謾相傳授，如畫鬼者然，恣爲險誕，不惟令觀者訝其妄，而且惡其謬戾也。"②比如"從來七政變異皆歸之於失行"，③即人們認爲日月五星的不正常現象是天體對人類社會不正常現象的感應，這是不知理的結果。他知其有所不驗而不放棄，因爲他堅信其中有理可循，不能因爲不根據理要的占驗之術有不驗就拋棄正確的道理："洪武癸亥，西儒敘此書(《世界部》——筆者注)之言曰，此書實至精至微之理，雖有不驗之時，不可因其有不驗遂廢此理也。"④無論占驗諸術是否恰當，占驗之理是存在的："至于此書(《天步真原》——筆者注)稱備悉矣，其于事物果有當否，亦存此理耳，不可以爲是也。"⑤那麽所謂的理到底是什麽呢？在薛鳳祚看來，理首先是"一定之數"——精確的數學計算及由此所得到的天體運行規律，"今算術既密，乃知絶無失行之事。其順逆、遲留、掩食、淩犯，一一皆數之當然，此無煩仰觀，但一推步皆可坐照于數千百年之前"。⑥

---

① (清) 薛鳳祚. 中法占驗敘，曆學會通[M]. 山東文獻集成・第二輯・第二十三册，濟南：山東大學出版社，2007：783－784.

② (清) 薛鳳祚. 中法占驗敘，曆學會通[M]. 山東文獻集成・第二輯・第二十三册，濟南：山東大學出版社，2007：783－784.

③ (清) 薛鳳祚. 中法占驗敘，曆學會通[M]. 山東文獻集成・第二輯・第二十三册，濟南：山東大學出版社，2007：783－784.

④ (清) 薛鳳祚. 世界敘，曆學會通[M]. 山東文獻集成・第二輯・第二十三册，濟南：山東大學出版社，2007：576－577.

⑤ (清) 薛鳳祚. 緯星性情敘，曆學會通[M]. 山東文獻集成・第二輯・第二十三册，濟南：山東大學出版社，2007：546.

⑥ (清) 薛鳳祚. 中法占驗敘，曆學會通[M]. 山東文獻集成・第二輯・第二十三册，濟南：山東大學出版社，2007：783－784.

這樣看來薛鳳祚似乎是一位現當代的科學家了，非也，他也有“生死有命，富貴在天”的思想：“别有雲氣風角之異，殆如人生相貌、骨骼既定於有生之前，及禍福將至，又復發有氣色以示見於外。其事彌真，其救彌急。”①其中的道理與其天人感應思想有密切聯繫。

(二) 世界觀和思維方式

在天道與人事的關係這一世界觀問題上，薛鳳祚堅持天人感應。薛鳳祚的天人感應觀念既强調天對人的影響，又關注人對天的影響，人應該通過對上天意志的感應來趨吉避凶。天人感應的物質基礎是氣。在薛鳳祚這裏，感應的神秘性有所降低，但是這種觀念仍然没有消除。這就決定了他的思維方式仍然是關聯式的。

他借“上古聖人”的言行來説明天體運行與人事變化的相似性，認爲天變可畏：“上古聖人以人事卜天行，在天爲雨暘燠寒風，在人爲狂僭豫急蒙，綦關切已。後有言天變不足畏者，先儒皆深非之。”②這説明天變是人事的一種徵兆，即天對人是有感應的。他認爲這種相似性有更高層次的原因：“是吉凶皆本于一定之數，則人之脩悖何與焉？而非也，人之行與事，亦非人所能主，大抵機動于上而下應之，其相召與爲所召者俱有不得不爾之勢。”③也就是説，天體運行規律與人事變化特點的相似性之上有更高層次的力量，這一力量就是“道”，無論如何，人應該棄惡向善，也就是人要對天的變化作出回應：“所貴乎，知道者朝夕凛惕，與乾坤之善氣

---

① (清) 薛鳳祚. 中法占驗敘，曆學會通[M]. 山東文獻集成・第二輯・第二十三册，濟南：山東大學出版社，2007：783－784.

② (清) 薛鳳祚. 世界敘，曆學會通[M]. 山東文獻集成・第二輯・第二十三册，濟南：山東大學出版社，2007：576－577.

③ (清) 薛鳳祚. 世界敘，曆學會通[M]. 山東文獻集成・第二輯・第二十三册，濟南：山東大學出版社，2007：576－577.

迎，不爲乾坤之厲氣迎。爾夫世即惡人當陽，何嘗絶善類；世之升沉，有人以此日廢，何嘗無人以此日興乎。"①他的天人感應思想有一個很完整的表達："惟天爲大，惟君爲最尊，政教兆於人理，祥變見於天文，行有玷缺，則日象顯示，天有妖孽，則德宜日新。確乎在上而晶明者，天之體也，魄乎在下而安静者地之形云。"②他將天體運行與治國經邦相模擬，將天文現象與人世事件相模擬，使二者産生關聯："聖人治世，於日月五星稱爲七政，而其經國之道，如禮、樂、兵、刑之屬，皆于七者分有所屬。若以爲天之于人有相關切者，夫在天有寒暑代變，晝夜循環，風雷不時；在人有治忽更易，壽數難期，悔吝不測。"③此外，薛鳳祚也没有完全拋棄神秘主義："此書(《天步真原》——筆者注)幽渺玄奥，非人思力可及。"④

在他看來，天體運行規律與人事變動特點的相似性的深層原因在於二者之間有"氣"的往來："今魚生於水而鱗介爲波紋之象，鳥生於林而羽毛有枝葉之形。又土脈紆曲，皆作本地北極出地之度；木理迴旋，皆向本地北極出地之方。有形、有生皆然，而況于人？夫養生者吐故納新，欲令形氣不朽。呼者，飲食之氣，亦即人原稟兩間之氣也；吸者，天地之氣，亦即隨時五行推移之氣也。則人原生吉凶與其流運禍福，有所從受，概可睹已。"⑤"氣"做了天體

① (清) 薛鳳祚. 世界敘，曆學會通[M]. 山東文獻集成·第二輯·第二十三册，濟南：山東大學出版社，2007：576-577.

② (清) 薛鳳祚. 曆學會通[M]. 山東文獻集成·第二輯·第二十三册，濟南：山東大學出版社，2007：807.

③ (清) 薛鳳祚. 緯星性情敘，曆學會通[M]. 山東文獻集成·第二輯·第二十三册，濟南：山東大學出版社，2007：546.

④ (清) 薛鳳祚. 人命敘，曆學會通[M]. 山東文獻集成·第二輯·第二十三册，濟南：山東大學出版社，2007：598-600.

⑤ (清) 薛鳳祚. 人命敘，曆學會通[M]. 山東文獻集成·第二輯·第二十三册，濟南：山東大學出版社，2007：598-600.

與人事相似性的媒介。所以不能否定天人感應："日家者言，似出幻妄，然七政在天，善惡喜忌各有攸屬，人生本命，與之相應，其休咎悔吝，必有相叶應者，難盡誣也。"①"天地中一氣充塞，偏滿無間。以水言之，有爲氣之所生者焉，有爲氣之所升者焉。"②"氣與火同類，《内經》云：氣有餘即是火。"③

我們看到，這種天人之間的相似性和相互感應，其基礎是"陰陽氣化"："夫天者，理之自出，亦數之所由生也。聖人制曆以紀天，凡夫數有盈縮，氣有盈虛，物有盛衰。一皆出于自然，而即有不得不然之勢，孰爲爲之哉？五音本始乎數而和，則宫動脾正聖，商動肺正義，角動肝正仁，徵動心正禮，羽動腎正智。律吕之道，與物相感如此，極之神人以治，上下以和。非陰陽氣化、咸歸在宥者使然哉？而古人驗氣，則政事之寬猛，君臣之暴縱，又可以預見，誠數學之綱領、曆家之統會也。"④"養生者言，人有呼與吸，皆出日用食息之氣，納天地清淑之氣，推陳致新，形神始能不腐。是人與天地不獨言親，且不得爲兩也。天地之氣化不齊，人感之，則形病互異，焉可誣也。……蓋司天在泉，不同之化，難可稽數，人脈應之，故有死而反生，生而反死耳，又不獨在人爲。然勝復之理上達于天，則有五星倍減之應；下推于地，則有五蟲耗育之驗，以至五穀、五果每歲嘗備，而色味有厚薄，成熟有多寡，不可明言，莫不各有其所以

① （清）薛鳳祚．選擇敘，曆學會通［M］．山東文獻集成・第二輯・第二十三册，濟南：山東大學出版社，2007：668.

② （清）薛鳳祚．水法又敘，曆學會通［M］．山東文獻集成・第二輯・第二十三册，濟南：山東大學出版社，2007：868.

③ （清）薛鳳祚．曆學會通［M］．山東文獻集成・第二輯・第二十三册，濟南：山東大學出版社，2007：906.

④ （清）薛鳳祚．律吕敘，曆學會通［M］．山東文獻集成・第二輯・第二十三册，濟南：山東大學出版社，2007：739.

然，則天地誠醫學之大本。”[1]正是由於陰陽氣化的存在，天、地、人的相互感應才得以發生，三才之道歸於一道才得以成立：“人生於天地，得其氣以成形。以原稟者言之，天道左旋，一日一周天。人自受氣之辰至明日此時，周天之氣即全賦之矣。嗣後，悔吝吉凶，一歲一度，莫可逭也。以流年言之，日用呼吸皆出其食息之氣。納天地清淑之氣，燥濕温寒，與時盈虚，以輔稟賦之質，同運共行。此造化之所由生也，則天地命運即人之命運，無二道已。”[2]這樣他僅有的一點猶豫“吾不敢謂天行之有相召，而不敢不謂天步之無所似也”[3]也就煙消雲散了，成了徹頭徹尾的天人感應論者。朱熹輯、薛鳳祚訂的《天元玉曆》，是薛鳳祚認爲有“理”的百分之一二傳統占驗著作中的一部，其第一篇開頭内容可做一佐證：“政教兆於人理，祥變見於天文。行有玷缺，則日象顯示；天有妖孽，則德宜日新。”[4]

據與薛氏後人直接對話的馬來平先生講，其鄉流傳的薛鳳祚趣事，不僅有天氣預報方面的驗與不驗，而且還有他對先人與自己墳地的設計别出心裁，甚至由於其墳地的不規則引起鄰里糾紛，可見他心中還是相信天人感應、關聯式思維方式的，企圖以墳地的設計來爲子孫後代帶來福音。這種天影響人而人不怎麽影響天的思想，倒是與西方的天主創世、人不能改變上帝的意志這一思想非常相似。薛鳳祚對天主教教義認同到何種程度，尚需進一步研究才

① （清）薛鳳祚. 運氣精微敘，曆學會通[M]. 山東文獻集成・第二輯・第二十三册，濟南：山東大學出版社，2007：762－763.

② （清）薛鳳祚. 命理敘，曆學會通[M]. 山東文獻集成・第二輯・第二十三册，濟南：山東大學出版社，2007：858.

③ （清）薛鳳祚. 緯星性情敘，曆學會通[M]. 山東文獻集成・第二輯・第二十三册，濟南：山東大學出版社，2007：545.

④ （清）薛鳳祚. 曆學會通[M]. 山東文獻集成・第二輯・第二十三册，濟南：山東大學出版社，2007：807.

可證實。

(三) 認識論和方法論

在外部世界與理的關係上,薛鳳祚是一個樸素的實在論者。"……霄壤中不越一理,試取一物,而以度數成之,則有其當然與其不得不然者,即理也。"①"理"是天的本質的反映,這在東西方是一致的,東西聖人在對理的認識上也没有早晚之别。後人製作曆法都是對這同一的"理"的運用:"在昔立法,聖人神悟超卓,雖各天一隅,而理無不同,創法立制,皆辟空豎義,有令人積思殫慮不能作一解者。其玄奥慧巧,豈容後人復置一喙,後世代有更易,不過即其成法,而爲之節裁,非能别有創議也。不然,算爲曆原,天下豈有二道哉? 是誣聖、賢誣曆法也。"②這決定了他以"東海西海,心同理同"爲認識論,即中西之理都是對天的反應,試圖以此泯滅中西之天的意識形態意藴,爲自己用科學方法解決占驗問題的方法論奠定基礎。

他認爲,自然界有規律,但這一規律隨時間地點的變化而有所不同,可以推算出來,但是推算方法和觀測工具不一而足,這才造成了中西曆法先進程度不同的結果。"天道有定數而無恒數,可以步算而知者,不可以一途而執。故世之上下,圖象暗移;地之遠近,經緯互異。區區蠡測管窺,欲窮其變,亦綦難已。"③人們没有必要爲東西方誰是正理而争辯不休,應該在"法"上多做努力,以使"曆"更加先進,中西"二曆數雖不同,理原一致,非兩收不能兼美,

① (清) 薛鳳祚. 水法敘,曆學會通[M]. 山東文獻集成・第二輯・第二十三册,濟南:山東大學出版社,2007:866.

② (清) 薛鳳祚. 中法四線引,曆學會通[M]. 山東文獻集成・第二輯・第二十三册,濟南:山東大學出版社,2007:20.

③ (清) 薛鳳祚. 正集敘,曆學會通[M]. 山東文獻集成・第二輯・第二十三册,濟南:山東大學出版社,2007:1.

但摻術者各執成見,甲乙枘鑿,所以並列掌故,數百年未有能出一籌以歸畫一者,則會通之難也”。① 這樣,在“東海西海,心同理同”的認識論基礎上,薛鳳祚認識到:“理”是天體運行的規律,東西聖人對理的認識没有先後之别;“數”是“理”的描述手段,“曆”是用“數”對天體運行規律之“理”推算的結果,中西天文算學的不同只是在計算方法和觀測工具上,能者爲師,會通中西占驗没有什麽不妥當的。

在此基礎上,“至於修禳之術,尤謬戾不經之事”。② 亦即,靠人的能動性改變天體的運行規律是不可行的。人又怎麽能趨吉避凶呢?薛鳳祚認爲能——人能够根據先進的推算方法推算出天體運行之道及與其對應的人間吉凶禍福,人可以做善事不做惡事,對天災人禍預先知道、早做準備,從而能趨吉避凶。“其關切於人事而不可已者,則修救一事是已。夫水旱、疾疫、饑饉、兵革與夫政教之寬猛、時務之得失,當其事者遇災而懼,則否可使亨,非細故也……此無煩仰觀,但一推步皆可坐照于數千百年之前,若豫行飭備,令災不爲災,爲力更易。”③

同時他認爲西方的著作比中國的好,可以補充中國之不足:“《世界部》一書,于日月五星沖合,所主特爲明晰,而在天大小會一説,又中法所未曾及,篇目不煩而義已無至,其于乾象豈小補者。”④所以必須中西會通。他認爲同爲西方占星術,來自阿拉伯

① (清)薛鳳祚.考驗敘,曆學會通[M].山東文獻集成・第二輯・第二十三册,濟南:山東大學出版社,2007:410.

② (清)薛鳳祚.中法占驗敘,曆學會通[M].山東文獻集成・第二輯・第二十三册,濟南:山東大學出版社,2007:783-784.

③ (清)薛鳳祚.中法占驗敘,曆學會通[M].山東文獻集成・第二輯・第二十三册,濟南:山東大學出版社,2007:783-784.

④ (清)薛鳳祚.世界敘,曆學會通[M].山東文獻集成・第二輯・第二十三册,濟南:山東大學出版社,2007:576-577.

的回回占星術不如傳教士的占星術合理:“但今用諸星曜,如禄存十二煞、太歲十二煞以及鶴神、科文星等類,種種錯出,不可枚悉。而用者乃皆推本之以日月五星之屬。夫七政即可以關切人事,若直取其真體本行,較之求于諸神煞、性情之屬於七政者,不更著明徑捷乎? 回回曆舊有選擇一書,譯於洪武癸亥,闕略不備,難以行世。今新西法出,取其切要於日用者,理辭簡切。以視附會神煞諸説,殆爝火之於日月也。”①主要原因在於傳教士占星術用日月五星的運行軌跡來推算,而不像回回占星術那樣還要附會神煞。這就是他引進第穀之後的西方天文學和對數計算法的占驗動機。

(四) 簡評:從傳統到現代的過渡形態

薛鳳祚中西會通模式的特性在占驗思想方面的表現是過渡性和改良性,而不是徹底性和革命性。要使占驗公開化、合法化,就要解決占驗之理的問題,在薛鳳祚看來,西方天體運行軌道的準確性、快捷精確的計算方法、中國天人感應思想和關聯式思維方式都是占驗之理。於是,他既引進了西方快捷的對數計算方法,又引進了一百多年幾乎無人問津的西方星占術,並且都與中國傳統文化相關部分做了不同程度的會通。他既欣賞西方術數推算過程的清晰性,又不願放棄中國傳統有些模糊的關聯式思維方式;在占驗決策上,他既强調西方天對人的決定性,又試圖運用中國傳統人對天的感應性趨吉避凶;在占驗的宇宙觀基礎上,他既接受了西方地圓説,又對傳統分野理論做出某種强辯。薛鳳祚中西占驗會通思想值得我們深思。總體來看,在西方近代科學面前,薛鳳祚試圖以之復興傳統占驗的想法有其合理性,但是因爲科學與占驗兩種觀念深處有不可避免的對立和衝突,薛鳳祚的理想是難於實現的。薛

① (清)薛鳳祚.天步真原.選擇敍,載:穆尼閣.天步真原[M].北京:商務印書館,1936:11.

鳳祚的中西占驗會通思想是中國科學從傳統到現代轉换的過渡形態,在方法論上薛鳳祚已經開始認同甚至崇拜西方,但是在世界觀上他還没有放棄中國傳統觀念。他的占驗會通有可取之處,也有不必要的混亂。

四、數學會通與内算外算的易位

(一) 引言

關於内算與外算的分别,所見文獻中,秦九韶(1202—1261)的《〈數書九章〉序》(《數書九章》也稱《數術大略》)是最早的,也是最有代表性的。秦九韶説:"今數術之書,尚三十餘家。天象、曆度謂之綴術,太乙、壬、甲謂之三式,皆曰内算,言其秘也。《九章》(即《九章算術》)所載,即周官九數,系於方圓者,爲專術,皆曰外算,對内而言也。其用相通,不可歧二。"①並稱自己"所謂通神明,順性命,固膚末於見;若其小者,竊嘗設爲問答,以擬于用"。②

可以看出,内算是指數術中秘而不傳的部分,是大數術,包括綴術和三式,綴術又包括天象和曆度,三式又包括太乙、六壬和奇門遁甲。内算的功能是"通神明,順性命"。外算是數術中公開傳授的部分,是小數術,指"《九章》(即《九章算術》——筆者注)所載,即周官九數,系於方圓者",其功能是"經世務,類萬物"。③

秦九韶生活的宋代以前,内算與外算是一個整體,内外之分不

---

① (南宋)秦九韶.《數書九章》序,靖玉樹.中國歷代算學集成[M].濟南:山東人民出版社,1994:467.

② (南宋)秦九韶.《數書九章》序,靖玉樹.中國歷代算學集成[M].濟南:山東人民出版社,1994:468.

③ (南宋)秦九韶.《數書九章》序,靖玉樹.中國歷代算學集成[M].濟南:山東人民出版社,1994:467.

甚明顯,統稱數術、術數、道術、曆數、曆算、算法、算經、算術、數學、度數之學或象數之學,數術從業者一般稱爲疇人。《周髀算經》是現存最早的算書之一,其中天文和數學也是融爲一體的。北周甄鸞所撰《五經算術》就分别整理了貫穿於《尚書》《孝經》《詩經》《周易》《論語》等書中的天文和數學問題。《孫子算經》,唐李淳風輯《算經十書》之一,是唐宋明算科科舉考試的教材之一,其中就有計算生男生女的題目,其最後一題即是:“今有孕婦,行年二十九,難有九月,未知所生。答曰:生男。術曰:置四十九,加難月,減行年,所餘以天除一,地除二,人除三,四時除四,五行除五,六律除六,七星除七,八風除八,九州除九,其不盡者,奇則爲男,耦(偶)則爲女。”①數術的思想基礎和理論來源之一是《周易》,秦九韶坦陳其最重要的數術創新就是大衍之術:“數術之傳,以實爲體。其書《九章》,唯兹(大衍之術——筆者注)弗紀。”“大衍之術”,就是今天所説同餘式理論,包括大衍總數術和大衍求一術,秦九韶將其列爲其著作的第一卷:“述大衍第一。”他説;“聖有大衍,微寓於《易》。”②即他的大衍之術的理論源頭就是《周易》筮法的大衍之數:“大衍之數五十,其用四十有九……”③

阮元(1764—1849)在編其名著《疇人傳》時,把内算、外算稱爲占候、步算兩家,且對二者關係的看法發生了很大變化:“步算、占候,自古别爲兩家。《周禮》馮相、保章所司各異。《漢書·藝文志》天文二十一家,四百四十五卷;術譜十八家,六百六卷,亦判然爲二。宋《大觀算學》以商高、隸首與梓慎、裨竈同列五等,合而一

---

① (唐)李淳風注. 孫子算經(卷下),郭書春等校點. 算經十書(二)[M]. 瀋陽:遼寧教育出版社,1998:24-25.

② (南宋)秦九韶.《數書九章》序,靖玉樹. 中國歷代算學集成[M]. 濟南:山東人民出版社,1994:468.

③ 劉大鈞、林忠軍. 周易古經白話解[M]. 濟南:山東友誼書社,1990:154.

之,非也。是編著録,專取步算一家,其以妖星、暈珥、雲氣、虹霓占驗吉凶,及太一(也稱太乙——筆者注)、壬遁、卦氣、風角之流,涉于内學者,一概不收。"①並在其序言中直批邵雍"元、會、運、世之篇,言之無據"。②

自此,以阮元爲代表的外算學者,自稱爲"步算一家",在中國歷史上首次專門而系統地爲外(步)算家樹碑立傳,而將以邵雍爲代表的内算家放逐於"疇人"傳記以外,只以"經世務、類萬物"爲己任,而放棄"通神明、順性命"這一傳統數術家的終極追求。内算與外算發生了易位。

這一現象爲什麽會發生?它與當時的重大歷史事件西學東漸,特别是中西數學會通有什麽關係?這是一個關乎中西數學史、術數史、星占史乃至思想史、文化史的有趣問題,而相關的研究卻少之又少。據筆者所寡聞,在科學史界,江曉原先生在其《天學真原》和《天學外史》等作品中將中國天學定義爲星占數術,俞曉群先生在其《數與數術劄記》和《數術探秘》等作品中爲傳統術數鳴冤叫屈,黄一農先生在其《社會天文學史十講》等作品中對某些數術在歷史層面做了難以超越的詳細爬梳。除此之外,有分量的研究尚未目遇,而前二位先生觀點略異,③後一位先生的作品似乎對歷史事實背後的思想文化缺乏興趣。另外,對這一變化的具體研究似乎付之闕如。數學史、科學史、科學文化大家劉鈍先生就在其

① (清)阮元.《疇人傳》凡例.北京:商務印書館,1935:1.

② (清)阮元.《疇人傳》序.北京:商務印書館,1935:1.

③ 江先生認爲"天學是數術的主幹和靈魂",江曉原.天學真原.瀋陽:遼寧教育出版社,2004:45;俞先生認爲"它(象數學)與陰陽學説、五行學説一起,構成了中國古代數術學的三大支柱",俞曉群.數術探秘.北京:三聯書店,1994:21。本研究認爲數術學所涉及的器具是其外部支撑,而關於數的思想和運算是其内部靈魂之一(内部靈魂的其他因素還有政治情報、歷史經驗、社會心理學知識),分别相當於電腦的硬件和軟件.

《大哉言數》中謙虚地説:"中西兩種數學傳統在明末以後的交匯則付之闕如,好在有劉徽的一句名言聊以自慰:'欲陋形措意,懼失正理,敢不闕言,以俟能言者。'就此擱筆。"①吾小子魯莽,試從之。

多年來,在輝格史思想(比如尋找世界第一,爲愛國主義服務)的指導下,我們的數術(數學)史只是一部成就史——爲一定目的挑選出來的歷史成就的"軼事或年表的堆疊",②當我們用福柯的"知識考古學"思想方法剥去歷史的層層塵埃時,庫恩所謂的"格式塔轉换"就會發生。我們就能看到數術的本來面目和它發展變化的真正原因。

(二) 内算與外算兩千年的主僕關係

從春秋戰國儒家興起到明末的西學東漸的兩千多年裏,在内算和外算的關係上,其實外算一直是内算的婢女和附庸,因爲此觀點前人論證不多,試從下面幾方面論之。

1. 從教育史看

最早明確提到數的教育的文獻是《周禮・地官・保氏》:"保氏掌諫王惡,而養國子以道。乃教之六藝:一曰五禮,二曰六樂,三曰五射,四曰五御,五曰六書,六曰九數。"可見那時已有關於數的教育。《禮記・内則》記載:"六年教之數與方名。"二者的内容據宋代王應麟《困學紀聞》記載爲"數者一至十也,方名,《漢書》所謂五方也",可見"數"與"方名"的教育是一起進行的,分别與今天所説數學和天文有關。唐朝的明算科,學制七年,30名學生分爲兩種學法:第一種主要學習《九章算術》等《算經十書》,第二種學習《綴術》和《緝古算經》,兩組共修的課目是《數術記遺》和《三等數》。宋朝算學的教育可從"崇寧國子監算學令"中得知:"諸學生

① 劉鈍. 大哉言數[M]. 瀋陽:遼寧教育出版社,1993:443.

② (美)庫恩. 科學革命的結構[M]. 北京:北京大學出版社,2003:1.

習《九章》、《周髀》義及算問(謂假設疑數),兼通《海島》、《孫子》、《五曹》、《張丘建》、《夏侯陽》算法,並曆算、三式、天文書。”其中“曆算即算前一季五星昏曉宿度,或日月交食,仍算定時刻早晚及所食分數。三式即射覆及預占三日陰陽風雨。天文即預定一月或一季分野災祥”。①

從上述可以看出,所謂數的教育基本是外算内容,所涉及内算部分也只是三式,即太乙、六壬、遁甲,而秦九韶所説“天象、曆度”卻没有被講授。是這些不重要嗎?非也,數的教育所講授的内容恰恰只是天象、曆度之學的預備知識。真正的原因是天象、曆度之學太重要了,國家嚴禁私習,劉大鈞先生説:“在西周前期,《周易》一書由天子的卜筮之官世守著。由於這門學問由專人掌管,因此,一般人是無緣接觸的。”②這一現象一直持續著,《大明律・禮律・儀制》“收藏禁書及私習天文”條規定:“凡私家收藏玄象器物、天文圖讖、應禁之書,及歷代帝王圖像、金玉符璽等物者,杖一百。若私習天文者,罪亦如之。並於犯人名下,追銀一十兩,給付告人充賞。”具體個人又爲了安全和飯碗的需要,也秘而私之。更重要的是,這門學問非“至人”(德行和智慧都很高的人)不能得也,所以曆算科講授的内容恰恰只是天象、曆度之學的預備知識,是爲真正的高等“數”學服務的。

2. 從從業者的身份認同和知識結構看

從著作内容上看,很多外算著作的作者都稱自己的作品是雕蟲小技,而對真正的大用只在前言後跋中作嚮往狀,對大用之書的詞句做些模仿,把内算作爲自己的源頭,把大用作爲自己的歸宿。從劉徽《九章算術序》可看出上述“嚮往和模仿”之一斑:“昔者包

① (南宋)鮑瀚之.《數術記遺》(卷末),轉引自:劉鈍.大哉言數[M].瀋陽:遼寧教育出版社,1993:86.

② 劉大鈞.周易概論[M].濟南:齊魯書社,1988:143.

犧氏始畫八卦,以通神明之德,以類萬物之情,作九九之術以合六爻之變。暨于黄帝神而化之,引而伸之,於是建曆紀,協律吕,用稽道原,然後兩儀四象精微之氣可得而效焉……周公制禮而有九數,九數之流,則《九章》是也。"①這令人不禁想起如下論述。《易傳·系辭下》:"古者包犧氏之王天下也,仰則觀象於天,俯則觀法於地,觀鳥獸之文,與地之宜,近取諸身,遠取諸物,於是始作八卦,以通神明之德,以類萬物之情。"《説卦傳》:"昔者聖人之作《易》也,幽贊於神明而生蓍,参天兩地而倚數,觀變於陰陽而立卦,發揮於剛柔而生爻,和順於道德而理於義,窮理盡性以至於命。"《世本》:"黄帝使羲和占日,常儀占月,臾區占星氣,伶倫造律吕,大撓作甲子,隸首作算數,容成綜此六術而作曆。"②其實,幾乎所有外算之書都做過此等訴求,表明過自己的附庸和婢女地位,我們只以此爲例。

正如阮元所説,這些人的身份在歷史上有些細微變化,唐以前還有些區别,宋朝時又合爲一體,有人身兼數職。比如李淳風,是後世所謂著名的外算著作《算經十書》的編纂總裁,又是《晉書》《五代史》中《天文志》《律曆志》《五行志》的撰寫者,③我們一般卻把他歸於内算家,因爲他以爲李世民算出武則天三代後將會争坐李家江山著稱;張衡,我們都知道他是偉大的數學家,而《後漢書·方術列傳》中卻稱他爲"陰陽之宗"。④ 除了内外算知識以外,"這些人(數術或方術之人——筆者注)同時又爲經學家"。⑤ 這樣,外算在他們的知識結構中所占比例就更小了,無怪乎我們今天稱讚

① (魏)劉徽.《九章算術》序,郭書春等校點.算經十書(一)[M].瀋陽:遼寧教育出版社,1998:1.

② (漢)司馬遷.史記.曆書[M].上海:上海古籍出版社,1986:163.

③ 參見:俞曉群.數與數術的劄記[M].北京:中華書局,2005:294.

④ 參見:俞曉群.數與數術的劄記[M].北京:中華書局,2005:295.

⑤ 劉大鈞.《續修四庫全書》數術類叢書序言,載 http://zhouyi.sdu.edu.cn/yixuewenhua/liuJiXiuSiKu20060609.asp.

的大部分數學家、天文學家，比如上文所説秦九韶，都爲自己不是内算高手而遺憾。

3. 從史籍對二者的記載來看

古代最早著録數術之書的文獻要算西漢成、哀之際劉向、劉歆父子的《别録》和《七略》，二書早佚，但書目尚且保存在東漢班固的《漢書・藝文志》中。其所録當時所有六種學術之五便是數術，將數術之學分爲六類：1. 天文。包括對星象（七政二十八宿）和雲氣的觀察（氣象學），也包括吉凶占驗（星氣之占）。2. 曆譜。包括今天所謂的正規的曆書，也包括行度、日晷、世譜、年譜和算術等内容，其中算術接近於今天所説的數學，應該是數術的運算法則。3. 五行。包括陰陽五行時令、堪輿、災異、鐘律、叢辰、天一、太一、刑德、遁甲、孤虚、六壬、羨門式、五音等，以式占及其派生的擇日爲主。4. 蓍龜。包括龜卜和筮占兩類，後者是易學的來源。《左傳・僖公十五年》中晉人韓簡説："龜者，象也；筮者，數也。"前者以燒灼後的裂紋來決定吉凶，取於"象"；後者以易卦來決定吉凶，取於"數"。古人認爲前者比後者更可靠，"筮短龜長"。古代也用大衍之數五十來定曆，這表明算法與筮法有密切關係。5. 雜占。包括占夢、驅鬼除邪、候歲、相土等。6. 形法。主要是相術，包括相地形和相宅墓，"人及六畜骨法之度數，器物之形容"。① 而今天所説的數學内容依附於曆譜之羽翼下。其中唯一與今天數學略有相似的《許商算術》26 卷和《杜忠算術》16 卷，據班固解釋，其内容爲："序四時之位，正分至之節，會日月五星之辰，以考寒暑殺生之實……此聖人知命之術也。"②可見其與外算之宗《九章算術》幾乎完全不同。而《九章算術》和《周髀算經》並不載於其中，李約瑟先生認爲其三個可能原因之一爲："它被認爲是很不重要的著

---

① 李零. 中國方術正考［M］. 緒論，北京：中華書局，2007：18－19.

② 轉引自：劉鈍. 大哉言數［M］. 瀋陽：遼寧教育出版社，1993：13.

作,不值得一提(這是不太可能的)。"[①]我們認爲,從傳統數術思想史的價值取向來看,這是很有可能的。

隋唐以來,史志著録在大的系統上仍基本沿襲漢代,但也有變化。第一是天文、曆譜兩類的變化。天文一詞始終未改,《隋書·經籍志》以來,天文類增加了各種天論,曆算類往往將曆術與算術分開,算術依附於天文、曆法之下。但曆譜,《隋書·經籍志》《日本國見在書目》《明史·藝文志》稱曆數,《七録》《舊唐書·經籍志》《新唐書·經籍志》和《宋史·藝文志》稱曆算,宋朝鄭樵(1103—1162)《通志》把曆算分爲曆數和算術。這説明隋朝以後外算才在數術記載中争得一席之地,但也仍是在天文之下,在"曆"之後,而曆法與天文的關係更密切一些。

《四庫全書總目》的表述開始有明顯變化,它將天文、曆譜統稱爲天文算法,並細分爲分推步和算術二門,前者是天文曆法,後者是算術,其中包括利瑪竇以來的西洋算法。雖然仍在天文之後,但是外算畢竟有了獨立地位。更大的變化是它將數術其他分支合併劃歸於術數類,並且置於天文算法之後。雖然名稱變化不大,但天文的内容主要是由《崇禎曆書》改編的《新法算書》,與傳統觀念相比,發生了很大變化。

4. 從外算在數術整體功能中的權重看

中國古代在天人感應思想的影響之下,各朝均設置天文機構,其名稱有太史局、天文院、司天臺、司天監、欽天監,是數術國家隊的最高機關,相當於現在的國家天文臺。正如宋會群先生在《中國術數文化史》一書之"緒論"中所説:"術數在起源期,可以説是與'六藝'相並列的一種知識體系,偏重於實用,主要通過吉凶占卜來達到'務行正理''爲政'的經邦治國的目的,可謂'治國之

① (英)李約瑟.中國科學技術史(第三卷)[M].北京:科學出版社,1978:42.

術’。”欽天監是明清兩代天文機構的名稱，其功能主要是觀象、授時、治曆、星占和擇日。星占的目的是觀察天象變化，以預算人事安排，趨吉避凶。雖然其中需要“算”這一環節，但是這裏的“算”不僅指計算，聯想和模擬等“推算”方法也很重要。另外星占占詞的形成規律一般是：參考先前天變發生後的人間事件，不斷進行歸納，在占詞中增添比較具體的內容。這樣，外算即便在“算”中也不是唯一成分。數術的功能是巨大的，但外算在這些功能中所占比例卻很小。

“一次成功的、高水準的星占，除了需要星占學理論、政治情報、歷史經驗、社會心理學知識之外，曆法——其中最重要的部分是對日月和五大行星的運動的推算（包括今天所説天文和數學）——也是必不可少的。”①這些素養中的前面幾項，有的不是學而能得的，有的又是不能輕易講授的，“推算”只是必要條件之一。我們知道，上述前幾項的作用是至關重要的，而絶大部分的推算並不需要高深的算法。這樣，從功能上看，外算在數術活動中也是居於附屬地位。

（三）内算、外算主僕易位的原因

1. 内部質疑

國人對數術的看法，自古就不一致，主要原因是内算派别繁多。比如張衡强烈反對讖緯，但他所用依據卻是卜筮：“且律曆、卦侯、九宫、風角，數有徵效，世莫肯學，而竟稱不占之書。”（《後漢書》卷59《張衡傳》）我們可以認爲他是用一種數術反對另一種數術。因爲這兩種術數所聯繫的宇宙觀念都是天圓地方，所聯繫的社會秩序也都是儒家倫理，二者是屬於同一範式的不同子派。

從明末開始，質疑的聲音逐漸變大。如宋應星在《談天》中就

① 江曉原. 天學真原［M］. 瀋陽：遼寧教育出版社，2004：136.

曾論"事應"没有道理:"儒者言事應,以日食爲天變之大者,臣子儆君,無已之愛也。試以事應言之:主弱臣强,日宜食矣,乃漢景帝乙酉至庚子,君德清明,臣庶用命,十六年中,日爲之九食。王莽居攝乙丑至新鳳乙酉,强臣竊國,莫甚此時,而二十一年中,日僅兩食,事應果何如也?女主乘權,嗣君幽閉,日宜食矣。乃貞觀丁亥至庚寅,乾綱獨斷,坤德順從,四載之中,日爲之五食,永徽庚戌迄乾封己巳,牝雞之晨,無以加矣,而二十年中,日亦兩食,事應又何如也?"①但他也没有跳出渾天説天圓地方的範式:"天有顯道,成象兩儀……而三家者猶求光明于地中和四沿,其蒙惑亦甚矣。"②並且反對傳統數術的真正威脅——西方宇宙觀:"西人以地形爲圓球,虚懸於中,凡物四面蟻附,且以瑪八作之人與中華之人足行相抵。天體受誣,又酷于宣夜與周髀矣。"③這些質疑的增多確實有利於它的真正對手西方學術的傳入和與中國學術的會通。

2. 真正的顛覆力量

真正使内算與外算主僕關係顛倒的是西方學術,這一關係發生顛倒的過程正是西學傳入並與中學會通的過程的另一個側面。

(1)中西數術(數學)會通

從1582年開始,以利瑪竇等爲代表的耶穌會傳教士,踏著西方地理大發現的足跡,用整個西方學術和思想——基督教倫理與人文主義的混合體、新舊交織的宇宙觀念和相當於中國數術的西方數學(當時這一概念幾乎包含了西方所有的自然科學)——武裝了頭腦,堅定地來到東方的中國。他們的真正目的當然是爲上帝傳播福音,即用基督教倫理來給中國人洗腦,使之變成基督的臣民,但是東方"三首怪物"(利瑪竇語,指儒釋道混合體)並不買他

① (明)宋應星.佚著四種[M].上海:上海人民出版社,1992:106.
② (明)宋應星.佚著四種[M].上海:上海人民出版社,1992:99.
③ (明)宋應星.佚著四種[M].上海:上海人民出版社,1992:101.

們的賬,對之鄙夷不屑,多次拒之門外。然而百密必有一疏,在這緊要關口,我們的内算、外算居然都"掉鏈子"了。天文曆法不能準確預測日食、月食,天朝正朔發生紊亂,"通神明"的功能發生故障;流寇猖獗,努爾哈赤來犯,分明擺好架勢要來争天命,"順性命"的功能也發生了危機;國内天旱水澇、盜賊四起、民不聊生,"經世務""類萬物"的外算也突然出現"死機"。並且反復調試也不見奇跡出現。傳教士們又無所不用其極,不惜服儒服、語漢語、學儒學,不惜請客送禮,不惜違願跪拜,不惜不情願地拿西方的星占來會通中國的内算(參見本文結語最後一段)。

這就形成了中西數學會通的良好時機,以《幾何原本》《同文算指》《對數表》爲代表的著作征服了中國的外算,《崇禎曆書》的編纂和改編頒行則使西人西學在内算領域也占據了制高點。數學背後的宇宙觀念和西方倫理也逐漸滲透進來。以徐光啓(1562—1633)爲例,他曾對傳統學術和思想進行了全面的批判。他認爲有了《幾何原本》和《同文算指》等西方數學,中國傳統外算"雖失十經(《算經十書》——筆者注),如棄敝屩矣"。[①] "翻譯既有端緒,然後令甄明大統,深知法意者,參詳考定,鎔彼方之材質,入大統之型模;譬如作室者,規範尺寸,一一如前,而木石瓦甓悉皆精好(會通的具體計劃——筆者按),百千萬年必無敝壞。即尊制同文,合之雙美;聖朝之巨典,可以遠邁百王,垂貽永世。且于高皇帝之遺意,爲後先合轍,善作善承矣。"[②]即編好《崇禎曆書》之後,内算也會徹底更新。他對中國内算極盡嘲笑之能事,看不起"占候"者,稱之爲"盲人射的""妖妄之術謬言數有神理""俗傳者余嘗戲目爲閉關之術,多謬妄弗論""小人之事"[③]"所謂榮方問于陳子者,言天

---

① (明)徐光啓. 徐光啓集[M]. 上海:上海古籍出版社,1984:81.

② (明)徐光啓. 徐光啓集[M]. 上海:上海古籍出版社,1984:374-375.

③ (明)徐光啓. 徐光啓集[M]. 上海:上海古籍出版社,1984:80-81.

地之數,則千古大愚也”。[1] 而引進西方數學的結果,是激起了中國傳統外算的歷史記憶,使傳統邊緣性資源逐漸走入核心,而原來處於核心的内算卻逐漸走向邊緣。

（2）對傳統倫理的批判

傳統數術所生存的空間是儒家倫理社會,是爲儒家倫理的合理性作辯護的,而以徐光啓爲代表的基督教徒卻對儒學進行了批判:“臣嘗論古來帝王之賞罰,聖賢之是非,皆範人於善,禁人於惡,至詳極備。然賞罰是非,能及人之外行,不能及人之中情。又如司馬遷所云:顔回之夭,盜蹠之壽,使人疑於善惡之無報,是以防範愈嚴,欺詐愈甚。一法立,百弊生,空有願治之心,恨無必治之術。”[2]並對儒家的左膀右臂佛家和道家也毫不留情:“於是假釋氏之説以輔之,其言善惡之報在於身後,則外行中情,顔回盜蹠,似乎皆得其報。謂宜使人爲善去惡,不旋踵矣。奈何佛教東來千八百年,而世道人心未能改易,則其言似是而非也。説禪宗者衍老莊之旨,幽邈而無當;行瑜迦者雜符讖之法,乖謬而無理。且欲抗佛而加於上主之上,則既與古帝王聖賢之旨悖矣,使人何所適從,何所依據乎?”[3]

與此同時,徐光啓讚揚天主教義:“其説以昭事上帝爲宗本,以保身救靈爲切要,以忠孝慈愛爲功夫,以遷善改過爲入門,以懺悔滌除爲進修,以升天真福爲作善之榮賞,以地獄永殃爲作惡之苦報。一切戒訓規條,悉皆天理人情之至。其法能使人爲善必真,去惡必盡。蓋所言上主生育拯救之恩,賞善罰惡之理,明白真切,足以聳動人心,使其愛信畏懼,發於繇衷故也。”[4]讚美天主教義在西方國家治理中的有效性:“蓋彼西洋臨近三十餘國奉行此教,千百

① （明）徐光啓. 徐光啓集[M]. 上海: 上海古籍出版社,1984: 84.
② （明）徐光啓. 徐光啓集[M]. 上海: 上海古籍出版社,1984: 432.
③ （明）徐光啓. 徐光啓集[M]. 上海: 上海古籍出版社,1984: 432.
④ （明）徐光啓. 徐光啓集[M]. 上海: 上海古籍出版社,1984: 432.

年以至於今，大小相恤，上下相安，路不拾遺，夜不閉關。然猶舉國之人，兢兢業業，唯恐失墜，獲罪於上主。則其法實能使人爲善，亦既彰顯較著矣。”①

其最終結論是：“必欲使人盡爲善，則諸陪臣所傳事天之學，真可以補益王化，左右儒術，就正佛法者也。”②

（3）《新法算書》的頒布使西方第穀宇宙觀成爲正統

在《崇禎曆書》基礎上，湯若望改編完成《西洋新法算書》，並據其編爲《時憲曆》，於清初頒布。由楊光先興起的康熙教案旨在抵抗《新法算書》的宇宙觀念、復興傳統數術，但是由於推算的精確度不高、推算過程的明晰性不够、傳統數術流派之間的矛盾（這一狀況早已有之，如“數術”之學“患出於小人而强欲知天道者，壞大以爲小，削遠以爲近，是以道術破碎而難知也”，③至清朝尤甚）等原因而失敗，第穀宇宙觀的正統地位得到鞏固。這一體系在天地結構、形狀、十二宫、二十八宿等關鍵因素方面與中國傳統迥然有别，還把觜、參兩宿的位置顛倒，把羅、計二者的次序顛倒，把紫氣從四餘中删掉。這樣，天圓地方觀念改變了，四維中的一維被破壞，分野學説也發生變化，甚至十二屬相的猴變成了猿：“是申宫不當肖猴而當肖猿矣。”④如果以此宇宙觀爲基礎，傳統内算便幾乎不能運行了。陰陽家們的相度、選擇要以七政行度爲本，但《時憲曆》只有朔望、節氣、太陽出入、晝夜長短等資料。據黄一農先生研究，湯若望所編列有日月五星坐標位置的《七政經緯曆》，雖然政府下令全國頒行，實際因故只頒行直隸八府。⑤ 所以民間的數術

---

① （明）徐光啓. 徐光啓集[M]. 上海：上海古籍出版社，1984：432.

② （明）徐光啓. 徐光啓集[M]. 上海：上海古籍出版社，1984：432.

③ 漢書·藝文志，轉引自：劉大鈞.《續修四庫全書》數術類叢書序言，載 http://zhouyi.sdu.edu.cn/yixuewenhua/liuJiXiuSiKu20060609.asp.

④ （清）楊光先. 不得已[M]. 合肥：黄山書社，2000：63.

⑤ 黄一農. 社會天文學史十講[M]. 上海：復旦大學出版社，2004：103.

活動只能沿原來的框架進行,其時民間出版了《便覽通書》以供使用。但是因爲民間數術活動的宇宙觀依據與政府所頒布曆書的宇宙觀差别很大,其影響力也就小了。康熙十九年正月,欽天監爲改變這一局面,再次奏請全面頒行湯若望《七政曆》,康熙徵求大學士李衛的意見,李衛説:"頒行亦無益,星家所用皆與此不同。"①這樣看來,一定程度上,皇家已不用傳統數術,中國數學家梅文鼎等人也排斥傳統數術,提倡西方數學和傳統外算的會通。中國傳統民間數術與官方和士大夫的天文數學研究相距越來越遠,傳統數術的生存空間就越來越小。

(4) 耶穌會士對中國數術的直接批判

南懷仁對中國數術的批判最有代表性,其有關作品有《妄推吉凶辯》(南懷仁,羅馬耶穌會檔案館,編號 BNP4995)、《妄占辯》(南懷仁,羅馬耶穌會檔案館,編號 BNP4998)、《妄擇辯》(南懷仁,羅馬耶穌會檔案館,編號 ARSI Jap. Sin. Ⅱ45D)。在這些作品中他對傳統數術做了直接批判。(1) 他認爲中國吉日吉地之選擇有很大的隨意性,没有一定之規:"本監所選定之吉日或太近、或太遠,爲工部等衙門不便用者,則本監衙門(禮部——筆者注)駁回本監所選定之吉日,令更定便用之日期……若本監凡選之吉日吉地(主要用中國傳統數術——筆者按),果有一定之禍福所關係者,則部員、監員何敢改换其吉日與吉地,以隨其便用乎?"②(2) 南懷仁認爲風雨旱澇等事均與天象"因性相連",但是因爲人類對這方面知識的掌握很欠缺,所以"尚不能推知其十分之一",這與納達爾著作(見其著作《神學星占》)觀點一致,認爲中國占星術所謂"甲子有

① 中國第一歷史檔案館標點整理. 康熙起居注[M]. 北京: 中華書局, 1984: 482.

② 轉引自: 黄一農. 社會天文學史十講[M]. 上海: 復旦大學出版社, 2004: 112.

雨,乙丑日有風"等等,是"無知者之占也"①。由此看來,南懷仁在數術方面也有中西會通。西方原始觀念認爲,上帝全知全能,其他的生存者都達不到這一點,連魔鬼也不能探知上帝的心意。來到中國後,面對中國人對數術的迷戀和信仰,他的觀點改爲,認爲風雨旱澇等事均與天象"因性相連",但是因爲人類對這方面知識的掌握很欠缺,所以"尚不能推知其十分之一"。當然他認爲中國占星術所謂"甲子有雨,乙丑日有風"等等,更是"無知者之占也"。(3) 他還認爲數術選擇家盜用天文數學的術語,但不懂曆法曆理:"皆偷曆日之高明,以混不知者之眼目,以便行其誑術也。"②作爲中國欽天監掌印官(相當於今天國家天文臺臺長)的南懷仁的批評,其影響力是可想而知的,民間内算在這一環境下的生存狀況也就可想而知了。

另外,與内算、外算的易位相對比,清代的《易》學研究卻大放光明,劉大鈞先生説:"清代雖然只有二百多年的時間,但在我國《易》學研究史中,占有極爲重要的地位。"③"縱觀清代二百餘年,《易》學研究人才輩出,著作極豐……清人解《易》之書就有一百五十餘家,達一千七百多卷……對漢《易》的校勘和輯録,更成爲清代易學家的突出貢獻。""如無清儒之力,我們不知要在渺如煙海的古籍中,白白費去多少時光。"④

爲什麽清代的《易》學研究卻大放光明呢?劉大鈞先生認爲:"故清朝易學研究興盛,並出現漢、宋《易》等百家争鳴的局面,實與清初康熙定下'兼收並采,不病異同'的治易方針,有著極大的

① 轉引自:黄一農. 社會天文學史十講[M]. 上海:復旦大學出版社,2004:114.

② 轉引自:黄一農. 社會天文學史十講[M]. 上海:復旦大學出版社,2004:113.

③ 劉大鈞. 周易概論[M]. 濟南:齊魯書社,1988:226.

④ 劉大鈞. 周易概論[M]. 濟南:齊魯書社,1988:217-220.

關係……其根本目的,還在於康熙乾隆認爲這樣更便於統治。”①我們認爲,除此之外,這還與《周易》是一個博大精深的開放系統有關,與《周易》在中華文化中的核心地位有關,與《周易》本身所包含的合理文化因素有關。中西數學(數術)會通給中國文化帶來的消極影響我們不否認,但我們也應看到,它給中國文化融進了經過驗證的近現代科學知識,給中國學者强化了實驗、數學、邏輯合爲一體的學術研究方法,也唤醒了中國傳統文化固有的海納百川、會通歸一的信心、勇氣和胸懷,從而爲傳統文化的發展和更新做了準備。比如,雖然内算與外算發生了易位,但是我們贏得了與數術有關的《欽定協紀辨方書》這一數術大典,爲傳統數術内部争端的撥亂反正樹立了航標。

我們知道,徐光啓提出的曆法改革“翻譯——會通——超勝”三個步驟得到了大部分中外人士的積極回應,並從曆法改革擴展到幾乎整個學術領域,其中西會通思想幾乎成了此後幾百年中國學術研究的範式。而徐光啓的會通觀念也可在《周易》和其他傳統文獻中找到依據。《易經·系辭上》的會通含義爲:“聖人有以見天下之動,而觀其會通。”劉勰《文心雕龍·物色》云:“物色盡而情有餘者,曉會通也。”即融會貫通、彼此合一的意思。與會通相關的旁通也是傳統觀念,《周易·文言·乾》云:“六爻發揮,旁通情也。”其本意“系指兩個陰陽爻完全相反的卦”②引申爲對原理相同的物件舉一反三,做相似處理。他還借孔孟之口,以《易》學思想爲其曆法改革張目:“孔子曰:‘澤火革’,孟子曰:‘苟求其故’是已……言法不言革,是法非法也。”③可見無論從時間之早還是從貢獻之大來講都無愧於“中西會通第一人”稱號而又對傳統文化

① 劉大鈞.周易概論[M].濟南:齊魯書社,1988:215-216.

② 劉大鈞.周易概論[M].濟南:齊魯書社,1986:87.

③ (明)徐光啓.徐光啓集[M].上海:上海古籍出版社,1984:73.

鋭意改革的徐光啓受《易》學等傳統文化影響之深！另外，晚明前清傳教士利瑪竇、龍華民、金尼閣、宋君榮、雷孝思、顧賽芬、白晉、傅聖澤、馬若瑟、郭中傳等人對《易經》的研究和争論，也爲中西數學科學文化會通及中國文化對西方世界的影響作出了不可磨滅的貢獻①。

（四）結語

傳統内算當然也不是這麽好征服的。在博大精深的儒學體系中，粗略地講，天圓地方是其宇宙觀基礎，數術體系是其思想方法，三綱五常是其社會理想，三者之間不是直來直去的線性關係，而是相輔相成的網狀結構。比如，風水理論是從傳統天圓地方宇宙觀出發的，而風水又與儒家孝道倫理關係密切，儒士認爲具備風水知識、按風水理論辦事是孝道的具體内容之一。"上以盡送終之孝，下以爲啓後之謀。"宋代儒士蔡發説："爲人子者，不可不知醫藥、地理。"從《儒門崇理折衷堪輿完孝録》《地理人子須知》等暢銷書的書名也可看到這一點。②

從透視的觀點來説，儒家學説的主視圖是一個從知識到思想、再到信仰的系統；其左視圖，天圓地方是支架，數術體系是網格，三綱五常是綱領；其俯視圖，三者又有取模擬象的對應關係，例如北極既是三綱五常中皇權的象徵，又是宇宙觀念中宇宙的中心，還是數術體系中太極的映射，再比如乾作爲一個卦名，本身是數術體系的核心，而乾又象徵著宇宙中的太陽和倫理中的君王。儒家學説牽一髮而動全身，而各自又自成體系，有很强的自我修復功能，既能聯合作戰又能獨當一面。然而這樣的體系又容易産生多米諾骨牌效應，一損俱損一榮俱榮，只是時間早晚的問題。晚明前清的傳

① 楊宏聲. 明清之際在華耶穌會士之《易》説[J]. 周易研究，2003(6).

② 黄一農. 社會天文學史十講[M]. 上海：復旦大學出版社，2004：98.

統宇宙觀念和數術體系已受到强烈震撼,其後雖然三綱五常還未被動摇,但這些西方觀念因素一直潛伏在中國的思想文化話語空間的某處。到五四時期,隨著宇宙知識的進一步深化,傳統數術體系在公共話語空間中基本消失,而儒家倫理也受到徹底批判。本來西方傳教士來到中國,對我們的儒學是摸不著頭腦的,難以得其門而入,但是這些上帝的使者異常堅强,他們對上述三個子系統既各個擊破,又全面攻擊:他們先從數術體系入手,逐漸滲透到宇宙觀念,最後攻擊儒家倫理。甚至不用他們動手,我們自己就把這一偉大的文明之網從網格到支架再到綱領主動拆除:先打破網格,再拔掉支架,最後將綱領踩在腳下,並發誓使其永世不得翻身。不過沉寂幾十年之後,傳統不僅没有消失,反而以强勁的力量沖出國門,走向世界。

至於數術學的未來,我想從下述引文中引申出自己的態度和判斷。"耶穌會士神學家達乃爾於 1615 年發表《星占神學》一文,將星占預言分成四類:一、有關人類自由意志的轉移的事故或行動,如政治人物將遭刺殺;二、有關人類自由意志無法轉移的事故或行動,如天氣陰晴和莊稼豐歉;三、預言人類可直接受到星辰運動影響行動的時間,如放血療法的最佳時間,和莊稼種收的最佳時間;四、預推七政運行天象。第四類教會允許,第一類絶對反對,二、三類雖可接受但人類對相關知識尚未完全掌握,所以未可深信。"①湯若望也認爲中國曆書中的鋪注同於上述二、三類,如擇日,可算是一種錯誤的觀察和判斷,而不是純粹迷信。② 因爲人類對相關知識尚未完全掌握,所以未可深信!此語甚得我心。而隨

① 方豪. 天主教人物傳・湯若望[M]. 北京:宗教文化出版社,2007:208-215.

② (德)魏特. 楊丙辰譯. 湯若望傳[M]. 臺北:臺灣商務印書館,1949:445-447.

著"相關知識"的進步,内算、外算抑或數術與相關知識融會貫通之後的發展前景究竟如何,正如前引劉徽所言:"欲陋形措意,懼失正理,敢不闕言!"

第五章　數學會通與“理”觀念的演化

一、數學會通與“物理”凸顯

在晚明前清中西數學會通過程中,中國儒家“理”的觀念及其與數的關係都發生了很大變化。

在會通之前,理與數是分離的,數的地位也很低。我們以朱載堉爲代表來分析。朱載堉(1536—1611)被稱爲“鄭世子”,是一位王爵繼承人,精通理學和傳統數學,是12平均律的發現者,明末著名的數學家、曆法家和音樂家。他這樣論述數與理的關係:

“夫術士知(數)而未達理,故失之淺。先儒明理而復善其數,故得之深。數在六藝之中,乃學者常事耳……數非律所禁也,天運無端,惟數可以測其機;天道至玄,因數可以見其妙。理由數顯,數自理出,理數相倚而不可相違,古之道也……夫有理而後有象,有象而後有數。理由象顯,數自理出,理數可相倚而不可相違,凡天地造化,莫能逃乎數。”①

我們可以看出,其中透露著程朱理學和邵雍象數學的深深烙印,而這正是當時中國的主流學術。正像徐光啓所批評的那樣:“算數之學特廢于近世數百年間爾。廢之緣有二:其一爲名理之儒士苴天下之實事;其一爲妖妄之術謬言數有神理,能知來藏往,

① (明)朱載堉.律曆融通.卷三、卷四,轉引自:佟建華等.中國古代數學教育史[M].北京:科學出版社,2007:314.

靡所不效。卒於神者亡一效，而實者亡一存。”①在當時人們的觀念裏，理首先是宇宙本源——所謂“天運”，其次才是具體事物之理，在邏輯關係上在數之先。象數之學要比理學輕微得多，至多是理的輔助部分，只是能表現理的內容，是理的表達形式和表達工具，即六藝之一的數“大則可以通神明，順性命；小則可以經世務，類萬物”②，以數爲工具，可通“神明”“性命”“世務”“萬物”之理。至於理的具體內容，似乎没有人説清楚過。

中西數學會通100多年後，這一切發生了很大變化，數與理緊密聯繫起來了，數的地位也提高了，大儒大都善數，如徐光啓、梅文鼎以及稍後的乾嘉諸老。我們以清初著名曆算家、曆算教育家、大儒之一梅文鼎（1633—1721）的論述爲例説明這一變化：

> 或有問于梅子曰：曆學固儒者事乎？曰：然。吾聞之，通天地人斯曰儒，而戴焉不知其高可乎？曰：儒者知天，知其理而已，安用曆？曰：曆也者，數也；數外無理，理外無數。數也者，理之分限節次也。數不可臆説，理或可影談。於是有牽合附會以惑民聽而亂天常，皆以不得理數之真，而蔑由徵實耳。且夫能知其理，莫堯舜若矣。③

我們可以看到，由於中西方數學會通的刺激，數學在儒學框架中已上升到很高的地位，甚至比“理”都要招人喜歡，理的地位下降到與數同等，甚至還不如數的地位高，因爲“數外無理，理外無數。數也者，理之分限節次也。數不可臆説，理或可影談”。而曆法在本質上也是數學：“曆也者，數也。”即便是天地之理也不再神秘，阮元就這樣談數與理的關係：“數爲六藝之一，而廣其用，則天

---

① （明）徐光啓．徐光啓集［M］．上海：上海古籍出版社，1984：80.

② （宋）秦九韶．《數書九章》序，載：靖玉樹．中國歷代算學集成［M］．濟南：山東人民出版社，1994：467.

③ （清）梅文鼎．績學堂詩文鈔［M］．合肥：黄山書社，1995：34.

地之綱紀，群倫之統系也。天與星辰之高遠，非數無以效其靈；地域之廣輪，非數無以步其極；世事之糾紛繁頤，非數無以提其要。通天地人之道曰儒，孰謂儒者而可以不知數乎？”①雖然還打著“數爲六藝之一”的旗號，但是此數已不是彼數，根據阮元等人的數學修養，這裏的數應是西方數學和傳統外算的結合體，傳統六藝之一的數是傳統内算與外算的結合體。這裏的天地人之道都已經不再神秘，而是可測量、可計算的了。在西學的刺激下，氣本體論得以彰顯，並且所謂的理被歸結爲數的比例。據王徵記載，鄧玉函論及數學在儀器製造和使用中的作用時就是這樣説的，鄧先生曰：“譯是不難，第此道雖屬力藝之小技，然必先考度數之學而後可。蓋凡器用之微，須先有度、有數，因度而生測量，因數而生計算，因測量、計算而有比例，因比例而後可以窮物之理，理得而後法可立也。不數測量、計算則必不得比例，不得比例則此器圖説必不能通曉。測量另有專書，算指具在《同文》，比例亦大都見《幾何原本》中。”②

梁啓超先生在《中國近三百年學術史》中説：“要而言之，中國知識線和外國知識線相接觸，晉唐間的佛學爲第一次，明末的曆算學便是第二次（中國元代時和阿拉伯文化有接觸，但影響不大），在這種新環境之下，學界空氣，當然變换，後此清朝一代學者，對於曆算學都有興味，而且最喜歡談經世致用之學，大概受利、徐諸人影響不小。”③胡適先生斷言：“中國大考據家祖師顧亭林之考證古音著作有《音韻五書》，閻若璩之考證古文《尚書》著有《古文尚書

① （清）阮元．裹堂學算記總敘，轉引自：陳衛平．第一頁與胚胎[M]．上海：上海人民出版社，1992：113．

② 徐宗澤．明清間耶穌會士譯著提要[M]．上海：上海書店出版社，2006：233．

③ 梁啓超著．朱維錚校注．梁啓超論清學史兩種[M]．上海：復旦大學出版社，1986：99－100．

疏證》,此種學問方法全系受利瑪竇來華影響。"[①]這一影響是怎樣發生的？爲什麽會發生？除了大師們已談到的,是否還有其他方面？關於這一問題的研究已有一些,比較全面的評述見湛曉白、黄興濤二位先生的文章《清代初中期西學影響經學問題研究述評》(載《中國文化研究》2007年01期),已有研究關注於西學與經學的關係,宏觀研究和微觀個案也都不少,但在中西數學文化會通視角上,關於儒學觀念,比如重要概念"理"的變遷的研究並不多見。中西會通是自徐光啓於明末提出後四百年來中國數學、科學和文化的主題,其合理模式與會通過程中對不同文化的態度,一直在争論之中。本文試從數學思想文化史的角度加以論述,來研究中西數學會通在理的觀念及其與數的關係之變化中所起作用。

(一)理的傳統觀念

明清數學存在於理學的框架之中:"數"爲六藝之一。中西數學會通發生於理學文化氛圍之中,所以我們需要瞭解當時理學中"理"的觀念。這一問題的涉及面很廣,包括理的内涵與外延、理與數的關係、理與物的關係、理與知的關係、理與器的關係、格物窮理的方法等等。理與數的關係上文已做分析,下文重點分析其餘幾項内容。

1. 理一分殊

二程認爲:"《中庸》始言一理,中散爲萬事,末復和爲一理。"[②]朱熹拿房屋與廳堂、草木與桃李等作比喻,説:"如一所屋,只是一個道理,有廳有堂。如草木,只是一個道理,有桃有李。如這衆人,只是一個道理,有張三,有李四,李四不可爲張三,張三不可爲李

---

① 轉引自:徐宗澤.明清間耶穌會士譯著提要[M].上海:上海書店出版社,2006:7.

② (宋)程顥、程頤.二程集[M].北京:中華書局,1981:858.

四。如陰陽,《西銘》言理一分殊,亦是如此。”①理有兩個層次,既是宇宙本源,又貫穿於宇宙萬事萬物之中,事物又分自然界和人類社會兩類。萬物本原的理和萬物所分享的理類似於古希臘哲學家柏拉圖所説的理念,理念是世界的本原,而萬物都分享了這一理念,即“共相”和“殊相”。程頤説“天者理也”,②即理就是傳説中的天,多指其文化含義;朱熹説“太極只是天地萬物之理”,這裏的太極相當於前面的“理一”;“未有天地之先,畢竟也只是理。有此理便有此天地;若無此理,便亦無天地,無人,無物,都無該載了。”③這裏的天、地、人、物多指其物質現實含義。理是宇宙的本源,在邏輯上高於其他一切事物。“宇宙之間,一理而已。天得之而爲天,地得之而爲地。而凡生於天地之間者,又各得之以爲性。其張之爲三綱,其紀之爲五常,蓋皆此理之流行,無所適不在。若其消息盈虚,循環不已,則初未始有物之前,以至人消物盡之後,終則復始,始復有終,又未嘗有頃刻之或停也。”④這是説,世界萬物都是因爲有了理才得以存在的,從而分享了本源的理。

在當時的觀念裏,“理”又可分爲“當然之理”和“所以然之理”:“凡有聲色貌象而盈於天地之間者,皆物也。既有是物,則其所以爲是物者,莫不各有當然之則,而自不容己,是皆得於天之所賦,而非人之所能爲也。今且以其至切而近者言之,則心之爲物,實主於身,……次而及於身之所具,則有口鼻耳目四肢之用;又次而及於身之所接,則有君臣父子夫婦朋友之常,是皆必有當然之則,而自不容己,所謂理也。”⑤當然之理是指萬事萬物表現出的樣

① (宋)朱熹.朱子語類[M].卷九十四.清代康熙刻本,十八.

② (宋)程顥、程頤.二程遺書[M].卷十一,北京:中國戲劇出版社,1999:57.

③ (宋)朱熹.朱子語類[M],卷一,2a.

④ (宋)朱熹.讀大紀.朱子文集[M],七十.

⑤ (宋)朱熹.大學或問[M],55a-56a.

子、人在社會中做事爲人的規則,多指其事實層面,並强調這都不是人爲的,不是萬物自有的。“使於身心性情之德,人倫日常之用,以至天地鬼神之變,鳥獸草木之宜,自其一物之中,莫不有以見其所當然而不容已,與其所以然而不可易者。”①而所以然之理是指這一切都是上天所賦,不可違背,多指其價值層面。

關於各種理的關係,朱熹還有一個“果喻”論,來自一則對話:

> 廣曰:“大致於陰陽造化,皆是‘所當然而不容已’者。所謂太極,則是‘所以然而不可易者’。”曰:“固是,人須是向裏入深去理會,大凡爲學,須是四面八方都理會教通曉,仍更理會向裏來。譬如吃果子一般:先去其皮殼,然後食其肉,又更和那中間核子都咬破,始得。若不咬破,又恐裏頭别有多滋味在。若是不去其皮殼,固不可,若只去其皮殼了,不管裏面核子,亦不可。恁地則無緣到得極至處。大學之道,所以在致知、格物。格物,謂於事物之理,各極其至,窮到盡頭。若是裏面核子未破,便是未及其至也。如今人於外面天地造化之理都理會得,而中間核子未破,則所理會得者亦未必皆是,終有未極至處。”②

這就是説,陰陽化生萬物是一個自然規則,但是萬物不能自生,其根本原因在於太極。以做學問這一對理的認識過程爲例子,具體的萬事萬物之理相當於一個果子的皮肉,而終極之理相當於果核;致知的目標是終極之理,不經過對萬事萬物具體之理的探索和把握,是難以達到終極目標的;而只知道萬事萬物的具體之理,而没有探索終極之理,則是不成功的。在這一理的“果喻”理論中,外在事物的理處於最外層,向裏依次是人倫道德之理和最根本的天理,最被看重的也是後者。正如張岱年先生所説,在朱熹的哲

① (宋)朱熹. 大學或問[M],59b.

② (宋)朱熹. 朱子語類[M]. 卷十八.

學中,倫理道德之理的内容是“仁義禮智”,自然之理是“元亨利貞”“生長遂成”,二者被勉强地統一在“天理”之下。①

這三者後來被方以智在中西會通的基礎上依次明確爲“物理”“宰理”“至理”,方以智對其混沌不清的狀態作了澄清,並且對傳統觀念的著重點也做了轉移。

2.“理”與“心”“物”“知”的關係

在關於“理”的論述中處處都要涉及“物”,那麽程朱理學中“物”和“心”的含義是什麽呢?張岱年先生認爲:“心”作爲人的思維,“物”則是思維物件,包括具體實物,也包括其他各種事物,而其中最重要的是人事。② 清末學者也有與此相一致的認識:“《大學》所謂事物,物即事也,西學所謂事物,則事自事、物自物;《大學》究事物之虚理,以人之應物處事而言,故事曰始終、曰本末;西學究事物之實道,以事物本體而言,故不曰始終本末,而總名之曰消長氣爲之也。”③在中西對比之下,傳統“物”的觀念昭然若揭:所謂的“物”,其實多指人事,不像西方觀念,事與物分得很清楚。

什麽是“知”呢?明末清初之際,王陽明的“知”説比較流行:“知即是未發之中,即是廓然大公,寂然不動之本體,人人之所同具者也,但不能不昏蔽於物欲,故須學以去其昏蔽,然于良知之本體,初不能有加損於毫末也,知無不良,而中寂大公未能全者,是昏蔽之未盡去,而存之未純耳。”④即“知”是人心中預置的系統默認,有其先驗性——類似於西方的“回憶説”,通過“學”這一管道可以恢

---

① 參見:張岱年.中國古典哲學概念範疇要論[M].張岱年全集.第四卷,石家莊:河北人民出版社,1996:496.

② 張岱年.中國古典哲學概念範疇要論[M].張岱年全集.第四卷,石家莊:河北人民出版社,1996:560.

③ 格致公例,載:(清)三畫堂主人編.皇朝經世文三編,轉引自:尚智叢.明末清初的格物窮理之學[M].成都:四川教育出版社,2003:95注②.

④ (明)王守仁.傳習録[M].卷中.答陸原静,39a.

復這一記憶。孟子説:“人之所不學而能者,其良能也。所不慮而知者,其良知也。孩提之童,無不知愛其親者;及其長也,無不知敬其兄也。親親,仁也;敬長,義也。無他,達之天下也。”①王陽明接著孟子説:“良知只是個是非之心,是非只是個好惡。只好惡,就盡了是非,只是非,就盡了萬事萬變。”“爾那一點良知,是爾自家底準則,爾意念著處,他是便知是,非便知非。”②其内容也主要是社會倫理道德,給人以玄乎、難以把握的印象,有比較大的隨意性。其後劉宗周用功過格或人譜爲道德設立底線,以糾正道德上良知的隨意性。

3. 格物窮理的方法

從“物”到“理”或從“理”到“物”的機制、方法是什麽呢?“宇宙之間,一理而已。天得之而爲天,地得之而爲地。而凡生於天地之間者,又各得之以爲性。其張之爲三綱,其紀之爲五常,蓋皆此理之流行,無所適不在。若其消息盈虚,循環不已,則未始有物之前,以至人消物盡之後,終則復始,始復有終,又未嘗有頃刻之或停也。”③這就是所謂“理一分殊”的方法論藴含,萬事萬物都分有本體意義上的理,也是從理到物的路徑,天地萬物的特點得之於終極的理;人類社會的三綱五常,是終極的理所賦予人的“性”的表現。從下文可知,掌握了終極的理,對萬事萬物的特徵、社會人生的規則的把握就準確了,反過來也可以。所以,從物到理和從理到物,就是兩種基本的格物窮理方法,而古人多傾向於後者,認爲“上智”之人才可走通這一快捷路徑。這一路徑的具體做法就是讀書

---

① 孟子. 孟子[M]. 盡心上,四書五經. 北京: 北京古籍出版社,1995: 229.

② (明)王守仁. 傳習録[M]. 卷下,35b.

③ (宋)朱熹. 讀大紀. 北京大學哲學系中國哲學史教研室選注. 中國哲學史教學資料選輯[M](下). 北京: 中華書局,1981: 94.

和體悟,聖賢之書是古人所得之理與得理方法。

程頤這樣談格物窮理方法:“窮理亦多端,或讀書,講明義理;或論古今人物,别其是非;或應接事物而處其當,皆窮理也……須是今日格一件,明日又格一件,積習既多,然後脱然有貫通處。”①由此可以看到其方法是長期接觸以求脱然貫通,亦即今天所説接觸時間長了就會出現直覺、頓悟或靈感。朱熹也非常强調“以意度之”:“以意度之,則疑此氣是依傍這理行。及此氣之聚,則理亦在焉。”並且一連講出七個“理有未明而不能盡乎人言之意者”。②“以意度”就是聯想、想象和模擬。

王陽明論“格物致知”説:“若鄙人所謂致知格物者,致吾心之良知於事事物物也。吾心之良知,即所謂天理也。致吾心之良知之天理於事事物物,則事事物物皆得其理。致吾心之良知者,致知也;事事物物皆得其理者,格物也。是合心與理而爲一者也。”③在王守仁看來,格物致知僅僅是將良知擴充到底的過程。④ 王陽明所説的知行合一雖然很精闢,但是有把行歸於知的嫌疑,注重内心體驗而忽視外在的經驗:“未有知而不行者,知而不行,只是未知……知是行的主意,行是知的功夫。知是行之始,行是知之成。若會得時,只説一個知,已自有行在;只説一個行,亦自有知在。”“凡謂之行者,只是著實去做這件事,若著實做學問思辨工夫,則學問思辨亦便是行矣……行之明覺精察處便是知,知之真切篤實處

① 二程遺書[M]. 卷十八. 北京大學哲學系中國哲學史教研室選注. 中國哲學史教學資料選輯[M](下). 北京: 中華書局,1981: 82.

② 轉引自: 北京大學哲學系中國哲學史教研室選注. 中國哲學史教學資料選輯[M](下). 北京: 中華書局,1981: 100 - 103.

③ (明) 王守仁. 傳習録[M]. 卷中. 答顧東橋書,10a.

④ 參見: 張岱年. 中國古典哲學概念範疇要論[M]. 張岱年全集. 第四卷. 石家莊: 河北人民出版社,1996: 661.

便是行。"①

從上述分析可知,明末清初時期,在知識論的意義上,關於"經驗——理論——經驗"的鏈條,傳統儒家並非不懂,只是太重視後半部分,即"先立一理,以之格物";與之相伴隨,體悟、想象、猜度等非理性方法也受到相應重視。通過對這一時期傳教士著作的解讀,我們將其與傳統儒家相對比可發現,西方知識論對這兩個部分都很重視,具體的實驗、觀察和邏輯、數學等方法也都很發達。所以西方對知識的表達具有清晰性和精確性,從理論到經驗也具有邏輯性,西方知識的應用也更具有效性,從而顯得他們的理也更可信、更經得起實踐的檢驗。

(二)理的變遷

儒學本身具有接引西學的基礎。王學解放了晚明的思想界,使讀書人關注良知,敢於對聖經賢傳提出質疑和輕視。但是王學造成了空疏玄虛:"在政治上,只知空談心性,什麽國計民生典章制度一概不講,造成'天下無一辦事之官,廊廟無一可恃之臣'。在經濟上,鼓吹'重義輕利'之説,以理財治生爲卑俗,造成無人理財,無人治生的局面。在學術上,'自文成而後,學者盛談玄虛,遍天下皆禪學'。"②高攀龍對此做過批評:"(陽明之學——筆者注)始也掃聞見以明心耳,究且任心而廢學,於是乎詩書禮樂輕,而士鮮實悟。始也掃善惡以空念耳,究且任空而廢行,於是乎名節忠義輕,而士鮮實修。"③衆所周知,高攀龍有强烈崇實黜虚傾向:"朱學

① (明)王守仁. 傳習録[M]. 卷上,7a;文録. 答友人問,12a-12b,14b.

② 葛榮晉主編. 中國實學思想史[M]. 中卷,首都師範大學出版社,1994:432.

③ (明)高攀龍. 崇文會語序. 高子遺書[M]. 四庫明人文集叢刊. 卷九上,24a,1292 册,551.

實在於由格物而致知，王學虛在於由致知而格物。”①顧炎武也有深刻認識：“昔之清談，談老、莊，今之清談，談孔、孟；未得其精而遺其粗，未究其本而先辭其末。不習六藝之文，不考百王之典，不綜當世之務，舉夫子論學、論政之大端，一切不問，而曰‘一貫’，曰‘無言’，以明心見性之空言，代修己治人之實學。股肱惰而萬事荒，爪牙亡而四國亂，神州蕩覆，宗社丘墟。”②朱學雖講“物理”，也有接引西學的方面，但是其“物”又多爲“人事”，且其對太極之“至理”和社會之“宰理”過於重視；其格物方法也過於重視讀書、體悟和想象，對觀察、實驗和數學雖有關注的意識，也多歸於經驗的層面。另外，程朱與陸王又是分别處於先後相繼的兩個階段。我們更傾向於從拘儒和達儒兩類儒家，而不是程朱和陸王“兩段”儒家的争論出發，來探討問題。歷史證明，程朱派和陸王派中都分别有拘儒和達儒。

徐光啓等人就是發揚了其解放思想、懷疑古人的一面，而又排斥空疏的一面，是典型的達儒。他與高攀龍有相同之處，接著傳統理學的格物窮理向前做了實質性的發展。只是高攀龍等東林志士强調道德踐履和經世致用，未脱儒家傳統。徐光啓注重利用西人西學，特别是其科學技術和天主教倫理。在他們的提倡和表率下，一場轟轟烈烈的中西會通運動開始了，其中天文曆算是最突出的領域，很多西方的數學和邏輯學著作被翻譯出來。中國學者也在此基礎上做了進一步的中西會通工作，致使中國傳統學術“珠將出盤”。

1. “理”與“數”的關係：由數達理

（1）《幾何原本》：“衆用所基”

利瑪竇和徐光啓在他們所譯《幾何原本》中給出了一切知識

① 侯外廬等主編．宋明理學史[M]．北京：人民出版社，1997：597－598．

② （清）顧炎武．日知録[M]．卷七．夫子之言性與天道．上海：上海古籍出版社，1996：339．

的基礎。《幾何原本》最重要的是形式邏輯和公理化體系,就是從最基本的公理、公設出發,推出一系列言之有故的定理。這種嚴密的邏輯推理方法,中國古代是從未系統出現過的。徐光啓以"不用爲用,衆用所基"①來概括它的作用。徐光啓在《幾何原本雜議》中指出"人具上資而義理疏莽,即上資無用;人具中材而心思縝密,即中材有用",强調人的思維能力的細密性是非常重要的。人極聰明,悟性很强,但没有受過思維訓練,思辨能力差,則仍不能得到聖賢之道。雖聰明程度一般,悟性平平,但經過良好的邏輯推理的訓練,抽象思維能力强,則同樣能成爲有用之才。對於掌握自然與社會的各種規律來説,學習"幾何之學",便是"練其精心",即訓練思維能力。而已習得一技一藝者,亦須藉數學以"資其定法,發其巧思"。②

徐光啓還具體論證了基於幾何之學的十類事務,即"度數旁通十事":數學可用於授時、水利、禮樂、兵法、理財、建築、機械製造、地理、醫學、天文儀器等十個方面。"右十條民事似爲關切,臣聞之周髀算經云:'禹之所以治天下者,勾股之所由生也。'蓋凡物有形有質,莫不資於度數故耳。"③

在此基礎上,中國還引進了《同文算指》等大量數學著作,同時中國數學家也進行研究,寫出了以梅文鼎《勿庵曆算全書》爲代表的很多中西會通作品,當時稍有名氣的學問家幾乎無不涉及天文曆算。

(2) 由數達理的新方法:形式邏輯和公理化方法

新方法與中國傳統關聯式思維方法大不相同:"夫儒者之學,

---

① 徐宗澤.明清間耶穌會士譯著提要[M].上海:上海書店出版社,2006:197.

② (明)徐光啓.幾何原本雜議.徐光啓集[M].卷二.上海:上海古籍出版社,1984:76.

③ 參見:(明)徐光啓.徐光啓集[M].上海:上海古籍出版社,1984:337-338.

亟致其知;致其知,當由明達物理耳。物理渺隱,人才玩昏,不因既明,累推其未明,吾知奚致哉。”[1]强調一個“推”字。尚智叢先生將上述兩句話作爲徐光啓的格物窮理之學的兩個原則,[2]頗有道理。但尚先生將朱熹格物方法僅歸爲頓悟,好像有些簡單化,其實模擬方法更重要,我們知道,頓悟和靈感不是隨便就發生的。南懷仁於1683年進呈康熙的《窮理學》的書奏中說:“今習曆者惟知其數而不知其理,其所以不知曆理者,緣不知理推之法故耳。夫見在曆指等書,所論天文曆法之理,設不知其推法,則如金寶藏於地脈,而不知開礦之門路矣,若展卷惟泥於法數,而不究法理,如手徒持燈籠,而不同其内之光然。故從來學曆者,必先熟習窮理之總學,蓋曆學者窮理學中之一支也。若無窮理學,則無真曆之學,猶木之無根,何從有其枝也?”“知窮理學爲百學之根也。……皆謂窮理學爲百學之宗……爲諸學之首需者也。如兵工醫律量度等學,若無理推之法,……洵能服人心,而成天下之務,可以爲平天下之法也。”[3]也是强調一個“推”字。《名理探》,傅泛際譯義,李之藻達辭,刻於1631年,李在序中云:“盈天地間,莫非實理結成,而人心之靈,獨能達其精微,是造物主所以顯其全能,而又使人人窮盡萬理,以識元尊,乃爲不負此生,惟此真實者是矣。”“大抵欲人明此真實之理,而於明悟爲用、推論爲梯……誠也格物窮理之大本原哉。”[4]“古人嘗以理寓形器,猶金藏土沙,求金者必淘之汰之,始不爲土

① (意)利瑪竇.譯幾何原本引,載:徐宗澤.明清間耶穌會士譯著提要[M].上海:上海書店出版社,2006:259.

② 尚智叢.明末清初的格物窮理之學[M].成都:四川教育出版社,2003:62.

③ 徐宗澤.明清間耶穌會士譯著提要[M].上海:上海書店出版社,2006:146－147.

④ 徐宗澤.明清間耶穌會士譯著提要[M].上海:上海書店出版社,2006:148.

掩。研理者,非設法推之論之,能不爲謬誤所覆乎? 推論之法,名理探是也。"①意思是,名理探者,求理之法也,而人們學習《名理探》的能力是上帝所賦。西方思想中上帝所賦予人最重要的品質,也是一個"推"字。這與中國傳統窮理方法的關鍵字"悟"形成了鮮明的對比。

在學習西方數學的基礎上,方中通把傳統的内算三式與西方數學聯繫起來。傳統内算三式爲太乙、奇門遁甲和六壬,方中通將二者作了如下聯繫:"三式者,通幾也;數度者,質測也。"這樣就符合了其父方以智所説的傳教士"精于質測,而拙於通幾"的觀念。王夫之對方氏學派的格物説做出了極高評價:"密翁(即方以智——筆者注)與其公子爲質測之學,誠學思兼致之實功,蓋格物者,即物以窮理,惟質測爲得之。若邵康節、蔡西山,則立一理以究物,非格物也。"②

1607年《幾何原本》出版。利瑪竇於次年寫給耶穌會總會長的信中道:"我曾給您寫信,内容就是這位紳士(徐光啓——筆者注)和我一起把歐幾里德的《幾何原本》譯成中文,此舉不但把科學介紹給大明帝國,提供中國人一種有用的工具,而且也使中國人更敬重我們的宗教。"③這是對《幾何原本》的極高評價。徐光啓還説:"昔人云'鴛鴦繡出從君看,不把金針度與人'。吾輩言幾何之學,正與此異。因反其語曰:'金針度去從君用,未把鴛鴦繡與人。'若此書者,又非止金針度與而已,直是教人開礦冶鐵,抽線造針,又是教人植桑飼蠶,湅絲染縷,……直是等閒細事。然則何故

① 徐宗澤. 明清間耶穌會士譯著提要[M]. 上海:上海書店出版社,2006:149.

② (清)王夫之. 船山全書[M]. 第十二册. 搔首問. 長沙:嶽麓書社,1991:637.

③ 羅漁譯. 利瑪竇書信集[M]. 光啓出版社、輔仁大學出版社聯合發行,1956.

不與繡出鴛鴦？……其要欲使人人真能自繡鴛鴦也。”[1]利瑪竇也曾在《譯幾何原本引》中説，“曰‘原本’者，明幾何之所以然，凡爲其説者，無不由此出也，……一先不可後，一後不可先，累累交承，至終不絶也。初言實理，至易至明，漸次積累，終竟乃發奥微之義。若暫觀後來一二題旨，即其所言，人所難測，亦所難信，及以前題爲據，層層印證，重重開發，則義如列眉，往往釋然而失笑矣。千百年來，非無好勝强辯之士，終身力索，不能議其隻字，若夫從事幾何之學者，雖神明天縱，不得不藉此爲階梯焉。”[2]

徐光啓認爲，中國學術的退步原因是中國傳統的原本之論在秦始皇焚書時燒掉了：“故嘗謂三代而上爲此業者盛，有元元本本，師傳曹習之學，而畢喪於祖龍之焰。漢以來，多任意揣摩，如盲人射的，虚發無效，或依儗形似，如持螢燭象，得首失尾，至於今而此道盡廢，有不得不廢者矣。”[3]《幾何原本》對致知的作用爲：“幾何之學，深有益於致知。明此，知向所揣摩造作（指“臆測”這一致知方法——筆者按），而自詭爲工巧者，皆非也，一也。明此，知吾所已知不如吾所未知之多（虚心的態度——筆者按），而不可算計也，二也。明此，知向所想象之理（想象方法——筆者按），多虚浮而不可挼也，三也。明此，知向所立言之可得而遷徙移易也（確定性——筆者按），四也。”[4]對傳統思維方式和“所立之言”都産生了懷疑。李之藻對西方推理方法欣賞備至：“彼中先聖、後聖所論天

---

① （明）徐光啓.《幾何原本》雜議. 徐光啓集[M]. 上海：上海古籍出版社，1984：78.

② 徐宗澤. 明清間耶穌會士譯著提要[M]. 上海：上海書店出版社，2006：200.

③ 徐宗澤. 明清間耶穌會士譯著提要[M]. 上海：上海書店出版社，2006：197.

④ （明）徐光啓. 幾何原本雜議，載：徐光啓集[M]. 上海：上海古籍出版社，1984：76－78.

地萬物之理,探原窮委,步步推明,由有形入無形,由因性達超性,大抵有惑必開,無微不破”,“蓋千古所未有者”。①

李天經在序《名理探》時,明確批評傳統“頓悟”方法,推崇西方“推理”方法:“世乃侈談虛無,詫爲神奇;是致知不必格物,而法象都捐,識解盡掃,希頓悟爲宗旨,而流於荒唐幽謬;其去真實之大道,不亦遠乎!西儒傅先生既詮寰有,復衍《名理探》十餘卷。大抵欲人明此真實之理,而於明悟爲用,推論爲梯;讀之其旨似奥,而味之其理皆真,誠爲格物窮理之大原本哉。”②在《名理探》中,李之藻首先對西方推理方法做了簡要説明,一是辯證法,二是邏輯學:“名理之論,凡屬兩可者,西云第亞勒第加。凡屬明確,不得不然者,西云絡日伽。窮理者,兼用此名,以稱推論之總藝云。依此稱絡日伽爲名理探。即循所以明,推而通諸未明之辯也。”③“絡日伽”是邏輯學的音譯,“名理探”即邏輯學,就是“循所以明,推而通諸未明之辯也”。李之藻又進一步把“名理探”分爲“性成之名理探”和“學成之名理探”。“性成之名理探,乃不學而自有之推論。”“學成之名理探,乃待學而後成之推論。”邏輯學主要探討“待學而後成之推論”。對於邏輯學的重要作用,李之藻多次强調“名理探”是一門工具科學:“學之真,由其論之確,而其推論規則,皆名理探所設也。賴有此具,以得貫通諸學,實信其確,真實從此開焉。”“名理乃人所賴以通貫衆學之具,故須先熟此學。”“無其具,猶可得其爲,然而用其具,更易於得其爲,是爲便於有之須。如欲

① (明)李之藻. 譯《寰有詮序》. 徐宗澤. 明清間耶穌會士譯著提要[M]. 上海:上海書店出版社,2006:152.

② (葡)傅泛際譯義、(明)李之藻達辭. 名理探[M]. 北京:三聯書店,1959:3.

③ (葡)傅泛際譯義、(明)李之藻達辭. 名理探[M]. 北京:三聯書店,1959:15.

行路,雖走亦可,然而得車馬,則更易也。”[①]李之藻還詳細介紹了邏輯學的研究範圍:“正論云:明辯之規式,是名理探所向之全界也。所謂明辨,由吾所以明,推通吾所未明。曰解釋,曰剖析,曰推論,三者是也。原夫凡物,皆有可知者三:一其内之義理,二其全中之各分,三其所函諸有之情。解釋者,宣暢其義理;剖析者,開剖其各分;推論者,推辯其情與其諸依賴者也。是名理探之全界也。”[②]明辨即由已知推出未知、由現象找到本質的過程,又分爲解釋、分析和推論三個小過程或階段,在李之藻看來,形式邏輯的全部研究範圍就是有關演繹的法規和形式。他還説:“名理探三門,論明悟(今譯理性、推理——筆者按)之首用、次用、三用。非先發直通,不能得斷通;非先發斷通,不能得推通。……三者相因,故三門相須爲用,自有相先之序。”[③]這裏所謂的“直通”就是指概念,“斷通”即指判斷,“推通”即推理。

(3)提出實測方法及其與數學的結合

湯若望1626年刻《遠鏡説》自序云:“人身五司,耳目爲貴,無疑也,耳與目又孰爲貴乎?昔亞利斯多稱耳司爲百學之母,謂凡授受以耳,學問所以彌精彌廣也,若目司則巴拉多(柏拉圖——筆者注)稱爲理學之師。何者?蓋其陡與物遇,見其然即索其所以然,由粗入細,由有形入無形,理學始終總目爲牖矣……且耳之於聲也有待,目之於形也無待,聞每後、見每先,聞每似、見每真,聞僅有輕重清濁,見豈特玄黄采素而已哉?物件有大小方圓、邪正動静,數有多寡、位有遠近,疇非於目辯者乎?誠若是,則目之貴於耳也,明

① (葡)傅泛際譯義、(明)李之藻達辭.名理探[M].北京:三聯書店,1959:29.

② (葡)傅泛際譯義、(明)李之藻達辭.名理探[M].北京:三聯書店,1959:25.

③ (葡)傅泛際譯義、(明)李之藻達辭.名理探[M].北京:三聯書店,1959:31.

矣。雖然,耳目皆不可廢者也,第佐耳、佐目之法亦皆不可廢者也。"①可見,對湯若望而言,柏拉圖的觀察與亞里士多德的口耳相授都很重要。關於這一點與近代科學的關係,丹皮爾這樣認識:"就某種意義而言,科學是對這種唯理論的反抗;科學訴諸無情的事實,不管這些事實是否與預定的理論體系相合。"這是説觀察的重要性。"但是這種唯理論卻有一個必要的假設做基礎,那就是自然是有規律的、整一的。"這個假設就是近代科學的基本信念。"每一細節事件,都可以和以前的事件有著極其確定的相互關聯,成爲普遍原則的例證,如果没有這個信念,科學家的難以置信的勤勞將没有什麽希望。"這是説理論體系的重要性,亦即近代科學與口耳相傳的經典理論的相容性,②我們可以設想伽利略的思想實驗的理論基礎應該就是這裏的"理"。牛頓也指出:"近代人摒棄了(中世紀經院哲學的)實在的形式和秘密性質(這一點上中西有相同之處),始終力圖使自然現象服從數學定律。"③

熊明遇在《表度説序》中認識到西方人遊歷廣泛、見識淵博且真實可信:"漢興,號稱網羅文獻矣,然吹律之理微,占符之術鑿,張蒼蒙訛於黑疇,公孫炫繆於黄龍,事不師資,廣延何取?一行運算,淳風徵文,唐曆屢更,乞無定據……不謂西方之儒之書,持之有故,言之成理也……惟黎亂秦燔,莊荒列寓,疇人耳食,學者臆摩,厥義永晦。若夫竺乾佛氏……其誕愈甚。語曰:'百聞不如一見。'……西域歐邏巴國人四泛大海,周遭地輪,上窺玄象,下

---

① (德)湯若望. 遠鏡説自序,載:徐宗澤. 明清間耶穌會士譯著提要[M]. 上海:上海書店出版社,2006:231.

② 參見:(英)丹皮爾. 科學史及其與哲學和宗教的關係[M]. 李衍譯. 桂林:廣西師範大學出版社,2001:144.

③ (英)牛頓. 自然哲學之數學原理[M]. 第一版序言,轉引自:陳衛平. 第一頁與胚胎,上海:上海人民出版社,1992:117.

采風謡,匯合成書,確然理解。”①我們認爲這正是當時西方比中國高明的真正原因,他們經過實測驗證了天地結構和格局,但中國的相應知識多是臆測而缺乏驗證。而對中國士人對西方知識的比附我們也要辯證地看待。中國人對西方知識的理解經過了雙重詮釋,一是傳教士的詮釋,二是中國人自己的詮釋。伽達默爾曾這樣描述“詮釋學”:“詮釋學的工作就總是這樣從一個世界到另一個世界的轉换,從神的世界轉换到人的世界,從一個陌生的語言世界轉换到另一個自己的語言世界。”②按現代詮釋學的理論,任何詮釋都不可能回復到舊有的經典,詮釋者的“前見”和當時的處境肯定會影響詮釋結果。

(4) 如何看待當時學術界對“數有神理”的回歸

不可否認,方以智、梅文鼎、王錫闡、薛鳳祚在清初政府將理學定爲國策的基礎上,都有回歸傳統的現象。薛鳳祚在這方面表現得最明顯,他先跟徐光啓改曆的主要學術對手魏文魁學習中國傳統數學,後不僅與波蘭傳教士穆尼閣一起引進了快捷方便的對數計算方法,還引進了被“冷落一百多年”的西方星占學著作《天步真原》,並且都與中國傳統學術的相關部分做了不同程度的會通。他的一些言論表明,“數有神理”的傳統觀念有所復蘇:“天下極大極重之務,莫如天;極繁繢奥渺之理,莫如數。人事無一事不本於天,則亦無一事不本於數。其理自占驗選擇之外,種種多端,特以未經指明,相沿相忘,日久矣。”③梅文鼎的數學起源觀具有神秘主義傾向:“且數何兆歟?當其未始有物之初,混沌鴻蒙,杳冥恍惚,無始無終,無聲無形,無理可名,無數可紀,乃數之根也。是謂真

① 徐宗澤.明清間耶穌會士譯著提要[M].上海:上海書店出版社,2006:217-218.

② (德)伽達默爾.真理與方法[M].臺北:時報出版公司,1995.

③ (清)薛鳳祚.曆學會通[M].致用敘.

一,真一者,無一也,一且非一,而況其分,及其自無之有。有一則有萬,萬者,一之萬也,萬各其一,一各其萬,即萬即一,環應無端。"①這讓我們想起《周易》的語言風格。"《漆園·天下篇》曰:'明於本數,系於末度。'吾謂數自有度。《易》曰:'制數度,以議德行。'(語出《節卦》——筆者注)……因其條理而付之中節之爲'度'……然則'數'乃質耳。度也者,其大本之時幾乎?泥於數則技,通於數則神。汝既知數,即可以此'通神明,類萬物矣'。"②"數征於度,理在其中。"③數是至理,又是物的數量表徵,度是數的關節點,知道了數,就可以通神明、類萬物。

但是我們認爲,這不是簡單的回歸,而是中西會通後的重新闡釋,對這一現象要做進一步分析。這時的數已不是古代的象數,雖然有時還沿用象數的名稱,薛鳳祚、梅文鼎、方以智、方中通等人所説的數已不是單純的傳統數學,而是中西方會通後的數學。在《通雅·音義雜論·考古通説》中,方以智説:"考古所以決今,然不可泥古也。古人有讓後人者,韋編殺青,何如雕板。龜山在今,亦能長律。河源詳于闊闊,江源詳於《緬志》,南極下之星,唐時海中占之,至太西入,始爲合圖,補開闢所未有。""徵其端幾,不離象數。彼掃器言道,離費窮隱者,偏權也……孔子學《易》,以劫閏衍天地之五,曆數律度,是所首重。儒者多半弗問,故秩序變化之原不能灼然……其言象數者,類流小術,支離附會,未核其真,又宜其生厭也。於是乎兩間之真象數,舉皆茫然矣。胡康侯(安國——筆者注)曰:'象數者,天理也。'"④不僅强調物的物質性,而且批評了程

① (清)梅文鼎.方程論自敘.梅勿庵先生曆算全書[M].兼濟堂刻本,1723.

② (清)方中通.數度衍[M],靖玉樹.中國歷代算學集成[M].濟南:山東人民出版社,1994:2556.

③ 璿璣述遺[M].原序,(清)方中通序.叢書集成新編本,573.

④ (清)方以智.物理小識[M].卷一.天類.文淵閣四庫全書本,1a.

朱過於重視形而上之道的錯誤,强調道不能離器。他還批評所謂的儒者忽視象數研究,流行的象數又是支離附會的小術,儒者不懂真正的數學,真正的數學就是天理,而不僅僅是天理的數字表述。從中我們明顯看出,中西數學的會通大大地刺激了中國傳統數學的復蘇,數學在儒學體系中的地位加强了,數學的理論基礎增加了,數學的表達方式清晰化了。方中通就曾感慨:“西學莫精於象數,象數莫精於幾何。”①看來他們所説象數已不是純粹的傳統象數,如邵雍的象數之學。他們堅持理就是數,而不再認同程朱所論理高於數。

欽天監在局學習官生周胤、賈良棟、劉有慶、賈良琦、朱國壽、潘國祥、朱光顯、朱光大、朱光燦等談對西曆的認識過程(鄔明著參訂)説:“向者己巳之歲,部議兼用西法,余輩亦心疑之。迨成書數百萬言,讀之井井,各有條理,然猶疑信半也。久之,與測日食者一,月食者再,見其方位時刻分秒,無不吻合,乃始心中折服。至邇來奉命學習,日與西先生探討,不直譜之以書,且試之以器;不直承之以耳,且習以手。語語皆真詮,事事有實證。即使盡起古之作者共聚一堂,無以難也。然後相悦以解,相勸以努力。譬如行路者,既得津梁,從之求進而已。若未入其門,何由能信其室中之藏……而以公諸人人,使夫有志斯道者共論定之。”②以自身經歷詳細地説明了他們經過猶豫、懷疑,由使用傳統方法到熟練掌握和信奉西方方法的過程。他們體會到自己在與西方傳教士共同處理事務的過程中進步十分快,由此也證明了西方傳教士在中西會通的效率和徹底性方面的重要性。大學士明珠的公子、徐乾學的學生納蘭性德在他的《通志堂集・渌水亭雜識》中坦率地指出,在西方天文

① （清）方中通. 數度衍[M]. 卷首之三. 幾何約,75b.

② （明）徐光啓編纂、潘鼐彙編. 崇禎曆書附西洋新法曆書增刊十種・學曆小辯[M]. 上海：上海古籍出版社,2009：1792.

望远鏡鏡筒裹，天穹裹出現的不是“氣”，而是密密的星雲，中國學者虛講“天”“氣”“道”“理”，“天不變，道亦不變”的説法不攻自破。“中國天官家俱言天河是積氣。天主教人於萬曆年間至，始言氣無千古不動者。以望遠鏡窺之，皆小星也，歷歷可明。”他認爲“西人曆法實出郭守敬之上，中國曾未有也”。

對數有神理的回歸只是倡導西學中源説的結果，而西學中源説是達儒爲學習西學所提出的藉口，是滿清皇帝爲了親近漢族文化而作的妥協，有很强的策略性。

2. 關於理與數、物、器、氣、知關係的新見解

方以智與西方傳教士湯若望、畢方濟、南懷仁等都有接觸，其《物理小識》和《通雅》就是中西會通的産物，他這樣談論格物：“舍物則理亦無所得矣，又何格哉？”①明確反對程朱“理在事先”的觀點，與傳教士“物爲自立體，理爲依賴者”觀點相符。他還提出學問有“質測”“通幾”兩種：“寂感之藴，深究其所自來，是曰通幾。物有其故，實考究之，大而元會，小而草木蟲蠕，類其性情，徵其好惡，推其常變，是曰質測。質測即藏通幾者也。”②雖然還有“類其性情”的“類”這一傳統方法，他畢竟强調了“推而至於不可知”“推其常變”的“推”這一深具西方特徵的方法。方以智學術的兩大特點爲强調知識積累和反對内省方法。③ 這兩點都是在方法上對傳統學術的反動，而與西方學術相一致。方以智與顧炎武（1613—1682）不同，不是將物强調爲人事，而是强調爲物質客體、技術和自然現象。④

---

① 物理小識[M]. 總論. 文淵閣四庫全書本，3b.

② 物理小識[M]. 自序. 文淵閣四庫全書本，1b.

③ 參見：馮錦榮. 明末清初方氏學派之成立及其主張，載：山田慶兒. 中國古代科學[M]. 上海，139－219.

④ Willard Peterson. Fang I chih: *Western Learning and the Investigation of Things*, in Theodore de bary ed. The Unfolding of Neo-Confucianism, 400.

在這種情況下,有很多已被“集體無意識”的傳統資源又被深刻意識到,如早就被儒士們不屑一顧的魯班和墨子就不斷登場:“如中夏所稱公輸、墨翟九攻九拒者,時時有之,彼操何術以然? 熟於幾何之學而已。”①傳統經典資源中的已被邊緣化的思想也不斷走入核心,比如《易經》中的“立成器以爲天下利,莫大乎聖人”,《論語》中的“以利民用”,多次被徐光啓和王徵等人提起,作爲引進西學的策略和標準:“客有愛余者,顧而言曰:‘吾子向刻《西儒耳目資》,猶可謂文人學士所不廢也,今兹所録,特工匠技藝流耳,君子不器,……余應之曰:學原不問精粗,總期有濟於世;人亦不問中西,總期不違於天。兹所録者雖屬技藝末務,而實有益於民生日用、國家興作甚急也,倘執不器之説而鄙之,則尼父系《易》,胡以又云‘備物制用,立成器以爲天下利,莫大乎聖人’?”②李之藻在《天學初函》中把西學分爲理編與器編二類,也是中西會通的結果。傳統文化一般把學問分爲道與器二學,把世界構成分爲理與氣二因素,這裏李之藻把理(西方哲學見艾儒略《西學凡》)等同於道了。

清初皇帝把理學的“理”中形而上的東西拋棄,使之“器化”了。面對明末清初心學、理學的激烈争論,清初皇帝順從大多數儒者的思想傾向,選擇程朱理學作爲統治的意識形態。1652 年 9 月,順治率諸親王、貝勒、文武高官至太學祭奠孔子,宣布:“聖人之道,如日中天,上賴以致治,下習以事君。”③1653 年 4 月,順治把“崇儒重道”定爲基本國策:“天下漸定,朕將興文教,崇經術,以開

① (意) 利瑪竇. 譯幾何原本引,載:徐宗澤. 明清間耶穌會士譯著提要[M]. 上海:上海書店出版社,2006:199.

② (明) 王徵. 遠西奇器圖説録最序,徐宗澤. 明清間耶穌會士譯著提要[M]. 上海:上海書店出版社,2006:234.

③ 清世祖實録[M]. 卷六十八,轉引自:吴伯婭. 康雍乾三帝與西學東漸. 北京:宗教文化出版社,2002:88.

太平。”①並要求各地學官:“體朕教養儲才之心,實力遵行,自使士風丕變,人才輩出,國家治平。”②宣導學風由虚向實的轉變。但他在看到“人人各親其親而私其党”“南人優於文而行不符,北人短于文而行或善”(陳垣《清初僧諍記》)時,有些後悔,有其遺詔爲證:“不倚托滿族大臣而委任漢官,部院印信間亦令漢官掌管,以致滿臣無心任事,是朕之罪一也。”“且明亡國亦因委用宦寺,朕明知其弊,不以爲戒,設立十三衙門,委用任使,與明無異,以致營私作弊,更逾往時,是朕之罪一也。”③以致多爾袞死後,四大輔臣“率祖制,復舊律”。《大統曆》也是舊制之一,楊光先的康熙教案借機興起,引起很大混亂。我們認爲這是中西會通過程中的反彈,歷史證明,這一反彈並没有阻止中西會通。

康熙也尊崇程朱理學,但他只是把理學當做政治意識形態,閹割理學。在他心目中,“理學之書,爲立身之本,不可不學,不可不行”。④ 而這裏的“學”和“行”要相符:“朕見言行不相符者甚多,終日講理學,而所行之事,全與其言悖謬,豈可謂之理學? 若口雖不講,而行事皆與道理吻合,此即真理學也。”⑤“從來道德、文章原非二事,能文之士,必須能明理,而學道之人亦貴能文章。朕觀周程張朱諸子之書,雖主於明道,不尚詞華,而其著作體裁簡要,析理精深,何嘗不文質燦然,令人神解義釋。至近世則空疏不學之人,

① 清世祖實録[M].卷九十一,轉引自:吴伯婭.康雍乾三帝與西學東漸[M].北京:宗教文化出版社,2002:88.

② 清世祖實録[M].卷七十四,轉引自:吴伯婭.康雍乾三帝與西學東漸[M].北京:宗教文化出版社,2002:88.

③ 轉引自:吴伯婭.康雍乾三帝與西學東漸[M].北京:宗教文化出版社,2002:88.

④ 康熙起居注[M].第3册.北京:中華書局,1984:2222.

⑤ 康熙起居注[M].第2册.北京:中華書局,1984:1089.

借理學以自文其陋。”①他强調理學的重點是對君主的忠誠：“道學之人，惟當以忠誠爲本。”②理學的研究者要將這種“誠”體現於行動之中：“道學之士，必務躬行心得。”③並以自己的親身經歷説明對程朱理學的信奉：“朕自沖齡，篤好讀書，諸書無不覽誦，每見歷代文士著述，即一句一字，於理義稍有未安者，輒爲後人指摘。惟宋儒朱子注釋群經，闡發道理，凡所著作及編纂之書，皆明白精確，歸於大中至正，迄今五百餘年，學者無敢疵議。朕以爲孔孟之後，有裨斯文者，朱子之功最爲宏巨。”④他還拉虎皮做大旗，以證明自己爲學、行政都尊崇程朱理學：“夫朱子集大成而緒千百年絶傳之學，開愚蒙而立億萬世一定之規，窮理以致其知，反躬以踐其實，釋大學則有次第，由致知而平天下，自明德而止於至善，無不開發後人而教來者……至於忠君愛國之誠，動静語默之敬，文章言談之中，全是天地之正氣，宇宙之大道。朕讀其書，察其理，非此不能知天人相與之奥，非此不能治萬邦于衽席，非此不能仁心仁政於天下，非此不能内外爲一家。”⑤

清初皇帝也忽略理的本源性，强調它的可操作性，認爲程朱理學的“理”即忠君愛國、言行一致。“至於忠君愛國之誠，動静語默之敬，文章言談之中，全是天地之正氣，宇宙之大道。”而其餘的就是假道學。我們知道，道統是治統的基礎，是爲治統服務的，但是清初皇帝們卻把道統對治統的監督作用閹割净盡，正君心的功能没有了，所剩治民心的功能又被放大了，造成了正君心的思想没有

① 康熙起居注[M].第2册.北京：中華書局，1984：1313.

② 清聖祖實録[M].卷一六三，轉引自：吴伯婭.康雍乾三帝與西學東漸.北京：宗教文化出版社，2002：94.

③ 康熙起居注[M].第2册.北京：中華書局，1984：879.

④ 清聖祖實録[M].卷一六三，轉引自：吴伯婭.康雍乾三帝與西學東漸.北京：宗教文化出版社，2002：94.

⑤ 章梫.康熙政要[M].卷十六.北京：中共中央黨校出版社，1994：295.

公共話語權力,公共話語空間和私人話語空間形成了。這不僅在政治上有表現,在學術上,在其他方面,比如對西學的態度上也是如此,西學中源説是最好的證明。其目的是把西方科學嫁接到程朱理學上來,而西方學術的形而上部分被剔除掉,形而下部分的精華又是數學天文,由此數與理形式上的一致性就形成了,他對邵雍象數學的批評也可以理解了。他試圖做到中體西用,但是其難度是可想而知的。其後的雍正、乾隆,雖然學問不比康熙,但繼續了其對理學的形式上的尊崇和內容上的閹割。

其實清初皇帝也受西方天文曆算影響很深。删改《崇禎曆書》並據其編出《時憲曆》的湯若望是順治皇帝的宫廷洋顧問,順治皇帝有時候對其言聽計從;康熙帝跟南懷仁等傳教士學習西方天文曆算,卻没有文獻記載他老人家有過中國傳統數學老師;雍正、乾隆期間,西方傳教士也仍在皇宫從事天文曆算等活動,並且仍然是領導力量。

康熙用西學壓制漢族士大夫,打著"西學中源"的旗號,想用理學之體容納西方科技之用,當然難以完全成功;士大夫用西學解構康熙所尊崇的理學,也打著西學中源的旗號。二者動機不同,結果卻是一致的,即共同解構了理學,傳播了西學。

3. 關於"理"的内涵與外延的突破

利瑪竇等人首先破除了"理"的本源性。他們首先將西方神學和哲學與儒家的理學相等同,以取得士人的信賴,艾儒略在刻於1628年的《萬物真原》小引中説:"此天地間一大事,衆務之先,正學之宗,豈容置而不明論哉?必須逐端以理論之。理者人類之公師,東海、西海之人,異地同天,異文同理,莫能脱於公師之教焉,故君子當姑置舊聞,虚其心而獨以理爲主,理在則順而心服,理所不在則逆而非焉,可也。"①第一步成功之後,傳教士們又設法證明西

① 徐宗澤.明清間耶穌會士譯著提要[M].上海:上海書店出版社,2006:133.

方之“理”高於中國傳統之“理”。比如,艾儒略還以“童子辨日”爲例,講了理對於認識事物的重要性,然後在亞里士多德哲學的基礎上,再對中國傳統之“理”提出批判。利瑪竇在《天主實義》中批評理學是佛教和道家攙入儒家後的思想變種:“有物則有物之理,無此物之實,即無此理之實。若以虛理爲物之原,是無異乎佛老之説。”①從而把理與物剥離開來:“如爾曰‘理含萬物之靈,化生萬物’,此乃天主也,何獨謂之‘理’,謂之‘太極’哉!”②從而批評“今儒”之非:“今儒謬攻古書,不可勝言焉。急乎文,緩乎意。故今之文雖隆,今之行實衰。”③宣揚西方之理的優點:“天主正經載之,余以數端實理證之。”④

利瑪竇的理論來源顯然是經經院哲學改造過的亞里士多德理論:“若太極者,止解之以所謂理,則不能爲天地萬物之原矣,蓋理亦依賴之類,自不能立。曷立他物哉?中國文人學士講論理者,只謂有二端,或在人心,或在事物。事物之情,合乎人心之理,則事物方謂真實焉。人心能窮彼在物之理,而盡其知,則謂之格物焉。據此兩端,則理固依賴,奚得爲物原乎?二者,皆物後,而後豈先者之原?且其初無一物之先,渠言必有理存焉。大理在何處?依屬何物乎?依賴之情,不能自立。故無自立者,以爲之托,則依賴者了無矣。如曰賴空虛耳,恐空虛非足賴者,理將不免於偃墜也。試

① （意）利瑪竇. 天主實義・解釋世人錯認天主,利瑪竇中文著譯集[M]. 上海: 復旦大學出版社,2001: 19.

② （意）利瑪竇. 天主實義・解釋世人錯認天主,利瑪竇中文著譯集[M]. 上海: 復旦大學出版社,2001: 20.

③ （意）利瑪竇. 天主實義・釋解意不可滅並論死後必有天堂地獄之賞罰以報世人所爲善惡不滅大異禽獸,利瑪竇中文著譯集[M]. 上海: 復旦大學出版社,2001: 92.

④ （意）利瑪竇. 天主實義・論人魂不滅大異禽獸,利瑪竇中文著譯集[M]. 上海: 復旦大學出版社,2001: 41.

問：盤古之前，既有理在，何故閒空不動而生物乎？其後誰從激之使動？況理本無動静。況自動乎？如曰昔不生物，後乃願生物，則理豈有意乎？何以有欲生物，有欲不生物乎？”（《天主實義》第二篇）他將物類分爲兩種：自立體（自立者）和依賴體（依賴者）。太極只不過是“依賴者”（依賴體）：“太極，即理也。”理“或在人心，或在事物”，①不能脱離“心”或“物”，因此理決不是獨立存在的“自立者”（自立體）。從而，太極不能成爲“萬物之原”。利瑪竇進而在《幾何原本》公理化演繹邏輯的基礎上，批評中國學術界的“虚理”“隱理”以及“臆測的理”，推崇西方的理爲“實理”：“彼士立論宗旨，惟尚理之所據，弗取人之所意，蓋曰理之審，乃令我知，若夫人之意，又令我意耳。知之謂，謂無疑焉，而意猶兼疑也。然虚理、隱理之論，雖據有真指，而釋疑不盡者，尚可以他理駁焉，能引人以是之，而不能使人信其無或非也，獨實理者、明理者剖散心疑，能强人不得不是之，不復有理以疵之（笛卡爾思想，對上帝不敢疑或疑而不敢説——筆者按），其所致之知且深且固，則無有若幾何家者矣。”②直接批判程朱“理在事先”的觀念：“理卑於人。理爲物，而非物爲理也。故仲尼曰‘人能弘道，非道弘人’也……‘理含萬物之靈，化生萬物’，此乃天主也，何獨謂之‘理’，謂之‘太極’哉！”③“中士曰：無其理則無其物，是故我周子信理爲物之原也。西士曰：無子則無父，而誰言子爲父之原乎？……有物則有物之理，無此物之實，即無此理之實。若以虚理爲物之原，是無異乎佛老之説……試問於子：陰陽五行之理，一動一静之際輒能生陰陽

① （意）利瑪竇. 天主實義. 利瑪竇中文著譯集[M]. 上海：復旦大學出版社，2001：16.

② 徐宗澤. 明清間耶穌會士譯著提要[M]. 上海：上海書店出版社，2006：198.

③ （意）利瑪竇. 天主實義. 第二篇. 利瑪竇中文著譯集[M]. 上海：復旦大學出版社，2001：20.

五行,則今有車理,豈不動而生一乘車乎?"①

既然否定了太極與理,耶穌會會士也就接著否定道學家的宇宙論以及理氣、陰陽、四時、五行等等概念。他們提出:"夫俗儒言理,言道,言天,莫不以此爲萬物之根本矣。但究其所謂理,所謂道,所謂天,皆歸於虛文而已。蓋自理而言,或謂之天,或謂之性,自道而言,或謂之太極,或謂之無極,或謂之氣化。然天也,性也,心也,太極也,無極也,氣化也,從何而有?理出於心,心出於性,性出於天,天則從何而出?……若夫無極與太極之義,要不外理氣兩端,周子以無極太極與太虛爲一,張子以太虛與理與天爲一,然則天也,理也,氣也,皆不能自有,則必先有他有,則必先有其所以然,既先有其所以然,則不能爲萬物太初之根本,明矣。如此,則俗儒所稱萬物之大本,雖曰實理,終歸于虛理虛文而已矣。"②西方的神學和哲學順勢在士大夫心中佔據了重要地位:"汝南李公素以道學稱,崇奉釋氏,多有從之者。一日與諸生論道……時諸公復辯論心性善惡不一,利子瑪竇集合衆論,具言人性爲至善之主所賦,寧復有不善乎?且貶'萬物一體'之説。人咸深賞其言。"③"蓋秦火之後,漢時方術之士盛行,乘詔求道書,而諸僞悉顯",道學所根據的經典就都變成僞書,而當時的理學家也多變爲僞學者、假道學:"太極生兩儀,乃康節、希夷之流托言附會","凡諸非義,皆後世方術士借名竊附,以張僞學者"。④

這樣就引起了入教或友教士人的興趣,他們接過傳教士的話頭進一步批評中國的"理",稱西方學術是實學,西方的理是實理。

---

① (意) 利瑪竇. 天主實義. 第二篇. 利瑪竇中文著譯集[M]. 上海:復旦大學出版社,2001:18-19.

② (葡) 衛方濟. 人罪至重[M]. 轉引自:侯外廬,中國思想通史[M]. 第四卷. 北京:人民出版社,1959:1217.

③ (意) 艾儒略. 大西利先生行跡.

④ (明) 嚴謨. 周易指疑.

徐光啓在《泰西水法》序中道:“泰西諸君子以茂德上才,利賓於國,其始至也人人共嘆異之,及驟與之言、久與之處,無不意消而中悦服者。其實心、實行、實學,誠信於士大夫也。其談道也以踐形盡性、欽若上帝爲宗,所教戒者人人可共由……余嘗謂其教必可以補儒易佛,而其緒餘更有一種格物窮理之學,凡世間世外,萬事萬物之理,叩之無不河懸響答、絲分理解,退而思之窮年累月,愈見其説之必然而不可易也。”①對西方科學稱讚不已。驅使李之藻去追求西學的,首先也不是宗教信仰,而是對科學的熱情。李之藻自己明白地表示過他學習傳教士西方科學的願望:“秘義巧術乃得之乎數萬里外來賓之使……夫經緯淹通,代固不乏玄、樵,若吾儒在世善世,所期無負霄壤,則實學更自有在。藻不敏,願從君子砥焉。”②

與此同時或再進一步,也出現了入教士人之外的傳播,如方以智對傳統的“理”第一次進行分類:“考天地之家,象數、律曆、聲音、醫藥之説,皆質之通者,皆物理也。專言治教,則宰理也。專言通幾,則所以爲物之至理也。”③他將格物重新解釋爲:“格物即格其數度。夫格物者,格此物之數也。致知者,致此知之理也。舍數無理,舍度無數。度其聖人所握之符節乎?得度而萬物自備於我也。體實用虚,立此達彼。”④不僅强調物的物質性,而且批評了程朱過於重視形而上之道的錯誤,强調道不能離器。他還批評所謂的儒者忽視象數研究,當時流行的傳統象數之學又是支離附會的小術,儒者不懂真正的數學,而真正的數學就是天理,其實也就是

① 徐宗澤. 明清間耶穌會士譯著提要[M]. 上海: 上海書店出版社,2006: 241.

② (明) 李之藻. 渾蓋通憲圖説序,徐宗澤. 明清間耶穌會士譯著提要[M]. 上海: 上海書店出版社,2006: 203.

③ (清) 方以智. 通雅[M]. 卷首之三. 文章薪火,載: 侯外廬主編. 方以智全集. 上海: 上海古籍出版社,1988: 65.

④ (清) 方中通. 數度衍[M]. 與友書,3a-3b.

中西會通的數學。前述方中通就感慨:“西學莫精於象數,象數莫精於幾何。”①看來他們所説象數已不是純粹的傳統象數,如邵雍的象數之學。他們堅持理就是數。後來許桂林評價説:“梅(文鼎)先生謂西人論天能言其所以然;王曉庵(錫闡)、李文貞(光地)公意見亦同。李尚之(鋭)爲焦里堂(循)序《釋橢》則謂‘古人言其當然,不言其所以然’。”②由此可見中西數學會通過程、西方數理對中國傳統數理的威脅和傳統數理觀念的變形。

結語

總之,中西數學會通及由之引起的文化會通對傳統的“理”的體系和格物窮理方法改變很大,本研究導論等處所述梁啓超和胡適等大師們的斷言是有道理的。

通過研究,我們不僅給出了大師們所作斷言的歷史依據,而且發現西學東漸及由之引起的中西數學會通、文化會通不僅對傳統學術方法有影響,而且在思想觀念、研究物件等方面都有影響。理的觀念及與之有關的格物窮理方法和物、知、心等觀念都發生了很大變化,具體來説:有著濃厚神秘主義傾向的理的本體論層面逐漸減小,有具體可感的物質性的氣本體論逐漸凸顯;隨著中西數學會通的深入,西方數學的體系性、公理化、邏輯性在中國文化中逐漸滲透和擴展,可由數來表徵的認識論層面的理這一層面逐漸增大,數學在儒學體系中的地位大大提高;傳統理學中的知也由玄虚縹緲的良知向清楚、明白的知識這一方向轉化;傳統儒學中的物由人事逐步轉向自然界的物質;格物窮理方法也由傳統的頓悟、體

---

① (清) 方中通. 數度衍[M]. 卷首之三. 幾何約,75b.

② (清) 許桂林. 宣西通,金陵狀元境陶開揚局刻本,華東師範大學圖書館藏. 許桂林(1779—1822),字同叔,號日南,又號月南,月嵐,海州人,嘉慶二十一年(1815)舉人。轉引自: 李天綱. 跨文化的詮釋——經學與神學相遇[M]. 新星出版社,2007: 21.

驗、模擬和想象等,不斷地向觀察、實驗、數學表示和邏輯推理轉變。在學術上,由注重虛無縹緲的理向注重可經驗、可感知的器轉化;在宇宙觀念上,由神秘莫測的理、太極向氣轉化。對後一方面,馮錦榮先生在《明末熊明遇〈格致草〉内容探析》①中認爲:明末清初中國格物致知理論有兩大派别,即程朱理學和陸王心學;有三大方向,即心學的"心本論"、張載的"氣本論"和程朱的"理本論"。其實,張載的氣本論是不徹底的,本質上也可歸結於"理本論",因爲"他認爲至善的'天地之性'是氣所固有的,是根本的,是萬物所共有(萬物之一源)的……他所説的'天地之性'、'氣質之性'都是先驗的,帶有神秘的性質"。② 我們可以説,中西數學會通打擊了"心本論"和"理本論",支持並發展了"氣本論"。到梅文鼎時代,中國的宇宙觀念發展到了"數本論",類似於古希臘畢達哥拉斯的思想。

當然"會通數學"爲政治服務的傳統功能並没有改變,其與傳統"内算"相聯繫這一文化特性也没有完全被消除;會通數學又不具備西方數學的完整特徵,比如對西方形式邏輯和公理化體系的把握總體來説還不到位,"爲數學而數學""爲真理而數學"的傾向還不够明顯。"會通數學"與中國傳統數學、西方數學都不完全一樣,可以説它有自己的特殊性,可以稱之爲一種學術形態。

二、數學會通與"至理"變换

(一)數學與宇宙觀的關聯

在古代,中西數學與宇宙觀的聯繫都很密切。畢達哥拉斯學

---

① 載:《自然科學史研究》,16卷4期(1997):304-328.

② 中國科學院哲學研究所中國哲學史組、北京大學哲學系中國哲學史教研室編.中國哲學史資料簡編·宋元明部分[M].中華書局,1972:44.

派認爲萬物皆數,數是宇宙的本體,宇宙的和諧就在於其結構符合數的比例。“數的原則是一切事物的原則,整個天體就是一種和諧和一種數。”①畢達哥拉斯關於數學是宇宙第一原理的觀念,得到了柏拉圖的繼承和發展。他認爲宇宙是造物主的手工產品,造物主是一位元理性的數學家,按照幾何學原理創造了宇宙,各種天體都是球形的,其運行軌跡則都是圓形的,其不規則性也可由圓形的不同組合來解決。② 亞里士多德雖然對前人的學説做了很多改進,但其對數學比例和圓形的尊崇相較前人並没有改變。他把宇宙分爲月上世界和月下世界,月下世界由水、火、土、氣四元素構成,但其之所以能構成不同觀感的萬事萬物,就是因爲四種元素的構成比例不同;每種元素又都有向其本原位置回歸的本性,所以形成了不同的運動軌跡。月上世界是由第五元素以太構成的,這種完美而不朽的元素只能做完美的運動,完美的運動其軌跡只能是圓形。③ 建立在亞里士多德宇宙論基礎上的托勒密天文學對圓的尊崇就不令人奇怪了。但他要解釋更複雜的運動軌跡,所以需要更多的圓形,這就形成了他的本輪均輪體系。④ 傳教士們傳入中國的也基本是這一體系。

伽利略和笛卡爾也延續並發展了這一思想,相信自然界(主要是天地及其結構和組成)是用數學設計的:“這書(自然之書——筆者按)是用數學語言寫出的,符號是三角形、圓形和别的幾何圖

---

① 北京大學哲學和美學教研室編. 西方美學家論美和美感[M]. 北京: 商務印書館,1980: 13.

② 參見:(美) 林德伯格. 西方科學的起源[M]. 北京: 中國對外翻譯出版公司,2001: 43 -47.

③ 參見:(英) 巴特菲爾德. 近代科學的起源[M]. 北京: 華夏出版社,1988: 15 -18.

④ 參見:(美) 林德伯格. 西方科學的起源[M]. 北京: 中國對外翻譯出版公司,2001: 64.

像,没有它們的幫助,是連一個字也不會認識的;没有它們,人就在一個黑暗的迷宫裏勞而無功地遊蕩著。”①上帝把嚴密的數學必要性放入世界,人只有通過艱苦的努力才能領會這個必要性。因此,數學知識不但是絶對真理,而且像《聖經》那樣都是神聖不可侵犯的。實際上數學更爲優越,因爲對《聖經》有很多不同意見,而對於數學真理,則不會有不同意見。“如果把耳朵、舌頭和鼻子都去掉,我的意見是:形狀、數量[大小],和運動將仍存在。”②

在中國,《周髀算經》是現存最早的算書之一,其中天文和數學也是融爲一體的。其中既有畢氏定理的早期形態——“勾股圓方圖”,③又有蓋天説宇宙模型——“天象蓋笠,地法覆盤”,④並且用方、圓兩種數學圖形分别來表示天地的形狀:“方屬地,圓屬天,天圓地方。”⑤其用數學語言來表示宇宙尺寸之處則數不勝數。明末朱載堉這樣論述數與宇宙的關係:“天運無端,惟數可以測其機;天道至玄,因數可以見其妙。理有數顯,數自理出,理數可相倚而不可相違,古之道也……夫有理而後有象,有象而後有數。理由象顯,數自理出,理數可相倚而不可相違,凡天地造化,莫能逃乎數。”⑥

---

① 轉引自:(美)克萊因.古今數學思想[M].第二册.上海科技出版社,2002:33.

② 轉引自:(美)克萊因.古今數學思想[M].第二册.上海科技出版社,2002:33.

③ 周髀算經,載:算經十書[M].郭書春、劉鈍校點.瀋陽:遼寧教育出版社,1998:2-3.

④ 周髀算經,載:算經十書[M].郭書春、劉鈍校點.瀋陽:遼寧教育出版社,1998:18.

⑤ 周髀算經,載:算經十書[M].郭書春、劉鈍校點.瀋陽:遼寧教育出版社,1998:4.

⑥ (明)朱載堉.律曆融通.卷三、卷四,轉引自:佟建華等.中國古代數學教育史[M].北京:科學出版社,2007:314.

明末清初中西數學會通期間,上述數學與宇宙的關係仍然持續著。傳教士借助數學著作傳播西方宇宙觀,利瑪竇口授、李之藻筆演的《圜容較義》就是一個例子,二人於 1608 年 12 月 7 日到 1609 年 1 月 6 日一个月之内完成,1614 年刊刻出版。這一著作包括 5 個定義和 18 個命題,主要證明了:周長相等的所有圖形中,圓的面積最大;表面積相等的所有圖形中,球的體積最大。“凡厥有形,惟圜爲大;有形所受,惟圜至多。”①這爲上帝把天體創造爲球形提供了幾何學證明。李之藻在其《圜容較義》序言中説:“自造物主以大圜天包小圜地,而萬形萬象錯落其中,親上親下、肖呈圜體。大則日躔月離軌度所以循環,細則雨點、雪花、泂澤敷於涓滴。”②其“圓”不僅論圓,還包括環形和天穹、人體器官、植物花果、動物窠巢、空中日暈、荷葉露珠,自然界中無所不包,宗法禮儀、行武戰陣、音樂慶典、蹴鞠棋弈等社會事務也多所涉及,觀天器物如星盤日晷、龜卜蓍策也無不依賴圓形。其引文也博及儒家孔子、道家莊子和佛學的《金剛經》,勾畫了一種非儒家的宇宙觀。他還用“多邊形無限增加邊數則爲圓形”來爲其幾何思想作解釋。最後,他將一切歸於上帝創世,對儒釋道都做了批評:“即細物可推大物,即物物可推不物之物,天圜、地圜,自然、必然,何復疑乎?第儒者不究其所以然,而異學(佛道——筆者注)顧恣誕於必不然。”③李之藻還對兩小兒辯日做了折射現象的解釋,從而又一次嘲笑了孔子(儒生)。他還直指佛教宇宙觀的荒謬(誑)及其玄想的空虚妄

---

① 徐宗澤.明清間耶穌會士譯著提要[M].上海:上海書店出版社,2006:211.

② 徐宗澤.明清間耶穌會士譯著提要[M].上海:上海書店出版社,2006:211.

③ 徐宗澤.明清間耶穌會士譯著提要[M].上海:上海書店出版社,2006:212.

誕誤導民衆(誣民),與利瑪竇所授理性之學(道理)形成鮮明對比。① 四庫館臣這次也失去了其慣有的謹慎,竟然讚揚《圓容較義》"多發前人所未發,其言多驗諸實測"。②

西方傳教士現身説法,以自己從歐洲來到中國的經歷作證明,也以西方大航海來證明其宇宙觀念,熊明遇《〈表度説〉序》説:"漢興,號稱網羅文獻矣,然吹律之理微,占符之術鑿,張蒼蒙訛於黑疇,公孫炫繆於黄龍,事不師資,廣延何取?一行運算,淳風徵文,唐曆屢更,乞無定據……不謂西方之儒之書,持之有故,言之成理也……惟黎亂秦燔,莊荒列寓,疇人耳食,學者臆摩,厥義永晦。若夫竺乾佛氏……其誕愈甚。語曰:'百聞不如一見。'西域歐邏巴國人四泛大海,周遭地輪,上窺玄象,下采風謡,滙合成書,確然理解。"③西方傳教士還在其著作中呈現西方觀念,如利瑪竇的《天主實義》《乾坤體義》,艾儒略的《職方外記》,陽馬諾的《天問略》。中國士人將之與傳統資源中的非主流觀念相比附。如袁中道則認爲西方地圓説與佛家宇宙觀一致:"其言天體若雞子,天爲清,地爲黄,四方上下皆有世界。如上界人與下界人足正相鄰,蓋下界者,如蠅蟲,倒行屋樑上也,語甚奇,正與《雜華經》所云,'仰世界,俯世界,側世界'語相合。"④

對於西方宇宙論的合理性,傳教士們以其邏輯推理的嚴密性來間接證明,以其數學知識的精確性和天文知識的有效性來間接證明,並且非常成功。我們知道,《幾何原本》曾改變了瞿太素對

① (荷)安國風.歐幾里得在中國[M].紀志剛等譯.南京:江蘇人民出版社,2008:359.

② 四庫全書.七八七卷,755.

③ 徐宗澤.明清間耶穌會士譯著提要[M].上海:上海書店出版社,2006:217-218.

④ (明)袁中道.游居柿録.卷四.珂雪齋集[M].下.上海:上海古籍出版社,2007:1201.

煉金術的迷戀,他曾翻譯了該書第一卷;王肯堂的學生張養默也曾建議利瑪竇説只需數學就可擊敗佛教徒,數學比基督教義管用;馬呈秀的入教又一次印證了數學的這種作用。當時精英人士結識傳教士已是一種時尚。馬呈秀是一位揚州鹽商的公子,也是一位官員。他對徐光啓講的教義沒表現出很高的熱情,倒是對幾何的迷戀完全佔據了他的身心。對一些數學定理和命題,他們商討了很多次。"幾何的新奇與美妙對他來説似乎就是奇跡。"[1] 1620年前後,他請徐光啓介紹一位神父做導師,徐光啓介紹了艾儒略。艾儒略"依照推理的方式,沿著幾何的途徑,從淺顯易懂的真理,尋本溯源,上升到深奥的真理"。[2] 不久馬呈秀就和朋友非數學不談了。他的心靈完全被數學所佔據了。"在這種方式的感召下,五天内,馬呈秀就皈依爲彼得馬了。"[3]利瑪竇等第一代耶穌會士傳過來的是亞里士多德——托勒密水晶球體系,即九或十或十一層固體天球體系,湯若望等第二代耶穌會士傳過來的則是第穀小輪體系,即太陽圍著地球轉而其他星體則圍著太陽轉這一托勒密與哥白尼折中體系,後者成爲《崇禎曆書》的宇宙論基礎。《崇禎曆書》的編纂、改編及據之所編製的曆法《時憲曆》的頒行,則使西方宇宙觀念以中國政府所頒曆法的形式得以傳播。

(二) 中西宇宙觀的異同

中國宇宙觀的具體描述爲:"天德圓而地德方,聖人言之詳矣。輕清者上浮而爲天,浮則環運而不止;重濁者下凝而爲地,凝則方

---

① (荷) 安國風. 歐幾里得在中國[M]. 紀志剛等譯. 南京: 江蘇人民出版社,2008: 375.

② (荷) 安國風. 歐幾里得在中國[M]. 紀志剛等譯. 南京: 江蘇人民出版社,2008: 376.

③ (荷) 安國風. 歐幾里得在中國[M]. 紀志剛等譯. 南京: 江蘇人民出版社,2008: 377.

止而不動。此二氣清濁,圓方動静之定體……天之一氣渾成,如二碗之合,上虚空而下盛水,水之中置塊土焉。平者爲大地,高者爲山嶽,低者爲百川,載土之水即東西南北四大海。天包水外,地著水中,天體專而動直,故日月星辰系焉……水輪東注泄於尾閭,閭中有氣機爲水所沖射,故輪轉而不息。而天運以西行,此動辟之理也。尾閭,即今之弱水,俗所謂'漏土'是也。水泄於尾閭,氣翕之而輪轉爲泉,以出於山谷。故星宿海岷嶓百川之源盈科而進,此静翕之理也。苟非静翕之氣,則山巔之流泉,何以不舍晝夜東委而不竭;非動辟之機,則東海之涯涘,何以自亘古至來今而不盈?此可以見地水之相著,而大地之不浮於虚空也明矣。地居水中,則萬國之地面皆在地平之上;水浸大地,則萬國之地背皆在地平之下。地平即東西南北四大海水也。地平之上面,宜映地平上之天度;地平下之背,宜映地平下之天度,此事理之明白易見者也。不觀之日月乎?月無光映日之光以爲光。望之夕日没於西而月升於東,月與日東西相望,故月全映日之光。而盈朔之日,月與日同度,謂之合朔。朝同出於東方,日輪在上,月輪在下,月之背上與日映,故背全受日之光;月之面下,映大地,故晦而無光焉。此即地面映地平上一百八十二度半之天度,地背映地平下一百八十二度半之天度之理也。"①

西方的大地圓形説爲"新法之妄,其病根起於彼教之輿圖。謂覆載之内萬國之大地,總如一圓球,上下四旁布列國土,虚懸於太空之内。故有上國人之足心,與下國人足心相對之論。所以將大寰内之萬國,不盡居於地平之上,以映地上之天之一百八十度。而將萬國分一半於地平之上,以映地平上之天之一百八十度;分一半於地平之下,以映地平下之天之一百八十度。故云地廣二百五十里,在天差一度。自詡其測驗之精,不必較之葭管之灰,而得天上

① (清)楊光先.不得已[M].合肥:黄山書社,2000:58-59.

之真節氣。所以分朝鮮、盛京、江、浙、川、云等省爲十二區。區之節氣、時刻、交食分秒,地各不同。”①

我們通過對上述中西宇宙觀念的比較發現,中西宇宙論的主要差異如下：第一,大地形狀不同,中國大地是方形,西方大地是圓形；第二,大地來源不同,中國大地是重濁之氣結成,西方大地是上帝所造;第三,大地與天的關係不同,中國大地與天的體積比例大約是1:4,西方大地與天的體積比例很小,大地爲大圓天中一點；第四,大地的存在方式不同,中國大地浮在水上,一半在水上另一半在水下,西方大地被四元素之一的氣托浮著,大地與水組成了大地表面；第五,大地的存在環境不同,中國的天是一重,日月五星布列其上,像一個半圓或球冠覆蓋在大地上,西方的天有九重,類似於九個以大地爲球心的同心球;第六,不同國家在大地上的佈局不同,中國觀念認爲所有國家都在地平之上,地平之下是水不能住人,其中地平是指東南西北四大海水的海面,並且海面是絶對水準的,西方觀念認爲世界各國布列在球形地球各處陸地,海面也是圓的。

兩個差異很大的宇宙觀的相遇引起的反應是複雜的,在中西兩種不同范式的文明的通約過程中,宇宙觀的通約是最困難的因素之一,又是最關鍵之處,因爲中西方宇宙論分别是兩種文明的終極依據。宇宙論實際上是一種文化的根基,斯賓格勒(Oswald Spengler)在其成名作《西方的没落》中稱之爲“象徵”,神學家蒂利希稱之爲“終極原則”:“這些終極原則和對它們的認識獨立於個體心靈的變化和相對性之外,它們是不變的、永恒的光,既顯現在思想的基本範疇裏,也顯現在邏輯和數學公理中。”②中國古人老

① （清）楊光先. 孽鏡. 不得已[M]. 合肥：黄山書社,2000：53－54.

② （美）蒂利希. 文化神學[M]. 陳新權等譯. 北京：工人出版社,1988：14.

子、莊子稱之爲“道”,我國學者葛兆光稱之爲“終極依據”。[①] 楊光先就認識到了這一點:“新法之妄,其病根起於彼教之輿圖。謂覆載之内萬國之大地,總如一圓球,上下四旁布列國土,虛懸於太空之内。”[②]而曆法又與西方文化的核心基督教倫理相聯繫:“假以修曆爲名,陰行邪教。”[③]如果從文化範式這一視角來理解楊光先的口號“寧可使中夏無好曆法,不可使中夏有西洋人”,[④]它也就不令人奇怪了。

中西宇宙觀念差異中最根本的是地圓説,中西鬥争的核心也集中在這一點上,我們以此爲例來看人們的反應。楊光先就對此非常敏感:“新法之妄,其病根起於彼教之輿圖。謂覆載之内萬國之大地,總如一圓球,上下四旁布列國土,虛懸於太空之内。故有上國人之足心,與下國人足心相對之論。所以將大寰内之萬國,不盡居於地平之上,以映地上之天之一百八十度。而將萬國分一半於地平之上,以映地平上之天之一百八十度;分一半於地平之下,以映地平下之天之一百八十度。故云地廣二百五十里,在天差一度。自詡其測驗之精,不必較之葭管之灰,而得天上之真節氣。所以分朝鮮、盛京、江、浙、川、云等省爲十二區。區之節氣、時刻、交食分秒,地各不同。”[⑤]

其實,楊光先也可推知地圓説和地動説:“豈有方而亦變爲圓者哉?方而苟可以爲圓,則是大寰之内,又有一小寰矣。”但是地球形狀的文化含義不允許他做出這樣的推測,也不允許他相信這樣的結論。因爲,如果繼續推下去,“……則上下四旁之國土人物隨

---

① 葛兆光. 中國思想史導論[M]. 上海: 復旦大學出版社,2009: 39.
② (清) 楊光先. 孽鏡. 不得已[M]. 合肥: 黄山書社,2000: 53.
③ (清) 楊光先. 請誅邪教狀. 不得已[M]. 合肥: 黄山書社,2000: 5.
④ (清) 楊光先. 日食天象驗. 不得已[M]. 合肥: 黄山書社,2000: 79.
⑤ (清) 楊光先. 孽鏡. 不得已[M]. 合肥: 黄山書社,2000: 53 - 54.

地周流……爲地所覆壓,爲鬼爲泥”,①這與傳統宇宙觀是直接衝突的。他的選擇是爲傳統文化和宇宙觀念辯護:“若然,則四大部州,萬國之山河大地,總是一大圓球矣……所以球上國土人之腳心與球下國土人之腳心相對……竟不思在下之國土人之倒懸……有識者以理推之,不覺噴飯滿案矣! 夫人頂天立地,未聞有横立、倒立之人也……此可以見大地之非圓也。”楊光先認爲荒謬絶倫的是:“果大地如圓球”,萬國錯布其四旁,球面之大小窪處即大小洋水,處於球之上下左右的人們腳心相對,那麽,處於側面和底面的水爲什麽不傾? 難道“有圓水、壁立之水、浮於上而不下滴之水”嗎? 你洋人們把一杯水倒過來試試! 處於側面和底面的人爲什麽不倒不落? 難道有横立倒立之人嗎? “惟蜾蟲能横立壁行,蠅能仰棲,人與飛走鱗介,咸皆不能。”楊光先恥笑相信其説者爲没有頭腦的傻瓜,覺得自己才是有識見的智者。他這樣説:“如無心孔之人,只知一時高興,隨意謅謊,不顧失枝脱節,無識者聽之,不悟彼之爲妄,反歎己之聞見不廣;有識者以理推之,不覺噴飯滿案矣!”②而相信地圓説的人以日月食、船行、西方大航海作爲證據。

(三) 中國傳統宇宙觀的變遷

16 世紀末,利瑪竇的世界地圖在明代中國出現,應該説再一次出現了改變古代中國人心目中的“世界”的契機。據利瑪竇自己説,他的世界地圖不僅是與關於“天”的知識相對應的,而且應用了歐洲的科學方法,“至五方四海,方之各國,海之各島,一州一郡,僉布之簡中,如指掌焉。全圖與天相應,方之圖輿全相接,宗與支相稱,不錯不紊,則以圖之分寸尺尋,知地海之百千萬里,

① (清) 楊光先. 孽鏡. 不得已[M]. 合肥: 黃山書社,2000: 58.
② (清) 楊光先. 孽鏡. 不得已[M]. 合肥: 黃山書社,2000: 56-57.

因小知大",①而且還吸收了當時最前沿的一些知識,例如改變了元代劄馬魯丁的四大洲説,用歐洲發現新大陸的成就,指出世界應當是"五大洲"。利瑪竇《復蓮池大和尚竹窗天説四端》中説:"其中一洲,近弘治年間始得之,以前無有,止於四洲,故元世祖時,西域劄馬魯丁獻大地圓體圖,亦止四洲。"②而按照這種"圖像",古代中國的"世界"裏所謂的"天下""中國"和"四夷"將在這種圓形而廣袤的地球中瓦解,因爲用楊廷筠的話説,它"皆大圓,無起止,無中邊"。③

李之藻寫於天啓癸亥的刻《職方外紀》序文可能最清楚地記載了這些士人對於這種新的世界圖像的認識過程,以及這種認識對於中國的衝擊。他説,萬曆年間,當他看到利瑪竇"大地全圖,畫線分度甚悉"時,他就很驚訝,經過自己的反復測驗,乃悟唐人畫方分里,其術尚疏,遂爲譯文,刻爲《萬國圖》屏風。④ 而在承認了中國古代地理不如西洋之後,接下來他就説到了這種新的世界圖像對於他的震撼:"地如此其大也,而其在天中一粟耳,吾州吾鄉又一粟中之毫末,吾更藐焉中處,而争名競利於蠻觸之角也與哉?"⑤於是,他批評固守舊説的人是自錮其耳目思想:"孰知耳目思想之外,有如此殊方異俗,地靈物産,真實不虚者,此見人識有限而造物者

① (意)利瑪竇. 譯幾何原本引. 幾何原本. 卷首,載:天學初函[M]. 第四册. 臺北:學生書局,1986:1932.

② (意)利瑪竇. 復蓮池大和尚竹窗天説四端,載:天學初函[M]. 第二册. 臺北:學生書局,1986:656.

③ (明)楊廷筠. 職方外紀序,載:天學初函[M]. 第三册. 臺北:學生書局,1986:1289.

④ 徐宗澤. 明清間耶穌會士譯著提要[M]. 上海:上海書店出版社,2006:246.

⑤ 徐宗澤. 明清間耶穌會士譯著提要[M]. 上海:上海書店出版社,2006:247.

之無盡藏也。”①不僅是他，瞿式穀的《職方外紀小言》有一段話，更清晰地表述了這些接受了新知識的人心中世界圖像的變化以及觀念的轉化：“嘗試按圖而論，中國居亞細亞十之一，亞細亞又居天下五之一，則自赤縣神州而外，如赤縣神州者且十其九，而戔戔持此一方，胥天下而盡斥爲蠻貉，得無紛井底蛙之誚乎。曷徵之儒先，曰東海西海，心同理同。誰謂心理同而精神之結撰不各自抒一精彩，顧斷斷然此是彼非，亦大躊矣。且夷夏亦何常之有？”②明末的魏睿激烈地抨擊利瑪竇的地圖，儘管利瑪竇已經很注意地把中國畫在了中間，但他仍然憤憤不平，“中國居全圖之中，居稍偏西而近於北，試於夜分仰觀，北極樞星乃在子分，則中國當居正中，而圖置稍西，全屬無謂……嗚鸞、交趾，所見相遠，以至於此，焉得謂中國如此蕞爾，而居圖之近北？其肆談無忌若此！”③

有些觀念得到較大面積的接受，如大地球形説，大地比天球小得多。這一觀念得到了大部分數學天文學者的認同，如王錫闡、梅文鼎、康熙等等，甚至在普通民衆中也得到認可，夏敬渠，一個普通士人，在其作品中這樣描述西方宇宙觀念：“素臣一覺醒來，卻被璿姑纖纖玉指在背上畫來畫去，又頻頻作圈，不解何意，問其緣故，璿姑驚醒，亦云不知，但是一心憶著算法，夢中尚在畫那弧度，就被相公唤醒了。素臣道：‘可謂好學者矣。如此專心，何愁算學不成？’因在璿姑的腹上周圍畫一個大圈，説道：‘這算周天三百六十度。’指著璿姑的香臍道：‘這就算是地了，這臍周就是地面，這臍心就是地心。在這地的四周，量至天的四周，與在這地心量至天的四周，

① （意）艾儒略.《職方外紀》卷首附，謝方. 職方外紀校釋[M]. 北京：中華書局，1997：7.

② （意）艾儒略.《職方外紀》卷首附，謝方. 職方外紀校釋[M]. 北京：中華書局，1997：9.

③ （明）徐昌治編. 聖朝破邪集[M]. 卷三，夏瑰琦校本，185.

分寸不是差了麽？所以算法有這地平差一條，就是差著地心與地面的數兒……'璿姑笑道：'天地謂之兩大，原來地在天中，不過這一點子，可見妻子比丈夫小著多哩！'……璿姑道：'這個自然。但古人說，周天三百六十五度四分度之一，謂之天行，怎麽相公只說是三百六十度？'素臣道：'三百六十五度四分度之一，雖唤作天行，其實不是天之行，天行更速，名宗動天，曆家存而不論，所算者，不過經緯而已。這三百六十五度四分度之一也只是經星行度。因經星最高，其差甚微，故即設爲天行。古人算天行盈縮，也各不相同，皆有零散，惟邵康節先生作三百六十度，其法最妥。今之曆家宗之，所謂整馭零之法也。蓋日月五星行度，各各不同，兼有奇零，若把天行再作奇零，便極難算，故把他來作了整數。地恰在天中，大小雖殊，形體則一，故也把來作了三百六十度。天地皆作整文，然後去推那不整的日月五星，則事半功倍矣。'璿姑恍然大悟。"①

有些觀念人們疑信參半，如"西方天堂地獄"說。清中後期的金纓就是如此，他說："天堂無則已，有則君子登；地獄無則已，有則小人入。或問天堂地獄之説，曰：'善則心體潔浄，光明正大，爲陽剛君子；惡則心體邪暗，偏曲昏晦，爲陰柔小人。陽從陽類入乎天，陰從陰類入乎地。"②

有些觀念在公共話語空間被拒絶，在私人話語空間被接受，如夷夏之辨的思想、不同國家在大地上的佈局等等。

乾嘉學派的學者則用西方數學天文理論攻擊傳統宇宙觀。即便是作爲工具的研究，也在懷疑和否定傳統宇宙觀方面作用很大，他們用數學天文知識特别是西方的數學天文知識，對承載傳統宇宙觀的經史著作進行辨僞，從而動摇了傳統宇宙觀的合理性，進而

① （清）夏敬渠. 野叟曝言[M]. 北京：人民文學出版社，1999：91.

② （清）金纓纂輯. 汪茂和. 潭汝爲譯注. 白話格言聯壁[M]. 濟南：濟南出版社，1992：472.

動摇了其合法性。

閻若璩《尚書古文疏證》(卷上)就用數學天文知識分析了古文《尚書》中的天文記録與《三統曆》的不合之處,他認爲:“曆法疏密,驗在交食,雖千百世以上,規程不爽,無不可以籌策窮之。”①這樣,經史之中把天象與政治及君王意志相附會的記載之錯誤就昭然若揭了,是否真的有所謂的神秘天人感應也可得到證實。惠士奇爲了研究《二十一史》中的天文和律曆二志而學習了西方曆算方法,探討日月交食的推算及其原理著《交食舉隅》二卷,以西方天文數學理論批駁沈括所持“日月有氣無體”觀念,②這也正是當時理學的正統宇宙觀的一部分:“又問:‘天地之所以高深,鬼神之所以幽顯’曰:‘公且説,天是如何獨高? 蓋天只是氣,非獨是高。只今人在地上,便只見如此高。要之,他連那地下亦是天,天只管轉來旋去,天大了,故旋得出許多渣滓在中間。世間無一個物事恁地大。地只是氣之渣滓,故厚而深……鬼者,陰也;神者,陽也。氣之屈者謂之鬼,氣之只管恁地來者謂之神’。”③並批評傳統曆法説:“古法不能定朔,故日食或在晦,説者謂日之食,晦朔之間,月之食唯在望。此知二五不知十也。”④

與天圓地方觀念緊密聯繫的數術遭到更多人的鄙視,明末就有徐光啓等人看不起“占候”者,稱之爲“盲人射的”“妖妄之術謬言數有神理”“俗傳者余嘗戲目爲閉關之術,多謬妄弗論”“小人之事”⑤“所謂榮方問於陳子者,言天地之數,則千古大愚也”。⑥

---

① 轉引自:(清)阮元、閻若璩. 疇人傳[M]. 卷四十. 上海: 商務印書館,1935: 502.

② (清)阮元. 疇人傳[M]. 卷四一. 上海: 商務印書館,1935: 512.

③ (宋)朱熹. 朱子語類[M]. 卷十八.

④ (清)江藩. 漢學師承記[M]. 北京: 中華書局,1983: 21.

⑤ (明)徐光啓. 徐光啓集[M]. 上海: 上海古籍出版社,1984: 80-81.

⑥ (明)徐光啓. 徐光啓集[M]. 上海: 上海古籍出版社,1984: 84.

三、數學會通與"宰理"威脅

《不得已》全稱《不得已附二種》，是清初教案資料，包括楊光先所撰《不得已》，利類思、安文思和南懷仁所撰《不得已辯》及南懷仁所撰《曆法不得已辯》三部分，内容涉及宇宙論、倫理學、天文、地理、曆法、數學等，自然科學與人文社會科學融爲一體是那時學術文本的特徵，也是思想的特徵，本文採用陳占山校注的黄山書社 2000 年版本。關於《不得已》的研究已有不少。① 總體來看，已

① 資料整理方面，有陳占山校注的《不得已》〔全稱《不得已附二種》，(清) 楊光先等撰，陳占山校注，黄山書社，2000.〕陳占山的論文《試論有關康熙教案的三個重要文獻》(《安徽史學》1999 年第一期: 39 – 42)。黄一農《新發現的楊光先〈不得已〉一書康熙間刻本》〔《書目季刊》第二十七卷(1993)第二期: 3 – 13。〕《楊光先著述論略》〔《書目季刊》第二十三卷(1990)第四期: 3 – 21。〕作者楊光先生平事蹟與交往方面，有黄一農《楊光先家世與生平》〔《國立編譯館館刊》，第十九卷(1990)第二期: 15 – 28〕《從〈始信録序〉析究楊光先的性格》〔sino-western cultural relations journal (U. S. A, 1994) no. 16, pp1 – 18〕《張宸生平及其與楊光先的衝突》〔《九州學刊》(美國)第六卷(1993)1 期: 71 – 93〕陳静《楊光先述論》〔《清史研究》1996(2)〕《不得已》的内容分析和對楊光先的評價方面，郝遠貴《中國傳統文化與西方文化的較量——楊光先與湯若望之争》(世界歷史，1998 年第 5 期: 66 – 73。)總結了二人争論的幾個主要問題: 第一，宇宙是天主造的嗎? 第二，耶穌即是天主? 第三，天堂和地域。第四，耶穌: 聖人乎? 罪人乎? 認爲楊光先是一個愛國主義者，一個不盲目的排外主義者。謝景芳《楊光先與清初曆案的再評價》(《史學月刊》，2002 年第 6 期: 42 – 51。)認爲不能簡單地將楊光先的做法理解爲愚頑守舊和盲目排外，"而應看作是中國有識之士對西方早期殖民活動中宗教、文化侵略的抵制與反抗"。陳占山《楊光先述論》〔《清史研究》1996(2)〕認爲楊光先"是一個極端頑固保守的封建文人的典型"。《"有識之士"的稱號，楊光先實擔當不起——與謝景芳先生商榷》〔汕頭大學學報(人文社科版)，第 23 卷(2007)第 4 期: 22 – 26〕認爲楊光先"排教的思想基礎是頑固守舊的華夷觀念"。

有研究對《不得已》内容和思想的探討還不够，尤其是其所反映的西方宇宙論對儒家倫理的威脅，已有研究雖有所涉及，但是没有展開，缺乏深入分析。而從近代史上看，面對强勢的西方文化，儒家倫理是中國文化的最後堡壘。從科技史、科技哲學的角度深入探討這一問題是很有必要的：以曆法修訂爲突破口，西方宇宙觀如何在與中國傳統宇宙觀的競争中取勝並進而威脅到中國傳統倫理？這對妥善處理文化間的衝突和競争及儒家文化的進一步發展也有借鑒意義。

（一）儒家倫理與傳統宇宙論

漢代董仲舒“獨尊儒術”，以儒學爲主，對傳統文化進行了整合。他把儒家倫理建立在以陰陽五行爲依據的天圓地方宇宙論基礎之上，同時給儒家倫理賦予了天道性質，將二者融爲一體。正如美國科學史家、科學哲學家庫恩所説：“人類若不發明一個宇宙論是不會持久地生存的，因爲宇宙論能够爲人提供一種世界觀，這種世界觀滲透在人類每一種實踐和精神的活動中，並且賦予它們意義。”①古代中國的“天圓地方”説不僅是一種對宇宙空間的描述，而且它通過一系列隱喻和象徵，已經變成了人世間一切合理性的終極依據。此後一千多年，總體來説，“天不變”，則“道亦不變”。明清的世界觀還是以天圓地方而平觀念下的宇宙設計爲基礎的。

在楊光先看來，宇宙觀和儒家倫理也是緊密聯繫的。這首先表現在天地關係上。在楊光先的觀念裏，天地之間聯繫密切，二者有時在概念描述中成對出現，如天圓地方、天動地静，二者還分别對應著乾坤、陰陽、君臣、父子、男女、火水等文化觀念，和三綱五倫是緊密聯繫的；有時地是天的一部分，如在談到“天人合一”“天人

① （美）湯瑪斯·庫恩. 哥白尼革命——西方思想發展中的行星天文學[M]. 吴國盛等譯. 北京：北京大學出版社，2003：6.

感應”時，二者作爲一個整體與人對應。大地的自然形狀與由此引申的人文觀念緊密相連，且他更重視後者，如“天德圓而地德方，聖人言之詳矣”。① 其次表現在大地特性上。在楊光先心目中，大地是静止不動的：“輕清者上浮而爲天，浮則環運而不止；重濁者下凝而爲地，凝則方止而不動。”大地總體來説是平的，“平者爲大地，高者爲山嶽，低者爲百川”，所有國家都在地平之上。天、地、水的關係爲：“天之一氣渾成，如二碗之合，上虚空而下盛水，水之中置塊土焉。平者爲大地，高者爲山嶽，低者爲百川，載土之水即東西南北四大海。天包水外，地著水中。”再次表現在大地的特殊部分上。楊光先的這方面思想包含了濃重的神話傳説色彩：“尾閭，即今之弱水，俗所謂‘漏土’是也。水泄於尾閭，氣翕之而輪轉爲泉，以出於山谷。故星宿海岷嶓百川之源盈科而進，此静翕之理也。苟非静翕之氣，則山巔之流泉，何以不舍晝夜東委而不竭；非動辟之機，則東海之涯涘，何以自亘古至來今而不盈？”最後還表現在地表各國的分佈上。“地居水中，則萬國之地面皆在地平之上；水浸大地，則萬國之地背皆在地平之下。地平即東西南北四大海水也。”他也是由這一點引申出中國是世界中心的概念。大地與天空的關係爲：“地平之上面，宜映地平上之天度；地平下之背，宜映地平下之天度，此事理之明白易見者也。不觀之日月乎？”

隨着根據《崇禎曆書》而編排的《時憲曆》的頒行，西方宇宙觀在中國取得了正統地位，在中國逐漸得到了不同程度的認可。據研究②，有些觀念得到較大面積的接受，如大地球形説，大地比天球小得多。這一觀念得到了大部分數學天文學者的認同，如王錫闡、梅文鼎和康熙等等。乾嘉學派的學者則用西方數學天文理論

---

① （清）楊光先．不得已［M］．合肥：黄山書社，2000：58－59．

② 宋芝業．明末清初的中西數學會通與中國傳統數學的嬗變（D）．山東大學，2010：312－313．

解構甚至攻擊傳統宇宙論。有些觀念甚至在普通民衆中也得到認可，夏敬渠，一個普通士人，在其作品中以欣賞的口吻描述了西方宇宙觀念。① 另一些觀念人們對其疑信參半，如“西方天堂地獄”說，在清中後期的金纓心中就是如此，他說：“天堂無則已，有則君子登；地獄無則已，有則小人入。或問天堂地獄之說，曰：‘善則心體潔浄，光明正大，爲陽剛君子；惡則心體邪暗，偏曲昏晦，爲陰柔小人。陽從陽類，入乎天；陰從陰類，入乎地。”②有些觀念在公共話語空間被拒絶，在私人話語空間被接受，如夷夏之辨的思想、不同國家在大地上的佈局等等。而一旦宇宙觀念受到衝擊，儒家倫理的變化遲早會來臨，中西會通對儒家倫理的威脅在明末清初已現出端倪。

（二）西方宇宙論對儒家倫理的威脅

開始，楊光先雄心勃勃地用大統曆等傳統曆法知識駁斥西法，做欽天監監正後，因屢屢預測交食不准，他由承認只知曆理、不知曆數，到承認既“不知曆數”，又“未習交食之法”，再到承認僅通“曆理”而已，③最後只得承認只懂儒家理學，不懂曆算家之推算。其實“儒家之曆”與“曆家之曆”在宋代已分道揚鑣了，這時再將二者弄到一塊，已不能自圓其説，更不能與西方曆法相争勝。只是堅執舊曆的楊光先仍然維護傳統，尊經述聖，在辯論中多次引述古聖經傳，辯論失敗後仍説中國曆法雖然不如西方曆法，但是因爲是堯、舜傳下來的，所以必須用下去：“毋論大文小文，一必祖堯舜，法

---

① （清）夏敬渠．野叟曝言［M］．北京：人民文學出版社，1999：91．

② （清）金纓纂輯．汪茂和、潭汝爲譯注．白話格言聯壁［M］．濟南：濟南出版社，1992：472．

③ （清）楊光先．不得已［M］．合肥：黄山書社，2000：82．

周孔,合於聖人之道,始足樹幟文壇,價高琬琰,方稱立言之職。"①西方宇宙論也正是這樣一步步威脅到儒家倫理,我們可以從楊光先對西方的批評中看到這種威脅。

1. 對儒家倫理基礎的威脅

(1)衝擊無極、太極化生萬物觀念

我們可以從楊光先對傳教士的批評中看到西方天主造物論和亞里士多德四元素論對中國太極生物論所造成的威脅。楊光先在《辟邪論》上篇中先引利瑪竇(Matthoeus Ricci)、湯若望等的上帝創世和耶穌有母無父等説法,然後根據陰陽化生論進行批評:"夫天二氣之所結撰而成,非有所造而成者也。子曰'天何言哉,四時行焉,百物生焉',時行而物生,二氣之良能也。天設爲天主之所造,則天亦塊然無知之物矣,焉能生萬有哉?天主雖神,實二氣中之一氣,以二氣中之一氣,而謂能造生萬有之二氣,於理通乎?無始之名,竊吾儒無極而生太極之説。無極生太極,言理而不言事;若以事之,則六合之外,聖人存而不論,論則涉於誕矣。夫子之'不語怪力亂神',正爲此也。而所謂無始者,無其始也。有無始,則必有生無始者之無無始;有生無始者之無無始,則必又有生無無始者之無無無始。溯而上之,曷有窮極?而無始亦不得名天主矣。誤以無始爲天主,則天主屬無而不得言有。真以耶穌爲天主,則天主亦人中之人,更不得名天主也。"②"男女媾精,萬物化生,人道之常經也。有父有母,人子不失之辱,有母無父,人子反失其榮。四生(卵、胎、濕、紀,印度學説——筆者注)中濕生無父,母胎卵化,俱有父母……《禮》'内言不出'、'公庭不言婦女',所以明恥也。"③面對西方天主造物論,楊光先以"二氣化生説"應對,以孔子名言

① (清)楊光先. 不得已[M]. 合肥:黄山書社,2000:7-8.
② (清)楊光先. 不得已[M]. 合肥:黄山書社,2000:17-18.
③ (清)楊光先. 不得已[M]. 合肥:黄山書社,2000:18-19.

作爲論據,先對其關鍵概念“天主”進行批判,認爲天主不過“二氣中之一氣”,“一氣”造物,於理不通;接著説作爲天主的“無始”,是偷竊了儒家的“無極”,而儒家的無極、太極説只講理的層面,並不講具體的事;最後論證天主是人,故不能主宰天地萬物,耶穌有母無父與中國傳統倫理不合。我們暫且不論他對西學的理解是否正確,單看他拼命抵抗的態度,就可知道中國傳統觀念遇到了勁敵,只是無論如何,他也批判不倒與天主和地圓説一脈相承的西方曆法的有效性。

（2）威脅中國“天”“地”的文化觀念

楊光先首先豎起西方關於天的觀念爲批評的靶子:“明萬曆中,西洋人利瑪竇與其徒湯若望、羅雅穀,奉其所謂天主教,以來中夏(湯、羅是天啓初來華——筆者注)。其所事之像,名曰耶穌。手執一圓像,問爲何物? 則曰天。問天何以持於耶穌之手? 則曰天不能自成其爲天,如萬有不能自成其爲萬有,必有造之者而後成。天主爲萬有之初有,其有無元而爲萬有元,超形與聲,不落見聞,乃從實無造成實有。不需材料、器具、時日。先造無量數天神無形之體,次及造人。其造人也,必先造天地、品匯諸物,以爲覆載安養之需。故先造天、造地、造飛走鱗介、種植等類……次造天堂……造地獄……”①然後結合儒家和佛家理論加以批判:“天堂地獄,釋氏以神道設教,勸怵愚夫愚婦,非真有天堂地獄也……如真爲世道計,則著至大至正之論,如吾夫子正心誠意之學,以修身齊家爲體,治國平天下爲用……”②中國之天的形而上層面爲“天即理”:“夫天,萬事萬物萬理之大宗也。理立而氣具焉,氣具而數生焉,數生而象形焉。天爲有形之理,理爲無形之天,形極而理見

① （清）楊光先. 不得已[M]. 合肥：黄山書社,2000：16 – 17.

② （清）楊光先. 不得已[M]. 合肥：黄山書社,2000：19.

焉,此天之所以即理也。"[①]楊光先的主要論據是,佛教天堂地獄説是爲了教化民衆而設,不是真有其事,其實這正是當時達儒們所懷疑的學説。一方面,士人們對人生前死後的終極歸宿深入思考;另一方面,傳統儒家不談"六合之外",没有關於人的終極歸宿的答案,佛家的"三千大千世界"之論,因爲在治理曆法製定中不能作爲依據已被懷疑。更要命的是,儒家修齊治平理論在明清鼎革的慘痛事實面前也已引起人們的反思和質疑。所以楊光先的拼死抵抗似乎是無力的。

在楊光先看來,西人理論不僅不尊天,對中國大地觀念更是形成了大的衝擊:"蒼蒼之天,乃上帝之所役使者,或東或西,無頭無腹,無首無足,未可爲尊;況於下地乃衆足之所踏踐,污穢之所歸,安有可尊之勢?是天地皆不足尊矣。如斯立論,豈非能人言之禽獸哉!……夫不尊天地而尊上帝,猶可言也;尊耶穌爲上帝,則不可言也……胡遽至於尊正法之罪犯爲聖人,爲上帝,則不可言也。"[②]楊光先對西方地圓説很不理解:"豈有方而亦變爲圓者哉?方而苟可以爲圓,則是大寰之内,又有一小寰矣……則上下四旁之國土人物隨地周流。……爲地所覆壓,爲鬼爲泥。"[③]

可見不是楊光先的推理能力不够,他也能推出地球可能爲球體,只是傳統文化使他實在無法相信地球是圓的,如果相信地圓説,傳統文化的大部分都要重寫,所以他只得用常識來抵抗:"若然,則四大部州,萬國之山河大地,總是一大圓球矣……所以球上國土人之脚心與球下國土人之脚心相對……竟不思在下之國土人之倒懸……夫人頂天立地,未聞有横立、倒立之人也……此可以見大地之非圓也。"楊光先這裹是説,如果大地果真是一個圓球,萬

---

① (清)楊光先.不得已[M].合肥:黄山書社,2000:24.
② (清)楊光先.不得已[M].合肥:黄山書社,2000:24-25.
③ (清)楊光先.不得已[M].合肥:黄山書社,2000:58.

國錯布其四旁,以中國人所居之地爲上,居於地球之下的人們必定倒懸,居於地球左右的人們必然横立,這些狀態對他來説是難以想象的。楊光先恥笑相信其説者爲没有頭腦的傻瓜,覺得自己才是有識見的智者。他這樣説:“如無心孔之人,只知一時高興,隨意謅謊,不顧失枝脱節,無識者聽之,不悟彼之爲妄,反歎己之聞見不廣;有識者以理推之,不覺噴飯滿案矣!”①可見西方學術對中國的衝擊之大。無可奈何的是,隨著基於《新法算書》的《時憲曆》的頒布,西方地圓説成了官方御定理論,傳統學術就面臨如此尷尬的境地。

2. 對儒家倫理的威脅

(1) 危害三綱五倫

在楊光先看來,西人西學的進入危害了中國傳統的三綱五倫:“(李)祖白之爲書(《天學傳概》——筆者注)也,盡我大清而如德亞之矣,盡我大清及古先聖帝、聖師、聖臣而邪教苗裔之矣,盡我歷代先聖之聖經賢傳而邪教緒餘之矣,豈止於妄而已哉!實欲挾大清之人,盡叛大清而從邪教,是率天下無君無父也。”②“凡此皆稱上帝,以尊天也,非天自天,而上帝自上帝也。讀書者毋以辭害意焉。今謂天爲上帝之役使,不識古先聖人何以稱人君爲天子,而以役使之、賤比之爲君之父哉?以父人君之天,爲役使之賤,無怪乎令皈其教者,必毁天地君親師之牌位而不供奉也。不尊天地,以其無頭腹手足,踏踐污穢而賤之也;不尊君,以其爲役使者之子而輕之也;不尊親,以耶穌之無父也。天地君親尚如此,又何有於師哉!此宣聖木主之所以遭其毁也。乾坤俱汩,五倫盡廢,非天主教之聖人學問斷不至此!”③君臣之道,父子之義,天、地、君、親、師,這些儒家基本原則在西方宇宙論所聯繫的基督教倫理的衝擊之下,都

---

① (清) 楊光先. 不得已[M]. 合肥: 黄山書社,2000: 56.
② (清) 楊光先. 不得已[M]. 合肥: 黄山書社,2000: 10.
③ (清) 楊光先. 不得已[M]. 合肥: 黄山書社,2000: 25.

要受到威脅。

（2）威脅中國的聖人觀念

楊光先認爲,用西方的曆法就是貶低了中國的孔子,承認了西方的天主耶穌,孔子就不再爲聖人,因爲:“孔子之所以爲聖人者,以其祖述堯、舜也。考其祖述之績,實上律天時,下襲水土而已。聖而至於孔子,無以復加矣。而羲和訂正星房虚昴之中星,乃《堯典》之所記載,孔子之所祖述。(湯)若望一旦革而易之,是堯、舜載籍之謬,孔子祖述之非。若望是而孔子非,孔子將不得爲聖人乎?”①於是他瘋狂地攻擊天主耶穌。關於西方的天主,楊光先指出,“天主乃一邀人媚事之小人爾”,“耶穌是彼國謀叛的罪魁,因事敗露而被正法(指被釘十字架一事),絶非造天聖人”。他認爲“彼教則哀求耶穌之母子,即赦其罪,而升之於天堂”,反之則墮入地獄②,這一説法是不能成立的。對於耶穌降生救世的種種神跡,楊光先也以爲其悖逆情理,不可思議。他認爲,天主教徒“尊正法之罪犯爲聖人,爲上帝,則不可言也”。③“男女媾精,萬物化生,人道之常經也。有父有母,人子不失之辱,有母無父,人子反失之榮。”耶穌之母瑪利亞有夫約瑟,而傳教士卻説耶穌不由父生,既生耶穌卻説其母童身未壞,她實爲“無夫之女”;耶穌“有母而無父”,實爲“無父之鬼”;“世間惟禽獸知母而不知父”,天主教徒尊無父之子爲聖人,則“耶穌之師弟,禽獸之不若矣”。④ 其實在痛罵的背後,隱藏著楊光先等拘儒們的某種恐懼。

（3）威脅中國中心説和夷夏觀念

楊光先指出,中國的天由二氣結撰而成,並非天主所造,如果

① （清）楊光先.不得已[M].合肥:黄山書社,2000:40.

② （清）楊光先.不得已[M].合肥:黄山書社,2000:112.

③ （清）楊光先.不得已[M].合肥:黄山書社,2000:25.

④ （清）楊光先.不得已[M].合肥:黄山書社,2000:18－19.

是天主所造，則天主在西方，中國的大地中心地位就要受到威脅。所謂天主耶穌於漢元壽二年降生之説，也純屬荒唐怪誕：“若耶穌即是天主，則漢哀以前盡是無主之世界。”“設天果有天主，則覆載之内，四海萬國無一而非天主所宰制，必無獨主如德亞一國之理。獨主一國，豈得稱天主。”他進而又説，湯若望等“非我族類，其心必殊”，倘若天下之人“知愛其器具之精工，而忽其私越之干禁”，則無異於“愛虎豹之紋皮，而豢之卧榻之内，忘其能噬人矣”。①

同時，他又斥責湯若望在《時憲曆書》封面上題寫“依西洋新法”五個字，認爲其目的是“藉大清之曆以張大其西洋，而使天下萬國曉然知大清奉西洋之正朔”，説湯若望借西洋新法陰行邪教，而“謀奪人國，是其天性，今呼朋引類，外集廣澳，内官帝掖，不可無蜂蠆之防”。按照傳統夷夏觀念，大地中央是中國，四面爲四夷狄，再向外就是野獸、野人了。現在野人居然前來威脅夷夏大防，爲了保持華夷的界限，免於“由夷變夏”局面的發生，楊光先甚至聲稱：“寧可使中夏無好曆法，不可使中夏有西洋人。”②因爲“無好曆法，不過如漢家不知合朔之法，日食多在晦日，而猶享四百年之國祚；有西洋人，吾懼其揮金以收拾我天下之人心，如抱火於積薪，而禍至之無日也”。③

他個人也坦然承認，與其説他在與西洋人争曆法，不如説是在翼聖道：“予以曆法關一代之大經，曆理關聖賢之學問，不幸而被邪教所擯絶，而弗疾聲大呼爲之救正，豈不大負聖門？故向以曆之法辟之。”④顯然，他的極端排外與他尊奉孔、孟之道是緊密地聯繫在一起的。在他的咒駡聲中，儒家倫理所受威脅清晰可見。

---

① （清）楊光先. 不得已[M]. 合肥：黄山書社，2000：28.
② （清）楊光先. 不得已[M]. 合肥：黄山書社，2000：79.
③ （清）楊光先. 不得已[M]. 合肥：黄山書社，2000：79.
④ （清）楊光先. 不得已[M]. 合肥：黄山書社，2000：54.

3. 已經造成的危害

這些威脅有的已經變成了現實。首先,西方傳教士在中國行動非常自由:“茲滿漢一家,蒙古國戚,出入關隘,猶憑符信以行,而西洋人之往來,反得自如而無譏察,吾不敢以爲政體之是也。”①“目今僧道香會,奉旨嚴革,彼(傳教士——筆者注)獨敢抗朝廷。”②楊光先批評《時憲曆》上所寫的“依西洋新法”是違反儒學“名與器不可以假人”原則的:“今書上傳‘依西洋新法’五字,是暗竊正朔之權以予西洋,而明謂大清奉西洋之正朔也,其罪豈止無將已乎!……孔子惜繁纓,謂名與器不可以假人。”③其次,清政府和大臣對西人很寬容:“以數萬里不朝貢之人,來而弗識其所從來,去而弗究其所從去,行不監押之,止不關防之。”④

不僅如此,士大夫們也已經偏愛西人西學。在楊光先看來,西人西教壞我君父“二倫”,誘使中國人李祖白撰寫《天學傳概》背叛儒家、御史許之漸爲其寫序;傳教士湯若望推行新曆後,監内官員盡習西法,西曆權威漸立;湯若望事敗後,欽天監工作人員仍不配合楊光先:“全會交食七政四餘之法者,托言廢業已久,一時温習不起;止會一事者,又以不全會爲辭。目今考補春夏中秋冬五曆官,而曆科所送之題目,不以交食大題具呈,止送小題求試……無非欲將舊法故行錯謬,以爲新法留一恢復之地。”⑤面對諸人對舊曆的擯棄,楊光先哀歎道:“可謂只知有邪教,而不知有朝廷之法度矣。”⑥這些都表明,拘儒們已經深刻地感受到,隨著中西會通的深入,西人西教已經對傳統倫理造成了很大危害。

---

① (清)楊光先.不得已[M].合肥:黄山書社,2000:28.

② (清)楊光先.不得已[M].合肥:黄山書社,2000:6.

③ (清)楊光先.不得已[M].合肥:黄山書社,2000:36.

④ (清)楊光先.不得已[M].合肥:黄山書社,2000:13-14.

⑤ (清)楊光先.不得已[M].合肥:黄山書社,2000:88.

⑥ (清)楊光先.不得已[M].合肥:黄山書社,2000:87.

結語

正如楊光先所認識到的那樣,地圓説是西方曆法的根本支柱之一,西方曆法又與西方文化的核心基督教倫理相聯繫。“假以修曆爲名,陰行邪教。”①“新法之妄,其病根起於彼教之輿圖。謂覆載之内萬國之大地,總如一圓球,上下四旁布列國土,虛懸於太空之内。”②鑒於曆法對中國政治和文化生活的重要性,明末清初曆法改革勢在必行,而中國傳統科技卻已對此束手無策,引進先進的西方曆法是唯一選擇。引進曆法就必須引進地圓説,引進地圓説它就必然對傳統儒家倫理造成威脅。這就是西方宇宙論對儒家倫理造成威脅的内在機制。

這其實是一個包括科學技術在内的儒家文化要不要改進和怎樣改進的問題。聯繫到明末清初中國社會對西學的三種態度——以徐光啓爲代表的依據西學標準改造儒學並實現二者的會通,以康熙爲代表的“節取其技能,禁傳其學術”而實現二者的會通,以楊光先爲代表的將西學拒之門外——可以看出,楊光先純潔儒學、保衛傳統的動機是好的,但他對中國和世界關係的判斷是不正確的,他的想法只是一種理想化的一廂情願,在現實生活中是做不到的。再聯繫近代史上中國對西方學術從全面抵抗到有選擇地吸收再到幾乎全盤吸收的歷程和後來傳統文化缺失的事實,我們認爲,楊光先的態度是不現實的,康熙的態度是實現不了的,徐光啓的態度是可取的。

四、明末清初的科學話語空間

關於明末清初中西會通過程中西方科學對中國科學和文化的

① （清）楊光先. 不得已[M]. 合肥：黄山書社,2000：5.
② （清）楊光先. 不得已[M]. 合肥：黄山書社,2000：53.

影響的評價,肯定與否定兩種觀點争論非常激烈。[①] 中西會通之後,西方科學以何種形式在中國存在? 肯定派與否定派的争論根源是什麽? 這都是其中還没有解決的問題。本文試圖從私人話語空間和公共話語空間之分野的角度對此作一探索。

(一) 兩種科學話語空間並存的事實

科學話語空間是指發表科學言論的平臺。它可以是一個具體場所,如會議室;也可以是科學話語載體,如印刷的書籍;還可以是

① 何兆武認爲:"耶穌會的世界觀與思想方法對中國的科學與思想不可能起到積極的作用。"(中西文化交流史論[M]. 北京: 中國青年出版社,2001: 3). 葛兆光認爲:"直到明清兩代西洋知識、思想與信仰逐漸有一個加速度進入中國,中國才又一次真正受到了根本性的文化震撼。"〔中國思想史[M](第2卷): 七至十九世紀中國的知識、思想與信仰[M]. 上海: 復旦大學出版社,2001: 328 - 329、343. 〕江曉原2002年認爲何兆武觀點没有道理(參見: 仲偉民. 從知識史的視角看明清之際的"西學東漸"[J]. 文史哲,2003年第4期: 34 - 40.)仲偉民認爲"知識的巨大差距導致中西之間缺乏溝通的橋樑和對話的基礎,加之傳教士特殊的身份和使命,也決定了不可能指望他們傳入系統的西方近代科學知識。因此,明清之際西學對中國的影響是有限的",對葛兆光提出質疑:"中國傳統的知識、思想與信仰在被西洋知識'震撼'後,到底發生了怎樣的變化或者説有了怎樣的後果? 影響範圍到底有多大? 葛先生只是説'坍塌'了,那麽'坍塌'了之後就無聲無息了呢,還是導致中國發展的新趨向?"並希望江曉原"如果江先生不僅從天文學的角度,而且能從多角度來論證,可能會更有説服力"。(同上)江曉原再次論證西方天文學對中國的積極作用(論耶穌會士没有阻撓哥白尼學説在華傳播——西方天文學早期在華傳播之再評價[J]. 學術月刊,2004年12期: 100 - 109)。馬來平論證了西方科學對中國的整體積極作用(利瑪竇科學傳播功過新論[J]. 自然辯證法研究,2011年2月: 108 - 115)。湛曉白、黄興濤和王記録的研究可作爲對仲偉民關於"多角度來論證"要求的一個答覆〔湛曉白、黄興濤. 清代初中期西學影響經學問題研究述評[J]. 中國文化研究,2007年春之卷: 68 - 81. 王記録. 清代官方史學與西學——兼談西學對清代學術文化的影響程度[J]. 河南大學學報(社會科學版),2008(11): 101 - 106. 〕

一種心理狀態,如對某種科學思想的信奉,對與之有關的某種文化傳統或意識形態要求的順從,等等。科學話語空間的主要因素是話語權力,它規定哪類人有權在某一場所公開發表科學言論或思想話語,在某一制度規定或文化要求下哪些可以説,哪些不能説。明末清初的科學話語空間可分爲公共話語空間和私人話語空間,在對科學話語權力的要求上,前者嚴格一些,後者寬鬆一些。這導致兩種空間中的科學話語表現出很强的修辭性。

1. 兩種科學話語空間中的傳教士

明末,傳教士陰行傳教,公開傳播科學技術,這體現了兩種話語空間的區别。傳教士在公共話語空間中以科學技術專家自居,但是在私人話語空間中注重天主教義,排斥科學話語。現舉兩例加以説明。第一個是熊三拔與徐光啓的私人交往中的一個典型事例。徐光啓《〈泰西水法〉序》記載:“問以請(水法)於熊(三拔)先生,惟惟者久之。察其心神,殆無吝色也,而顧有怍色。”①徐光啓將熊三拔開始不願傳授泰西水法的原因歸結爲熊三拔怕别人把他視爲身份低微的工匠。此外,通過對當時歷史的進一步考察,我們知道,那時耶穌會内部曾經有不能傳授科技而只許傳播天主教義的規定,熊三拔也應該知道這一規定,所以很猶豫。不過我們可以從中看到傳教士在兩種話語空間中不同的心態和行爲表現。第二個是畢方濟與方以智的交往中的一個事例。他曾經仔細研究過《天學初函》,據他回憶:“頃南中有今梁畢公。詣之,問曆算、奇器,不肯精言。問天事,則喜。蓋以《七克》爲理學者也,可以爲難。”②“西學”對方以智的思想形成起了至爲關鍵的作用。在這二

① 徐宗澤.明清間耶穌會士譯著提要[M].上海:上海書店出版社,2006:242.

② (清)方以智.膝寓信筆,轉引自:李天綱.跨文化的詮釋[M].北京:新星出版社,2007:104.

位的交往中,畢方濟“(方以智)問曆算、奇器,不肯精言。問天事,則喜”,這一表現也充分説明他在兩種話語空間有不同的心態和行爲表現。

2. 兩種話語空間中的帝王和士大夫

關於天人感應的問題,康熙皇帝本人在公共話語空間與私人話語空間中有不同表現。白晉記載:“欽天監有一個特殊房間,這個房間只爲一切重大事件選擇時間和地點……康熙皇帝在原則上要求欽天監行使這個職能。可是他卻利用各種機會對我們流露了那種觀測毫不足信的意思。皇上個人的事情,實際上是把皇上的聖意,明確地通知欽天監,一切都由皇上自己做出決定。比如皇帝的長子結婚的時候,所有候選者,誰最適合作皇子之妃一事,按慣例屬於欽天監的職權範圍應由該部門決定。但欽天監卻接到了令其推舉皇上自己預先選定的一位貴族小姐的旨意。皇上要巡幸某地時,也採用同樣的辦法。欽天監認爲適當的日子和皇上決定啓駕的日子是完全一致的。”①這説明他已不信天人感應,但還是利用這一觀念爲其政治服務。

清初,梅文鼎在被康熙召見前後對西學的態度形成了對比。他在前期傾向於減弱中西差異,贊成中西擬同論,後期强調中西差異,轉而贊同西學中源説,其目的都包含了爲學習西學提供理由。這也説明他在私人話語空間和公共話語空間中對西方曆算之學有不同態度。被召見前,他只是一介布衣,可以憑自己的經驗和體會發表意見,被召見後,他便成了舉國皆知的公共人物,其言論就要遵守公共話語空間的規則。一直是布衣科學家的王錫闡也是這樣。王錫闡的早期作品《圜解》還用西方數學的圖形,模仿西方數學的表述方式,到康熙教案時期所著的《曉菴新法》要在公共話語空間被檢驗時,就改爲全是文字叙述。梅瑴成的私人著作與國家

---

① (法)白晉.康熙皇帝[M].哈爾濱:黑龍江人民出版社,1981:45.

專案中對河圖洛書的不同處理也説明了這一問題。其私人著作《赤水遺珍》中已不再收入河圖洛書,而他任主要編著者之一的《數理精蘊》仍然收入了河圖洛書。稍後,江永堅持西學先進性而被攻擊,汪萊堅持西學先進而被乾嘉大佬們疏遠。戴震進京後對西方數學的態度也發生了變化:進京前認爲西學是其學術的基礎和骨乾,進京後諱言西學。這都説明了士大夫中間兩種話語空間的存在。

另外,入教士大夫也存在兩種話語空間。比如,徐光啓口頭上説用西學補儒易佛,其私下裏卻把補充變成了改造,是用西學改造儒學。他在做國家項目《崇禎曆書》時,拿西方先進的知識方法解決中國現實社會中的問題,而寫私人著作《勾股義》時拿西方數學基本原理改造中國的勾股之學。這都説明中西數學會通時期,私人和公共話語空間是存在的。這兩種話語空間對西方學術因素在中國文化中的潛伏起了很大作用。在國家或集體性大型學術項目中,主流觀點是西學中源説,對傳統學術推崇備至;而大人物私人著作或影響不大的個人著作對西人西學則讚賞有加,對傳統學術多有不滿。

(二) 兩種話語空間的形成原因及其演變

1. 政治統治的需要

這一現象形成的主要原因之一是清朝政府截取西人技能、禁傳其學術的高壓政策的實施,清初政府“尊朱黜王”文化政策和傳統文化中夷夏大防觀念的潛移默化作用。

雖然清初皇帝都尊崇程朱理學,但是他們只是把理學當作一種政治意識形態,閹割理學。在他們心目中,“理學之書,爲立身之本,不可不學,不可不行”,①而這裏的“學”和“行”要相符:“朕見

① 中國第一歷史檔案館整理. 康熙起居注[M]. 第3冊,北京:中華書局,1984:2222.

言行不相符者甚多,終日講理學,而所行之事全與其言悖謬,豈可謂之理學?若口雖不講,而行事皆與道理吻合,此即真理學也。"①"從來道德、文章原非二事,能文之士,必須能明理,而學道之人亦貴能文章。朕觀周、程、張、朱諸子之書,雖主於明道,不尚詞華,而其著作體裁簡要,析理精深,何嘗不文質燦然,令人神解義釋。至近世則空疏不學之人,借理學以自文其陋。"②

他其實是在强調,對於學理學的臣民來説,最重要的是要對他忠誠,至於理學的本意是什麼則是次要的問題:"道學之人,惟當以忠誠爲本。"③"道學之士,必務躬行心得。"④當然,他也論證了程朱理學的理與忠君愛國的一致性:"至於忠君愛國之誠,動静語默之敬,文章言談之中,全是天地之正氣,宇宙之大道。"⑤而其餘的就是假道學。正像朝鮮人的《熱河日記》所記載:"清人入主中國,……其所以動遵朱子者非他也,騎天下士大夫之項扼其咽而撫其背。"⑥

2. 民族主義的膨脹

民族主義的膨脹也是造成兩種科學話語空間的一個原因。滿清"夷族"入主中原,士大夫們在政治上憋了一口氣,内心充滿了

① 中國第一歷史檔案館整理. 康熙起居注[M]. 第2册. 北京:中華書局,1984:1089.

② 中國第一歷史檔案館整理. 康熙起居注[M]. 第2册. 北京:中華書局,1984:1313.

③ 清聖祖實録[M]. 卷一六三,轉引自:吴伯婭. 康雍乾三帝與西學東漸[M]. 北京:宗教文化出版社,2002:94.

④ 中國第一歷史檔案館整理. 康熙起居注[M]. 第2册. 北京:中華書局,1984:879.

⑤ 章梫. 康熙政要[M]. 卷十六. 北京:中共中央黨校出版社,1994:295.

⑥ (朝鮮)樸趾源. 熱河日記之審勢篇,轉引自:葛兆光. 中國思想史[M]. 第二卷. 上海:復旦大學出版社,2009:394.

不滿和怨恨,只好把這些轉化爲對“文學侍從”們的厭惡。方苞是康熙的“文學侍從”,也是李光地的密友,1695年秋,他記録了自己與李光地一並被人罵的情景,説:“余卧疾塞上,有客來省。言及故相國安溪李公,極詆之。余無言,語並侵余。”“(李)公在位時,衆多誚公。既殁,詆訐尤甚。”①

但是他們還有一線找到自尊的希望,那就是做帝王之師。然而漢族士大夫能够教皇帝程朱理學,卻不能教皇帝科技實學,欽天監監正的寶座上坐的是西洋人。黄宗羲“使西人歸我汶陽之田”的呼籲就是其想奪取欽天監權利的最好的證據:“余昔屏窮壑,雙瀑當窗,夜半猿啼倀嘯,布算簌簌,自歎真爲癡絶。及至學成,屠龍之伎,不但無用,且無可語者,漫不加理。今因言揚,遂當復完原書,盡以相授;言揚引而伸之,亦使西人歸我汶陽之田也。”②

這當然都會刺激漢族士大夫的民族自尊心。雙重的刺激促使他們在科學的公私話語空間中言行不一致,以至於出現其在私人話語空間佩服西方科學,而在公共話語空間貶低西方科學、甚至打壓西方科學和替西方科學説公道話的中國士人的現象。

(三)西方科學在公共話語空間中的建構和在私人話語空間中的潛伏

科學公共話語空間有很强的社會建構性和修辭性,不够真實,這可以從《明史・曆志》對西方曆算學源自中國説的定稿過程看出來。

從官方話語的建構者本人的思想觀點看。據韓琦先生研究,與《明史・曆志》編纂有關的經過大致如下:梅文鼎《曆志贅言》

① (清)方苞.方苞集[M].上海:上海古籍出版社,1983:686.

② 沈善洪主編.黄宗羲全集[M].第10册.杭州:浙江古籍出版社,1993:35-36.

(1679)——吴任臣《曆志稿》(1683)——黄百家、黄宗羲等人改正的《曆志稿》(1689年稍前)——湯斌《湯潛庵先生分纂明史稿》(1688年田蘭芳序)——梅文鼎"明史曆志擬稿"(1689年稍後)——梅文鼎修訂吴任臣稿(1691)——王鴻緒《横雲山人明史稿》(1723)——梅瑴成等人改定的《明史·曆志》。[①]《明史·曆志》主要是梅文鼎、黄宗羲撰稿、修訂,黄百家、梅瑴成整理而成。其中,只有《曆志》最後一段是西學中源説:"……蓋堯命羲、和仲叔分宅四方,義仲、義叔、和叔則以隅夷、南交、朔方爲限,獨和仲但曰'宅西',而不限以地,豈非當時聲教之西被者遠哉。至於周末,疇人子弟分散。西域、天方諸國,接壤西陲,非若東南有大海之阻,又無極北嚴寒之畏,則抱書器而西征,勢固便也。甌羅巴在回回西,其風俗相類,而好奇、喜新、競勝之習過之……"[②]這段話給人以勉强添上去的感覺。韓琦先生的研究證明果然是這樣:"這段文字,均未見於黄百家和王鴻緒的書中,而見於梅瑴成的《操縵卮言》'明史曆志附載西洋法論',因此上述這段話由梅瑴成補入,應無疑問。"[③]其餘部分都是"揚西抑中"之論,對冷守忠、魏文魁極盡批評之能事,整體上很不協調。

這樣看來,在梅瑴成之前參與曆志纂寫的人,其私人話語空間中的西學中源説思想没有他那樣濃烈,而他與康熙皇帝的關係及他在清朝中前期政府中的地位使其觀點佔據了官方話語權,其中

---

① 參見:韓琦.從《明史·曆志》的纂修看西學在中國的傳播,載:科史薪傳——慶祝杜石然先生從事科學史研究40周年學術論文集[C].瀋陽:遼寧教育出版社,1997:61-70.

② (清)張廷玉.明史·志第七·曆一[Z].卷三十.北京:中華書局,1997:173-174.

③ 韓琦.從《明史·曆志》的纂修看西學在中國的傳播,載:科史薪傳——慶祝杜石然先生從事科學史研究40周年學術論文集[C].瀋陽:遼寧教育出版社,1997:61-70.

中外矛盾、政治統治需要、文化上的民族主義都在西學中源説的建構過程中起到了關鍵作用。就這樣,由於公共話語空間的建構完成,明末清初對待西學的三種態度①就逐漸合爲一種,即西學中源。

前已述及,西方科學更真實地存在於私人科學話語之中。此外,《野叟曝言》《鏡花緣》等民間文學已經對西方宇宙觀念和天文曆算學有所表述,這也説明了西方科學流傳之廣和影響之大。只是這些話語者在公共話語空間的話語權有限,這些話語處於潛伏狀態。

結語

兩種科學話語空間的研究揭示了中西數學會通對傳統文化的重大影響在私人科學話語空間表現得更真實。《明史・曆志》《疇人傳》《四庫全書》和《數理精蘊》等正史和名著恰恰是一種社會建構的結果,其關鍵編纂者都是西學中源説的持有者,他們學術範式的價值觀和形而上學部分充滿了民族主義和愛國主義的成分。這些人又是當時學術界的大腕,把持了當時的公共話語權力,其影響不可低估。如果上述著作由徐光啓、薛鳳祚、江永、淩廷堪等人來寫,其面貌肯定是另一種樣子。

① 三種態度是指:1. 開放態度,全面會通,代表人物爲利瑪竇——徐光啓——湯若望——南懷仁——李祖白——梅文鼎(見康熙之前)——江永——戴震(進京之前)——趙翼;2. 折中態度,節取其技能,禁傳其學術,代表人物爲熊明遇——方以智——黄宗羲——薛鳳祚——王錫闡——梅文鼎(見康熙之後)——梅瑴成;3. 保守態度,全面拒斥西學,代表人物爲沈㴶——魏文魁——楊光先——楊燝南.

結　語

自從“五四”時期“賽先生”被請來中國以後,很多事情都以其爲標準,關於數學史的很多已有研究也不例外。於是産生了西方數學對中國傳統數學、傳統文化的“質疑”“批判”“衝擊”“肢解”等等。與之並存的還有另一個説法,即傳統文化精華與糟粕並存,其中的糟粕又往往與算命等所謂傳統數學中的“内算”聯繫在一起。精華與糟粕到底如何並存？這種情況是怎樣轉變的？在當前新文化建設和國學復興中,這些問題都是不能回避的。

關於中國數學史的研究,國際著名數學家、數學史家吴文俊先生提出“古證復原”思想：在爲古代數學中僅存結論補充證明時,要“符合當時本地區數學發展的實際情況”,不要“憑空臆造”和“人爲雕琢”。[①] 美國學者柯文(Paul A. Cohen)先生宣導關於中國歷史研究的“中國中心觀”取向:“鑒别這種新趨向的主要特徵,是從置於中國歷史環境中的中國問題著手研究。”[②]美國科學史家、科學哲學家庫恩也提出與之相關的科學史研究“範式”理論,法國史學家、哲學家福柯提出“知識考古學”思想。本研究借鑒這些思想、方法,進一步推進“古數復原”思想：尊重當時中國傳統數學

---

① 吴文俊. 吴文俊文集[M]. 濟南：山東教育出版社,1986：54.

② （美）柯文. 在中國發現歷史——中國中心觀在美國的興起[M]. 林同奇譯. 北京：中華書局,2002：170.

“内算”與“外算”相互交織的歷史事實,[①]尊重當時數學家會通中西數學的强烈願望及其心理體驗,尊重當時數學與傳統文化其他方面(如儒學“理”的觀念)的固有聯繫,進而研究中西數學會通的狀況及中國傳統數學、傳統文化通過與西方會通後發生的嬗變。如果説李儼、錢寶琮二老將傳統數學在“一窮二白”的狀況下用現代數學的語言主要復原了《九章算術》的數學傳統,吴文俊先生主要復原了這一傳統的證明過程和思維方式,我們的目的則主要是復原傳統數學的整體結構及其與傳統文化其他方面的天然聯繫。

一、中西數學會通

中西數學會通源自徐光啓曆法改革的計劃。徐光啓等人首先對中西曆算進行了比較:

> 蓋大統書籍絶少,而西法至爲詳備,且又近數年間所定,其青于藍,寒于水者,十倍前人,又皆隨地異測,隨時異用,故可爲目前必驗之法,又可爲二三百年不易之法,又可爲二三百年後測審差數因而更改之法。又可令今後之人循習曉暢,因而求進,當復更勝於今也。[②]

顯然,他認爲西方曆法優於中法。於是他針對曆法改革,提出中西會通[③]的思想:

> 臣等愚心,以爲欲求超勝,必須會通,會通之前,先需翻

---

① 宋芝業、劉星.關於古代術數中内算與外算易位問題的探討[J].周易研究,2010(2):88-96.

② (明)徐光啓.徐光啓集:下[M].上海:上海古籍出版社,1984:374.

③ 通過對徐光啓思想和著作的研究,可知他的會通思想來自傳統文化。《易經·繫辭上》的“會通”含義爲:“聖人有以見天下之動,而觀其會通。”劉勰《文心雕龍·物色》:“物色盡而情有餘者,曉會通也。”可見,會通是融會貫通、彼此合一的意思。

譯……翻譯既有端緒,然後令甄明大統、深知法意者,參詳考定,鎔彼方之材質,入大統之型模;譬如作室者,規範尺寸,一一如前,而木石瓦甓悉皆精好,百千萬年必無敝壞。即尊制同文,合之雙美,聖朝之巨典,可以遠邁百王,垂貽永世。且於高皇帝之遺意,爲後先合轍,善作善承矣。[①]

當然,這一思想同樣適用於數學領域,他還設想了度數旁通[②]十事,[③]認爲一切富民强國事務的基礎是數學:"《幾何原本》者,度數之宗,所以窮方圓平直之情,盡規矩準繩之用也……蓋不用爲用,衆用所基,真可謂萬象之形囿,百家之學海。"[④]由於中西數學概念差異較大,他所謂的"旁通"也多被後人理解爲"會通",當時的會通實踐和理論證明了這一點。中國傳統數學需要與西方數學會通,而"會通之前,先需翻譯",梅文鼎則認爲翻譯的過程中也包括會通:"幾何不言勾股,然其理即勾股也。此言勾股,西謂之直角三邊形,譯書時未能會通。"[⑤]如此看來,會通的本意爲融會貫通、彼此合一,翻譯、會通、超勝是曆法改革的三個步驟,翻譯是前提,會通是手段,超勝是目標。

徐光啓提出的曆法改革"翻譯——會通——超勝"三個步驟的思想得到了許多中外人士的積極回應,並從曆法改革擴展到幾

① (明)徐光啓. 徐光啓集:下[M]. 上海:上海古籍出版社,1984:374-375.

② 其實"旁通"也是傳統觀念,《周易·乾卦·文言》云:"六爻發揮,旁通情也。"其本意"系指兩個陰陽爻完全相反的卦",引申爲對原理相同的物件,舉一反三,做相似處理。

③ (明)徐光啓. 徐光啓集:下[M]. 上海:上海古籍出版社,1984:337-338.

④ (明)徐光啓. 徐光啓集:上[M]. 上海:上海古籍出版社,1984:75.

⑤ (清)梅文鼎. 用勾股解幾何原本之根[M]. 叢書集成初編·勿庵曆算書目. 北京:中華書局,1985:36.

乎整個學術領域。“‘會通中西’的理想,存在於有清一代的‘經學’和‘漢學’之中,清末仍在發揚。”①中西會通幾乎成了此後幾百年中國學術研究的範式,其研究過程通稱“中西會通”,研究目標被喻爲“超勝之夢”。

通過研究較有影響的數學史著作對明末清初數學的討論,②我們發現,在中西數學之間關係的定性問題上,已有研究存在可商榷之處,那就是其多持一種“衝擊論”③,即西方數學首先是“傳入”“東漸”或“輸入”,然後就對中國數學産生了“衝擊”。我們以影響

---

① 李天綱.跨文化的詮釋[M].北京:新星出版社,2007:135.

② 宋芝業.明末清初中西數學會通與中國傳統數學的嬗變[D].山東大學博士論文,2010:343-344.

③ 筆者收集了1980年至2008年間所出版的、涉及明末清初西學東漸的研究著作書目約300部。這約300部著作大多涉及數學,或其本身就是數學著作,其中題目涉及中西文化關係的著作有38部,參見宋芝業博士論文《明末清初中西數學會通與中國傳統數學的嬗變》,山東大學,2010年,第365頁。關鍵字檢索結果如下:“交流”18部,“東漸”6部,“交通”3部,“衝撞”3部,“傳播”3部,“交彙”“歐化”“西化”“輸入”和“相遇”各1部。可以看出,除了一部著作副標題出現“會通”一詞(商務印書館2007年版沈定平所著《明清之際中西文化交流史——明代:調適與會通》一書)外,没有著作出現該詞。而沈定平先生這部著作的大小標題中,卻没再出現會通一詞,而頻頻出現“交流”一詞。其中没有對會通思想起源、發展過程的論述,没有對會通思想内涵、外延的討論。這與明末清初學者著作關鍵字的選取是不一致的,在明末清初數學著作數量和品質上,會通類著作與本土著作相比,都占了絶對優勢。當然,我們只是對著作題目中的關鍵字進行了檢索,只能從研究主線這一視角做判斷,並不能涵蓋各種著作的全部内容。比如尚智叢先生曾著《明末清初(1582—1687)的格物窮理之學:中國科學發展的前近代形態》(四川教育出版社,2003),其第四章就論述了明末清初的認識論會通。與其他關鍵字相比,“會通”更能體現學術的原生態。上述關鍵字作爲一種視角是可以的,也是必要的,但如果是作爲一種對明末清初中西數學關係或中國數學發展主流性質的概括,則是不準確和不恰當的,恰當而準確的概括應該是中西數學“會通”。

巨大的李約瑟《中國科學技術史》第三卷《數學》(科學出版社,1978)爲例作一分析。

《中國科學技術史·第三卷·數學》没有與這一時期有關的專題。它研究的是中國傳統數學科學文化的整體,對明末清初的會通關鍵期的論述只是散見於其著作之中,没有專論。雖然其"標題十"稱"影響和交流",其觀點卻可作衝擊論的典型代表:"隨著十七世紀初耶穌會傳教士的到達北京,本書所感興趣的那個可稱爲'本土數學'的時期即告結束。"①其實中國外算(即算法數學)並没有立即結束,相反,在清朝中期,隨著傳統外算著作《算經十書》的挖掘整理和重新出版,傳統算法數學大放光明,並且與西方數學進一步會通,還出現了豐富多彩的景象:以中國天元術貫通西方的列方程解應用題,以西方的借根方貫通中國的列方程解應用題,等等。先生對西方數學與中國數學之間關係的看法值得商榷。"由於本土科學的衰退以及對耶穌會傳教士帶進來的'阿爾熱巴拉'的高度熱情,中國古代代數學就被忽視了。"②前半句是對的,但是後半句就有問題了,實際情況應該是,一開始徐光啓等人就提出了中西數學會通的思想,並進行了會通實踐。西方數學刺激了中國數學的復興——如天元術的重新發現、《算經十書》的挖掘整理和重新出版,並與之進行了進一步會通,戴震等人算學著作的西方精神和中國形式即爲其例證。研究發現,其他著作的情況也不理想。

如此看來,錢寶琮先生的"一貫主張"——"不僅弄清楚每件歷史事實究竟是怎麽一回事,而且要弄清楚中國數學是怎樣發展

① (英)李約瑟. 中國科學技術史:第三卷·數學[M]. 北京:科學出版社,1978:114.

② (英)李約瑟. 中國科學技術史:第三卷·數學[M]. 北京:科學出版社,1978:116.

過來的,爲什麽會是這樣發展的?"並没有得到很好的實現,我們還需要做"大量深入細緻的研究工作"。①

明末清初數學著作本身更多地强調會通。我們通過對明末清初數學原著的文本分析發現,②該時期 60 部主要數學著作中,會通著作有 40 部,其中外算 36 部,内算 4 部;流傳較廣的傳統數學著作有 4 部;這一時期産生的珠算著作爲 10 部、内算著作爲 6 部。本研究所涉及的明末清初數學原著和其他著作,在談到西學與中學的關係和如何對待西學時,幾乎異口同聲地提出中西會通。與中西數學、文化"交流"相比,中西"會通"强調的不再是兩個不同的學術形態,而是對交流後新形態的追求。當然,這種追求的成果,即"歸一"後的狀況,並不盡如人意。不過,套用庫恩的範式不可通約性理論,我們會發現,會通數學與中國傳統數學、西方古代數學、近現代數學,都不屬於同一範式,是一種獨立形態。

與西學"東漸"、西學"輸入"相比,中西"會通"强調的是中國人接觸西學時的主動性和能動性。中國數學有很多優點,比如計算上有時很簡便,三角形面積的簡便求法爲把一個較大角度的兩個邊分别作爲底和高,求積後再取其一半;再比如,算盤計算速度很快,準確性也很好。田淼女士研究表明:"在他(顧應祥,1483—1565,字惟賢,號箬溪,王陽明弟子、思想家、數學家——筆者注)的另一部著作《勾股算術》之首,他給出了勾、股、弦及由其和差關係導出的 13 種名詞的定義,此後他又列出了若干一般性公式。全書體例與其他古算書有明顯的不同,且帶有明顯的理論化傾向。"③

---

① 梅榮照. 明清數學史論文集[M]. 薄樹人序,南京: 江蘇教育出版社,1990: 1.

② 宋芝業. 明末清初中西數學會通與中國傳統數學的嬗變[D]. 山東大學博士論文,2010: 89 - 143,235 - 252.

③ 田淼. 中國數學之西化歷程[M]. 濟南: 山東教育出版社 2005: 6.

雖然這種“理論化傾向”不能與西方成熟了一千多年的形式邏輯和公理化思想相比,但是從徐光啓著作中對顧氏的多次引用來看,這種“理論化傾向”是爲中西數學會通做了理論準備的。

當然,這種主動性有時也表現爲局限性。如笛卡爾解析幾何、牛頓物理學、符號代數都曾“漸”過來,有一批數學著作傳入了,而礙於認識水準和學術興趣等因素,中國人對其並沒有會通,甚至没有翻譯。

與西學“輸入”相比,中西“會通”還强調,不僅拿來,還要消化吸收。明末清初的數學家,如王錫闡、梅文鼎和明安圖等人,在批判傳教士傳入數學知識中錯誤的同時,也爲傳教士傳入數學結論補充證明過程。

伴隨數學會通過程的西學中源説,不只是民族情緒和愛國精神支配下的産物,而且還與當時“關聯式思維”和“宇宙模擬”等認知因素有關。數學家們也承認非中源之西學,如梅文鼎説“今則假對數以知本數,不用乘除,唯憑加減,術之奇也,前此無知者”。[1]年希堯説:“迨細究一點之理又非泰西所有,而中土所無者。凡目之視物,近者大,遠者小,理由固然……由此推之萬物能小如一點,一點亦能生萬物。”[2]這都是公平之論。

二、傳統數學和理學的“嬗變”

在會通思想的指導下,會通性著作出現了爆炸式發展。相比較來看,在著作數量上,與會通類著作相比,本土著作微乎其微;在

① (清)梅文鼎.用勾股解幾何原本之根[M].叢書集成初編·勿庵曆算書目.北京:中華書局,1985:28.

② 任繼愈.中國科學技術典籍通彙:數學·卷四[M].鄭州:河南教育出版社,1993:712.

著作品質上,會通著作至今還大量流傳,而本土著作大多蹤跡難覓;在撰著者對自己作品的態度上,會通著作作者幾乎全部將自己的大名署上,①而本土著作大多"佚名";在著作内容上,會通類著作大多冠以傳統數學的名詞術語,用西方數學形式邏輯和公理化體系組織材料,研究的是傳統數學鼎盛時期即唐、宋、元三朝的外算内容,而本土著作大多局限於算盤的計算技巧。

中西數學會通導致了傳統外算復興。在數學會通思想的刺激下,梅文鼎首先寫出了《方程論》(約1672年),其孫梅瑴成接著用西方借根方解讀中國天元術,使湮没不彰二百多年的傳統數學高峰之一重放光明。戴震等人緊隨其後,發掘整理了傳統數學瑰寶《算經十書》——《周髀算經》《九章算術》《海島算經》《孫子算經》《五曹算經》《五經算術》《夏侯陽算經》《張丘建算經》《輯古算經》《數術記遺》,並於1777年出版,"是中國歷史上第一次正式出現《算經十書》的名稱"。②

與外算復興相伴隨的是人們價值觀念上内算與外算的易位。明末的數學發展情況,徐光啓的概括最好:"算數之學特廢于近世數百年間爾。廢之緣有二:其一爲名理之儒土苴天下之實事;其一爲妖妄之術,謬言數有神理,能知來藏往,靡所不效。卒於神者無一效,而實者亡一存。"③即外算衰落,内算泛濫,有志之士救天乏術:"一法立,百弊生,空有願治之心,恨無必治之術。"④而到了清初、中期,以阮元爲代表的外算學者自稱爲"步算一家",在中國歷史上首次專門而系統地爲外(步)算家樹碑立傳,而將以邵雍爲

① 目前來看,只有早期著作《西鏡録》作者待考.

② 郭書春、劉鈍校點.算經十書[M].瀋陽:遼寧教育出版社,1998:"本書説明"第二面.

③ (明)徐光啓.徐光啓集:上[M].上海:上海古籍出版社,1984:80.

④ (明)徐光啓.徐光啓集:下[M].上海:上海古籍出版社,1984:432.

代表的内算家放逐於“疇人”傳記以外,只以“經世務、類萬物”爲己任,摒棄了“通神明、順性命”這一傳統數術家的終極追求。

中西會通還導致了數學思維方式的變化。自從數學中引入“天主所創造萬物中圓形物最完美”這一觀念,並隨之講到天和地都是圓形,以及利瑪竇萬國全圖的引入和刊印,這些觀念就與傳統固有的觀念進行了程度不同的會通。其中,建立在形式邏輯、公理化體系之上的西方數學,其清晰性、明確性、精確性和有效性又加强了上述觀念的可信性。中國傳統數學思維方式當然不只是想像、模擬、聯想、頓悟等“關聯式思考”方式,也有比較、演繹、歸納和模型化等方式方法,但是,前者占有主導地位,特别是在内算領域。根據對會通性數學著作的研究,徐光啓、王錫闡、梅文鼎、杜知耕、明安圖等人,在著作中已經較好地運用了公理化方法,其他著作者也有意無意地進行了運用或模仿,如對所用概念進行定義,著作中出現了大量的西方數學圖形、公式和定理。

這進而引起了傳統數學所描述的“理”的變化。與内算外算易位相伴隨的,是傳統宇宙觀的變换和儒家倫理遭受威脅。傳統算學、宇宙觀念與儒家倫理三者是相關聯的,算學特别是内算的社會功能就是“尊德性”和“通神明”,主要探究宇宙結構、萬物來由以及社會倫理。後二者又有同構關係,也就是李約瑟所説的“關聯式思考”和“宇宙模擬”,其中宇宙觀念是核心,宇宙結構中的天地與社會中的人從結構到功能,都是同構的,天尊地卑的價值取舍也模擬到君臣、夫婦;化生萬物的陰陽也有如此關聯。傳統天圓地方和分野理論則與民族地位和社會各階層地位緊密關聯,位於方形大地中央的中國是萬國的核心,向外依次是夷狄和野獸。特别是傳教士的地位,根據這一理論至多算是野獸,而他們卻攜帶著高度發達的文明成果來到君主國耀武揚威,能不引起混亂嗎?天上的北極、地上的地中、國家的君主和家中的父親都是“陽”類,也是相互關聯的。在會通過程中,外算所描述的“物理”愈發彰顯,隨著

《時憲曆》的頒行,“至理”中的宇宙結構被置换。在此基礎上,萬物化生觀念受到衝擊,“宰理”比如三綱五倫受到威脅,因爲天圓地方結構這一基礎發生了變化。

上述變化還進一步引起了傳統數學在儒學體系中地位的“嬗變”。首先,外算著作得到了“儒經”的地位。唐、宋、元時期也曾有十部算經,但是那時還没有“算經十書”的整體名號,其中的《綴術》是純粹的内算著作,戴震等人所輯《算經十書》以内算意味不太濃重的《數術記遺》代之。再者,那時外算還是内算的附庸,是數術中的初等部分,大有附會之嫌,而現在外算成了數學的代表。其次,數學被公認爲經世致用之本。徐光啓較早提出了度數旁通十事,强調經世致用之學在儒學中的地位,並且認定數學是經世致用之學的基礎。如果説,那時還有劉宗周提出反對意見,認爲儒家以修身爲本,奇技淫巧於富國强兵之功不足爲道;如果説,清初劉宗周弟子黄宗羲已經主動參與數學會通時,楊光先等人還强調“如真爲世道計,則著至大至正之論,如吾夫子正心誠意之學,以修身齊家爲體,治國平天下爲用”,[①]對西方博聞和器具心存矛盾心理,承認其精工,又蔑視爲:“小人不恥、不仁、不畏、不義,恃其給捷之口,便佞之才,不識推原事物之理、性情之正。惟以辯博爲聖,瑰異爲賢。罔恤悖理,叛道割裂墳典之文而支離之。”[②]那麽,到了乾嘉時代,諸巨擘皆治天算之學,雖然在公共話語空間礙於意識形態而强調西學中源説,但在私人話語空間,多熱衷於中西會通,並且對中西數學孰優孰劣争論不休。最後,數學家社會地位上升。梅文鼎是最典型的例子,作爲中西數學會通的集大成者,在他身上也體

① (清) 楊光先. 辟邪論. 下[M],楊光先. 不得已(附二種)[M]. 合肥:黄山書社,2000:18-19.

② (清) 楊光先. 辟邪論. 下[M],楊光先. 不得已(附二種)[M]. 合肥:黄山書社,2000:23.

現了數學在儒家觀念裏的重要性。他雖然多次參加科舉失敗,主要以數學安身立命,但是仍然被汪中《國朝六儒頌》稱爲清朝六大儒之一。[①] 李光地等理學大家都争相向他學習會通性曆算。這一時期,幾乎每一個數學家都説學好數學是爲了國家,比如張雍敬就明確指出,學好數學是爲了報效皇帝,像梅文鼎那樣擁有皇帝的眷顧。乾嘉諸大佬都可稱爲大儒,雖説他們是兼治算學,但阮元的學生李鋭等人實際是以算學立身揚名。

就這樣,傳統數學不僅在結構上發生了巨大變化,它的描述物件"理"也隨之發生了很大變化。當然,由於中國人對理、器的不同態度和公共話語空間、私人話語空間的形成,這些會通結果在人們話語空間中的呈現程度是不同的。

① 梁啓超. 清代學術概論[M]. 上海: 上海世紀出版集團,2005: 11.

參考文獻

原始資料

1. (漢) 董仲舒. 春秋繁露[M]. 北京：中華書局,1991.
2. (漢) 司馬遷. 史記[M]. 二十五史本. 上海：上海古籍出版社,1986.
3. (宋) 鮑瀚之. 宋刻算經六種[M]. 北京：文物出版社,1980 年影印本.
4. (宋) 石介. 徂徠石先生文集[M]. 北京：中華書局,1984.
5. (宋) 程頤、程顥. 二程集[M]. 北京：中華書局,1981.
6. (宋) 朱熹. 朱子語類[M]. 清代康熙三十八年(1699)刻本.
7. (宋) 周密. 癸辛雜識[M]. 中華書局,1988.
8. (元) 李冶撰. 劉德權點校. 敬齋古今注[M]. 北京：中華書局,1995.
9. (明) 朱載堉. 聖壽萬年曆[M]. 欽定四庫全書(影印本). 第786 册. 上海：上海古籍出版社,1990.
10. (明) 徐光啓等. 新法算書[M]. 欽定四庫全書・子部.
11. (葡) 傅泛際譯義. (明) 李之藻達辭. 寰有詮[M]. 崇禎元年(1628)刻本.
12. (明) 李之藻. 天學初函[M]. 臺灣：臺灣學生書局,1978.
13. (明) 宋應星. 佚著四種[M]. 上海：上海人民出版社,1976.
14. (清) 談遷. 北遊録[M]. 北京：中華書局,1960.
15. (清) 楊光先. 不得已(附二種)[M]. 合肥：黄山書社,2000.

16.（清）方以智. 通雅[M]. 文淵閣四庫全書本.
17.（清）方以智. 物理小識[M]. 文淵閣四庫全書本.
18.（清）王錫闡. 曉庵新法[M]. 上海：商務印書館,1936.
19.（清）王錫闡. 曉庵先生文集[M]. 道光元年(1821).
20.（清）王錫闡. 曉庵先生詩集[M]. 光緒九年(1883).
21.（清）錢大昕. 潛研堂文集[M]. 上海：上海古籍出版社,1989.
22.（清）淩廷堪. 校禮堂文集[M]. 北京：中華書局,1998.
23.（清）薛鳳祚. 曆學會通[M]. 山東文獻集成・第二輯・第二十三册,濟南：山東大學出版社,2007.
24.（清）薛鳳祚. 薛氏世譜[M]. 1995.
25.（清）魏荔彤. 梅勿庵先生曆算全書[M]. 1723.
26.（清）梅文鼎. 績學堂詩文抄[M]. 合肥：黄山書社,1995.
27.（清）梅文鼎. 勿庵曆算書目[M]. 叢書集成初編,北京：中華書局,1985.
28.（清）劉獻廷. 廣陽雜記[M]. 北京：中華書局,1985.
29.（清）黄道周. 榕檀問業[M]. 景印文淵閣四庫全書,臺北：臺灣商務印書館,1986.
30.（清）黄宗羲. 明儒學案[M]. 北京：中華書局,2008.
31.（清）黄宗羲. 南雷集[M]. 四部叢刊本,上海：商務印書館,1929.
32.（清）黄宗羲. 沈芝盈點校. 明儒學案[M]. 北京：中華書局,1985.
33.（清）陸桴亭. 思辨録輯要[M]. 叢書集成初編,北京：商務印書館,1985.
34.（清）阮元等. 疇人傳[M]. 上海：商務印書館,1935.
35.（清）王士禛. 池北偶談[M]. 濟南：齊魯書社,2007.
36.（清）李錫蕃. 借根方勾股細草[M],刻於同治十年(1871),載：靖玉樹編勘. 中國古代算學集成[M]. 濟南：山東人民出版社,1994.
37.（清）杜知耕.數學鑰[M].開封榮興齋石印本,1916.
38.（清）全祖望.鮚埼亭集[M].上海：上海古籍出版社,2003.
39.（清）顧炎武.顧亭林詩文集[M].北京：中華書局,1983.
40.（清）康熙帝.朱批康熙與羅馬關係文書[M].臺灣：學生書局,1973.
41.（清）王先謙.東華録[M].影印版,上海：上海古籍出版社,2008.
42.（清）蔣良琪.東華録[M].北京：中華書局,1980.
43.（清）夏敬渠.野叟曝言[M].北京：人民文學出版社,1999.
44.（清）方苞.方苞集[M].上海：上海古籍出版社,1983.
45.（清）李光地.榕村續語録[M].北京：中華書局,1995.
46.（清）馬齊、朱軾.聖主仁皇帝實録[M].北京：中華書局,1985.
47.（清）允禄等.欽定協紀辨方書目録[M].四庫全書本.
48.（清）王夫之.思問録[M].濟南：山東友誼出版社,2001.
49.（清）荻岸山人著、李致中校點.新刻批評平山冷燕[M].瀋陽：春風文藝出版社,1982.
50.（清）金纓纂輯,汪茂和、潭汝爲譯注.白話格言聯壁[M].濟南：濟南出版社,1992.
51.（清）張廷玉等.明史[M].北京：中華書局,1974.
52.（意）艾儒略著、謝方校釋.職方外紀校釋[M].北京：中華書局,2000.
53.（意）利瑪竇著、朱維錚校點.利瑪竇中文著譯集[M].上海：復旦大學出版社,1995.
54.（意）利瑪竇.利瑪竇書信集[C]（上）.羅漁譯.臺北：光啓出版社・輔仁大學出版社聯合發行,1986.
55.（意）利瑪竇、（法）金尼閣.利瑪竇中國劄記[M].何高濟等譯. 北京：中華書局,2005.
56. (意) 利瑪竇口譯、(明) 徐光啓筆受. 幾何原本[M]. 叢書集成本. 北京：商務印書館,1939.
57. (意) 羅雅穀. 測量全義. 四庫全書・新法算書[M]. 文淵閣影印本.
58. (葡) 傅泛際譯義、(明) 李之藻達辭. 名理探[M]. 北京：三聯書店,1959.
59. 何寧. 淮南子集釋[M]. 北京：中華書局,1998.
60. 十三經注疏[M]. 北京：中華書局,影印本,1979.
61. 清聖主敕編. 數理精蘊[M]. 國學基本叢書. 上海：商務印書館,1946.
62. 清世宗實録[M]. 北京：中華書局,1985.
63. 世祖章皇帝實録[M]. 北京：中華書局,1985.
64. 聖祖仁皇帝實録[M]. 北京：中華書局,1985.
65. 康熙起居注[M]. 北京：中華書局,1984
66. 清史稿[M]. 北京：中華書局,1976.
67. 歸德府志[M]. 光緒十九年(1893)刻本.
68. 章梫. 康熙政要[M]. 北京：中共中央黨校出版社,1994.
69. 靖玉樹. 中國歷代算學集成[M]. 濟南：山東人民出版社,1994.
70. 任繼愈主編. 中國科學技術典籍通彙[M]. 數學卷,鄭州：河南教育出版社,1993.
71. 任繼愈主編. 中國科學技術典籍通彙[M]. 天文卷,鄭州：河南教育出版社,1993.
72. 吴相湘主編. 天主教東傳文獻[M]. 臺北：學生書局,1965.
73. 吴相湘主編. 天主教東傳文獻續編[M]. 臺北：學生書局,1966.
74. 吴相湘主編. 天主教東傳文獻三編[M]. 臺北：學生書

局,1972.
75. 上海市文物保管委員會主編. 徐光啓著譯集[M]. 上海: 上海古籍出版社,1983.
76. 何丙鬱、趙令揚. 明實録中之天文資料[M]. 下册,香港: 香港大學中文系,1986.
77. 中華書局編輯部. 歷代天文律曆等志彙編[M]. 北京: 中華書局,1975.
78. 郭書春、劉鈍校點. 算經十書[M]. 瀋陽: 遼寧教育出版社,1998.

研究文獻之中文部分

1. 劉大鈞. 周易概論[M]. 濟南: 齊魯書社,1986.
2. 劉大鈞、林忠軍. 周易古經白話解[M]. 濟南: 山東友誼書社,1990.
3. 李天綱. 跨文化的詮釋[M]. 北京: 新星出版社,2007.
4. 徐宗澤. 明清間耶穌會士譯著提要[M]. 上海: 上海古籍出版社,2006.
5. 徐宗澤. 中國天主教傳教史概論[M]. 上海: 上海土山灣印書館,1938.
6. 劉鈍. 大哉言數[M]. 瀋陽: 遼寧教育出版社,1993.
7. 胡適. 中國的文藝復興[M]. 北京: 外語教學與研究出版社,2001.
8. 楊國榮. 科學的形而上之維[M]. 上海: 上海人民出版社,1999.
9. 侯外廬主編. 中國思想通史[M]. 第四卷,北京: 人民出版社,1959.
10. 張維華. 明清之際中西關係簡史[M]. 濟南: 齊魯書社,1987.
11. 錢穆. 中國文化史導論[M]. 北京: 商務印書館,1994.

12. 馮友蘭. 中國哲學史[M]. 北京：中華書局,1961.
13. 余英時. 方以智晚節考[M]. 北京：三聯書店,2004.
14. 袁江洋. 科學史的向度[M]. 武漢：湖北教育出版社,2003.
15. 王錢國忠. 李約瑟研究的回顧與瞻望[M]. 上海李約瑟文獻中心編. 李約瑟研究. 第一輯,上海：上海科學普及出版社,2000.
16. 韓琦. 中國科學技術的西傳及其影響[M]. 石家莊：河北人民出版社,1999.
17. 中國科學院哲學研究所中國哲學史組、北京大學哲學系中國哲學史教研室編. 中國哲學史資料簡編[M]. 宋元明部分. 北京：中華書局,1972.
18. 中國天文學史整理小組. 中國天文學史[M]. 北京：科學出版社,1981.
19. 北京大學哲學和美學教研室編. 西方美學家論美和美感[M]. 北京：商務印書館,1980.
20. 尚智叢. 明末清初的格物窮理之學[M]. 成都：四川教育出版社,2003.
21. 張永堂. 明末清初理學與科學關係再論[M]. 臺北：學生書局,1994.
22. 吴文俊主編. 中國數學史大系[M]. 第七卷,北京：北京師範大學出版社,2000.
23. 白尚恕. 白尚恕文集[M]. 北京：北京師範大學出版社,2008.
24. 李儼. 中國數學史大綱[M]. 下册,北京：科學出版社,1958.
25. 李迪等. 中國數學史大系[M]. 副卷二,北京：北京師範大學,2000.
26. 陳衛平等. 徐光啓評傳[M]. 南京：南京大學出版社,2006.
27. 席澤宗、吴德鐸主編. 徐光啓研究論文集[C]. 上海：學林出版社,1986.
28. 孫宏安. 中國古代數學思想[M]. 大連：大連理工大學出版

社,2008.
29. 杜瑞芝主編. 數學史辭典[M]. 濟南: 山東教育出版社,2000.
30. 李國豪等主編. 中國科技史探索[M]. 上海: 上海古籍出版社,1986.
31. 王力等原著、蔣紹愚等增訂. 古漢語常用字字典[M]. 北京: 商務印書館,2005.
32. 李零. 中國方術正考[M]. 北京: 中華書局,2006.
33. 李零. 中國方術續考[M]. 北京: 中華書局,2006.
34. 方豪. 中國天主教人物傳[M]. 北京: 宗教文化出版社,2007.
35. 左玉河. 從四部之學到七科之學[M]. 上海: 上海書店出版社,2004.
36. 夏樹人、孫道杠編著. 中國古代數學的世界冠軍[M]. 重慶: 重慶出版社,1984.
37. 譚繼廉編. 中華科技世界之最[M]. 北京: 海洋出版社,1989.
38. 王文章、侯祥瑞主編. 中國學者心中的科學. 人文(科學卷)[M]. 昆明: 雲南教育出版社,2002.
39. 袁江洋、方在慶主編. 科學革命與中國道路[M]. 武漢: 湖北教育出版社,2006.
40. 林夏水. 數學哲學[M]. 北京: 商務印書館,2003.
41. 夏基松、鄭毓信. 西方數學哲學[M]. 北京: 人民出版社,1986.
42. 孫尚揚. 基督教與明末儒學[M]. 北京: 東方出版社,1994.
43. 陳垣. 陳垣學術論文集. 第一册,北京: 中華書局,1980.
44. 任道斌. 方以智、茅元儀著述知見録[M]. 北京: 書目文獻出版社,1985.
45. 劉岱總主編. 中華文化新論 · 學術篇 · 浩瀚的學海[M]. 北京: 三聯書店,1991.
46. 劉大椿、吴向紅. 新學苦旅(中國科學文化興起的歷程)[M]. 桂林: 廣西師範大學出版社,2003.

47. 吴伯婭. 康雍乾三帝與西學東漸[M]. 北京: 宗教文化出版社,2002,
48. 佟建華等. 中國古代數學教育史[M]. 北京: 科學出版社,2007.
49. 陳衛平. 第一頁與胚胎[M]. 上海: 上海人民出版社,1992.
50. 梁啓超著、朱維錚校注. 梁啓超論清學史兩種[M]. 上海: 復旦大學出版社,1986.
51. 梁啓超. 中國近三百年學術史[M]. 天津: 天津古籍出版社,2003.
52. 梁啓超. 清代學術概論[M]. 上海: 上海世紀出版集團,2005.
53. 田森. 中國數學的西化歷程[M]. 濟南: 山東教育出版社,2005.
54. 陳美東、沈法榮主編. 王錫闡研究論文集[C]. 石家莊: 河北科學技術出版社,2000.
55. 沈定平. 明清之際中西文化交流史——明代之調適與會通[M]. 北京: 商務印書館,2007.
56. 葛兆光. 中國思想史導論[M]. 上海: 復旦大學出版社,2009.
57. 葛兆光. 中國思想史 · 第二卷[M]. 上海: 復旦大學出版社,2009.
58. 俞曉群. 數術探秘[M]. 北京: 三聯書店,1994.
59. 陳鼓應等主編. 明清實學思潮史[M]. 濟南: 齊魯書社,1989.
60. 席澤宗主編. 世界著名科學家傳記[M]. 天文學家,北京: 科學出版社,1990.
61. 張力、劉鑒唐. 中國教案史[M]. 成都: 四川社會科學出版社,1987.
62. 黄一農. 社會天文學史十讲[M]. 上海: 復旦大學出版社,2004.
63. 江曉原. 天學真原[M]. 瀋陽: 遼寧教育出版社,2004.

64. 江曉原. 12 宫 28 宫[M]. 瀋陽: 遼寧教育出版社,2005.
65. 江曉原. 天學外史[M]. 上海: 上海人民出版社,1999.
66. 趙暉. 西學東漸與清代前期數學[D]. 浙江大學博士學位論文, 2005.
68. Joeseph Jennes 原著、Albert van Lierde 英譯、田永正中譯. 中國教理講授史[M]. 臺北: 天主教華明書局,1976.
69. 王國維. 觀堂集林[M]. 北京: 中華書局(影印本),1959.
70. 章太炎著. 朱維錚、姜義華編注. 章太炎選集[M]. 上海: 上海人民出版社,1981.
71. 嚴復. 嚴復集[M]. 北京: 中華書局,1986.
72. (法) 安田樸、(法) 謝和耐等著. 耿升譯. 明清間入華耶穌會士與中西文化交流[M]. 成都: 巴蜀書社,1993.
73. (加) 卜正民. 縱樂的困惑[M]. 方駿等譯. 北京: 三聯書店,2004.
74. (德) 魏特. 湯若望傳[M]. 楊丙辰譯. 臺北: 臺灣商務印書館,1949.
75. (英) 李約瑟. 中國科學技術史[M]. 第三卷. 數學. 北京: 科學出版社,1978.
76. (英) 李約瑟著、陳立夫等譯. 中國古代科學思想史[M]. 南昌: 江西人民出版社,1999.
77. (美) 克萊因. 古今數學思想[M]. 第一册. 上海: 上海科技出版社,1979.
78. (美) 克萊因. 古今數學思想[M]. 第二册. 上海: 上海科技出版社,2002.
79. (美) H·伊夫斯著、歐陽絳等譯. 數學史上的里程碑[M]. 北京: 北京科學技術出版社,1990.
80. (美) 托馬斯·庫恩. 科學革命的結構[M]. 金吾倫、胡新和譯. 北京: 北京大學出版社,2003.

81. （美）E. T. 貝爾. 數學大師［M］. 徐源譯. 上海：上海科技教育出版社，2004.
82. （英）斯科特. 數學史［M］. 侯德潤、張蘭譯. 桂林：廣西師範大學出版社，2002.
83. （古希臘）亞里士多德. 工具論［M］. 余紀元等譯. 北京：中國人民大學出版社，2003.
84. （美）哈爾·赫爾曼. 數學恩仇記［M］. 范偉譯，上海：復旦大學出版社，2009
85. （荷）安國風. 幾何原本在中國［M］. 紀志剛等譯，南京：江蘇人民出版社，2008.
86. （英）莫爾. 一五五〇年前的中國基督教史［M］. 北京：中華書局，1984.
87. （美）林德伯格. 西方科學的起源［M］. 北京：中國對外翻譯出版公司，2001.
88. （美）巴特菲爾德. 近代科學的起源［M］. 北京：華夏出版社，1988.
89. （德）蒂利希. 文化神學［M］. 陳新權等譯. 北京：工人出版社，1988.
90. （美）柯文. 在中國發現歷史［M］. 林同奇譯. 北京：中華書局，2002.
91. （美）史景遷. 利瑪竇的記憶之宫［M］. 上海：上海遠東出版社，2005.
92. 馮天瑜. 晚明西學譯詞的文化轉型意義［J］. 武漢大學學報（人文科學版），2003（11）.
93. 梅榮照、王渝生、劉鈍. 歐幾里得《原本》的傳入和對我國明清數學發展的影響［J］，載：席澤宗、吴德鐸主編. 徐光啓研究論文集. 上海：學林出版社，1986.
94. 尚智叢、張彬. 明末西方天文數學傳入時的中國社會結構與社會思潮根源[J]. 内蒙古社會科學,1997(4).
95. 劉鈍. 幾何基礎史研究：一份珍貴的講義[J]. 科學時報,2001－6－22.
96. 劉鈍. 托勒密的"曷捺楞馬"與梅文鼎的"三極通機"[J]. 自然科學史研究,1986(1).
97. 劉鈍. 從徐光啓到李善蘭(以《幾何原本》之完璧透視明清文化)[J]. 自然辯證法通訊,1989(3).
98. 馬來平. 探尋儒學與科學關係演變的歷史軌跡——"明末清初奉教士人與科學"研究斷想[J]. 自然辯證法通訊,2009(4).
99. 馬來平. 薛鳳祚科學思想管窺[J]. 自然辯證法研究,2009(7).
100. 張永堂. 方以智與西學[J]. 天主教學術研究所學報,1973(5).
101. 王淼. 邢雲路與明末傳統曆法改革[J]. 自辯辯證法通訊,2004(4).
102. 韓琦. "自立"精神與曆算活動——康乾之際文人對西學態度之改變及其背景[J]. 自然科學史研究,2002(3).
103. 韓琦. 從《明史》曆志的纂修看西學在中國的傳播[J],載：科史薪傳——慶祝杜石然先生從事科學史研究40周年學術論文集. 瀋陽：遼寧教育出版社,1997.
104. 韓琦等. 中國傳統數學的豐碑——評《李儼・錢寶琮科學史全集》[J]. 博覽群書,1999(6).
105. 韓琦. 關於十七、十八世紀歐洲人對中國科學落後原因的論述[J]. 自然科學史研究,1992(4).
106. 韓琦. 康熙朝法國耶穌會士在華的科學活動[J]. 故宫博物院院刊,1998(3).
107. 嚴敦傑. 伽利略的工作早期在中國的傳播[J]. 科學史集刊,1964(7).
108. 嚴敦傑. 梅文鼎的數學和天文學工作[J]. 自然科學史研究,

1989(2).
109. 高宏林. 清初數學家李子金[J],載: 中國科技史料,1990,11(1).
110. 高宏林. 李子金關於三角函數造表法的研究[J]. 自然科學史研究,1998(4).
111. 洪萬生. 19 世紀的中國數學[J],載: 林正紅、傅大爲主編,*Philosophy and Conceptual History of Science in Taiwan*, Dordrecht, 1983.
112. 席澤宗. 歐幾里得《幾何原本》的中譯及其意義[J],載: 科學文化評論,2008(2).
113. 莫德. 幾何原本版本研究(一)[J],載: 内蒙古師大學學報(自然科學漢文版),2006(4).
114. 馮錦榮. 明末熊明遇《格致草》内容探析[J]. 自然科學史研究,1997(4).
115. 馮錦榮. 明末清初知識分子對亞里士多德自然哲學的研究——以耶穌會士傅泛際與李之藻合譯的《寰有詮》爲中心[J]. 世界華人科學史學術研討會論文集,銀禾文化專業有限公司,2001.
116. 戴密微. 入華耶穌會士與西方中國學的創建[J],收入: 明清間入華耶穌會士和中西文化交流. 成都: 巴蜀書社,1993.
117. 馬王堆漢墓帛書整理小組. 五行占釋文[J],載: 中國天文學史文集. 北京: 科學出版社,1987.
118. 楊宏聲. 明清之際在華耶穌會士之《易》説[J]. 周易研究,2003(6).
119. 楊澤忠.《視學》中透視方法之由來[J]. 山東師範大學學報,2008(4).
120. 楊澤忠. 李之藻與西方幾何在我國的傳播[J]. 數學教學,2009(7).

121. 楊澤忠、紀志剛. 明朝末年西方早期畫法幾何知識之東來[J]. 西北大學學報(自然科學版),2005(3).
122. 楊澤忠. 徐光啓爲什麼不續譯《幾何原本》後九卷? [J]. 歷史教學,2005(1).
123. 楊澤忠. 明清之際《幾何原本》後九卷内容的介紹[J]. 數學教學,2005(5).
124. 楊澤忠. 利瑪竇與非歐幾何在中國的傳播[J]. 史學月刊,2004(7).
125. 楊澤忠. 明末清初公理化方法未能在我國廣泛傳播的原因[J]. 科學技術與辯證法,2006,23(5).
126. 楊澤忠. 利瑪竇和徐光啓翻譯《幾何原本》的過程[J]. 數學通報,2004(4).
127. 楊澤忠. 利瑪竇中止翻譯《幾何原本》的原因[J]. 歷史教學,2004(2).
128. 杜石然. 明清時期的科學: 中國和西方文明的接觸[J]. 科學對社會的影響,1991(4).
129. 曹增友. 法國在華傳教士科技活動及其影響[J]. 北京社會科學,1991(1).
130. 董光璧. 論中國科學的近代化[J]. 中國科技史國際學術討論會論文集. 北京: 科學出版社,1992.
131. 晏路. 康熙和在華西洋傳教士的科學技術活動[J]. 滿族研究,1993(3).
132. 劉國正. 明末清初的科技翻譯浪潮[J]. 湖北教育學院學報,1993(5).
133. 竇成關. 略論西學對晚明自然科學的影響[J]. 社會科學探索,1994(2).
134. 黎難秋. 明清科技翻譯大家的譯德[J]. 中國科技翻譯,1994(2).

135. 張雲台. 明末清初西方科技輸入中國之管見[J]. 科學學研究,1995(2).
136. 吴孟雪. 明清歐人對中國科技的介紹和應用(1—5)[J]. 文史知識,95,1.2.7.8;96,1.
137. 潘玉田. 明末清初西方科技文獻在中國的交流[J]. 圖書館理論與實踐,1997(1).
138. 張純成. 明末至清初——中國近代科學史[J]. 南都學壇(南陽),1997(2).
139. 陳偉朝. 清代知識分子對歐洲科技文化的介紹與認識[J]. 海交史研究,1998(2).
140. 張維華. 明清之際西方曆算諸學之傳入中國及其影響[J]. 歷史論叢第1輯,齊魯書社,1980.
141. 國珖.《幾何原本》的命運[J]. 科學之窗,1980(1).
142. 梅榮照. 略論梅文鼎的《方程論》[J]. 科技史文集(第8輯). 上海科技出版社,1982.
143. 聞性真. 康熙與數學[J]. 北方論叢,1982(2).
144. 錢寶琮. 戴震算學天文著作考[J]. 錢寶琮科學史論文選集. 北京: 科學出版社,1983.
145. 何艾生等.《幾何原本》及其在中國的傳播[J]. 中國科技史料,1984(3).
146. 黄明信等. 藏傳時憲曆源流述略[J]. 西藏研究,1984(2).
147. 何紹庚. 明安圖的級數回求法[J]. 自然科學史研究,1984(2).
148. 薄樹人. 清代對開普勒方程的研究[J]. 中國天文學史文集(第3集). 北京: 科學出版社,1984.
149. 辛哲. 中國引進西方數學的背景、途徑與作用[J]. 曲阜師大學報,1989(3).
150. 張碧蓮. 論梅文鼎的幾何思想——梅文鼎對勾股定理的研究

[J]. 陝西師大學報,1989(2).

151. 何紹庚. 清代無窮級數研究中的一個關鍵問題[J]. 自然科學史研究,1989(3).

152. 黄榮肅. 康熙與數學[J]. 北方民族,1990(2).

153. 韓琦.《數理精蘊》對數造表法與戴煦的二項展開式研究[J]. 自然科學史研究,1992(2).

154. 席振偉.《九數通考》及其著者[J]. 中國科技史料,1993(4).

155. 張惠民. 清代梅氏家族的天文曆算研究及其貢獻[J]. 陝西師大學報(自科版),1997(3).

156. 查永平. 中西數學符號之比較與不同結局[J]. 科學技術與辯證法,1998(6).

157. 王憲昌等. 籌算與中國文化傳統[J]. 大自然探索,1999,19(1).

158. 孫小禮. 關於萊布尼茨的一個誤傳與他對中國易圖的解釋和猜想[J]. 自然辯證法通訊,1999(2).

159. 孫小禮. 馬克思與數學及其獨特的精神休養法[J]. 自然辯證法研究,2003,19(3).

160. 王汝發. 萊布尼茨的二進位與《周易》[J]. 貴州文史叢刊,1999(2).

161. 劉邦凡. 中國傳統數學的邏輯過程[J]. 青海師範大學學報(哲社),1999(1).

162. 鄧紅梅等. 中國近代數學的起步與西方化[J]. 青海師範大學學報(哲社),1999(1).

163. 傅海倫. 從中西文化傳統比較看數學機械化[J]. 中華文化論壇,1999(1).

164. 傅海倫. 論《周易》對傳統數學機械化思想的影響[J]. 周易研究,1999(2).

165. 傅海倫. 中國傳統代數思想的文化特徵[J]. 自然雜誌,2002,

24(4).
166. 傅海倫."0""零""○"的起源與傳播[J]. 數學通報,2001(8).
167. 傅海倫. 中國傳統數學構造性思維及其現代意義[J]. 自然雜誌,2001,23(4).
168. 傅海倫. 儒學與古代數學教育的發展[J]. 自然辯證法通訊,2001,23(2).
169. 傅海倫. 從儒學"經世致用"看我國古算機械化的特徵及價值[J]. 自然辯證法研究,2001,17(10).
170. 傅海倫. 算籌、算盤與電腦[J]. 自然雜誌,2002(1).
171. 傅海倫等. 中西早期微積分思想及其比較[J]. 曲阜師範大學學報,2001(2).
172. 歐陽維誠. 試論《周易》對中國古代數學模式化道路形成及發展的影響——兼談李約瑟之謎[J]. 周易研究,1999(4).
173. 陳方正. 試論中國數學發展與皇朝盛衰以及外來影響的關係[J]. 中國文化研究所學報(香港),1999(8).
174. 郭書春. 數學史研究大有作爲[J]. 自然辯證法通訊,2000,22(5).
175. 黄漢平.《幾何原本》在中國[J]. 科技日報,2000-2-26.
176. 鄒大海. 初觀《算數書》[J]. 中國文物報,2001-3-14.
177. 楊忠泰. 中國傳統數學向現代數學的轉換及其成因[J]. 科學技術與辯證法,2000,17(6).
178. 郭書春. 中國最早的數學著作《算數書》[J]. 中華讀書報,2001-12-26.
179. 盧翼翔. 希臘幾何學的社會文化根源[J]. 自然辯證法通訊,2001,24(1).
180. 秦建. 論數學觀念對數學發展的作用[J]. 自然辯證法研究,2001,17(1).

181. 毛建儒. 對中國近代數學落後原因的分析[J]. 自然辯證法研究,2001,17(12).
182. 沈英甲等. 世界讓我爲你證明--記吴文俊院士[J]. 中國科技月報,2001(3).
183. 王汝發. 從數學創新審視中國古代數學的發展("李約瑟難題")[J]. 哈爾濱工業大學學報(社科),2001,3(1).
184. 特古斯等. 明安圖變换溯源[J]. 内蒙古師大學報(自然),2001,30(3).
185. 郭世榮.《算術書》勘誤[J]. 内蒙古師大學報(自然),2001,30(3).
186. 李迪. 對"如積釋鎖"的探討[J]. 内蒙古師大學報(自然),2001,30(2).
187. 李迪. 對中國傳統筆算之探討[J]. 數學傳播(臺灣),2002,26(3).
188. 李迪. 熙帝與數學[J]. 科學技術與辯證法,2000,17(2).
189. 李迪、白尚恕. 康熙朝地球儀[J]. 故宫博物院院刊,1984(2).
190. 白尚恕、李迪. 故宫珍藏的原始手摇電腦[J]. 故宫博物院院刊,1980(2).
191. 張富國等. 中日數學哲學比較研究[J]. 自然辯證法通訊,2001,24(1).
192. 張奠宙. 清末考據學派與中國數學[J]. 科學,2002,54(2).
193. 張奠宙. 算法[J]. 科學,2003,55(2).
194. 錢定平. 數學天才的人文黑洞[J]. 科學,2002,54(4).
195. 本刊. 20 世紀數學中心的轉移與數學觀念的變化[J]. 科學,2002,54(4).
196. 胡毓達等.《算學報》——近代中國第一份數學期刊[J]. 科學,2002,54(6).
197. 劉曉力. 數學透視的文化緯度——評《數學文化學》[J]. 自然

辯證法研究,2002,18(3).
198. 周紅曉.世界上最早的微積分課本[J].數學通報,2002(9).
199. 王世光.戴震哲學與《幾何原本》關係考辨[J].史學月刊,2002(7).
200. 吴文俊.走在——圖書館的路上[J].科學時報,2002-6-28.
201. 吴文俊.中國古算與實數系統(一)[J].科學,2003,55(2).
202. 本刊.追尋數學大國的歷史脈絡——數學史專家李文林談中國數學發展[J].科學時報,2002-8-20.
203. 王建芳.數學的靈魂是直覺數學與辯證法[J].科學時報,2002-8-20.
204. 本刊.吴文俊細數中國古代數學亮點[J].科學時報,2002-8-28.
205. 本刊.吴文俊院士再敘中國古代數學輝煌——國際數學家大會的最後一課[J].科技日報,2002-8-28.
206. 張維忠.對《幾何原本》的文化思考[J].北京科技大學學報(社科),2002,18(1).
207. 吕明濤等.《天學初函》所折射出的文化靈光及其歷史命運[J].中國典籍與文化,2002(4).
208. 樊洪業.辮子充作圓規用[J].科學時報(科學周末),2002年11月17日.
209. 本刊.李善蘭"創譯"數學符號[J].科學中國人,2003(2).
210. 賈文毓.近代西方數學與科學興隆期的比較[J].科學學研究,2003,21(1).
211. (日)橋本敬造.斯英琦譯.崇禎改曆和徐光啓的作用[J],載:李國豪等主編.中國科技史探索.上海:上海古籍出版社,1986.
212. 本刊.爲何華人數學比較優秀——清末考據學派與中國數學[N].參考消息,2002-6-24.

213. 陳金陵.乾嘉士人與西方自然科學[N].光明日報,1991－12－18.

研究文獻之外文部分

1. Richard J. Smith, *Fortune-tellers and Philosophy*: *Divination in Traditional Chinese Society*, Boulder: Westview Press, 1991.
2. Benjamin A. Elman, *On Their Own Terms: Science in China, 1500－1900*; Harvard University Press, 2005.
3. Benjamin A. Elman, *A Cultural History Of Modern Science In China*, Harvard University Press, 2006.
4. Ad Dudink, *Opposition to Introduction of Western Science and the Nanjing Persecution (1616－1617), C. Jimi, P. Engelfriet & G. Blue ed.*, *The Cross-Cultural Synthesis of Xu Guangqi (1562－1633)*, Brill, Netherlands, 2001.
5. John B. Henderson, *The development and Decline of Chinese Cosmology*. Columbia Univ Pr, 1989.
6. W. J. Peterson. Fang I chih-Western Learning and the Investigation of Things, in Wm. Theodore De Bary, ed., *The Unfolding of Neo-Confucianism*, New York: Columbia University Press, 1970.
7. Bernard Capp, *Astrology and the Popular Press*, London: Faber and Faber, 1979.
8. Jacques Gernet, *China and the Christian Impact*, Cambridge: Cambridge University Press, 1985.
9. Catherine Jami, *The Emperor's New Mathematics*, Oxford University Press, 2012.
10. Wann-Sheng Horng, Li ShanLan, *A dissertation for the degree of Doctor of Philosophy*, The City University of New York, 1991.

11. J. Martzloff, *A History of Chinese Mathematics*, Springer-Verlag Berlin Heidclberg, 2006.

12. Frankland, *The Story of Euclid*, London George Newnes Limited, 1902.

13. Mingjie Hu. *Merging Chinese and Western Mathematics: The Introduction of Algebra and the Calculus in China, 1859 – 1903*. Princeton: Princeton University, PHD, Dissertation, 1998.

14. Glen Van Brummelen. *The Mathematics of the Heavens and the Earth: the Early History of Trigonometry*. Princeton, N. J. Princeton University Press, 2009.

15. Nathan Sivin, *On 'China's Opposition to Western Science during Late Ming and Early Ch'ing.'* Isis, 56: 201 – 205.

16. Nathan Sivin, *A Seventh-Century Chinese Medical Case History. Bulletin of the History of Medicine*, 41: 267 – 273.

17. Nathan Sivin, Copernicus in China. Studia Copernicana (Warsaw), 6: 63 – 122. In special series Colloquia Copernicana, 2. (J, U)

18. Nathan Sivin, Wang Hsi-shan (1628 – 1682). *In Dictionary of Scientific Biography*, XIV, 159 – 168. New York: Charles Scribner's Sons. Technical and interpretive, with bibliography. This and the next item were combined in 1995 (J, U)

19. Nathan Sivin, *Why the Scientific Revolution Did Not Take Place in China — Or Didn't It?* The Edward H. Hume Lecture, Yale University. *Chinese Science*, 1982, 5: 45 – 66.

20. Christopher Cullen, *Song Yingxing on Astronomy*,楊翠華、黄一農主編. 近代中國科技史論集. 中央研究院近代史研究所, 1991, 55.

21. Ulrich J. Libbrecht, *The Astronomia Europaea of Verbiest S. J.*,

楊翠華、黄一農主編. 近代中國科技史論集. 中央研究院近代史研究所,1991,129.

22. Catherine Jami, *The Yu Zhi Shu Li Jing Yun (1723) and Mathematics During the Kangxi Reign (1662－1722)*,楊翠華、黄一農主編. 近代中國科技史論集. 中央研究院近代史研究所,1991,155.
23. Shigeru Nakayama, *Translation of Modern Scientific Terms into Chinese Characters — the Chinese and Japanese Behavior in Comparison*,楊翠華、黄一農主編. 近代中國科技史論集. 中央研究院近代史研究所,1991,295.
24. Yeu-Farn Wang, *State-Science Relations in Modern Chinese History*,楊翠華、黄一農主編. 近代中國科技史論集. 中央研究院近代史研究所,1991,347.
25. Jiang-Ping Jeff Chen. *The Evolution of Transformation Media in Spherical Trigonometry in Seventeenth-and Eighteenth-Century China, and its relation to Western Learning*. Historia Mathematica. 2010, 37(1): 62－109.
26. Javad Hamadanizadeh. *The Trigonometric Tables of al-Kāshī in His Zīj Khāqānī. Historia Mathematica*. 1980, 7(1): 38－45.
27. N. G. Hairetdinova. *On Spherical Trigonometry in the Medieval Near East and in Europe*. Historia Mathematica. 1986, 13(2): 136－146.
28. Victor J. Katz. *The Calculus of the Trigonometric Functions. Historia Mathematica*. 1987, 14(4): 311－324.
29. 小林龍彦.『曆算全書』の三角法と『崇禎曆書』の割円八線之表の伝來について. 科學史研究. 1990, 29(Ⅱ): 83－91.
30. Louise Ahrndt Golland, *Ronald William Golland. Euler's Troublesome Series: An Early Example of the Use of Trigonometric*

Series. Historia Mathematica. 1993, 20(1): 54-67.

31. Takao Hayashi. *Āryabhata's Rule and Table for Sine-Differences. Historia Mathematica*. 1997, 24(4): 396-406.
32. Glen Van Brummelen. *Mathematical Methods in the Tables of Planetary Motion in Kushyār ibn Labbān's JāmicZīj. Historia Mathematica*. 1998, 25(3): 265-280.
33. Kobayashi Tatsuhiko. *What Kind of Mathematics and Terminology was Transmitted into 18th-Century Japan from China? Historia Scientiarum*. 2002, 12(1): 1-17.
34. Plofker, Kim. *Spherical Trigonometry and the Astronomy of the Medieval Kerala School*. S. M. R. Ansari. History of Oriental Astronomy. Dordrecht: Kluwer, 2002: 83-93.
35. Klintberg, Bo. *Hipparchus's 3600′ Based Chord Table and Its Place in the History of Ancient Greek and Indian Trigonometry. Indian Journal of History of Science*, 2005(40): 169-203.

後　記

2004年,作爲一名懷著"追夢大學校園"情愫的中學教師,底氣不足的我考入山東大學,在物欲横流的時代,圓一個與之不太合拍的夢,並將這個夢視爲人生畫卷的一抹亮色、人生詠唱的一記强音。6年間,從讀碩士到念完博士,我矢志不移,始終堅守自己的學術夢想。來到國内外研究中國數學史的重鎮内蒙古師範大學科學技術史研究院工作後,我愈加嚴格地要求自己,從不敢有絲毫的放鬆。

在山東大學,我有幸師從中國科學技術哲學的傑出代表馬來平先生,這真是天作之合!"氣有浩然,學無止境",無論道德還是文章,先生都是我輩永遠的楷模。當我在無路的書山前猶豫徘徊時,先生早已經踏出了一連串的腳印,引領我繼續開拓前進;當我在茫茫的學海中悵惘迷途時,先生適時地點亮導航的燈塔,使我有了不斷進取的目標;當我在坎坷的學術之路上"小富即安"時,先生鳴起響亮的警鐘,令我懂得這只是萬里長征的第一步。日常生活中,先生在短信中發送專業書籍和學術講座資訊;外出開會時,先生在電話中叮嚀學術報告和爲人處世要點;師生相對時,先生時而娓娓道來,以減卻我性格中的怯懦,時而一語道破,以修正我論證的牽强……先生誨我深矣!又承蒙師母對我和我的家人在生活中處處關心,心中倍感親近和踏實。在馬先生指導下,我對畢業論文選題下了很大功夫,既要考慮到題目的前沿性、重要性,又要考慮到自身的知識結構和研究能力。論文題目更换了十餘次,在導師馬來平先生的引導下,反復斟酌,才確定將"會通"作爲一個研究重點,並選用了“嬗變”一詞。搜集相關研究資料,盡可能地做到一網打盡、“竭澤而漁”,站在前人肩上實現創新目標。遵從導師告誡,利用《全國報刊文獻索引》等紙質材料編寫畢業論文的文獻目録,不僅限於在網上搜查資料。還通過導師的幫助認識了學校圖書館、本院和其他不少學校、研究中心、學院和系圖書室的老師,由他們介紹、推薦了很多所需資料。緊張的寫作和艱苦的修改過程在導師的認真指導下得以有序進行。

一日爲師,終生爲父。參加工作後,我繼續進行博士論文的修改,這一過程滲透著馬先生的心血和關愛。無論多麼忙,他都時常督促我不要放棄修改,即使生病掛著吊瓶也要打電話問我修改進度,有了新的建議就打電話與我討論,這類場景數不勝數。馬先生爲我的學術成績驕傲,也爲我的研究困惑建言,無論研究方向的矯正,還是學術難題的攻堅,都離不了先生的高屋建瓴式指點。

在論文的完成和修改過程中,還有很多人令我心存感激,很多事使我心生感動。衆多師長,在開題和預答辯時,在思想觀點、論證過程、論文框架、注釋規範、文獻資料等方面都做出了精闢的分析,或給我寶貴的指點啓發。爲了提高論文品質,導師特意爲我的論文答辯安排了具有强大陣容的、由 7 位知名專家組成的答辯委員會。他們是:著名西學東漸研究專家、中科院科學史所董光璧先生,著名科技文化史研究專家、南開大學哲學系科技哲學專業李建珊先生,山東大學終身教授、著名歷史學家、歷史與文化學院路遥先生,文獻學家、山東大學文史哲研究院杜澤遜先生,塑造論哲學提出者、山東大學哲學社會發展學院兼職教授、中共山東省委宣傳部張全新先生,山東大學哲學與社會發展學院王善博先生,山東大學歷史與文化學院胡衛清先生。董光璧先生、李建珊先生和杜澤遜先生擔任論文評議人。答辯委員會對論文的優缺點和改進措施提出了有益而可行的建議。評審意見認爲,論文具有選題新穎、問題意識强、資料翔實、觀點和方法有所創新等特點。中科院科學史所董光璧先生評價本人博士論文:“明末清初的中西數學會通是一個具有深刻哲學意義的重大歷史事件,選題的理論意義是不容置疑的。把(傳統)數學復興作爲會通的結果而提出,很有啓發意義。把内算與外算並重進行會通考察是論文最突出的創新點,是獲得内算外算易位結論的根基。數學會通涉及其作爲文化背景與儒學的關係,對伴隨會通儒家‘理’概念的變化以及數學在儒家眼裏地位的變化的揭示也很有啓發意義。”“中國數學史研究還没有人專題研究中西數學會通”,“内算外算易位的結論爲獨到之見”,“歷來數學史研究都排斥内算,把内算與外算並列爲開先河之舉”。山東大學哲學與社會發展學院謝文郁教授、劉新利教授曾在電子郵件中解答過有關問題。劉兵先生、馮立升先生、徐澤林先生、張增一先生等前輩在學術會議或講座上,對我論文的相關部分進行啓發、評價或指點,在資料支援、寫作思路校正、相關部分審閱、論文結構調整等方面提供了不可少的幫助。由論文相關部分整理投稿的期刊論文也得到一些不知姓名的先生指點和評閱,並提出可行性修改意見。同門和同事們在資料共用、論文討論、論文審閱、文獻整理等方面都曾給予熱情支持。王剛、王彦雨、吕曉鈺、劉星、王雪源、張春光、張慶偉、鄭言、張幗巾等同學,在我學術和生活遭遇挫折時,曾經給予過無私的支撐,鼓勵我度過思想難關和生活困境,使我一點點重新樹立奮鬥的信心。吕曉鈺師弟和王静師妹則在緊張的學習和研究生活中不厭其煩的多次幫我打印、修改和校對書稿。他們的支持與導師的關懷、家人的關心交相輝映,尤其令我難以忘懷。願我們的友誼天長地久!

我所在的單位内蒙古師範大學科學技術史研究院不僅是自治區重點學科單位,而且是我國明清科技史研究的重鎮。該院擁有一支實力雄厚的科學史國家級科研團隊,與國内外著名研究機構保持著良好而又穩定的交流與合作關係,資料室古籍和相關圖書資料收藏相當豐富。著名科技史家郭世榮先生、代欽先生、羅見今先生、特古斯先生和莫德先生等對年輕人愛護備至,使我幹勁倍增;同事們的團結和互助則讓我如沐春風。看到我找工作的申請書和簡歷時,時任中國數學史學會理事長的著名清代數學史專家、内蒙古師範大學科學技術史研究院郭世榮院長在看到我奉命寄給他的博士論文後,所給評價是:"感謝寄來大作,我初步瀏覽了一遍,感覺你的工作與本單位的工作有共同的結合點,我們可以有共同工作的基礎。如果你願意來工作,我們可以和學校研究進一步的應聘事宜。請你考慮。"現在看到這個評價,我仍然感到欣喜和温暖。在面試期間,郭世榮先生、代欽先生、關曉武先生和董傑博士對我的論文優缺點做了評價,並給出了進一步修改的意見和建議。張林同學通讀了全文,校對了注釋,做了很多訂正工作;劉增强和魏雪剛兩位同學通讀了書稿,並提出了很好的修改意見。

復旦大學中文系碩士生孟昕同學,通讀全稿,核對大量引文、書名、人名等資料。孟昕學識淵博,精審細緻,閲稿中,修改潤色文字之外,也提出不少可供參考的修整意見,對書稿多有匡正,在此特别致謝!

我的親人和朋友,一如既往地以我爲驕傲,支持著我、期待著我、祝福著我,他(她)們的愛陪伴我度過每個遠離故鄉的日子。我要特别感謝我的母親——一位八十多歲的鄉村老人。她在自己正需要照顧時,任由我離鄉追求我的夢想,没有怨言,唯有關愛。老人家一字不識,卻在潛移默化間讓我樹立起讀書的理想;老人家没見過世面,卻以自己的經歷教育我誠實爲人、踏實做事、不畏艱險、努力進取……

無限感謝我的愛人韓清行女士和兒子宋晗,是他們和我一起經歷著幸福與不幸,和我一起感受著歡樂與痛苦,和我一起品嘗著甜蜜與苦澀,和我一起經受著榮耀和屈辱。他們和我一起過著清苦的日子,卻以苦爲樂、無怨無悔,面對金錢至上的社會趣味,他們不爲所動,和我共同堅守著樂觀的信念和希望,使我感受到生活和人生的真諦之所在。更加令人悲痛、絶望和無奈的是,在本書即將出版之際,我的愛妻韓清行女士因病醫治無效,撒手而去。關於這件事,我的導師馬來平先生在短信中對我説:"你的愛人在你魚躍龍門的奮鬥過程中,爲你默默付出了一切。她是中國相夫教子傳統女性的典型代表……"誠哉斯言!愛人的西歸,對事業剛走向正軌的我和面臨高考的孩子來説,幾乎是滅頂之災!願將該書的出版作爲對她的紀念。

作品的出版,正像幼苗的破土,而讀者才是陽光、水和空氣。幼苗能否長成大樹,那就要看它的生命力怎樣與陽光、水和空氣共舞了!

宋芝業

于内蒙古師範大學科學技術史研究院

2015-12-15